林木主要钻蛀性害虫的
鉴别与防控

赵锦年　俞文仙　何玉友　◎ 著

中国林业出版社

图书在版编目（CIP）数据

林木主要钻蛀性害虫的鉴别与防控 / 赵锦年等著.
-- 北京：中国林业出版社，2021.9
　ISBN 978-7-5219-1317-0

Ⅰ.①林… Ⅱ.①赵… Ⅲ.①森林虫害－防治 Ⅳ.
①S763.3

中国版本图书馆 CIP 数据核字（2021）第 169660 号

中国林业出版社

责任编辑：王越　李敏　　　电话：（010）83143628　83143575

出版	中国林业出版社（100009　北京市西城区德胜门内大街刘海胡同7号） http://www.forestry.gov.cn/lycb.html
发行	中国林业出版社
印刷	河北京平诚乾印刷有限公司
版次	2021年9月第1版
印次	2021年9月第1版
开本	787mm×1092mm
印张	22
字数	414千字
定价	129.00 元

未经许可，不得以任何方式复制或抄袭本书之部分或全部内容。

版权所有　侵权必究

作者简介

南开大学生物系动物学专业毕业,中国林业科学研究院亚热带林业研究所研究员、森林保护资深专家,国家林业局(今国家林业和草原局)松材线虫病工程治理项目专家组执行专家,享受国务院政府特殊津贴。

从事森林保护科研工作45年,主持和参加松杉蛀干害虫、林木种实害虫、松褐天牛及其传播的松材线虫病、松天牛引诱剂及松材线虫病诱杀技术、黄山风景区松材线虫病危险性评估等多项国家攻关、省部级重点研究项目。对天牛(特别是松褐天牛)、小蠹、象虫、蝙蝠蛾、螟蛾、卷蛾等林木主要钻蛀性害虫的种类、

赵锦年

生物生态学特性、种群数量动态、监测预警和综合防控技术做了系统研究。发表论文60余篇,参加《中国森林昆虫》《甜柿引种栽培》《弗吉尼亚栎引种研究与应用》等14本著作的编写。研究成果获国家科技进步三等奖1项、部省级科技进步二等奖3项、三等奖4项。监测和诱杀松褐天牛及松材线虫病的发明专利"蛀干类害虫引诱剂",在浙江省和重庆市等16个省份推广应用,取得重要的经济、生态和社会效益。

俞文仙

杭州市富阳区农业农村局高级工程师，长期从事林业应用技术研发和推广工作。先后荣获第二届"浙江省林业科技标兵"和富阳区第一层次135人才等荣誉称号，杭州市富阳区第六、第七、第八届政协委员。主持完成各类科技项目6项，骨干参与省级以上科研项目3项，主持完成林业有害生物调查、湿地资源调查等专项科技工作5项。以第一作者发表论文6篇，获省科技进步奖三等奖2项、梁希林业科学技术奖二等奖和三等奖各1项，参与编制行业或地方标准5项。

何玉友

中国林业科学研究院亚热带林业研究所高级工程师。曾先后从事国外松良种选育、竹资源培育及松花粉、花卉园艺等科研与产业开发工作，参加或主持松花粉害虫防控、松花粉经济林营建、松花粉生产技术规程、马尾松非木质资源综合利用、国外松种源试验等多个研究项目。获省级科技进步三等奖1项，国家发明专利3项。参编行业标准1项、专著1部。

前　言

　　林木钻蛀性害虫是一类专门蛀害树木及其制品的害虫。这一类害虫隐匿于树木的花、果、枝（梢）、叶、干及根，以及花粉、木材、家具、器具等林副制品内，取食其内组织，造成重大的经济损失。有的害虫如松墨天牛成虫，还携带、传播病原线虫，致使罹病松株大面积萎蔫枯亡，严重破坏森林景观和生态环境，酿成重大的生物灾害。

　　林木钻蛀性害虫种类繁多，涉及鞘翅目的天牛科、吉丁科、象虫科、小蠹科、粉蠹科和长蠹科，鳞翅目的潜蛾科、卷蛾科、螟蛾科、木蠹蛾科、蝙蝠蛾科、透翅蛾科和木蛾科，等翅目的白蚁科和鼻白蚁科，膜翅目的长尾小蜂科等；分布区域广，有的种类随寄主的分布而分布；传播快，可随寄主，经人为携带、运输，进行跨越式的远距离传播蔓延；隐蔽性强，大部分虫态均隐匿寄主体内生活，难以觉察其危害，一旦发现其害，林木往往已"病入膏肓"；危害持久，其生存环境相对稳定，幼虫期一般较长，有的种类一年仅一代幼虫，蛀害长达一年；窜害烈，某些蛀果和蛀干（材）类害虫，能于林间、室内往返危害；防治难度大，常规防治药剂难以触及，且此类害虫生性独特，某些种类如小蠹具分散越冬、聚集危害习性，预测预报困难，防控技术欠缺，管理措施滞后。宋代大文学家苏东坡（苏轼）在《天水牛》诗中，对钻蛀性害虫中蛀害桑树的天牛，作了辛辣的讽刺和尖锐的鞭挞，诗中曰："两角徒自长，空飞不服箱。为牛竟何事？利吻穴枯桑。"两条触角白白长，飞来飞去难以防，名"牛"不但无好处，锐利口器凿孔又挖坑，致使桑树枯亡。诗中表达了诗人对天牛既憎又恨却又无奈之感。

　　林木钻蛀性害虫生活隐蔽，在其卵、幼虫、蛹、成虫的4个虫态中，除成虫期补充营养、交配和产卵等系列行为需暴露于空间外，其余3个虫态均栖居于林木组织内，仅极个别种类的卵产于树表（叶面、果表和树皮上）。成虫期又十分短促，多数昼伏夜出活动性强，与他虫混杂很难发现也难以辨别。而食叶和刺吸性害虫则不同，在虫害发生时，树冠叶片和枝上布满害虫，虫迹斑斑，一目了然。

　　林木钻蛀性害虫防控难度较大，防治方法和防治时机难以把握。林木蛀害发生时，只能从少量痕迹，如蛀屑、流脂、排出的粪粒或被害物（区）的大小、色泽、生长状态等变化，予以初步的识别、判断，如需正确鉴别虫种，只有解剖被害物，取其幼虫，观察其形态，有的还需逮其成虫，进行验证，方能确定。待鉴定出虫名，往往贻误了最佳防治期。以往化学防治时多采用久效磷、甲胺磷、氧化乐果、溴甲烷和呋喃丹等剧毒、高毒的杀虫剂，在防治靶标害虫的同时，亦大量杀伤天敌，污染环境，现已禁用或停产。近年来，有关科研、生产单位研制开发出一些绿色生态、安全环保的综合防控措施和高效低毒、无污染、无抗药性的新型药剂，现已陆续上市替代应用。

林木钻蛀性害虫鉴别与防控，涉及的学科较多，内容较广。有关这方面的研究，在我国起步较晚。新中国成立前，近乎空白；新中国成立后发展较快，众多学者对不同树种的蛀果、蛀梢（枝）和蛀干害虫逐步开展了较为系统的研究，论文屡屡见诸于相关期刊杂志上。本书作者自20世纪70年代开始，因国家建设木材之急需，立题研究以杉、松为主的用材林蛀干害虫，林木良种基地种实害虫；80年代我国发生松材线虫病后，先后承担了国家、省级攻关项目，开展"松褐天牛综合防治技术研究""松材线虫病综合防治技术研究"和"黄山风景区松材线虫病危险性评估"等研究，积累了以松、杉为主的钻蛀性害虫的研究资料，发表50余篇相关研究论文，散见于《林业科学》《林业科学研究》和《昆虫知识》等学术期刊上。

林木钻蛀性害虫的研究虽取得重要进展，但迄今尚未有较系统的著作出版。作者总结了以往的研究资料及成果，并收集了本领域内其他学者的有关文献和研究结果，特编著成《林木主要钻蛀性害虫的鉴别与防控》一书，以供从事本研究领域的部门和人员参考，并起到抛砖引玉的作用。本书列举80种主要钻蛀性害虫的寄主种类、生活习性及其发生发展规律，提供较系统的防控技术和措施。每一虫种均详细附记其寄主的中文名、学名（拉丁名），以便读者查考。

在本书出版之际，谨向曾并肩从事过本研究的中国科学院动物研究所陈元清；浙江农林大学徐志宏，浙江省林业厅种苗站高林及森防站蒋平、吾中良、陈卫平，杭州市余杭区林业局黄照岗，临安区林业局胡国良，新昌县林业局吴沧松、唐伟强，淳安县林业局姜礼元，绍兴市林业局陈秀龙，嵊州市林业局李苏萍，乐清市林业局牟爱友、林云华，开化县林业局周世水，金华市林业局蒋星华，仙居县林业局崔相富、陈绘画，遂昌县林业局徐真旺、周樟庭，龙游县林业局余德才，上虞市林业局王江美，温州市林业局林青兰，淳安县新安江开发总公司唐淑琴；安徽省林业厅森防站丁德贵，旌德县林业局曹斌，黄山风景区管理委员会园林局姚剑飞、王静茹、余盛明；河南省新县林业局周明勤、武战岭林场曾庆发等诸位专家同仁致以衷心感谢。

由于作者水平有限，加之撰写时间仓促，错误与不当之处，恳请广大读者批评指正。

赵锦年
2021年5月

目 录

前　言

第一章　林木主要钻蛀性害虫种类及其鉴别 / 001

第一节　树芽及树叶钻蛀性害虫 / 002

1. 松长尾啮小蜂 / 002
2. 栗瘿蜂 / 004
3. 杨白潜叶蛾 / 007
4. 柑橘潜叶蛾 / 009
5. 茶梢尖蛾 / 011

第二节　种实及嫩梢钻蛀性害虫 / 013

6. 旋纹潜叶蛾 / 013
7. 苹梢鹰夜蛾 / 015
8. 杉梢小卷蛾 / 018
9. 芽梢斑螟 / 021
10. 微红梢斑螟 / 026
11. 松实小卷蛾 / 031
12. 油松球果小卷蛾 / 036
13. 栎实象 / 040
14. 麻栎象 / 043
15. 栗实象 / 045
16. 立毛角胫象 / 047
17. 板栗剪枝象甲 / 050
18. 茶籽象甲 / 052
19. 杉木扁长蝽 / 054
20. 桃蛀野螟 / 056
21. 梨小食心虫 / 059
22. 桃蛀果蛾 / 061
23. 山核桃花蕾蛆 / 063
24. 柳杉大痣小蜂 / 065
25. 蚱蝉 / 067

第三节　树干及枝条钻蛀性害虫 / 070

26. 黑翅土白蚁 / 070
27. 黄翅大白蚁 / 074
28. 松墨天牛 / 077
29. 皱鞘双条杉天牛 / 083
30. 星天牛 / 086
31. 光肩星天牛 / 090
32. 黑星天牛 / 093
33. 黄星桑天牛 / 096
34. 栎旋木柄天牛 / 098
35. 茶天牛 / 100

36. 黑跗眼天牛 / 102
37. 双条合欢天牛 / 104
38. 桃红颈天牛 / 106
39. 粒肩天牛 / 109
40. 锈色粒肩天牛 / 113
41. 薄翅锯天牛 / 115
42. 橙斑白条天牛 / 118
43. 云斑白条天牛 / 121
44. 栗山天牛 / 125
45. 橘褐天牛 / 128
46. 橘光绿天牛 / 130
47. 刺角天牛 / 132
48. 瘤胸簇天牛 / 135
49. 杉棕天牛 / 137
50. 小灰长角天牛 / 139
51. 短角幽天牛 / 141
52. 家茸天牛 / 144
53. 弧纹虎天牛 / 147
54. 六星吉丁 / 149
55. 多瘤雪片象 / 151
56. 马尾松角胫象 / 155
57. 萧氏松茎象 / 159
58. 松瘤象 / 163
59. 杉肤小蠹 / 166
60. 罗汉肤小蠹 / 170
61. 柏肤小蠹 / 174
62. 纵坑切梢小蠹 / 176
63. 横坑切梢小蠹 / 180
64. 削尾材小蠹 / 182
65. 疖蝙蛾 / 186
66. 点蝙蛾 / 191
67. 杉蝙蛾 / 196
68. 咖啡豹蠹蛾 / 200
69. 豹纹木蠹蛾 / 203
70. 肉桂木蛾 / 205
71. 板栗透翅蛾 / 209
72. 白杨透翅蛾 / 211
73. 烟角树蜂 / 214

第四节　根茎及根系钻蛀性害虫 / 216

74. 松幽天牛 / 216
75. 曲牙锯天牛 / 219

第五节　木材、板材和林制品钻蛀性害虫 / 221

76. 家白蚁 / 221
77. 家扁天牛 / 224
78. 褐粉蠹 / 226
79. 二突异翅长蠹 / 228
80. 印度谷螟 / 231

第二章　人工林钻蛀性害虫发生及其灾害成因 / 239

第一节　我国人工林建设成就 / 240

第二节　人工林建设弊端 / 240

第三节　林木钻蛀性害虫的危害特点 / 242

第三章 林木钻蛀性害虫的综合防控技术 / 245

  第一节 综合施策 / 246

  第二节 "适地适树"造林 / 246

  第三节 营建混交林 / 249

  第四节 加强检验、检疫 / 249

  第五节 遏止毁林、伤林 / 250

  第六节 林地清理与整治 / 251

  第七节 人工防治 / 252

  第八节 趋性诱杀 / 255

  第九节 生物防控 / 266

  第十节 树干涂白 / 278

  第十一节 化学防治 / 279

  第十二节 松花粉产品害虫防控 / 295

第四章 松材线虫病的鉴别与防控 / 299

  第一节 松材线虫病鉴别 / 300

  第二节 松材线虫病传播和流行规律 / 304

  第三节 松材线虫致病机理 / 306

  第四节 松材线虫病防控和除治技术 / 307

参考文献 / 311

附 录 / 317

  附录一 主要钻蛀性害虫名录 / 318

  附录二 寄主名录 / 321

附录三　天敌名录 / 323

附录四　A new phytophagous eulophid wasp (Hymenoptera: Chalcidoidea: Eulophidae) that feeds within leaf buds and cones of *Pinus massoniana* / 325

附录五　千岛湖松林遭割脂事件报道 / 336

第一章 林木主要钻蛀性害虫种类及其鉴别

第一节　树芽及树叶钻蛀性害虫

1　松长尾啮小蜂　*Aprostocetus pinus* Li & Xu

分类地位： 膜翅目 Hymenoptera 姬小蜂科 Eulophidae
主要寄主： 马尾松、黄山松、湿地松和火炬松等松树。
地理分布： 国内初在浙江、安徽发现，尚需进一步调查。

➤ 危害症状及严重性

松长尾啮小蜂（新种，见附录四）幼虫蛀食马尾松等松树针芽，致其缢缩，变褐枯萎，常导致松梢生长扭曲、松脂流溢，重者枯死；蛀害马尾松等松树雄球花的小孢子叶球，致其呈红褐色萎蔫，花粉败育或小孢子叶球破裂，花粉未成熟而随风散落，危害状见图1-1。该虫是马尾松等松树种子园、良种繁育基地和人工幼林内常见的隐匿性害虫，影响寄主生长、花粉产量和质量。

图1-1　危害症状：松针芽被害蛀孔（左）；嫩梢扭曲（中）；雄球花褐色萎蔫（右）

➤ 形态鉴别

雌成虫（图1-2左）：体长约1.6mm。体灰黄色，一些区域暗褐色，具金属光泽。头面部灰黄色，头后部黑褐色。触角暗褐色。足基节、腿节和胫节灰黄色，跗节黑褐色。翅透明，脉序灰黄色。腹部除第1背板部分为灰黄色外，余全为黑色。

雄成虫（图1-2中）：体长约1.1mm。体呈黑色，具明显的金属光泽。腹部除第1

背板具显著淡黄色外，余均近乎黑色。单眼淡黄色，复眼红色。

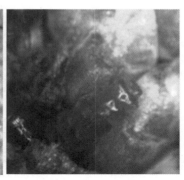

图 1-2　松长尾啮小蜂成虫（左：背面观；中：腹面观）及针叶芽内幼虫（右）

> **生活史**

据 1994—1995 年在浙江省淳安县国家马尾松良种基地观察，该虫以幼虫在被害马尾松针叶芽内越冬，翌年 3 月上旬出蛰，恢复取食活动，直至 4 月中旬（图 1-2 右）。3 月中旬开始，越冬代幼虫发育陆续成熟，开始化蛹。4 月上中旬至 5 月上旬为越冬代成虫期。详实生活史有待深入研究。

> **生活习性与危害**

幼虫蛀食马尾松等松树针芽，初期症状隐匿，但剥开针叶外鳞片，即见淡绿色的健壮针芽被蛀食成黄褐色的瘪芽。幼虫边蛀边将黄褐色细粪粒遗弃芽内，仅残存芽皮。幼虫借助蠕动，弃离被害芽，钻入毗连的健康芽内继续危害。一头幼虫可持续钻蛀 4～8 个针芽，致使被害处的嫩梢向内缢缩，大量流脂而扭曲。幼虫还钻蛀雄球花的小孢子叶球，可持续蛀害 3～10 个小孢子叶球，致使小孢子叶球萎蔫霉变，初期呈红褐色，后期变成灰褐色，花粉不能正常发育而枯死。

该虫主要危害 3～10 年生幼松树。据在浙江省淳安县国家马尾松良种基地调查，林间株害率达 100%；被害株上，嫩梢平均被害率达 11.6%（0.7%～56.4%）。从顶端第 1 轮枝开始，依轮次往下调查各轮枝上的嫩梢数及被害数，统计其各轮次上嫩梢的被害率，结果见图 1-3。图中可见，被害株各轮枝上的嫩梢被害率，以顶端轮枝为最高，达 24.4%，以下各轮枝上的嫩梢被害率，除 4、5 轮枝相等外，余均依次递减。由此推测，交配后的雌蜂喜择高处、向阳的嫩梢产卵。幼虫蛀害的嫩梢平均长度为 8.1（2.1～22.1）cm，被害处距嫩梢顶的长度为 2.0（0.3～7.2）cm，平均每梢具幼虫 1.0（0.8～1.6）头，每梢平均被蛀针芽为 17.0（1～96）枚。

成虫多在 7：00～8：00 羽化，羽化后常围绕树冠飞舞。成虫平均寿命为 7（3～10）d。

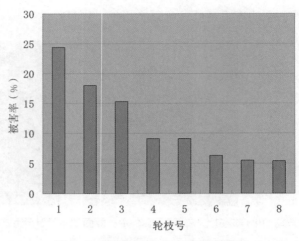

图 1-3 马尾松树冠各轮枝被害情况

> **害虫发生发展与天敌制约**

山麻雀栖山地树林，4~5月常捕食松冠周围飞舞的松长尾啮小蜂成虫，对该虫种群数量增殖具有一定的制约作用。

> **发生、蔓延和成灾的生态环境及规律**

松长尾啮小蜂喜择生长旺盛的马尾松嫩梢和雄球花钻蛀危害。马尾松等松树苗圃地、种子园、良种繁育基地和10年生以下的人工幼松林，林中郁闭度较低、阳光充足是该虫发生、蔓延的适宜生境。

成虫飞翔在区域内进行扩散蔓延。各虫态可随接穗人为携带，传播、扩散至新营建的马尾松等松树种子园或良种繁育基地。

2　栗瘿蜂（板栗瘿蜂、栗瘤蜂）*Dryocosmus kuriphilus* Yasumatsu

分类地位：膜翅目 Hymenoptera 瘿蜂科 Cynipidae
主要寄主：板栗、锥栗、茅栗。
地理分布：国内：辽宁、甘肃、陕西、北京、天津、河北、河南、山东、安徽、江苏、上海、浙江、福建、湖北、湖南、广东、广西、四川；
　　　　　　国外：日本。

> **危害症状及严重性**

栗瘿蜂幼虫钻食栗芽，致使被害芽不能正常发育成枝条，而逐渐膨大成坚硬的木质化虫瘿（图 1-4）。瘤状虫瘿初呈翠绿色，后变为赤褐色。瘿瘤上常见着生畸形的小栗叶，危害造成被害株树势衰弱，枝条枯死。严重发生的栗园，多年栗实歉收，甚至绝产。栗树遭害后，栗实产量若干年难以恢复，该虫是我国栗产区常见的一种钻蛀性害虫。

> **形态鉴别**

成虫（图 1-5 左）：体长 2.5～3.0mm。体黑褐色具光泽。头横阔，与胸腹等宽。触角丝状，14 节，各节着生稀疏细毛；柄节、梗节较粗，第 3 节较细，其余各节粗细相似。胸部光滑，背面近中央有 2 条对称的弧形沟。翅透明，翅面具细毛；前翅翅脉褐色。小盾片近圆形，表面有不规则刻点并被疏毛。后腹部光滑，背面近椭圆形向上隆起；腹面斜削。产卵管褐色，紧贴于腹末腹面中央。足黄褐色，后足较发达。

幼虫（图 1-5 右）：体长 2.5～3.0mm。乳白色，近成熟时为黄白色。体光滑，肥而稍弯曲。口器淡褐色。胸、腹部节间明显。腹部末端较圆钝。

 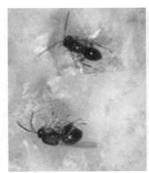 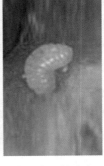

图 1-4　瘤状虫瘿　　　　图 1-5　栗瘿蜂（左：成虫；右：幼虫）

> **生活史**

栗瘿蜂在浙江省杭州市富阳区一年发生 1 代，以初龄幼虫在栗芽内越冬；翌年 4 月上旬恢复取食活动；生活史详见表 1-1。

表 1-1　栗瘿蜂生活史（浙江杭州）

世代	3月	4月	5月	6月	7月	8月	9月	10月	11月至翌年2月
	上中下	上中下	上中下	上中下	上中下	上中下	上中下	上中下	上中下
越冬代	———	———	△△△ 　　　+++	△△△ ++					
第1代				●	●●●				
				———	———	———	———	———	———

注：●卵、－幼虫、△蛹、＋成虫。

> **生活习性与危害**

浙江省4月上旬栗芽开始萌动，越冬幼虫即恢复取食危害。栗树抽梢时，被害芽形成虫瘿。各虫均隔离寄居，一室1虫。虫瘿形态略呈圆瘤状，大小视瘿内寄居的幼虫数量而定，多者大些，少者小些，一般直径为1.0~2.5cm。瘿内虫室室壁木质化，较坚硬。每个虫瘿内寄生幼虫1~13头，以2~5头为多。幼虫发育成熟后，即在瘿瘤室内化蛹。

初化蛹为乳白色，渐变为黄褐色，复眼红色；近羽化时全体黑褐色，腹面略呈白色。蛹历期15~20d。

雌蜂羽化后，在瘿瘤内滞居10~15d，待卵巢发育成熟后，即咬一个约1mm的圆孔，从虫瘿中钻出。雌蜂多在6:00~10:00弃离瘿瘤，爬至栗叶上，栖息3~5min后，即可飞行，飞行能力不强。昼间大部分时间在树冠上爬行，夜间静栖于栗叶背面。无趋光及补充营养习性。雌蜂平均寿命为3（1~5）d。

栗瘿蜂无雄蜂，均行孤雌生殖。雌蜂爬出瘿瘤后不久，即可产卵。产卵前雌蜂边爬行，边频繁地摆动触角，上翅双翅，寻觅适宜产卵的栗芽。多择栗枝顶端，发育健壮的栗芽产卵。常从顶芽开始，向下连续选5~6个栗芽产卵。产卵时，多从栗芽中部将产卵管刺入芽内，每芽一般产2~3粒卵。产卵活动多在白昼7:00~17:00进行，卵历期约15d。

幼虫孵化后，即在栗芽内蛀害。经短时间摄食，产生较虫体稍大的虫室。虫室边缘组织肿胀，逐渐形成瘿瘤。幼虫即在虫瘿内生活50d左右。

> **害虫发生发展与天敌制约**

栗瘿蜂的天敌以寄生蜂为主，据调查，寄生蜂种类达20余种，其优势虫种为中华长尾小蜂。该蜂一年发生1代，以成熟幼虫在寄主瘿瘤的虫室内越冬。在浙江地区栗林内，4月下旬至5月上旬雌蜂羽化。雌蜂寿命5d左右。雌蜂产卵于寄主体表或瘿瘤的虫室壁上。中华长尾小峰幼虫附着于栗瘿蜂幼虫体表，吸食寄主体液，致其死亡。该蜂是栗瘿蜂幼虫的专主性寄生天敌，对栗瘿蜂种群数量的增长起重要的制约作用。其他寄生小蜂尚有绿长尾小蜂、栗瘿刻腹小蜂、栗瘿光肩小蜂、玫瑰广肩小蜂、栗瘿旋小蜂和栗瘿蜂绵旋小蜂等。

> **发生、蔓延和成灾的生态环境及规律**

栗瘿蜂分布广泛，幼虫潜食板栗等树芽，形成虫瘿，多发生于树冠茂盛，通风透光较差，细弱枝条较多的栗株，天敌种类及其种群数量较少的林分。纯栗林、密林和阴坡林分被害较为严重，虫瘿较多；大树较小树，树冠下部较中上部被害较重。

成虫飞翔和幼虫、蛹借助接穗枝条的人为携带，进行区域内和远距离传播蔓延。

3 杨白潜叶蛾（白杨潜叶蛾） *Leucoptera susinella* Herrich-Schaffer

分类地位：鳞翅目 Lepidoptera 潜蛾科 Lyonetiidae
主要寄主：毛白杨、欧美杨、箭杆杨、小青杨、银白杨、大关杨和中东杨等多种杨树。
地理分布：国内：新疆、内蒙古、黑龙江、吉林、辽宁、陕西、山西、河北、河南、安徽、江苏、浙江、贵州；国外：日本、俄罗斯和西欧一些国家。

➢ 危害症状及严重性

杨白潜叶蛾幼虫潜入寄主叶内，窜食叶肉，致使被害部位中空，形成黄色、棕黄色或黑褐色虫斑。严重发生时，被害叶上虫斑相连，满冠枯焦叶，大量害叶提前脱落地面，严重影响光合作用（图1-6）。该虫危害对寄主树体，特别是苗木、幼树生长发育影响较大。

图1-6 棕黄色虫斑及被害叶，常脱落地面

➢ 形态鉴别

成虫：体长3.0～4.0mm，翅展8.0～9.0mm。体银白色，具光泽。头部白色，头顶乳黄色，具一束白色毛簇。复眼黑色，近半球形，常为触角基部的鳞毛覆盖。胸部白色。前翅银白色，有光泽，前缘近中央处，有1条伸向后缘的波纹形斜带，其中央黄色；两侧亦有1条褐色纹；后缘角有1条近三角形的斑纹，其底边及顶角黑色，中间灰色，沿此纹内侧有1条类似缺环状、开口于前缘的黄色带，两侧亦有1条褐线纹。后翅披针形，银白色，缘毛极长。腹部圆筒形，白色。

幼虫：体长约6.5mm，黄白色。体扁平，头部及每节侧方有3根长毛。头部较窄，口器褐色，向前方突出。触角3节，其侧后方各具2个黑褐色单眼。前胸背板乳白色。体节明显，以腹部第3节最大，后逐渐缩小。

➢ 生活史

杨白潜叶蛾在浙江地区一年发生5代，多数以蛹在树干裂缝，极少数以蛹在被害叶上越冬。翌年4月上旬杨树放叶后,越冬代成虫开始羽化。4月下旬出现第1代幼虫危害。第2代幼虫开始出现世代重叠现象。该虫完成一个世代,需经30~35d的生长发育。10月上旬第5代幼虫发育成熟,先后吐丝化蛹越冬。

➢ 生活习性与危害

成虫具趋光习性。成虫羽化时,咬破蛹壳和茧钻出,先在叶片基部停息片刻。成虫羽化当天即可交配。交配多在白昼进行,以午后12:00~16:00为盛,历时约20min。交配后的雌蛾,静栖叶面约30min后,边爬行边寻找适宜的产卵场所,多择叶片正面主、侧叶脉两侧产卵,以侧脉旁为多,4~7粒卵排成行,多与叶脉平行分布或5~10粒成块状。卵扁圆形较小,仅0.3mm,一般肉眼难以发现,每头雌蛾产卵50粒左右。第1代卵期约10d;第2~4代为5~10d。

卵经5~10d发育,孵化为幼虫,孵化率较高。卵块中的卵粒均在同一天孵化。初孵幼虫从卵壳底部蛀入叶内,潜食叶肉,形成虫斑。幼虫靠体节的伸缩移动。幼虫不能潜越主脉取食,仅少许成熟幼虫可潜穿侧脉取食。初期虫斑多呈圆形或椭圆形,日渐扩大。从正面视叶,被害部位多呈黄色,致使被害叶成黄绿色的"花叶"。幼虫边蛀边将虫粪排于虫斑内,虫斑由黄色渐变成棕黄色或黑褐色。常见2~3头幼虫潜居同一片叶内,日久毗邻的2~3个虫斑,连成一个黑褐色大斑。常见一个大斑占据1/3~1/2的叶面积,整片被害叶呈焦枯状,多脱枝而飘落地面,少许留存树冠。

除第5代幼虫外,其余各代幼虫发育成熟后,即从被害叶正面咬孔钻出,爬至叶背,寻找化蛹场所。化蛹前幼虫头部左右摆动,并吐丝结"工"字形黄白色小茧,并在其内化蛹。蛹历期各代略有差异,但7~13d内可完成发育。第5代幼虫发育成熟后,多数在寄主树干裂缝处,极少数在被害叶上结茧越冬。茧多结于树干阳面。树皮光滑的幼苗和幼树未见越冬虫茧。

➢ 害虫发生发展与天敌制约

苹果潜蛾姬小蜂和潜蛾姬小蜂是该虫幼虫期的主要天敌,对其种群数量增殖起一定的压制作用。

➢ 发生、蔓延和成灾的生态环境及规律

单一树种的纯林、通风透光较差的郁闭林和疏于管理的林分,发生较为严重。成虫飞翔和以卵、幼虫和蛹借助移植或调运,可区域内和远距离扩散蔓延。

4 柑橘潜叶蛾（橘叶潜蛾）*Phyllocnistis citrella* Stainton

分类地位：鳞翅目 Lepidoptera 叶潜蛾科 Phyllocnistidae
主要寄主：柑橘、柚、柠檬、金橘等。
地理分布：国内：柑橘产区均有发生；国外：日本、印度、越南、斯里兰卡、印度尼西亚等国。

➢ 危害症状及重要性

柑橘潜叶蛾幼虫潜入柑橘等树嫩叶，蛀食表皮下叶肉组织，形成蜿蜒的银白色坑道（图 1-7）。坑道内排塞虫粪，在其中央形成一条黑线，导致叶色苍白，卷缩畸形，致使叶片光合作用效率降低，重者造成大量落叶，或诱发溃疡病害。少数幼虫蛀害嫩枝，影响柑橘树的正常生长。

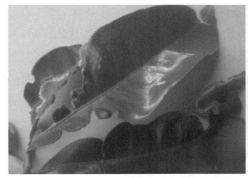 

图 1-7　蜿蜒坑道（左）；叶片卷缩畸形（右）

➢ 形态鉴别

成虫：体长约 2.0mm，翅展 5.3mm。体、翅银白色。触角丝状，14 节。唇须向上弯曲。前翅披针形，翅基有 2 条基部相接的黑色纵纹，约为翅长之半，一条近翅的前缘，另一条位于翅中，在翅的中后部有一个"Y"字形的黑纹；近翅顶角有一个黑色圆斑，前缘中部至外缘有密集的黄色缘毛。后翅针叶形，缘毛较前翅长。

幼虫：体长约 5.0mm。体扁平，纺锤形，淡黄色。胸腹部每节背面中线两侧，各有 2 个凹陷孔，腹部末端尖细，具一对细长的尾状物。

➢ 生活史

在我国柑橘产区的年发生代数，各地略有不同，自北向南依次递增。在浙江地区为一年发生 9~10 代，至两广地区一年发生多达 14~15 代。以幼虫和蛹在被害叶内越冬，世代重叠。翌年4月底至5月上旬越冬代成虫羽化，5月中下旬第1代幼虫开始危害。全年7~9月是幼虫蛀害盛期。10月以后，幼虫种群数量降低，幼虫和蛹先后进入越冬状态。

➢ 生活习性与危害

柑橘潜叶蛾成虫多在清晨羽化，白昼多潜伏于树冠枝叶间或林下杂草灌木丛中，夜间开始活动。成虫羽化后1~2d开始交配。交配后的雌蛾，在夜间20:00~4:00产卵。夏季雌蛾多择长3~4cm小枝上的嫩叶叶背中脉两侧处产卵，卵多为散产；而秋季9月以后，则多产于叶正面。每叶产卵数多为10粒以内，较少产10粒以上。成虫寿命5~8d。

卵历期较短，一般经1~2d发育，即可孵化为幼虫。初孵幼虫从卵底啮破叶表皮，潜入叶内，蛀食叶肉。初龄幼虫取食量较小，坑道长度不到1cm。3龄幼虫取食量增大，坑道多迂回曲折。幼虫边向前蛀食，边向后排粪，在坑道中央积聚，常形成一条黑色线样粪便带。4龄幼虫取食量渐减。发育成熟时，多数幼虫潜到叶片边缘或沿叶片边缘蛀食，致使被害叶边缘向叶面卷缩，部分被害叶的坑道表皮破裂，形成各种形状的空洞。全年以夏秋季受害最为严重，常见被害株上众多的扭曲树叶和树下脱落的被害叶。

幼虫发育成熟后，被害叶叶缘部分内卷，幼虫即在坑道内吐丝，结一薄茧化蛹。

➢ 害虫发生发展与天敌制约

白星啮小蜂是柑橘潜叶蛾的优势天敌。害虫的整个危害季节几乎皆有该蜂寄生，对该虫种群数量起重要的制约作用。

寄生菌有球孢白僵菌，寄生柑橘潜叶蛾幼虫。

➢ 发生、蔓延和成灾的生态环境及规律

柑橘潜叶蛾幼虫潜食芸香科 Rutaceae 的柑橘等树嫩叶，国内柑橘产区发生普遍，多发生于经营管理不善、品种较多、树龄参差不齐、抽梢多而不整齐，又不及时修剪的林分。苗圃和幼林发生较为严重。

成虫飞翔和以各虫态随苗木、幼树的人为携带、调运，进行区域内和远距离的扩散蔓延。

5 茶梢尖蛾 *Parametriotes theae* Kuznetzov

分类地位： 鳞翅目 Lepidoptera 尖蛾科 Cosmopterygidae
主要寄主： 油茶、山茶、茶、油桐。
地理分布： 国内：江苏、安徽、浙江、福建、江西、湖南、广东、广西、四川、云南和贵州；国外：日本、俄罗斯和印度。

➢ 危害症状及严重性

茶梢尖蛾幼虫潜食寄主叶肉，排出黄褐色粪便，聚积叶内，致使叶面呈现黄褐色潜斑，多数为一叶 1 斑；少数为一叶 2~3 斑。幼虫还转蛀叶柄基部和嫩梢，被害处下方叶片上，常附有黄褐色粉状粪粒和蛀屑，致使被害嫩梢和叶片迅即失水而枯萎，形成早期枯梢和枯叶。

➢ 形态鉴别

成虫：体长 4.0~7.0mm，翅展 9~14mm。体灰褐色，具光泽。触角丝状，约等于体长，基部较粗。唇须镰刀形，向两侧伸出。前翅狭长，灰褐色，翅面散生许多小黑鳞。翅中央近后缘处，有一个较大的椭圆形黑斑，离翅端 1/4 外还有一小黑点，具有较长的缘毛。后翅狭长，呈尖刀形，基部淡黄色，端部灰黑色，缘毛灰黑色较长。

幼虫：体长 7.0~9.0mm。头部较小，棕褐色，胸、腹各节黄白色。体被稀疏的细短毛。趾钩呈单序环，臀足趾钩呈缺环。

➢ 生活史

茶梢尖蛾在浙江地区一年发生 1 代，以幼虫在寄主叶内或害梢内越冬，翌年 3 月上旬越冬代幼虫恢复取食活动。4 月中旬转蛀入新梢危害。8 月中旬至 9 月下旬为越冬代蛹期。8 月下旬至 10 月上旬为越冬代成虫期。9 月中旬始见第 1 代卵。9 月下旬、10 月初始见第 1 代幼虫在叶内钻蛀危害。

➢ 生活习性与危害

茶梢尖蛾成虫全天均能羽化，但以夜间羽化为多。羽化初期多为雄虫，而后期多为雌虫，雌雄性比近于 1：1。成虫羽化后，迅速爬离害梢坑道，白昼静栖于羽化孔附近的梢上，入暮后开始交配、产卵等系列活动。两性成虫多在夜间 21：00~23：00 时交配，历时近 1h。成虫具趋光习性，飞翔能力较弱。成虫寿命为 3~10d。

交配后的雌蛾，多择生长健旺的稀疏林，在其林缘的寄主树冠外围产卵，多产于枝梢的叶柄与腋芽之间，或芽与枝干之间。卵单产或 2~5 粒卵为一纵列，初产卵为乳白色，3d 后呈淡黄色。每头雌蛾约产 50 粒卵。卵历期约 15d。

幼虫集中于 8：00~10：00 孵化。孵化后 30min 左右，初孵幼虫多从叶背，啮破下表皮蛀入叶内，以蛀入孔为中心，向四周潜食叶肉，边蛀边将黄褐色的虫粪排聚于叶内，致使叶面呈现黄褐色近圆形潜斑。被害叶一般为一叶有 1 个潜斑，少数为 2~3 个潜斑。被害叶枯死后，幼虫转移至毗邻的健康叶片继续蛀害。当日平均气温上升至 13℃左右时，幼虫随之弃离被害叶，转蛀邻近的萌动芽或展 2~3 片嫩叶的健康嫩梢，致使被害梢迅即失水而枯萎，形成早期枯梢。4 月下旬至 5 月初，被害寄主叶片均已展开，茶梢渐木质化。据在浙江省淳安县姥山林场观察，幼虫先咬破嫩梢表皮，边啃咬边吐丝，缀取表皮碎屑成一薄丝盖，覆盖于侵入孔。幼虫从侵入孔钻入，向下钻蛀至新梢基部，幼虫随后又转向上蛀食，坑道细而弯曲，长达 5~10cm，宽 1~3mm。被害梢多呈畸形粗肿，逐渐枯萎。每头幼虫可钻蛀 2~3 个嫩梢。被害梢中，幼虫不断将粪便清除出排粪孔外，并以新排出的粪便堵塞排粪孔，以防天敌侵入。日久排粪孔下方的叶片上常堆有虫粪。

幼虫发育成熟后，即将排粪孔扩大成直径约 1mm 的近圆形羽化孔，随即吐丝结网膜封住孔口，在羽化孔下方的坑道内，咬制一内壁光滑的蛹室，随后在其内结茧化蛹。初化蛹为黄色，羽化前呈褐色。蛹历期 20d 左右。

> **害虫发生发展与天敌制约**

茶梢尖蛾长体茧蜂是茶梢尖蛾幼虫的主要寄生蜂。球孢白僵菌是该虫幼虫期的寄生菌。茶、油茶林中蜘蛛种类较多，结小网捕食茶梢尖蛾成虫和幼虫，其中优势种为细纹猫蛛。这些天敌对该虫的发生及其种群数量的增长起重要的压制作用。

> **发生、蔓延和成灾的生态环境及规律**

茶梢尖蛾幼虫潜食油茶等树木叶肉及嫩梢。在油茶林多发生于生长旺盛的林分，被害程度一般为疏林重于密林；阳坡重于阴坡；林缘及树冠外围重于林内及冠中。

成虫飞翔和以幼虫、蛹随接穗人为携带，或植株移植作区域内和远距离的扩散蔓延。

第二节 种实及嫩梢钻蛀性害虫

6 旋纹潜叶蛾 *Leucoptera scitella* Zeller

分类地位： 鳞翅目 Lepidoptera 叶潜蛾科 Phyllocnistidae
主要寄主： 杨树、板栗、苹果、海棠、白梨、山楂等。
地理分布： 国内：新疆、宁夏、陕西、山西、辽宁、河北、河南、山东、安徽、浙江、四川和贵州；国外：欧洲一些国家。

> **危害症状及严重性**

旋纹潜叶蛾幼虫蛀入寄主树叶内，取食叶肉，蛀成的坑道多呈螺旋形，粪便充塞其中，外观多显现出近圆形或不规则的螺纹状褐色斑纹（图1-8）。发生严重时可致被害树早期大量落叶，是我国林木和果树上的重要潜叶害虫。

> **形态鉴别**

成虫（图1-9）：体长约3mm，翅展约5mm，体银白色。前翅狭长，基半部银白色，端半部橘黄色，前缘及翅端有7条褐色纹，其中顶端第3~4条呈放射状；后翅披针形，浅褐色。前、后翅缘毛较长。

幼虫：体长4~5mm，体略扁，淡黄白色。头部褐色，前胸背板分左右2块，栗褐色或黄棕色。胴部节间较细，略呈念珠状。后胸及第1~2腹节两侧各有一条管状突起。

图1-8 被害叶上的潜斑

图1-9 旋纹潜叶蛾

> **生活史**

旋纹潜叶蛾在浙江地区一年发生4代。据陈秀龙等在板栗上观察，以幼虫在枝、干树皮缝隙或枝叉处结茧化蛹越冬。翌年 4 月中旬越冬代成虫羽化，生活史详见表 1-2。

表 1-2　旋纹潜叶蛾生活史（浙江绍兴）

世代	1~3月 上中下	4月 上中下	5月 上中下	6月 上中下	7月 上中下	8月 上中下	9月 上中下	10月 上中下	11~12月 上中下
越冬代	△△△	△△△ ++	++						
第1代		●●	●● — 　△	—— △ +	●● ++				
第2代					—— △ △△ +++	—			
第3代						●●● —— △△△ +++	———		
第4代						●●●	● —— ——— — △△	△△△	△△△

注：●卵；—幼虫；△蛹；+成虫。

> **生活习性与危害**

越冬代成虫于 4 月中旬至 5 月上旬羽化。全天均能羽化，但以 8∶00 左右羽化数量为多。成虫活动均在昼间进行，中午前后较为活跃，夜间静栖于寄主叶背或树枝上。成虫多在树冠枝间作短距离的波浪式飞翔，在阳光反射下常出现微弱的银色闪光。两性成虫羽化当天即可交配产卵。成虫具趋光习性，其寿命为 5d 左右。

交配后的雌蛾多择寄主叶背主、侧脉两侧产卵。卵多为散产。初产卵为乳白色，后变为灰白色。每雌产卵量为 40 粒左右。卵历期 7~10d。

幼虫孵化后，即从卵壳底部叶片的下表皮潜入叶内，啮食叶肉，被害处叶表初呈黄褐色的小斑点。随后幼虫在被害的叶片内，螺旋形窜食叶肉，残留表皮。边蛀边将粪便排塞于坑道内，致使被害处形成黑褐色、近圆形斑块。随着被害叶内幼虫种群密度增高，虫龄增加，斑块数量增多，由小逐渐扩大，常 2~3 个斑块连成一个不规则的大型斑块。被害株虫口密度高时，一片叶中分布有数个斑块，或连或断，致使被害叶枯萎脱落，严重影响被害株的光合作用。幼虫历期 26d 左右。

幼虫发育成熟后，从虫斑的一角咬孔爬出。爬出后，随即吐丝下垂至下部叶片

（多数）、小枝（少数）或随风飘荡至较远些的叶片（多数）、小枝（少数）结茧化蛹。茧略呈纺锤形，外覆以白色丝幕。1~3代幼虫多在叶上化蛹，而第4代（越冬代）幼虫多在主干、粗枝缝隙内，结茧化蛹越冬。

➢ 害虫发生发展与天敌制约

白附姬小蜂和旋纹潜蛾小蜂均能寄生旋纹潜叶蛾的幼虫和蛹，自然寄生率较高，是该虫的主要天敌，在降低害虫的种群数量上起重要作用。

➢ 发生、蔓延和成灾的生态环境及规律

旋纹潜叶蛾幼虫潜食板栗等林木、果树的叶片叶肉，多发生于经营管理粗放、林下落叶未及时清理、林内植株树干及树枝裂缝和翘皮较多的林分。林中广谱性杀虫剂使用不当，大量杀伤白附姬小蜂等优势天敌，致使该虫常猖獗发生并形成灾害。

成虫飞翔和以卵、幼虫等虫态随苗木、幼树的移植、调运，作区域内和远距离的扩散蔓延。

7 苹梢鹰夜蛾 *Hypocala subsatura* Guenee

分类地位： 鳞翅目 Lepidoptera 夜蛾科 Noctuidae
主要寄主： 柿树、苹果、梨和栎树。
地理分布： 国内：内蒙古、辽宁、河北、河南、山西、陕西、甘肃、江苏、浙江、山东、福建、广东、云南、贵州、西藏、海南和台湾；国外：日本、印度和孟加拉国等。

➢ 危害症状及严重性

1、2龄幼虫蛀害柿树顶芽，被害芽内、外充塞和附有深绿色细粒状虫粪，致使顶芽成90°弯曲，迅速枯萎，苗木顶端优势遭到破坏，侧芽多发，产生大量劣苗；因致幼树嫩梢枯萎，故本书将其列为钻蛀性害虫。3龄后幼虫吐丝将叶片纵卷成半筒形，藏于其中，取食叶肉，形成众多残叶枯梢（图1-10）。据调查，从日本引种的甜柿苗木和幼树，株被害率分别达90.6%和69.8%。幼虫还钻蛀果实，有待进一步研究。

图1-10 日本甜柿苗木顶芽及叶片被害状

> **形态鉴别**

成虫（图1-11左）：体长17.5~22.0mm，翅展30.0~35.0mm，体棕褐色。复眼灰褐色，具许多小黑斑。触角丝状，一侧具排列成簇的灰白色柔毛。下唇须斜向下伸，形如鹰嘴。头胸背面密披黄褐色毛和鳞片。前翅棕褐色，距翅基1/3处、近前缘具一块黄褐色鳞片组成的大斑块；外缘线由6~7个弧形纹组成；内横线棕色，波形，中部外凸；缘毛灰褐色。后翅棕黑色，中室后有一小黄色回形条纹；翅中和外缘中部各有近圆形黄斑；臀角处有一小黄斑；缘毛黄色。腹部密被黄色毛，背面各节3/5处，从前端始密被灰黑或黑色毛，形成黄、白相间的半环。

幼虫（图1-11右）：体长25.0~33.0mm。幼虫随龄期不同，体色等变化较大。1~3龄幼虫，头部均为黑色，体淡黄色。1龄虫胴部白色，背线不明显；2龄虫胴部呈淡黄色，背线黑褐色；3龄虫胴部变为土黄色，背线、气门上线和气门线均为黑褐色，亚背线淡黄色；4龄虫头部变成黄红色，胴部为黄绿色，气门线稍红色；5龄虫头部呈橘黄色，胴部棕褐色，背线、亚背线均变成黄褐色，气门上线呈微红色。幼虫腹足趾钩为单序中带。

图1-11　苹梢鹰夜蛾（左：成虫；右：4~5龄幼虫）

> **生活史**

在浙江地区，一年发生2代为主，少数3代，世代重叠。以蛹居土茧内越冬。翌年5月上旬，在柿园中出现成虫。生活史详见表1-3。

表1-3　苹梢鹰夜蛾生活史（1991—1992年杭州富阳）

世代	3月	4月	5月	6月	7月	8月	9月至翌年2月
	上中下	上中下	上中下	上中下	上中下	上中下	上中下
越冬代	△△△	△△△	△△△ + + +	+			
第1代			●●● — — —	● ● — — △△△ + +	— △△ + +		

(续)

世代	3月 上中下	4月 上中下	5月 上中下	6月 上中下	7月 上中下	8月 上中下	9月至翌年2月 上中下
第2代				●● 　— 　△	●●● ——— △△△ +++	—— △△△ +	
第3代						●●● ———	● — △△△

注：●：卵；—：幼虫；△：蛹；+：成虫。

> **生活习性与危害**

成虫多在夜间20：00～21：00时羽化，飞翔能力较差。昼间皆潜伏于寄主附近的杂草、灌木叶背，趋光性较弱。雌雄性比为1：1。成虫寿命为13～17d。

雌蛾均在夜间产卵，卵均散产，多产于树冠上部，占总产卵数的78.0%，下层树冠占22.0%。卵半球形，卵壳表面具28～35条纵棱状线纹。初产卵乳白色，后变成黄绿、粉红和红褐色，近孵化时变成灰褐色。林间调查6株日本甜柿被害苗表明，树冠上卵多分布于嫩叶和叶背面，其次是老叶和叶正面、嫩梢上，卵分布规律详见表1-4。林间定株观察，卵孵化率为64.3%。室内个体和群体饲养，孵化率分别为40.0%和57.1%。据第1代卵观察，平均历期为5.8（4～8）d。1992年5月8日，调查8株平均树高为76.5cm、平均地径为1.03cm的日本甜柿苗，平均具卵19（8～37）粒。产于叶上卵，每叶有卵1～4粒。

表1-4　苹梢鹰夜蛾卵的分布规律

供试株号	调查卵数（粒）	嫩叶		老叶		调查卵数（粒）	叶背		叶面		嫩梢	
		卵数（粒）	比例（%）	卵数（粒）	比例（%）		卵数（粒）	比例（%）	卵数（粒）	比例（%）	卵数（粒）	比例（%）
1	30	17	56.7	13	43.3	30	18	60.0	8	26.7	4	13.3
2	30	10	33.3	20	66.7	30	20	66.7	10	33.3	0	0.0
3	30	29	96.7	1	3.3	30	10	33.3	18	60.0	2	6.7
4	30	18	60	12	40	40	15	37.5	19	47.5	6	15.0
5	30	14	46.7	16	53.3	30	24	80.0	4	13.3	2	6.7
6	30	14	46.7	16	53.3	30	23	76.7	6	20.0	1	3.3
$\bar{x}$	30	17	56.7	13	43.3	31.7	18.3	59.0	10.8	33.5	2.5	7.5

幼虫孵化时，从卵侧面啮破卵壳而出。初孵幼虫爬至嫩梢顶端，蛀入顶芽和梢端，取食芽苞和蛀食嫩梢，致使顶芽或梢顶迅即呈90°弯曲而枯死。被害芽内外充塞和附有深绿色的细粒状虫粪。3龄幼虫弃离害芽，下爬取食嫩叶。取食前幼虫吐丝将甜柿叶缘缀紧，虫体匿居其中，先食卷叶尖端，渐向后食，食尽后再向下转移，整个幼虫期转叶危害7~8次。虫口密度高时，被害株形成大量秃枝。幼虫行动敏捷，受惊扰时，1~3龄幼虫常吐丝下坠，随风飘荡迁移；4~5龄幼虫常左右扭曲虫体，后退，并弹跳坠地，迅速爬离。5月上旬，正值甜柿花蕾期，初龄幼虫取食花蕾，致花蕾未开即萎。室内饲养和林间定株观察显示，该虫第一代幼虫历期为17~22d，其中1、2、3、4和5龄分别为4d、4~5d、4~5d、4~6d和2d。

林间幼虫发育成熟后，钻入土内，在距地表2cm左右处，吐丝连结细土粒，结茧化蛹；而室内饲育的幼虫发育成熟后，如阻其入土，常吐丝缀紧2片甜柿叶，虫体藏于其中化蛹。第1代蛹历期平均为8.7（8~10）d。

> **害虫发生发展与天敌制约**

黑广肩步甲幼虫捕食苹梢鹰夜蛾幼虫。甜柿林中捕食幼虫的还有大山雀。

> **发生、蔓延和成灾的生态环境及规律**

苹梢鹰夜蛾对不同砧木、接穗组合嫁接的苗木，危害存在着显著差异。1991年7月12日，对柿属5种18个类型砧木，与日本'次郎''富有'2个接穗组合的嫁接幼苗上的幼虫数目进行调查，结果表明：砧木为油柿、接穗为'次郎'的日本甜柿品种嫁接苗，未发现有苹梢鹰夜蛾幼虫侵害，而野柿和君迁子与'富有'甜柿品种嫁接的苗木，危害较重。

林间调查发现，甜柿苗圃或幼林中，密植的苗木或幼树发生较为严重，反之较轻；管理粗放，杂草灌木丛生的苗圃或林地发生较为严重，反之较轻。

成虫飞翔和卵、幼虫随接穗人为携带，可进行区域内和远距离的扩散蔓延。

8 杉梢小卷蛾 *Polychrosis cunninghamiacola* Liu et Pai

分类地位：	鳞翅目 Lepidoptera 卷蛾科 Tortricidae
主要寄主：	杉木。
地理分布：	国内：安徽、江苏、浙江、福建、江西、湖北、湖南、广东、广西、四川。

> **危害症状及严重性**

杉梢小卷蛾幼虫从杉木主、侧梢顶芽蛀入，被害梢先枯黄，后呈火红色（图1-12）。被害主梢年高生长量减少50%，主梢被害后造成无头；或萌生几个枝条致成多头；或形成偏冠等，常致树干扭曲，严重影响杉树的高生长和材质。3～5年生幼杉林受害率较高，7年生以上杉林一般不受害。

图1-12 被害梢枯黄

> **形态鉴别**

成虫：体长4.5～6.5mm，翅展12～15mm。体暗灰色。触角丝状，各节背面基部杏黄色，端部黑褐色。下唇须杏黄色，向前伸，第2节末端膨大，外侧有褐色斑，末节略下垂。前翅深黑褐色，基部有2条平行斑，向外有"X"形条斑，沿外缘还有1条斑，在顶角和前缘处分为三叉状，条斑均为杏黄色，中间有银条。后翅浅黑褐色，无斑纹，前缘部分浅灰色。前、中足黑褐色，胫节具3个灰白色环状纹；后足灰褐色，跗节上有4个灰白色环状纹。

幼虫：体长8.0～10.0mm。体紫红褐色，头、前胸背板及肛上板均为棕褐色，每节中间有白色环。

> **生活史**

杉梢小卷蛾每年发生的代数因地而异，一般为一年发生2～5代。在浙江地区的杉木林中，一年发生2～4代，以蛹在枯梢中越冬。翌年3月底4月初，越冬代成虫开始羽化。4月中旬至5月为第1代幼虫危害期。4月下旬至5月中旬为第1代蛹期，5月中下旬第1代成虫开始羽化。5月下旬至6月下旬为第2代幼虫危害期。全年以第1、2代幼虫发生的种群数量最多，危害最烈。第2代幼虫开始，发育不整齐，大部分幼虫于6月中旬化蛹，少部分幼虫处于滞育，延迟至7月下旬与第3代幼虫同时化蛹，出现世代分化、重叠现象。7月上旬至8月下旬为第3代幼虫危害期，8月上旬至9月中旬为第4代幼虫危害期。第3、4代幼虫种群数量较少，危害较轻。

> **生活习性与危害**

成虫白昼羽化，其中越冬代成虫多在10：00～12：00羽化；第1、2代成虫多在6：00～8：00羽化。成虫羽化后，蛹壳一半遗弃于枯梢的羽化孔内，另一半露于孔外。成虫从蛹壳钻出后，轻振双翅，展翅后，即爬至近邻的健康杉梢上静伏。白昼成虫多隐匿于杉梢的针叶丛中，遇惊即飞遁。成虫交配、产卵等活动均在夜间进行。成虫具趋光习性。成虫羽化 1~2d 后开始交配。交配前雌蛾静栖不动，雄蛾则在其两边不断飞行。几分钟后，雄蛾落于雌蛾尾部旁，仍不断振翅。雌蛾随之竖起双翅，两虫尾部渐渐靠近。交配历时 10~30min。交配后，雌、雄蛾各自静息近 30min，随后飞离。交配后第 2d，雌蛾开始产卵，多择林分密度较小、阳光充足、生长良好的 3~5 年生幼杉树，在当年嫩梢针叶背面主脉边缘产卵，卵均散产。一般一梢 1 卵；极个别嫩梢多达 7~8 粒，多系第 2、3 代雌蛾所产。每头雌蛾的产卵量为 40~55 粒。

初产卵为扁椭圆形，白色透明，胶汁状；近孵化时色泽变深，呈黑褐色。镜下观察，卵壳表面具网状花纹。卵历期 7~8d。

卵发育成熟后，多于清晨 5：00~6：00 孵化。初孵幼虫在嫩梢上爬行 10min 后，沿着嫩梢的针叶边缘啃食叶肉。3 龄前幼虫取食 2~3 枚针叶，仅食部分叶缘，取食量较少，排出的粪粒细而少。3 龄后幼虫蛀入嫩梢内取食，边蛀边将深褐色的粪粒排至蛀孔外。此时取食量增大，排出的粪粒粗而多，呈红褐色，多堆聚于近梢尖的针叶基部。3~4 龄幼虫较活跃，爬行迅速，具转梢危害习性。每头幼虫可转移 1~2 次，危害 2~3 个嫩梢，以 2 梢为多。幼虫多在晴天的午后转移，钻出被害梢后，多数爬至毗邻杉枝的嫩梢；少数吐丝下垂，借助风力飘至他枝嫩梢。幼虫每转移 1 次，约需爬行 1h，寻找适宜的场所蛀入。以 3~4 龄幼虫转移为多，5~6 龄幼虫行动迟缓。一般一梢仅潜居 1 头幼虫。被害梢内坑道长约 2.0cm。

幼虫发育成熟后，在被害梢距梢顶约 5.0cm 处，预先咬蛀一羽化孔，旋即在孔下枯梢内，吐丝结长约 8.0mm 的薄茧，化蛹其中。

> ### 害虫发生发展与天敌制约

杉梢小卷蛾天敌种类较多，卵期有松毛虫赤眼蜂、拟澳洲赤眼蜂、杉卷赤眼蜂；幼虫期有广肩小蜂、桑蟥聚瘤姬蜂、川硬皮肿腿蜂。蛹期有杉梢小卷蛾大腿小蜂、黑胫大腿小蜂。幼虫、蛹期寄生菌有球孢白僵菌和黄曲霉等，各代均有寄生，而越冬代寄生数量较多，对害虫的发生和种群数量的增殖起重要的抑制作用。

> ### 发生、蔓延和成灾的生态环境及规律

杉梢小卷蛾幼虫蛀蚀杉木顶芽和嫩梢，取食杉木针叶，多发生于海拔 300m 以下的丘陵、平原地区。林分密度较小，4~5 年生、生长势良好、杉梢较粗壮的杉木林，发生较为严重。发生、受害程度一般为纯林＞混交林；疏林＞密林；阳坡＞阴坡；林缘＞林内。7 年生以上杉木林一般不受害。

成虫飞翔和以幼虫、蛹随幼树的移植作区域内和远距离的扩散蔓延。

9 芽梢斑螟 *Dioryctria yiai* Mutuura et Munroe

分类地位： 鳞翅目 Lepidoptera 螟蛾科 Pyralidae
主要寄主： 马尾松、黄山松、火炬松和油松。
地理分布： 国内：陕西、河北、安徽、江苏、浙江、江西、湖南、四川、广东和台湾。

➤ 危害症状及严重性

芽梢斑螟幼虫钻蛀马尾松等松树雄花梢和2年生球果，引起梢、果萎蔫。被害雄花梢大多折断，当年梢底萌生1~4个不定芽，发育成细弱的嫩梢，导致翌年其上孕育萌生的雄球花变小，小孢子叶球发育不良，大部分花粉败育。被害球果底部，蛀孔外具一片状白色丝盖，果内蛀食一空，无籽粒，夏末秋初坠落地面。该虫对马尾松等松树花粉和良种生产构成严重威胁，是我国马尾松等松树的重要花、果害虫（图1-13）。

图1-13　被害雄花梢及幼果（左：上年陈梢；中：当年新梢；右：幼果）

➤ 形态鉴别

成虫（图1-14左）：体长9.0~12.5mm，翅展20~22mm，体赤褐色。头部褐色，触角暗褐色，具灰褐色鳞片，雄虫基部有束状鳞毛。下唇须第2节至顶端灰黑色，并杂有亮灰色鳞毛。胸部暗褐色，混有黑灰色鳞毛。前翅底色红褐色，基部和亚基区黑褐色，臀区黄褐色，翅室微红黑色。近翅基有一条银色短横纹，内、外横线呈波浪状，银灰色，两横线间有暗褐色斑，靠近翅前、后缘有浅灰色云斑，中室端部具一新月形银色斑，缘毛灰褐色。后翅浅灰色，外缘暗褐色，缘毛淡灰褐色。

幼虫（图1-14右）：体长13.0~20.0mm，体漆黑色，具黑蓝色金属光泽。头部红褐色，前胸背板及腹末两节为黄褐色。体上具较长的原生刚毛。腹足趾钩为双序环，臀足趾钩为双序缺环。

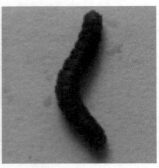

图 1-14　芽梢斑螟（左：成虫；右：幼虫）

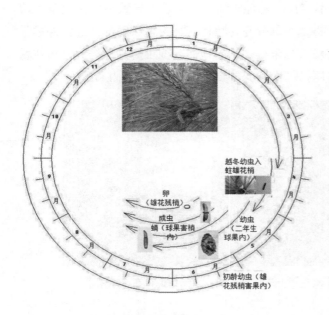

图 1-15　芽梢斑螟生活史

▶ 生活史

芽梢斑螟在浙江省一年发生 1 代，以初龄幼虫在上代蛀害的雄花残梢（多数）和残果（少数），或微红梢斑螟蛀害过的残梢旧坑内（少数）越冬，各虫态的发生期与寄主的发育密切相关。翌年 4 月上旬，马尾松雄花散粉时，越冬代幼虫先后弃离越冬场所，蛀入当年雄花嫩梢内。5 月上旬 2 年生球果逐渐增大，部分幼虫从雄花嫩梢转蛀入球果。5 月中旬至 7 月下旬为越冬代蛹期。5 月下旬至 8 月上旬为越冬代成虫期。6 月上旬至 8 月中旬出现第 1 代卵。6 月中旬后出现第 1 代幼虫，年生活史详见图 1-15。

▶ 生活习性与危害

每年清明节前后，林间日平均气温达 14.2（8.3 ~ 22.1）℃，平均相对湿度达 84.4%（63.7% ~ 95.3%）时，马尾松雄球花迅速生长，中轴延长，其上着生的黄绿色小孢子叶球相互分离，小孢子囊裂开，开始散粉；火炬松嫩梢也抽长至 3.5 ~ 4.7cm。此时，蛰居雄花残梢（上代幼虫蛀害的）内的芽梢斑螟 2 龄幼虫（图 1-16 左），爬离越冬场所，陆续蛀入散完粉的马尾松当年雄花梢或火炬松嫩梢内。幼虫边蛀边将蛀屑排出，粘于蛀孔口的丝网上，形成一个平均面积为 70.6（31.0 ~ 152.0）mm^2 的近圆形的黄白色丝盖（图1-16右），封闭蛀孔口。林间虫口密度高时，一眼望去，被害树冠上众多的白色丝盖十分显眼。

图1-16　越冬2龄幼虫（左）；被害雄花梢白色丝盖（右）

5月上旬，马尾松、火炬松等松树的2年生球果发育，体积逐渐增大，匿居于被害雄花梢内的芽梢斑螟幼虫已发育成3~4龄。此时被害雄花梢平均长度为14.6（6.2~21.4）cm，平均蛀孔直径为2.4（1.1~3.7）mm，其内坑道平均长、宽分别为4.7（1.4~13.1）cm、2.1（1.2~3.0）mm。大多数幼虫遗弃蛀空的雄花梢，转移至邻近的2年生球果。幼虫从球果底部近果柄处钻入（图1-17左），蛀食种鳞和果轴，并在蛀孔外吐丝缀取果柄附近的松针叶鞘和粪粒，成一黄白色片状丝盖，覆盖于蛀孔外。夜间幼虫常爬至蛀孔口，啃食孔沿种鳞，至幼虫发育成熟时，孔径大达3.0~5.5mm。被害果内坑道壁光滑，略呈"U"字形（图1-17右），空无籽粒，仅残存种鳞和薄片状的果轴，成一棕色或灰褐色硬僵果，夏末秋初多数坠落地面。被害果平均纵、横径分别为1.75cm、1.31cm，分别比同期健康果小0.77cm、0.45cm。幼虫具转果蛀害习性，一般1虫转蛀2果。林中无虫的害果率达49.3%。

图1-17　幼虫果底蛀入（左）及被蛀球果（右）

1995年6月上旬，在浙江淳安县姥山林场马尾松种子园调查7年生幼松30株，树冠均具7轮生枝，顶梢为第1轮生枝，向下依次类推，直至树冠最下一轮。结果表明，

7年生马尾松树冠上，芽梢斑螟集中侵害第6、7轮生枝上的2年生球果，球果的被害率达53.6%，幼虫数量占总被害果数的58.8%。种子园内不同无性系依雄花数量有少雄（花）、中雄和多雄之别，芽梢斑螟越冬代幼虫转移后的危害率及其数量分布，随马尾松雄花梢率的增加呈递增的趋势，相关明显。危害率（y_1）和幼虫数量（y_2）与雄花梢率（x）的回归方程式可分别表示为：$y_1=0.660+0.473x$，$y_2=-0.829+0.303x$。

初龄幼虫灰白略带赤色，中龄幼虫渐变成灰黑色，至成熟幼虫，即成漆黑色具金属光泽。5月中旬幼虫发育成熟，大多在被害果，少数在被害雄花梢内化蛹。化蛹前1~2d，停止取食，排尽体内粪便，体呈青蓝色。蛹位于距蛀入孔1~2cm处的坑道上方。初化蛹为红褐色，羽化前变为黑褐色。室内饲养化蛹率为80.0%。蛹历期13~25d。

5月下旬成虫开始羽化，成虫多在白天羽化，每日以16：00~20：00时最盛，占羽化总数的51.6%。羽化后蛹壳仍遗留于原坑道内。林间成虫羽化期的日平均温度为14.4~29.4℃，最适温度为20.1~27.3℃；平均相对湿度为58.7%~99.0%，最适相对湿度为58.7%~84.7%。成虫白天隐匿于树梢针叶丛或林下杂草灌木丛中，黄昏后开始活动，20：00后最活跃。成虫具较强的趋光习性，林间常围绕光源飞舞，扑灯高峰在21：00~23：00。1987年5月14日至6月17日，利用园林诱虫灯，每夜诱捕2h，平均诱捕量为96.9头/次。最高一夜，2h诱捕量达629头。雌雄成虫的性比为1：1.1。成虫需补充营养，室内饲育时如仅供清水，寿命只有3~5d；若饲以蜂蜜，平均寿命为9.4（7~13）d。

交配后的雌蛾多飞往幼虫蛀害过的马尾松雄花残梢上产卵。初孵幼虫钻入残梢坑道内，取食坑壁干枯物质，并吐丝将雄球花散粉后的残留物及粪粒，粘连成疏松的团状物，封住残梢的坑道口。一坑道内栖居1、2和3头幼虫者，分别占总坑道数（n=96）的82.3%、14.6%和3.1%。初孵幼虫发育缓慢，历经9个月，至翌年4月上中旬转蛀健康雄花嫩梢时，仅发育为2龄幼虫。

6月中旬，被害雄花梢萎蔫或枯折后，在断梢或枯梢底萌生数量不等的不定芽（图1-18）。在调查的1068个被害梢中，不萌或萌生1、2、3、4个不定芽的梢数，分别占调查梢数（n=1068）的23.9%、33.7%、32.8%、7.8%和1.8%。不定芽当年发育成质量较差的细弱短梢，松株被害后总枝梢

图1-18　不定芽萌发

数约增加了27.9%，但也有近1/4害梢没有萌发不定芽。芽梢斑螟危害雄花嫩梢，严重影响了寄主的营养生长和冠层结构，也耗费寄主大量养分。10月中旬，在细弱短梢的基部孕育少量簇状雄球花芽，形成发育不良的雄花梢。

研究测定显示，被害雄球花梢上的雄球花平均长径和小孢子叶球平均数量仅分别为健康雄球花梢的33.3%和40.2%（表1-5）；被害雄球花上小孢子叶球平均纵、横径分别为健康雄球花的61.8%和71.1%（表1-6）；健康雄球花和被害雄球花上小孢子叶球的平均鲜、干质量分别为0.0630g、0.0110g和0.0191g、0.0048g。被害雄球花上小孢子叶球的平均鲜、干质量仅为健康雄球花的30.3%、43.6%。芽梢斑螟危害造成细弱新梢上萌生的小孢子叶球萎缩，花粉败育（图1-19）。

表1-5 健康雄花梢与被害雄花梢上雄球花的大小比较

项目	测定个数（个）	健康雄花梢（cm、个）	被害雄花梢（cm、个）	被害雄花梢/健康雄花梢（%）
雄球花平均长径	200	5.4	1.8	33.3
小孢子叶球平均数量	200	109.9	44.2	40.2

表1-6 健康雄花梢与被害雄花梢小孢子叶球的大小比较

项目	测定个数（个）	健康雄花梢（cm）	被害雄花梢（cm）	被害雄花梢/健康雄花梢（%）
小孢子叶球平均纵径	100	0.68	0.42	61.8
小孢子叶球平均横径	100	0.45	0.32	71.1

图1-19 健康马尾松雄花梢（左）；被害马尾松雄花梢（右）

随着树龄增加，芽梢斑螟危害日趋严重。8年和23年生的马尾松植株调查显示，马尾松雄花梢平均危害率前者为44.6%，后者为78.9%。芽梢斑螟幼虫持续多年危害，致使马尾松树冠内形成过多细小雄花梢，枝节交错，树冠小而密实，通风透光不良，严重削弱树体长势，极大地制约了雌球花孕育和雄球花的生长发育，影响松花粉及种子产量、质量，造成马尾松花粉生产基地与良种生产基地产出锐减，直至林分衰败，颗粒无收（图1-20）。

图 1-20　受害严重的枝条（左）；树冠（中）及林分（右）

> **害虫发生发展与天敌制约**

　　林间芽梢斑螟种群数量变动受到天敌制约。绒茧蜂单寄生于芽梢斑螟幼虫体内，5月上中旬蜂蛆发育成熟，从寄主体内钻出，寄主仅剩头壳和表皮。4~5d后蜂蛆在寄主残骸旁结一长径4.7~6.5mm、横径1.0~2.4mm的圆筒形白茧，蛹历期13~14d。5月中旬、6月下旬至7月上旬和9月中旬为成虫羽化期。成蜂寿命3~5d。在林间该蜂的自然寄生率达21.4%，是芽梢斑螟的优势天敌。

　　松小卷蛾长体茧蜂为幼虫内寄生。每头寄主体内寄生2~15头蜂蛆。寄生初期，寄主外部形态和活动能力与正常幼虫难以识别。蜂蛆发育成熟后，寄主胴体开始肿胀，行动迟缓，蜂蛆钻出寄主表皮，群聚尸旁，各结灰白色丝茧，自然寄生率达7.8%。

　　寄生芽梢斑螟幼虫的寄生蜂尚有黑胫大腿小蜂和舞毒蛾黑瘤姬蜂等。

> **发生、蔓延和成灾的生态环境及规律**

　　芽梢斑螟幼虫钻蛀马尾松等松树的雄花梢及2年生球果，多发生于种子园、花粉生产基地。害虫发生的种群数量与寄主树龄有密切的关系。5年生前的马尾松等松树雄花、球果数量少，芽梢斑螟种群数量低，危害甚轻；随着树龄增高，雄花和球果数量增多，害虫猖獗成灾的可能性随之增高。尤其是20年生以上、树冠密实、通风透光较差的植株受害最为严重。

　　成虫飞翔和幼虫、蛹通过人为携带和调运寄生的接穗和球果，进行区域内和远距离的扩散蔓延。

10 微红梢斑螟（松梢螟、松球果螟、松梢斑螟）*Dioryctria rubella* Hampson

　　早期研究中，我国南方马尾松林，特别是种子园发生的该虫，在相关文献里多被误述为松梢螟 D. splendidella Herrich-Schaffer。

> **分类地位**：鳞翅目 Lepidoptera 螟蛾科 Pyralidae
> **主要寄主**：马尾松、黄山松、黑松、火炬松、湿地松、华山松、云南松、思茅松、赤松、红松、油松、樟子松、晚松、长叶松、日本五针松和加勒比松等松科松属的多种松树。
> **地理分布**：黑龙江、吉林、辽宁、陕西、山西、河北、河南、北京、山东、江苏、安徽、浙江、福建、江西、湖北、湖南、广东、广西、四川、贵州、云南、海南和台湾；国外：日本、朝鲜半岛、菲律宾、俄罗斯。

▶ 危害症状及严重性

微红梢斑螟越冬代初龄幼虫蛀食马尾松休眠芽（冬芽），被害芽内充塞白色粉粒状蛀屑，芽基外堆聚蛀屑，被害芽多呈黄褐色枯萎状（图1-21）；中龄后幼虫钻蛀以主梢为主的嫩梢和球果。幼虫蛀害主梢致其枯折，造成侧梢丛生，树冠呈平截状，或一侧梢替代主梢向上生长，形成弯曲树干，不能长成通直良材；蛀害球果致其畸形籽瘪，种子产量、质量下降。该虫是我国亚热带地区分布广泛，危害较烈的一种松树梢、果害虫。

图1-21 马尾松冬芽被害状

▶ 形态鉴别

成虫（图1-22左）：体长10.0~14.0mm，翅展19~29mm，体灰褐色。头圆形浅灰褐色，头后部鳞片竖立。触角雌雄异形，雄蛾锯齿状，基节膨大，柄节基部有1个黑鳞，鞭节细呈锯齿状，其一侧有细毛；雌蛾鞭节灰色呈线状无纤毛，其余部分似雄蛾。下唇须向上弯曲，第1、2节灰褐色，第3节深褐色。腹部各节基部深褐色，边缘浅灰褐色。前翅底色灰褐色，翅面夹杂深浅不同的玫瑰红褐色，前缘玫瑰红色，内缘红褐色，中室端部有一灰白色肾形大斑。基线有交错的红褐色、黑褐色和浅灰色鳞片。亚基线灰色，外侧有一排黑鳞毛。内横线灰色呈波纹状，向翅中室一侧有1个小白斑；外横线浅灰色，近翅前缘和后缘两侧直伸中室，中域暗褐色，向外缘伸出三角形尖。外缘线灰色，内侧有一排黑点，缘毛褐色。后翅浅灰色，缘毛浅灰色。

幼虫（图1-22右）：体长19.0~26.5mm，体淡褐色。头和前胸背板赤褐色。胸、腹部浅褐色，背线和亚背线明显暗色。体表具较多的褐色毛片，其上生有1~2根细毛。

腹部各节有对称毛片 4 对，背面 2 对较小，两侧 2 对较大。

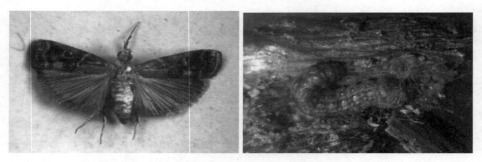

图 1-22　微红梢斑螟（左：成虫；右：幼虫）

> **生活史**

微红梢斑螟在河南一年发生 2 代，浙江 2～3 代，广西 3 代。据在浙江省淳安县观察，以初龄幼虫在休眠芽或中老龄幼虫在枯梢中越冬。翌年 3 月下旬各龄幼虫出蛰，分别从越冬场所转蛀嫩梢，恢复取食活动。生活史详见表 1-7。

表 1-7　微红梢斑螟生活史（1989—1900 年浙江淳安）

世代	3月 上 中 下	4月 上 中 下	5月 上 中 下	6月 上 中 下	7月 上 中 下	8月 上 中 下	9月 上 中 下	10月 上 中 下	11月至翌年2月 上 中 下
越冬代	－ － －（芽内） － － － － － －（枯梢、转蛀嫩梢）　　　　△ △ △ △ △ △ △ △（2年生枝内）　　　　　　＋ ＋ ＋ ＋ ＋ ＋ ＋								
第1代	· · · · · ·　　　　　　－ － －　　　－ － － － － －（嫩梢、2年生球果）　　　　　　　　△ △ △　△ △ △　△ △（嫩梢）　　　　　　　　　　　＋ ＋ ＋ ＋ ＋ ＋ ＋								
第2代	· · · · · ·　　　　　　　　　　　－ － － － － － 　 － － －（梢中）　　　　　　　　　　　　　　　△ △ △（梢内）　　　　　　　　　　　　　　　　　＋ ＋ ＋								
第3代	· · ·　　　　　　　　　　　　　　　　　　－ － － － －（芽、枯梢）								

注：● 卵；— 幼虫；△ 蛹；+ 成虫。

> **生活习性与危害**

在浙江地区,微红梢斑螟越冬代幼虫,虫龄参差不齐,部分初龄幼虫钻蛀马尾松休眠芽,被害芽平均芽长为3.43(1.15~6.55)cm,平均基径0.54(0.30~0.89)cm。休眠芽被蛀食一空,内充塞白色粉粒状蛀屑,蛀孔外芽基处常堆聚蛀屑,被害芽逐渐枯萎死亡。据在浙江省淳安县国家马尾松良种基地调查,株被害率达23.0%,主梢休眠芽被害率达17.7%。休眠芽枯萎后,幼虫随即转移,危害邻近的健康休眠芽。调查显示,林中被害休眠芽的无虫率达48.3%。

3月中下旬,马尾松健康休眠芽开始萌发,向上延伸,生长成嫩梢。被害芽内2~3龄和枯梢内中老龄幼虫均转蛀马尾松嫩梢。幼虫多择较粗壮的嫩梢危害。据76个被害梢解剖统计,1梢内寄生1、2、3和4头幼虫者,分别占总梢数的90.8%、6.6%、1.3%和1.3%。被害马尾松嫩梢平均长度为10.84(2.72~29.54)cm,平均直径为0.30(0.19~0.52)cm,被害梢和健康梢平均基径分别为0.99cm和1.27cm。被害梢坑道圆筒形,充满粪粒和蛀屑(图1-23)。3龄幼虫开始转梢危害,林中无虫的被害梢率达57.0%左右。林间调查发现,寄主松种不同,被害株坑道平均体积亦不同,其大小顺序为:黑松>湿地松>马尾松>火炬松(表1-8)。6月上旬马尾松嫩梢高生长停止,越冬代幼虫均完成其发育。

图1-23 微红梢斑螟蛀道

马尾松主梢被害枯折,一侧梢替代主梢向上生长,形成弯曲树干;火炬松主梢遭害后,几个侧梢同时生长,形成"丛生"状树冠。表1-9为该虫对3种不同松种主梢的危害情况。

表1-8 不同松种幼虫蛀梢坑道的比较(1989年浙江杭州)

树种	坑道数	平均长度 (cm)	平均直径 (cm)	平均体积 (cm³)
黑松	5	18.74	0.41	2.14
湿地松	15	10.65	0.33	0.91
马尾松	15	10.84	0.30	0.79
火炬松	13	8.22	0.32	0.68

表1-9　微红梢斑螟对3种松树嫩梢的蛀害率（1987年5月12~17日）

树种	树龄（年）	调查株数（株）	平均树高（m）	平均地径（cm）	株被害率（%）	主梢被害率（%）
马尾松	4	102	2.52	5.76	15.7	14.7
黄山松	4	100	1.44	3.22	18.0	8.0
火炬松	11	89	7.33	16.8	22.5	22.5

越冬代幼虫还蛀蚀马尾松轮生枝杈下的主干皮层、边材及火炬松主干皮层，穿凿成不规则的块状坑道，平均面积为13.7（8.0~19.5）cm^2。蛀孔外附有白色树脂并粘附有黄褐色粉状蛀屑。坑道多分布在距地2m以下的主干上。

越冬代幼虫发育成熟后，常向下蛀入距新梢基部约0.3cm的2年生枝梢中。化蛹前，在枝梢上向外咬蛀一羽化孔，在孔下1~3cm处，咬蛀平均长、宽分别为1.6cm、3.8mm的蛹室。羽化孔处有白色薄丝网遮盖。幼虫在蛹室内，头向下，化蛹其中。蛹历期平均为15（12~20）d。

第1代幼虫钻蛀体积增大的马尾松2年生球果，蛀食种鳞和果轴。被害球果外具椭圆形羽化孔，孔径为6.3~8.7mm，果内潜居1~4头幼虫。被害果平均纵、横径为10.8cm、4.2cm，分别比同期健康球果小1.2cm、0.41cm。被害球果中籽粒多为瘪粒，平均千粒重为27.3g，比健康球果籽粒轻15.1g。幼虫发育成熟后均在果鳞中化蛹。

成虫多在白昼羽化，无明显的羽化高峰。室内饲养显示，在8：00~20：00时，每间隔2h统计，羽化率均在14.3%~21.4%之间。成虫羽化后，蛹壳仍遗留在坑道中，不外露。成虫白天静伏于树梢针叶基部，夜晚20：00~22：00时飞翔，具较强的趋光习性。成虫需补充营养，室内饲养表明，如果供饲蜂蜜，平均寿命为11.6（8~16）d；若供清水，仅过5（4~6）d即行死亡。两性成虫交配多在20：00~23：00时进行。交配前，雌雄成虫频繁地振动双翅，并转动触角；雄蛾常围绕雌蛾爬行，并不断摆动腹部。交配后的雌蛾，多择幼虫曾蛀害而枯萎的害梢伤口，或断梢口产卵。卵均散产，卵长约1mm，椭圆形。初产卵为黄白色，3d后逐渐变成樱桃红色，卵历期7d左右。

➢ 害虫发生发展与天敌制约

微红梢斑螟的天敌种类较多，卵期寄生蜂有拟澳洲赤眼蜂，1卵内仅寄生1头蜂。幼虫期的寄生蜂有：①绒茧蜂，寄生寄主体内，单寄生。蜂蛆发育成熟后，在寄主体外结一圆筒形白茧。越冬代微红梢斑螟幼虫的寄生率达23.8%，5月上旬至7月成蜂羽化。②渡边长体茧蜂，雌蜂在松梢周围飞翔，寻找有新鲜蛀屑和虫粪的虫孔，产卵管插入试探几次，然后产卵。1头幼虫可寄生5~23头蜂，越冬代幼虫的自然寄生率达10.3%。寄主5龄前，外部症状、活动能力与正常幼虫区别不大；寄主近成熟时，体变肿，行动迟缓。蜂蛆腹部先从寄主体内钻出，头部仍匿居于寄主体内，2~3d 后，成熟蜂蛆脱离寄主，群集其尸旁各结一白色丝茧。4 月下旬至 5 月下旬、7 月中下旬和 9 月下旬至 10 月中旬出现 3 次成蜂羽化期。③川硬皮肿腿蜂，产卵并寄生于该虫幼虫。另外尚有日本黑瘤姬蜂、舞毒蛾黑瘤姬蜂和球果卷蛾长体茧蜂等。

蛹期的天敌有大腿蜂，5 月下旬和 9 月下旬，林间成蜂羽化，均从寄主头顶部钻出。

幼虫期的寄生蝇有双斑截腹寄蝇。

幼虫期的寄生菌有球孢白僵菌，林间自然寄生率达 1.6%。

各种天敌对微红梢斑螟的发生发展，起重要的制约作用。

➢ 发生、蔓延和成灾的生态环境及规律

微红梢斑螟多发生于马尾松和火炬松等我国本土和国外引进的松种，其中火炬松受害最重。种子园及 15 年生以下的人工幼松林危害较重，特别是 4~9 年、郁闭度小的林分。幼虫喜蛀食生长旺盛的主梢和体积增大的 2 年生球果。

成虫飞翔和以卵、幼虫及蛹随接穗、球果的人为携带和调运，进行区域内和远距离的扩散蔓延。

11　松实小卷蛾（马尾松小卷叶蛾）　*Retinia cristata*（Walsingham）

分类地位： 鳞翅目 Lepidoptera 卷蛾科 Pyralidae
主要寄主： 马尾松、黑松、赤松、黄山松、油松、火炬松、湿地松、晚松和长叶松等松树。
地理分布： 国内：辽宁、山西、陕西、河南、江苏、安徽、浙江、江西、湖南、广东、广西、四川、贵州和云南；国外：日本、朝鲜等国。

➢ 危害症状及严重性

松实小卷蛾幼虫钻蛀马尾松等多种松树嫩梢和 2 年生球果。幼虫蛀害后，被害梢萎黄，呈钩状弯曲，逐渐枯死，影响寄主的高生长；被害球果蛀孔外，具流脂并黏附大量的虫粪和蛀屑，蛀孔突成漏斗状，被害球果成棕色硬僵果，或未成熟提前开裂，一般不脱落，果内空无一籽，造成种子严重减产（图 1-24）。该虫是我国分布最广，危害较重的一种松树梢、果害虫。

图 1-24　被害球果（左：早期流脂状马尾松球果；右：黏虫粪黑松球果）

➤ **形态鉴别**

成虫（图 1-25 左）：体长 4.6~8.7mm，翅展 12.1~19.8mm。体黄褐色或银灰褐色。头赤褐色。复眼赭红色，下唇须黄色。触角丝状，静止时贴伏于前翅上。前翅有黄褐色及银灰色斑纹。在近翅基 1/3 处有较淡的 3~4 条银灰色横纹。翅中央有一很宽的约占全翅 1/3 的银灰色阔带，靠外缘近顶角处有数条短银灰色钩状纹，近臀角处有一椭圆形银色斑，内具 3 个小黑点。后翅灰褐色，无斑纹。雄性外生殖器的尾突长而下垂，雌性外生殖器的交配孔圆形而外露。

幼虫（图 1-25 右）：体长 9.4~15.0mm。体淡黄色，体表光滑无斑纹。头部、前胸背板黄褐色，前胸背板近后缘色较深，呈暗褐色。趾钩单序环。

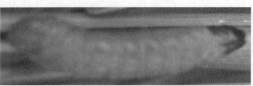

图 1-25　松实小卷蛾（左：成虫；右：幼虫）

➤ **生活史**

松实小卷蛾在浙江地区一年发生 4 代，以蛹在枯梢或被害球果内越冬。越冬蛹于翌年 3 月上旬开始羽化，生活史详见表 1-10。

表 1-10　松实小卷蛾生活史（1988 年浙江淳安姥山）

世代	2月 上中下	3月 上中下	4月 上中下	5月 上中下	6月 上中下	7月 上中下	8月 上中下	9月 上中下	10月至翌年1月 上中下
越冬代	△△△	△△△ +++	△△ +++						

（续）

世代	2月 上中下	3月 上中下	4月 上中下	5月 上中下	6月 上中下	7月 上中下	8月 上中下	9月 上中下	10月至翌年1月 上中下
第1代		● ● ● ● ●	— — — —	— — — △ △	— — △ △ △ +	+ + + + +			
第2代					● ● ● ●	— — — —	— △ △ △ △ △ + + + +		
第3代							● ● ● ●	— — — — △ △ △ + + +	
第4代								● ● ●	— — — — — △ △

注：●卵；—幼虫；△蛹；＋成虫。

> **生活习性与危害**

松实小卷蛾成虫羽化时间为4：00～24：00时，其中羽化高峰为18：00～20：00时，占日羽化总数的29.4%。成虫羽化后，1/3～2/3的蛹壳露出被害球果蛀孔外，许久不落。白天成虫隐匿于松冠针叶基部，或林下杂草灌木枝叶丛中，稍受惊扰，即刻起飞逃遁。停息前先迅速爬行一段距离，找到适宜处所后，随即静止不动。成虫黄昏后开始活动，21：00后最为活跃，飞翔迅速，阴沉闷热天气，常成群地在被害松冠上空飞翔。成虫具趋光习性，常围绕光源飞舞，扑灯时间多在21：00～23：00时。成虫羽化当天即能交配，交配时间长达10h左右。成虫平均寿命为5.8（4～9）d，雌雄性比为1：1。雌蛾将卵散产于针叶及球果鳞片上。卵椭圆形，长约0.8mm。初产卵黄白色，半透明，近孵化时呈红褐色。每头雌蛾产卵35粒左右。据第1代卵观察，历期约为12d。卵孵化率达80%左右。

初龄幼虫爬行迅速，3月下旬至4月底，第1代幼虫大多钻蛀平均长29.2（17.0～42.5）cm、平均底径5.6（3.5～8.5）mm的当年生嫩侧梢。幼虫爬至嫩梢的上半部，蛀入前先吐丝，并啃食梢皮，将碎屑黏附于丝网上，从网内蛀入梢中，3个月后蛀入髓心。被害梢内坑道平均长7.1（2.4～16.4）cm，平均宽2.4（1.7～3.3）mm。坑道内壁粗糙不平，其内充塞淡黄色虫粪和白色凝脂。蛀孔以上的被害梢逐渐萎黄，呈钩状弯曲而枯死（图1-26）。被害梢内匿居幼虫1~3头。

图1-26　被害梢钩状弯曲　　图1-27　被害枯果（左）；健康果（右）

5月初，马尾松2年生球果逐渐膨大，部分第1代幼虫从被害梢先后转移至球果危害，多从球果中、上部蛀入，蛀孔外具流脂并粘附大量虫粪和蛀屑，致蛀孔突成漏斗状。幼虫蛀食果轴和部分种鳞，坑道内充塞黄褐色虫粪和白色凝脂，被害果内潜居幼虫1~3头。蛀后3~4d，被害果即萎蔫，成棕褐色枯果，一般不脱落（图1-27左）。被害果平均纵径仅1.42（0.98~20.0）cm，平均横径为1.16（0.89~1.89）cm。第1代幼虫蛀害率最高，球果平均被害率达26.8%，被害球果内空无一籽。第1代幼虫历期约30d。第3~4代幼虫主要钻蛀马尾松球果的种鳞。

林间采集15个被害球果，经测定，被害果种鳞平均总面积为909.3（636~1494）mm^2，而蛀食的平均总面积达73.8（22.5~217）mm^2，占种鳞总面积的7.7%（2.4%~16.2%）。图1-28为第4代幼虫蛀害马尾松球果种鳞的危害状及钻蛀方向（实物影印图，图中黑块为蛀食面积）。第4代幼虫蛀害的球果与健康球果的平均纵、横径差异不显著，但严重影响种子的产量和质量（表1-11）。幼虫具转梢、转果危害习性。据第1代幼虫调查，林中害梢、害果中的无虫率分别达55.0%和76.6%。

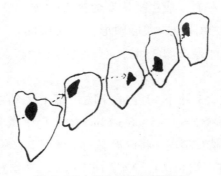

图1-28　幼虫蛀食种鳞顺序

表 1-11　幼虫蛀害球果与同期健康球果比较

处理	测定果数	平均纵径（cm）	平均横径（cm）	平均籽粒数（粒）	平均千粒重（g）
健康果	25	4.05 （2.90~5.35）	2.26 （1.75~2.69）	34.4 （19~49）	9.1 （5.5~12.4）
虫害果	25	3.83 （2.75~5.09）	2.26 （1.84~2.89）	27.8 （5~62）	7.5 （4.9~10.2）

1~3代幼虫成熟后，在被害果中，大多斜向蛀入果轴内，结长8.0~11.0mm的黄白色丝茧，静伏其中。2~3d后化蛹，蛹纺锤形，长6~9mm，茶褐色，腹末具3个小齿突。第1代蛹平均历期为15.1（14~18）d。10月中旬后，第4代幼虫在害梢、害果中化蛹。据在浙江省淳安县国家马尾松良种基地调查，6年和16年生松株分别具447、1431个球果，前者每株球果平均蛀害率为35.6%（13.5%~65.5%），后者为47.9%（34.0%~68.0%）。树龄增加，幼虫种群密度增大，球果蛀害率亦随之增高。

> **害虫发生发展与天敌制约**

松实小卷蛾卵期寄生蜂有拟澳洲赤眼蜂，1卵内仅寄生1头蜂。

幼虫期的寄生蜂主要种类有：①绒茧蜂，单寄生于寄主体内。蜂蛆发育成熟后，钻出寄主体外，结长圆形白茧。林中6月下旬至7月下旬、8月和9月中旬至10月中旬出现3次成蜂羽化，此时正是寄主第2、3和4代幼虫期。成蜂期与寄主幼虫期吻合，成蜂多在6：00~22：00羽化，以10：00~14：00羽化最多。成蜂寿命2~3d。②松小卷蛾长体茧蜂，每头幼虫寄生1~8头茧蜂。蜂蛆发育成熟后，钻出寄主体外，群聚尸旁，各结一灰白色丝茧。寄生蜂寄生率达26.4%，对该虫种群数量变动起重要的抑制作用。

寄生蝇有松小卷蛾寄蝇。

> **发生、蔓延和成灾的生态环境及规律**

松实小卷蛾危害多种松属树种。幼虫蛀蚀嫩梢和球果，是人工幼松林和种子园中习见的一种梢、果害虫。该虫在温度较高及林况杂乱、生长不良的林分中发生较严重，从危害程度及种群数量比较，以我国南方的松类受害最为严重，北方则种群数量相对较少，受害亦较轻。

成虫飞翔和卵、幼虫、蛹随接穗、球果人为携带及调运，进行区域内和远距离的扩散蔓延。

12 油松球果小卷蛾 *Gravitarmata margarotana*(Hein.)

分类地位：鳞翅目 Lepidoptera 卷蛾科 Pyralidae
主要寄主：马尾松、黑松、油松、赤松、红松、云南松、华山松、白皮松、湿地松、长叶松等松树。
地理分布：国内：陕西、山西、甘肃、河北、河南、安徽、江苏、浙江、江西、广东、四川、贵州和云南；国外：日本、朝鲜、俄罗斯、法国、德国、土耳其和瑞典等国。

▶ 危害症状及严重性

油松球果小卷蛾幼虫蛀害马尾松等松树雌球花，致花呈灰褐色，花外附极细的褐色粪粒，造成雌球花枯萎；钻蛀嫩梢，致梢枯黄，或钩状弯曲，在枯梢下端继续萌发新梢，致使树冠呈"扫帚状"，干形弯曲，成林不成材（图1-29）；钻蛀球果，致果黑褐僵硬，不脱落。该虫是我国马尾松等松林的重要种实和嫩梢害虫，严重影响种实产量、质量及寄主的高生长。

图 1-29 嫩梢被害后呈钩状弯曲

▶ 形态鉴别

成虫（图1-30上）：体长 6.0~8.0mm，翅展 16.0~20.0mm。体灰褐色。唇须细长向前伸，第2节不膨大，末节长而略下垂。触角丝状，各节密生灰白色短绒毛，组成环带。复眼暗褐色，突出呈半球状。前翅由灰褐、赤褐和黑褐色3种不同颜色的片状鳞毛，相间组成不规则的云状斑纹，顶角处有1弧形的白色斑纹；后翅灰褐色，外缘暗褐色，缘毛淡灰色。雄蛾外生殖器的抱器中部有明显颈部，主要由腹面向上凹。抱器端略呈三角形，两边都生有刺，表面有许多毛。阳茎短粗，有阳茎针多枚。雌蛾外生殖器的产卵瓣宽。交配孔圆形而外露，有囊突2枚，1长1短。

幼虫（图1-30下）：体长 12.0~20.0mm。头及前胸背板赤褐色，胸、腹部粉红色。体表具致密的羊皮革状纹。

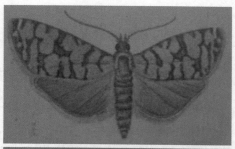

图 1-30 油松球果小卷蛾
（上：成虫；下：幼虫）

> **生活史**

油松球果小卷蛾在浙江地区为一年发生1代，以蛹居土茧内，在寄主附近的表土层中越冬。生活史详见表1-12。

表1-12　油松球果小卷蛾生活史（1992年杭州）

世代	1~2月 上中下	3月 上中下	4月 上中下	5月 上中下	6月 上中下	7月 上中下	8月 上中下	9~12月 上中下
越冬代	△△△	△△△ ++	+					
第1代			·· ———	· ——— △△	△△△	△△△	△△△	△△△

注：·卵；—幼虫；△蛹；+成虫。

> **生活习性与危害**

3月中旬马尾松开始抽梢，油松球果小卷蛾成虫开始羽化，羽化时间为04：00~20：00，每日羽化高峰在10：00~12：00，羽化数占全日羽化总数的53.6%。成虫羽化期的日平均温度为9.4（2.9~19.2）℃，日平均相对湿度为84.5%（71.0%~96.0%）。雄蛾先于雌蛾羽化。成虫白天均隐栖于林下杂草、灌木丛中，夜间19：00~23：00活动，以21：00~22：00最为活跃。成虫飞翔多呈波浪式，多在日落后的旁晚开始飞翔。成虫具趋光习性。两性成虫羽化后次日夜间，即可交配，交配历时1.5h左右。雌蛾多择松针或球果表皮上产卵，均散产。成虫羽化、产卵期长短，受气候影响较大，一般晴天高温低湿情况下，成虫羽化产卵较集中；反之，在阴雨低温高湿条件下，成虫羽化产卵期不集中，拖延时间较长。成虫平均寿命为13（5~23）d，雌蛾略长于雄蛾。

卵扁椭圆形，长约0.9mm。初产卵为乳白色，卵壳半透明。2d后卵变为乳黄色，8d后呈红褐色。孵化前卵的一端出现黑点，即为初孵幼虫头部，体呈新月形，集中于卵的一侧，卵期为15~20d。

4月上旬，马尾松雌球花顶部芽鳞张开，球鳞呈茄红色时，刚孵化不久的油松球果小卷蛾幼虫，开始钻蛀珠被和珠心。雌球花逐渐萎缩枯死。被害雌球花外，常附有极细的褐色粪粒，用手一捏，花即碎。被害雌球花纵径仅5.0~8.0mm，横径3.0~4.0mm。初孵幼虫还蛀害嫩梢，多从距梢端平均长6.5（2.0~15.1）cm处蛀入。被害梢内蛀道平均长6.8（1.2~15.7）cm，平均宽2.3（1.0~4.0）mm。

4月中旬开始，幼虫从害梢转蛀2年生体积增大的马尾松球果。幼虫多从球果基部下方蛀入，蛀孔外附有红褐色虫粪。幼虫蛀食果轴周围的种鳞。蛀孔周边的种鳞先失绿干枯，最后整个被害球果呈黑褐色僵硬果，但不脱落。幼虫一般转移2~3次。首次、第2次和第3次转移蛀害的球果，平均纵径分别为1.5cm、1.7cm和1.9cm。4月下旬至5月下旬是该虫危害球果的盛期。据1987年5月14~28日调查显示，在浙江省杭州市长乐林场，45株2~5m高的马尾松树冠上1777个球果平均每株球果被害率达24.4%；树冠各方位嫩梢上的球果平均被害率，以顶梢最高为35.8%，东西南北向嫩梢为18.8%~22.5%。

5月中旬，油松球果小卷蛾幼虫发育成熟，吐丝下垂坠地，钻入浅土中结茧化蛹，5月下旬为下树盛期。茧外大多黏附有小土粒，茧的一头具一裂缝。蛹期长达10个月。

油松球果小卷蛾各虫态的发生进程与自然界中的动、植物物候发生有一定的相关性。表1-13为浙江省开化县该虫发生与当地物候的相关关系。

表1-13　油松球果小卷蛾发生进程与动、植物物候的关系（1986—1991年）

时间（旬/月）	节气	发生进程	动、植物物候
中/3	惊蛰后春分前	成虫开始羽化、产卵始期	紫玉兰含苞待放；白玉兰花萎，瓣落；杨柳发芽；迎春花、油菜花、桃花盛开；马尾松雄球花小孢子叶球显露
下/3	春分后	成虫羽化、产卵盛期	紫玉兰开花；杜鹃花大部分含苞待放，少许已开；紫荆花含苞待放；马尾松雌球花芽鳞紧包其花
上/4	清明前后	成虫羽化，产卵末期，初孵幼虫出现，开始钻蛀雌球花和嫩梢	紫荆花、樱花开；白玉兰吐芽展叶；青桐长叶；檵木花开；桃花谢；杜鹃花盛开；青蛙鸣叫；马尾松雌球花珠鳞呈现茄红色，雄球花开始散粉
中/4	谷雨前	初龄幼虫继续蛀害雌球花和嫩梢，并开始钻蛀2年生球果	紫玉兰、紫荆、覆盆子、牡丹花谢；含笑花开；油菜结籽；马尾松花粉散尽
下/4	谷雨后	幼虫蛀害球果进入盛期，部分幼虫首次转果危害	含笑花盛开；橘花少数开；柚树含苞；树莓果开始成熟；马尾松雌球花珠鳞全部闭合
上/5	立夏前后	部分幼虫第2次转果危害	橘花盛开；柚树花开；蛇莓果成熟；枇杷果开始发黄；马尾松新梢开始封顶，2年生球果开始膨大
中/5	小满前	少部分幼虫第3次转果危害，少部分幼虫老熟，吐丝坠地入土	枇杷开始成熟，布谷鸟鸣叫。马尾松2年生球果膨大期
下/5	小满后	幼虫全部下树入土化蛹，以蛹越夏越冬	枇杷果成熟。马尾松嫩梢高生长停止

> **害虫发生发展与天敌制约**

油松球果小卷蛾的天敌：卵期有松毛虫赤眼蜂，幼虫期有松小卷蛾长体茧蜂。这2种寄生蜂对害虫种群数量的增长具有重要的制约作用。其他天敌尚有小卷蛾绒茧蜂、卷蛾茧蜂、尺蛾绒茧蜂和球果螟白茧蜂等。

> **发生、蔓延和成灾的生态环境及规律**

油松球果小卷蛾幼虫钻蛀马尾松等松树嫩梢和球果，多发生于松类种子园、良种基地和人工幼松林，其发生规律为：人工林重于天然林；低海拔重于高海拔；山下部重于中部、上部；幼、中龄林重于成、过熟林；球果多的林分重于球果少的林分；疏林重于密林；阳坡重于阴坡。被害松株上，以顶梢上的球果被害率最高。

成虫飞翔和以卵、幼虫、蛹随接穗、球果的人为携带、调运，进行区域内和远距离的扩散蔓延。

> **四种梢、果害虫危害期及症状的比较鉴别**

本节连续叙述了马尾松等松林中芽梢斑螟、微红梢斑螟、松实小卷蛾、油松球果小卷蛾四种蛀梢、果害虫的林间危害规律，现将四种害虫的危害期及外部症状比较、整理成表 1-14、表 1-15，以便鉴别被害松林中发生的梢、果害虫种类，为防控提供依据。

表 1-14　四种蛀梢害虫危害期及症状的比较

害虫种类	主要蛀梢期	外部症状	害梢平均底径（mm）	蛀孔至梢顶平均长度（cm）	坑道平均长度（cm）	坑道平均宽度（mm）
芽梢斑螟	4月上旬至5月中旬	蛀害雄花梢。蛀孔外具黄白色丝盖。蛀孔以上梢萎黄、下垂或折断，梢基当年萌生细梢	14.6（6.2~21.4）	5.2（3.6~7.1）	4.7（1.4~13.1）	2.1（1.2~3.0）
微红梢斑螟	3月初至10月，以3~6月最烈	蛀孔外附黄白色蛀屑及黄褐色粪粒，梢枯黄，始直立，不久折断，一般不弯曲	33.7（17.3~73.1）	8.2（6.0~13.2）	10.8（2.7~29.5）	3.0（1.9~5.2）
松实小卷蛾	5月下旬至6月中旬	蛀孔以上梢萎蔫，呈钩状弯曲，蛀孔外具白色凝脂	29.2（17.0~42.5）	5.6（3.5~8.5）	7.1（2.4~16.4）	2.4（1.7~3.3）
油松球果小卷蛾	4月上旬至5月下旬	蛀孔以上梢枯萎，呈钩状弯曲，弯梢部分长达 2.0~8.0cm，易折断	19.0（6.4~29.1）	4.0（2.2~5.9）	6.8（1.2~15.7）	2.3（1.0~4.0）

表 1-15　四种蛀果害虫危害期及症状的比较

害虫种类	主要蛀果期	被害果大小	害果外部症状	害果内部症状
芽梢斑螟	5月上旬至8月底	平均纵、横径分别为1.8cm、1.3cm	球果底具黄白色丝盖，覆于蛀孔外，成棕色或灰褐色硬僵果，多坠地	蛀成"U"字形，残存片状果轴和种鳞。空无籽粒。手捏即碎
微红梢斑螟	5月中旬至8月中旬	平均纵、横径分别为10.8cm、4.2cm	被害果多畸形，蛀孔位于果的中下部，孔口洁净。被害果外具椭圆形羽化孔	籽粒多为瘪粒。成虫羽化，蛹壳遗留种鳞内
松实小卷蛾	5月中旬至10月中旬	平均纵、横径分别为1.4cm、1.2cm	球果中上部蛀孔外流脂并粘附大量虫粪和蛀屑。蛀孔突成漏斗状。棕褐色枯果，遗留树冠，不坠地。蛹壳大部分裸露羽化孔外	坑道内充塞褐色虫粪和白色凝脂。果内空无一籽
油松球果小卷蛾	4月下旬至5月下旬蛀果盛期	当年生被害果平均纵、横径为1.5cm、1.2cm；2年生被害果平均纵、横径为1.9cm、1.4cm	当年生被害果蛀孔外流脂并附黄褐色虫粪，呈黑褐色硬僵果；2年生被害果多数干缩；少数扭曲、畸形	坑道不光滑，坑内充塞粪粒，内无籽粒

13 栎实象（柞栎象）*Curculio dentipes* Roelofs

分类地位：鞘翅目 Coleoptera 象虫科 Curculionidae
主要寄主：麻栎、栓皮栎、白栎、青冈栎和从国外引种的弗吉尼亚栎及纳塔栎。
地理分布：国内：黑龙江、吉林、辽宁、陕西、河北、北京、河南、山东、安徽、江苏、浙江和四川；国外：日本。

➢ 危害症状及严重性

栎实象幼虫钻蛀麻栎等栎实，种仁被蛀一空，仅残存薄薄的果皮。果皮内充塞大量的褐色虫粪，诱发菌类寄生，对栎实的加工利用及栎树造林造成严重的经济损失（图1-31）。我国该虫发生普遍，是栎树重要的种实害虫。

图 1-31 栎实上蛀孔（左）及其内的虫粪（右）

> **形态鉴别**

成虫（图1-32左）：雌虫体长9.0～13.0mm，体卵圆形，赤褐色，被黄褐色或灰色鳞毛。头半球形，均匀地布满椭圆形刻点。喙细长圆柱形，约8.5mm，着生于头部前方，中央以前向下弯曲，基部黑褐色，端部赤褐色，具光泽；中央具一条隆脊，隆脊从喙的基部延伸至中部即消失。复眼黑褐色，近圆形，位于喙基部的两侧。触角膝状，赤褐色有光泽，11节，着生于近喙基部1/3处，柄节长度约等于索节前4节之和；棒状部4节，紧密连接。前胸背板宽大于长，似梯形，前缘窄、后缘宽、两侧圆，基部浅二凹形，中央有3条纵隆起，形成3条花纹。小盾片近长方形，周围下陷，其上密布灰黄色鳞毛。鞘翅两肩隆起，末端显著收缩，臀板稍外露；腹部基部隆起，末节中间低洼，后缘钝圆，末端有一圈灰黄色毛。鞘翅具稠密的窝状刻点，其上覆盖褐色鳞片，聚集成不规则的斑点或横带。雄虫体长8.0～11.0mm，喙长约4.5mm。触角着生于喙中部，臀板露出。腹部末节有一近于光滑的凹陷的三角区，后缘截形。阳茎端部具3个突起，中央突起较长。腿节下半部膨大，近端部下方有一个三角形齿状突起，突起上排列4个小齿；胫节直；跗节3节，第3节分裂为两瓣；爪具双齿，整个足覆盖稀疏的淡黄色鳞毛。

幼虫（图1-32右）：体长10.0～13.0mm。潜居栎实内的幼虫乳白色，入土越冬的幼虫呈乳黄色。体肥而稍弯曲，多皱褶，体各节有稀疏的刚毛。头部长椭圆形，黄褐色，有光泽。口器黑褐色。

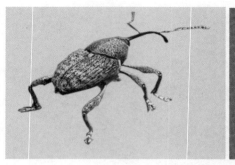

图 1-32 栎实象（左：成虫；右：幼虫）

> **生活史**

栎实象在浙江地区一年发生1代，跨越2个年度。翌年6月上旬，越冬代幼虫发育成熟，开始化蛹。7月成虫羽化，7月下旬至8月中旬成虫从土中钻出，极少数至9月上旬才出土。9月为产卵盛期。10月中旬第1代幼虫发育成熟，陆续弃离被害栎实，钻入土中越冬。

> **生活习性与危害**

成虫羽化后，滞留土室15d左右，待体壁变硬后，用喙钻破土室，开掘隧道，择晴朗天气的白昼从土中钻出。出土后的成虫行动迟缓，选择近旁栎树，沿树干上爬至树冠，多藏匿于果枝叶丛间，一日内以18：00～22：00最为活跃。成虫用口器插入幼嫩栎实内，取食内含物，以作补充营养，通常一粒栎实仅1个取食孔，成虫昼夜均能取食。被害栎实内坑道黑色，多呈辐射状，其深度略等于喙长。成虫受惊扰则从树冠坠落地面，作假死状，持续时间达8min左右。两性成虫多在傍晚交配，呈背负式，交配历时长达1h左右，具重复交配现象。孕卵雌象多择栎实底部，从总苞与栎实交接处，用口器咬蛀产卵孔，旋即调转方向，将产卵器插入，每孔产1粒卵。一般1个栎实产1粒卵，极少产2～3粒卵。雌象产完卵后，即转爬至其他栎实产卵。卵历期4～8d。雌雄性比近1:1。成虫寿命为20～40d，雌象略长于雄象。

初孵幼虫取食栎实子叶皮层，形成宽约1mm的褐色细坑道。2龄后幼虫随着虫龄和食量的增大，蛀道随之向纵深扩大，被害栎实先后坠落地面，幼虫仍居栎实内蛀蚀，因落地栎实中的幼虫发育尚未成熟，需在地面栎实中完成发育。幼虫发育成熟时，栎实被蛀一空，仅残存果皮，内充塞着大量褐色粉状虫粪。9月中旬至10月上旬为幼虫危害盛期，致使栎林中大量栎果落地。幼虫发育成熟后，在栎实上咬蛀一直径约2mm的圆形小孔，弃离栎实并钻入土中，多在离地面约10cm深处，筑长椭圆形内壁光滑的土室，并在其中越冬。

成熟幼虫在土室内化蛹，蛹长约8.0mm，体具褐色刚毛，前胸背板有3排刚毛。化蛹初期为乳白色，以后逐渐变成黄褐色。蛹期约20d。

> ▶ **害虫发生发展与天敌制约**

栎实象的天敌主要为布氏白僵菌，寄生潜入土中的幼虫或滞留土室的成虫。

> ▶ **发生、蔓延和成灾的生态环境及规律**

栎实象幼虫蛀食麻栎等栎实，多发生于稀疏的人工栎林中。孤立木、林缘及老栎树受害较为严重。

成虫飞翔能力较弱，近距离的传播蔓延主要通过成虫爬行；远距离的扩散蔓延借助栎实的人为携带和调运完成。

14　麻栎象　*Curculio robustus* Roelofs

分类地位：鞘翅目 Coleoptera 象虫科 Curculionidae
主要寄主：麻栎、栓皮栎、板栗。
地理分布：国内：北京、山东、江西和浙江；国外：日本。

> ▶ **危害症状及严重性**

麻栎象幼虫钻蛀麻栎等种实，果仁被蛀成坑道，致使种实败育而坠落地面。被害种实外具一个小圆形的蛀入孔，孔口常附有细小的蛀屑（图1-33）。种群密度高时，严重影响种实的产量、质量。

> ▶ **形态鉴别**

成虫（图1-34）：体长5.8～9.5mm，卵形，黑褐色，被覆黄色较宽的鳞片，腹面的鳞片更宽。头和前胸背板密布刻点，前胸背板密集的鳞片，似旋涡形排列。鞘翅中间具一条被覆密而宽的鳞片带。雌虫体较短。喙短粗，基部更粗，长为前胸的2倍；触角着生点之前光滑，之后散布刻点，具中隆线。触角着生于喙基部的2/5处，柄节长等于索节前3节之和，索节第1节短于第2节，余各节均短于第1节。前胸背板宽大于长，前缘微凹，后缘略呈弧形。小盾片舌状，密被较细的鳞片。鞘翅中线之后有一明显的浅色横带。鞘翅具宽而深的行纹10条，每一行纹内有宽鳞片一行，行间扁平。臀板外露。腿节粗，各具一较尖的齿。腹部末节后缘钝圆。雄虫体较长。喙长为前胸的1.5倍。触角着生于喙中间之前。腹部末节后缘截断形。

幼虫：体长 9.0～12.0mm，淡黄色或乳白色，体多皱褶，略弯曲。头部黄褐色，口器黑褐色。前胸背板有 1 个浅褐色蝶形斑痕。

图 1-33　板栗种实的圆形蛀孔　　　图 1-34　麻栎象（仿吕向阳）

> 生活史

麻栎象在浙江省淳安县一年发生 1 代，以成熟幼虫在寄主附近的表土中越冬，生活史详见表 1-16。

表 1-16　麻栎象生活史（浙江淳安）

世代	4月 上中下	5月 上中下	6月 上中下	7月 上中下	8月 上中下	9月 上中下	10月 上中下	11月至翌年3月 上中下
越冬代	— — —	— — —	△	△△△ ++	△△ +++	+++		
第1代				••••	— —	— — —	— — —	— — —

注：●卵；—幼虫；△蛹；＋成虫。

> 生活习性与危害

越冬幼虫栖息于土室中，翌年夏季幼虫发育成熟后，先后在其中化蛹。化蛹时，喙从复眼间伸到体外，向腹面弯曲，并倒置于鞘翅及各胸足之前，腹部末端两侧各具 1 根刺。初化蛹为乳白色，后变成紫红色。蛹经 20d 左右的发育，羽化为成虫。成虫羽化多在夜间及上午。刚羽化的成虫体软，从土室中钻出地面的成虫色浅，行动迟缓，约经 30min 后，体壁变硬，体色变深，呈黑褐色，在地面上爬行。约经 1h 后，成虫多择麻栎林缘植株或孤立木，爬上树冠，多栖身于枝条背阴处或叶背，啃食寄主叶片，进行补充营养，两性成虫方能达到性成熟，进行交配。交配活动多在晴朗天气的午前进行，交配历时 3～5h。成虫善爬，能飞，雄象更甚，其爬行速度每分钟可达 1.5m。

白昼多在树冠枝条背阴面或叶背面爬行，夜间在树冠内外既爬行又飞翔，活动频繁。成虫具向上爬行和假死习性。林间轻振树干，即见成虫从树上坠落地面，作假死状，经 10～20min 后，恢复活动，逃遁他处。成虫寿命因补充营养的树种种类而异，经补充营养后可达 5～35d 不等；而未补充营养的成虫寿命仅 2～5d。

交配后的雌象多择壳斗内表皮上产卵 1～5 粒。孵化后的初孵幼虫蛀入种实后，先在果仁表面蛀蚀，形成细微的坑道，随后蛀入果仁内。在种实的蛀入孔处，常见有细小蛀屑填塞其中，亦有部分蛀屑积于孔外。解剖被害种实，内有幼虫 1～2 头，极少数有 3～4 头。种实败育坠地后，发育成熟的幼虫啮破果皮，爬离危害场所，在地面择疏松土壤，潜入土中，多在距地面 10cm 深的土内构筑土室。土室内壁光滑，并在其中越冬。土室若遭毁坏，幼虫会重建之；若再次遭毁，则无再建之能，幼虫在土中渐渐干瘪死亡。土室为幼虫宜居越冬的必需环境。

> ### 发生、蔓延和成灾的生态环境及规律

麻栎象幼虫蛀食麻栎、栓皮栎种子果仁，多发生于稀疏纯林、林缘、孤立木和老树。

成虫爬行、飞翔和以各虫态随种实的人为携带、调运，可作区域内和远距离的扩散蔓延。

15 栗实象（栗象、栗实象甲）*Curculio davidi* Fairmaire

分类地位： 鞘翅目 Coleoptera 象虫科 Curculionidae
主要寄主： 板栗、茅栗、锥栗。
地理分布： 国内：甘肃、陕西、河南、安徽、江苏、浙江、江西、福建和广东。

> ### 危害症状及严重性

栗实象成虫取食寄主嫩芽、嫩叶和嫩梢皮；幼虫蛀食栗实子叶，坑道内充塞大量虫粪。早期危害，常导致落苞落果；后期危害，被害果虽不脱落，但果实味苦，失去食用价值或发芽率，并易引起发霉腐烂（图 1-35）。该虫是我国板栗产区的重要种实害虫，种群密度高时，栗实被害率达 65%。

图 1-35　栗实被害状

> **形态鉴别**

成虫（图1-36）：雌象体长6.0~9.0mm。体被覆黑褐色鳞片。喙圆柱形，前端向下弯曲，具光泽，长6.5~11.0mm。触角从喙1/3处伸出。雄象体长5.0~8.0mm，触角从喙中间伸出。触角膝状，柄节细长，约等于索节之和，静止时藏于触角沟内。复眼黑色，着生于喙的基部。头与前胸连接处、前胸背板基部两侧、鞘翅上各有一个由白色鳞片组成的白斑。前胸背板密布刻点，鞘翅长为宽的1.5倍，其上有10条由刻点组成的纵沟。鞘翅前缘近肩角处有一白色横条，臀角处有一略呈钩形的白色斑纹；翅长2/5处有一白色横条，横条和斑纹均由白色鳞片构成；翅外缘有白色毛。体腹面覆有白色鳞片，端部被有深棕色绒毛。足黑色细长，腿节呈棍棒状，内缘近下方有齿1枚，跗节3节，具爪1对。

幼虫：体长8.0~12.0mm。头部黄褐色，口器黑褐色。胸、腹部乳白色。体呈镰刀状弯曲，体表多横皱纹，疏生短毛。

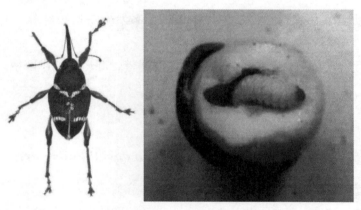

图1-36 栗实象（左：成虫；右：幼虫）（仿吕向阳、王明玉）

> **生活史**

栗实象在浙江地区一年或两年发生1代，前者跨越2个年度；后者跨越3个年度，均以幼虫在地下土室中越冬。一年1代者，翌年6月中下旬开始化蛹，7月上中旬开始羽化，8月林间始见越冬代成虫。9月上中旬为产卵盛期。9月幼虫开始钻蛀危害。10月中旬至11月上旬幼虫发育成熟，钻出栗实而入土越冬。2年1代者，翌年土中幼虫居土室中继续滞育，直至第3年，生长发育进程与一年1代者基本同步。

> **生活习性与危害**

越冬代成虫羽化后，在土室中滞居20d左右，待体壁发育变硬后，择风和日丽的白昼出土。在浙江地区，成虫出土出现3个峰期，即6月中下旬至7月上旬、7月下旬至8月中下旬和8月下旬至9月中旬。出土后的成虫先寻觅花蜜取食，然后取食板栗、茅栗和栎树的嫩叶、嫩芽或嫩枝皮作补充营养，约需8d，方能达到生理后熟。板栗林中如栽有茅栗植株，成虫多择其上取食和活动。成虫较活跃，爬行、取食和交配等活动均在白昼进行，入暮后多停息于栗叶丛中。成虫趋光性不强，具假死习性。

两性成虫多在栗苞或栗叶上交配，呈背负式，历时5~7h。雌、雄成虫可多次交配。交配后次日，雌象即可产卵。雌象多择栗实基部产卵。产卵前雌象在栗苞上用喙刺孔，深入子叶表层，筑成1.0~1.5mm、略呈圆形的刻槽，拔出喙，旋即倒转方向，再将产卵器插入其中产卵。一槽产1粒卵，少数为2~3粒。卵椭圆形，长约1.5mm，初产时透明，近孵化时呈乳浊色。成虫寿命8~17d，雌象略长于雄象。

卵经10~15d的发育，孵化为幼虫。初孵幼虫在栗实子叶表面蛀食，坑道宽约1mm。2龄后随着虫龄增大，蛀食量随之加大，3~4龄坑道宽达7~8mm，坑道容积逐渐扩大，至幼虫成熟时，果脐上方的坑道多略呈半球形，偏于果蒂一方，其内充塞大量的灰褐色粉末状虫粪。栗实采收后，幼虫继续在其内蛀食和发育，危害期长达一个月左右。幼虫发育成熟后，在果皮上咬蛀一个直径2~3mm的圆孔，先后从孔中钻出入土。钻入距地表5~15cm处，筑一长、宽分别为2.0cm、0.7cm的椭圆形、内壁光滑的土室越冬。土室若遭自然或人为毁坏，幼虫可重建一个土室；如再次毁坏，幼虫则缺乏再建能力，逐渐干瘪死亡。

幼虫发育成熟后，在土室内化蛹。蛹长7~11mm。化蛹初期为乳白色，逐渐变为黄褐色，近羽化时为灰黑色。蛹历期18d左右。化蛹期间土室若遭毁坏，蛹则不能羽化。

> **发生、蔓延和成灾的生态环境及规律**

栗实象成虫取食嫩芽、嫩叶和嫩枝皮；幼虫蛀食栗实子叶。在板栗林中多发生于管理粗放，林下杂草丛生，采收栗实不及时、不彻底或林下遗弃较多栗实的栗林。板栗林晚成熟品种受害较为严重。

成虫飞翔能力较差，善爬行。成虫爬行和以卵、幼虫借助人为携带、调运作近距离和远距离的扩散蔓延。

16 立毛角胫象 *Shirahoshizo erectus* Chen

分类地位：鞘翅目 Coleoptera 象虫科 Curculionidae
主要寄主：马尾松、黄山松。
地理分布：国内：浙江、安徽、江西和湖南。

危害症状及严重性

立毛角胫象幼虫蛀害马尾松球果，取食种鳞和果轴，仅残存果壳，蛀孔外常有松脂溢出。被害球果由青绿色逐渐变成黄褐色，最后成灰黑色的皱缩萎果（图1-37）。被害球果一般不脱落地面。危害严重的马尾松林，球果被害率高达70%以上。

图1-37 被害的马尾松球果

形态鉴别

成虫（图1-38）：体长5.1~6.2mm，长椭圆形。体密被褐色和黑褐色鳞片，前胸背板前缘和中部两侧以及鞘翅行间，散布直立鳞片，第3、5和7行间的直立鳞片，较其他行间密。白色鳞片在前胸中部集成，并排成4个小白斑，在小盾片前集成短纵纹，在行间4、5中间之前和行间3中间之后，分别集成白斑，但白斑有时不明显；此外背面还零星散布一些不规则的小白斑和少数单个白色鳞片。头部半球形，喙向后弯。触角细长，柄节端部呈棒状；索节1较粗，长约等于索节2；索节1~4长于索节5~7，棒椭圆形。前胸背板宽大于长，中间之后最宽，基部收缩不明显，后缘浅二凹形，中间向小盾片突出，后缘宽约为前缘的1.5倍。小盾片略呈菱形，中隆不明显，具绵毛，无光泽。鞘翅长为宽的1.5倍，基部向前呈圆形略突出，两侧较平行，3/5之后缩窄，行间较平，行纹细，行纹刻点内各有1细长鳞毛。前足腿节具小齿，中后足腿节齿明显。

图1-38 立毛角胫象

幼虫：体长6.0~7.8mm。黄白色，头部浅褐色。体略呈马蹄形弯曲。

生活史

该虫在浙江地区一年发生1代，以成虫潜居被害球果内越冬。翌年3月底、4月初成虫开始陆续出蛰。4月中旬始见第1代卵，4月中下旬开始出现第1代幼虫。7月至翌年4月下旬为第1代成虫期。林间越冬代成虫与第1代成虫有部分重叠，详细生活史有待深入研究。

➤ 生活习性与危害

3月底、4月初开始，越冬代成虫先后弃离越冬场所。成虫白天多藏匿于石缝、灌木根际等处，飞行、觅食、交配和产卵等系列活动多在夜间进行。成虫具较强的飞翔能力和假死习性，飞行中受惊，即坠地，六足紧缩，贴于腹面，静伏几秒后，迅速飞离。夜间成虫飞往寄主松冠，啃食嫩梢皮作补充营养。交配后的雌象多择当年生小球果，在其种鳞间产卵。被害球果平均长、短径分别为1.1（0.8~1.3）cm、0.7（0.5~0.8）cm。

初孵幼虫从种鳞间蛀入果内，蛀入孔径为1.1~1.4mm。幼虫在果内边蛀食，边将粪便排于内。幼虫发育成熟时，果轴和种鳞被蛀蚀一空，果壳内充塞黄褐色粉末状蛀屑、白色凝脂和圆粒状黄褐色虫粪。幼虫发育成熟后，在果内化蛹。成虫羽化后潜居于被害果内，并越冬。翌年3月底、4月初出蛰，开始弃离被害球果。成虫延续时间较长。林中越冬代后期的成虫常与第1代早期羽化的成虫重叠在一起。2009—2011年连续3年，方建设等在浙江省金华市双龙风景区，应用蛀干类害虫引诱剂，对立毛角胫象成虫进行监测，发现在3月23日至10月12日近7个月间，林间均有成虫活动，其种群数量的时序动态见图1-39。图中显示，林间成虫种群数量的主高峰期为5月11日至6月15日。

该虫生活习性的详尽信息，有待进一步研究揭示。

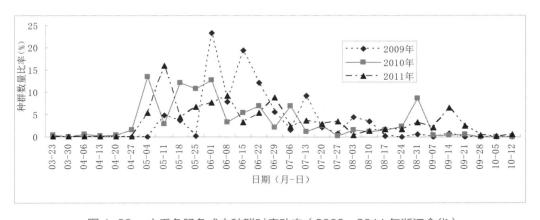

图1-39　立毛角胫象成虫种群时序动态（2009—2011年浙江金华）

➤ 发生、蔓延和成灾的生态环境及规律

该虫多发生于以经营种子为目标的马尾松和黄山松种子园、良种基地，特别是每年只采集健康球果，大量被害的小球果遗留于林内，不作任何处理的园地和基地。马尾松和黄山松用材林、风景林等林分危害较轻。

成虫飞翔能力较强，善爬行。以成虫飞、爬行或以寄生有卵、幼虫或蛹的球果借助人为携带、调运作近距离或远距离的扩散蔓延。

17 板栗剪枝象甲（剪枝栎实象） *Cyllorhynchites ursulus*（Roelofs）

分类地位：鞘翅目 Coleoptera 象虫科 Curculionidae
主要寄主：板栗、茅栗、栓皮栎、麻栎、辽东栎、蒙古栎、小叶栎、槲栎和青冈栎等。
地理分布：国内：吉林、辽宁、河北、河南、浙江、福建、江西和四川；国外：日本和俄罗斯。

▶ 危害症状及严重性

板栗剪枝象甲雌象产卵前，多择距果苞 2~5cm 处啃咬果枝，仅残留部分表皮，致使被害果枝悬挂空中（图1-40），然后爬至果苞上产卵。雌象产卵后，随即咬断果枝。幼虫在坠地的幼果苞中蛀食，苞内充塞黄褐色细虫粪。受害严重的栗林，地面落满被害的果枝及其幼果苞。

图 1-40　被害倒悬的果枝

▶ 形态鉴别

成虫：体长 6.5~8.2mm，体蓝黑色，具光泽，密被银灰色茸毛，疏生黑色长毛。喙约与鞘翅等长，先端宽，中央缩细，背面具明显的中央脊，侧缘有沟。触角11节，端部3节略膨大。雌虫触角着生于喙的1/2处，雄虫触角着生于近喙端部的1/3处。前胸长大于宽，上有小而密的刻点。雄虫前胸两侧各具一个前伸的尖刺；雌虫无。小盾片末端钝圆。鞘翅由肩部向后渐收缩，上有10列刻点纵沟，沟间具颗粒状突起。腹部腹面银灰色。

幼虫：体长 8.6~11.0mm，体黄白色。头部缩入前胸背板内，缩入部分白色，前端露出部分黄褐色。口器黑褐色。体各节及腹部末端皆有一列细密刚毛，体多横皱，常呈镰刀状弯曲。

▶ 生活史

板栗剪枝象甲在浙江地区一年发生1代，以成熟幼虫在土中筑土室越冬。生活史详见表1-17。

表 1-17 板栗剪枝象甲生活史（浙江淳安）

世代	4月 上中下	5月 上中下	6月 上中下	7月 上中下	8月 上中下	9月 上中下	10月 上中下	11月至翌年3月 上中下
越冬代	———	——— △△	△△ +++	+++				
第1代			● ● —	● ● ———	———	———	———	———

注：●卵；—幼虫；△蛹；+成虫。

> **生活习性与危害**

越冬代幼虫发育成熟后，于翌年 5 月中旬在土室中开始化蛹。蛹头顶缝两侧有一对刚毛，喙基部两侧亦有一对刚毛，喙端部有 4 根横列刚毛，腹末具一对褐色尾刺。初化蛹呈乳白色，后变成淡黄色，蛹历期 25d 左右。6 月上中旬成虫羽化出土，下旬为出土盛期。越冬代成虫破土室钻出地面，爬上树冠。成虫昼间活动，夜间静栖于树冠枝叶丛中。成虫白昼寻觅并取食寄主雄花序和嫩果苞，以补充营养。两性成虫经 6~10d 补充营养后，方始交配。成虫可交配多次。第 2 次交配后 2~3d，雌象先择适宜果枝，在距果苞 2~5cm 处啃咬果枝，仅残留部分枝皮，致使果枝及其果苞倒悬于树冠中，随即爬至嫩果苞上，喙向下，腹部翘起，向果苞内咬蛀产卵槽，旋即转体，将产卵器插入槽内。每槽产 1 粒卵，用喙将卵推入槽底，并以果屑堵塞。卵椭圆形，长 1.3mm。初产卵为乳白色，孵化前呈黄色。雌象一生产卵 30~40 粒。成虫交配及雌象产卵多在晴朗天气的傍晚前进行。雌象在倒悬果枝的数个果苞上产卵后，迅即返回果枝上，将其咬断。寄生卵的果苞随果枝坠落地面。1 头雌象可咬剪断 40 余个果枝。成虫飞翔能力不强，以爬行活动为主，晴朗高温的白天活动较频繁。成虫稍受惊扰，头及触角立即竖立，呈警戒状态；若轻振树枝，即从树冠坠地，静息作假死状，1~2min 后逃遁。成虫寿命 6~20d，雌象略长于雄象。

卵在落地的栗、栎苞内发育，经 5~8d 孵化为幼虫。初孵幼虫从卵槽处，沿果苞皮层向果柄蛀食。幼虫钻入种实内，逐渐将其食空，仅残存一果皮，内充塞大量褐色短丝状虫粪及粉末状蛀屑。幼虫历经 30~40d 的钻蛀取食，发育成熟后，在种皮上咬蛀一圆孔爬出。弃离寄主后的成熟幼虫在地面爬行，寻找适宜场所，钻入土内。多择距地表 2~3cm 深的表土层，构筑椭圆形的土室越冬。幼虫从 8 月中下旬脱果入土直至翌年 5 月中旬化蛹，在土中潜栖达 9 个月之久。

> ▶ 发生、蔓延和成灾的生态环境及规律

板栗剪枝象甲幼虫钻蛀多种壳斗科树木的栗、栎实，板栗受害尤为严重，多发生于郁闭度较大，通风透光较差的栗园。栗、栎混栽或栗园周边具有较多的寄主栎树，特别是伴生茅栗的栗林，虫口密度较高，危害较重。

成虫飞翔、爬行和以幼虫借助栗、栎实的人为携带和调运，进行区域内和远距离的传播蔓延。

18 茶籽象甲（油茶象、山茶象、中华山茶象） *Curculio chinensis* Chevrolat

分类地位： 鞘翅目 Coleoptera 象虫科 curculionidae
主要寄主： 油茶、茶。
地理分布： 国内：江苏、浙江、福建、江西、湖北、湖南、广东、广西、四川、贵州和云南。

> ▶ 危害症状及严重性

茶籽象甲成、幼虫均危害油茶和茶树果实，以幼虫为重。成虫以管状喙插入被害果内，取食果汁，亦能啃食嫩梢表皮，成孔洞，致被害果、梢凋萎。幼虫匿居果内，蛀食种仁，致果中空（图1-41），其内充满褐色锯屑状虫粪，被害茶果未成熟，即坠落。该虫危害常造成茶籽减产、嫩梢枯萎，影响油茶和茶的产量和品质，严重发生区被害率达40%以上，是我国油茶、茶产区严重的果、梢害虫。

> ▶ 形态鉴别

成虫（图1-42）：体长7~11mm，黑色或黑褐色，具金属光泽。体稀覆白色和黑褐色鳞片，构成具规则的斑纹。喙暗褐色，细长光滑，仅基部散布刻点，略向下弯曲成弧形。触角长7~11mm，雌虫略长于雄虫，膝状，柄节等于索节头4节之和，棒细长而尖。雌虫触角着生于喙端部的1/3处；雄虫则位于喙的1/2处。复眼圆形。前胸半球形，散生茶褐色鳞毛和刻点。前胸背板后角和小盾片被白色毛斑；鞘翅具纵列刻点和由白色鳞片组成的白斑或横带；近翅缝纵列较稀疏的白色鳞毛；腹面全散布白毛。臀板外露，被密毛。足各腿节末端有一短刺。

幼虫：体长10~12mm。头部黄褐色，体黄白色，肥而多皱，略作"C"形弯曲，背部及两侧疏生黑色刚毛。

图 1-41　油茶果被蛀中空　　图 1-42　茶籽象甲

> **生活史**

茶籽象甲在浙江地区两年发生 1 代，跨越 3 个年度，以幼虫或初羽化的成虫在土中越冬。幼虫在土中生活约 12 个月，至翌年 8～11 月在土中先后化蛹，陆续羽化为成虫。羽化后的成虫仍滞居于土中越冬，直至第 3 年 4～5 月才弃离越冬场所，从土中钻出。林间 5 月中旬至 6 月中旬为成虫活动盛期。5～8 月产卵于果内。幼虫孵化后在果内蛀食，至 9～11 月弃果坠地，入土越冬。

> **生活习性与危害**

茶籽象甲成虫多在傍晚出土。成虫畏强光，喜荫蔽、潮湿的环境。白天成虫多择嫩枝、嫩芽丛中或果实基部枯萎的花序上栖息。成虫飞翔能力弱，具假死习性，振动树干，常见成虫落地。成虫用管状喙插入茶果，吸食果汁，作补充营养，被害茶果表面残留小黑点。成虫经 10 余天的取食，达到生理后熟，两性方能交配。林间多见成虫在果实上交配，以 10：00～17：00 为多。两性成虫可多次交配，首次交配后的雌象，约 10d 后开始产卵。产卵前，雌象用喙，先在茶果上刺一小孔，旋即将卵产于孔内种仁中。卵均散产，每孔产 1 粒卵，一般每果产卵 1～2 次。卵长椭圆形，白色，一头稍尖。直径 7～10mm 的茶果着卵量较多。雌象每天刺果 2～4 个，一生产卵 30～150 粒。

卵经 13～20d 发育，开始孵化，以午后至傍晚期间孵化为多。幼虫共 4 龄。幼虫蛀食种仁，初龄幼虫取食量较小，3 龄后食量增大，常将茶籽蛀食一空，种内充塞着褐色锯末状粪便。1 头幼虫能钻蛀 2～4 粒茶果。幼虫发育成熟后，多在被害果中下部，以果腰和果蒂为多，在其果皮和种壳上，咬蛀孔径 3～4mm 的近圆形小孔，钻出果外，旋即坠落地面，钻入距地 12～18cm 深的土中，构筑表面粗糙、内壁光滑的长椭圆形土室越冬。蛹体长 9～12mm，初化蛹乳白色，近羽化时变成赤褐色。蛹经 30d 发育，羽化为成虫，仍滞留土室内。

出土成虫吸食果汁，幼虫蛀食种仁。幼果被害后造成大量落果。据观察，6 月前落果，多系成虫补充营养后，伤口感染炭疽菌引起；7 月后落果，多因果内幼虫蠹食，果实发育受阻所致。有的被害果虽未脱落，但果内多为瘪籽。该虫的危害严重影响油茶产区茶籽的产量和质量。

➤ 发生、蔓延和成灾的生态环境及规律

由于成虫喜荫蔽、潮湿的生态环境，危害程度为密林重于疏林，老林重于幼林，林间阴坡重于阳坡，坡下重于坡上。被害林内，果径较大、果皮较薄的茶果受害较为严重。未修枝的抚育林重于修枝的抚育林。被害株上常见树冠下部重于树冠上部。

成虫飞翔能力较弱，扩散蔓延主要通过各虫态随茶果的人为携带和调运进行远距离传播蔓延。

19 杉木扁长蝽 *Sinorsillus piliferus* Usinger

分类地位：异翅目 Heteroptera 长蝽科 Lygaeidae
寄主：杉木。
地理分布：国内：浙江、福建、江西、湖北、湖南、广东、广西、四川、贵州。

➤ 危害症状及严重性

杉木扁长蝽若虫隐匿杉木球果内，刺吸球果鳞片，致使被害鳞片呈红褐色干瘪（图 1-43），籽粒多为瘪粒；刺吸嫩梢，引起被害部位膨大变形，形成细小丛枝，并逐渐萎缩。该虫是我国杉木种子园内重要的种实害虫。园内种群密度高时，被害株率达 100%，常造成种子歉收，甚至颗粒无收。

➤ 形态鉴别

成虫（图 1-44 左）：雌虫体长 7.0～8.2mm；雄虫体长 5.5～6.2mm。体长椭圆形，黑褐色，略具光泽。体上覆盖有黄褐色丝状毛。头略呈三角形，红褐、黑褐至黑色。复眼红色，触角 4 节，褐色，第 1、4 节色较深，第 2 节较长，第 3、4 节略相等。喙褐色至黑色，较长，可伸达第 5 腹节中部或后缘。前胸背板梯形，红褐、黑褐至黑色，后缘处渐淡，密布刻点。小盾片黑褐色，具"Y"形脊及密刻点。前翅革片，端缘弯

曲，膜片淡烟色，半透明。体下方褐色，深浅不一。足褐色，前足腿节下方无刺。雌成虫生殖器从腹节第 4 节起，呈纵裂沟状，内藏产卵管，呈剑状，可伸出腹尾。

若虫（图 1-44 右）：体长 4.0～5.0mm。卵圆形，较扁平。体红褐色，略具光泽。头三角形，背面微拱，无刻点，被有较均匀而不稠密的小毛。复眼接触前胸。前胸背板梯形，密被短小均匀而半直立毛。翅芽伸达第 3 腹节前端，侧缘大半具狭边。腹部宽于胸部，分节明显；第 4、5 腹节和第 5、6 腹节交界处具臭腺孔，周缘黑色，大小相近。

图 1-43　被害杉果鳞片流脂（右）；
变红褐色（左）

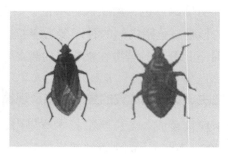

图 1-44　杉木扁长蝽
（左：成虫；右：若虫）

> **生活史**

杉木扁长蝽在浙江省开化县为一年发生 1 代，以 2～3 龄若虫在被害球果苞鳞内越冬。翌年 3 月底出蛰，恢复取食活动，刺吸杉木的嫩叶和花序。生活史详见表 1-18。

表 1-18　杉木扁长蝽生活史（浙江开化）

世代	3月 上中下	4月 上中下	5月 上中下	6月 上中下	7月 上中下	8月 上中下	9月 上中下	10月 上中下	11月至翌年2月 上中下
越冬代	———	———	—　++ +++	+++	+++	+++	+++	+++	
第1代						●●●●	●●　　—	———	———

注：● 卵；— 若虫；+ 成虫。

> **生活习性与危害**

杉木扁长蝽成虫全天均能羽化，以白天为多。刚羽化的成虫体呈肉红色，后体色变深。5 月上中旬为林中成虫羽化高峰期。羽化后的成虫白天隐匿于杉木球果内，仅在晴朗天气的清晨及黄昏爬出球果，至杉木嫩梢吸食汁液，约经半个月的补充营养，达到生理后熟，两性成虫方能交配产卵。成虫刺吸杉梢汁液，被害处常呈块状褐色疤痕，逐渐扩大，致害梢萎缩变形。林间成虫活动期较长，一直延至9月底。常见3~5头成虫聚集在球果内或嫩梢或针丛背阴处取食或交配。9月雌成虫多择杉木球果苞鳞下部产卵。产卵时，雌成虫将产卵管插进球果鳞片内侧产卵，卵均黏附于鳞片内壁上，多系3~7粒为一块，少见单排成行。单头雌成虫约产50粒卵。

初产卵为白色，长圆形，长约1.5mm，后变成浅黄色，两端钝圆微弯。卵约经10d，即开始孵化。

若虫9月底10月初开始取食危害，刺吸球果鳞片、嫩梢。球果被害处3d左右开始变色，初呈深黄色，渐变成红褐色，后萎缩枯死。剖果检视，可见有小孔洞，洞内具溢出的杉脂，苞鳞内侧的种子多为瘪粒。被害果内多具3~6头若虫，隐栖于苞鳞间隙。10月下旬开始，若虫在被害果内越冬。

> **发生、蔓延和成灾的生态环境及规律**

杉木扁长蝽成、若虫隐匿杉木球果内，刺吸鳞片汁液。该虫多发生于我国长江以南海拔400~700m、立地条件较好的杉木幼、中龄林内。杉木种子园、良种基地发生较为严重。

杉木球果的人为携带和调运是该虫近、远距离扩散和蔓延的主要途径。

20 桃蛀野螟（桃蛀螟、桃蠹螟、豹纹蛾、桃蛀心虫）*Dichocrocis punctiferalis* Guenee

分类地位：	鳞翅目 Lepidoptera 螟蛾科 Pyralidae
主要寄主：	板栗、马尾松、臭椿、杉木、桃、李、杏、苹果、梅、山楂、荔枝、柿、枇杷、石榴、梨、无花果等林木果树和向日葵、玉米、蓖麻等农作物。
地理分布：	国内：辽宁、陕西、山西、河北、河南、山东、安徽、江苏、上海、浙江、江西、福建、广东、广西、海南、湖北、湖南、四川、云南、西藏和台湾；国外：日本、朝鲜、印度、越南、缅甸、马来西亚、菲律宾、巴基斯坦、斯里兰卡、印度尼西亚和澳大利亚等国。

> **危害症状及严重性**

板栗林中，桃蛀野螟幼虫钻蛀板栗栗苞，致其变黄，干枯脱落；栗实被蛀一空，粪粒和丝状物黏成团，充塞坑道，不堪食用，对产量、质量影响很大。马尾松林中，幼虫缀取马尾松针叶成纺锤形虫苞，幼虫匿居其中，取食针叶、啃食嫩梢皮和钻蛀松梢，苞内充塞危害后残留的松针碎屑和虫粪。桃树等果树林中，幼虫蠹食桃等水果果肉后，蛀孔外分泌黄色透明胶液，致使被害水果提早脱落或遭病菌侵染霉烂（图1-45）。该虫是我国农林业重要的钻蛀性害虫。

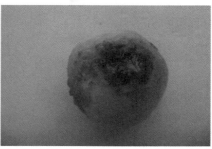

图 1-45　被害桃果流胶并霉烂

> **形态鉴别**

成虫（图1-46）：体长 10~12mm，翅展 22~24mm，体黄色。头部圆形。触角丝状，长达前翅之半。下唇须发达，向上卷曲，有黄色鳞毛，前半部背面外侧有黑鳞毛。喙发达，其基部一段的背面亦有黑色鳞毛。胸部中央有一黑斑，领片中央有一黑斑，肩板前端外侧及近中央各有一黑斑。翅黄色，前翅前缘基部有一黑斑，沿基线有 3 个黑斑，外横线及亚外缘线各有 8 个黑斑，

图 1-46　桃蛀野螟

亚外缘线以外有 3 个黑斑。后翅中室内有 2 个黑斑，外横线有 7 个黑斑，亚外缘线有 8 个黑斑。腹部第 1、2、3、4 和 5 各节背面有 3 个黑斑，第 6 节只有 1 个黑斑，第 7 节无黑斑，第 8 节末端黑色，雄蛾明显，而雌蛾有时不易察觉。

幼虫：体长 22~25mm。体色变化较大，淡灰褐色或淡灰蓝色，体背面紫红色。头和前胸背板深褐色，腹末节臀板灰褐色。中、后胸及 1 至 8 腹节各有大小毛片 8 个，排列成 2 列，即前列 6 个，后列 2 个。腹足趾钩双序缺环。

> **生活史**

我国各地因气候、环境等因子的差异，桃蛀野螟发生的代数也不尽相同。华北地区一年发生 3~4 代，西北地区 3~5 代，华东地区 4~5 代，华中地区 5~6 代。浙江地区一年发生 5 代，以成熟幼虫在桃树干裂缝、落地栗苞及栗实堆集处、栗园附近的向日葵籽盘及玉米、蓖麻等农作物残株和库房壁缝间等场所越冬。4月上旬开始化蛹。越冬代、第 1、2、3 和 4 代成虫期，分别为 4 月下旬至 5 月中旬、6 月上中旬、7 月下

旬至8月上旬、8月下旬至9月上旬和10月中下旬。第1、2、3、4和5代幼虫始期，分别为5月上旬、6月下旬、7月下旬、9月上中旬和10月下旬。因越冬代化蛹期参差不齐，后期出现世代重叠。

> **生活习性与危害**

桃蛀野螟成虫多在夜间羽化，以20：00～23：00时最盛，羽化历时很短，速度很快，仅5或6min即从蛹壳中脱出，展翅至飞翔仅需1h左右。成虫昼伏夜出，白天栖息于树冠树叶或杂草灌木叶背。成虫具取食花蜜、糖醋液习性，多在傍晚取食花蜜。成虫具趋光习性。据1999—2000年在浙江省杭州富阳区板栗林中监测显示，越冬代、第1、2、3和4代成虫羽化高峰期分别为4月26～30日、6月15～16日、7月30～31日、9月3日和10月20～21日。成虫经补充营养后，两性开始交配。雄蛾围绕雌蛾飞翔，飞至雌蛾腹部触及生殖器官时，雌蛾立即旋转180°，开始交配，交配方式为"一"字形。

孕卵雌蛾多在天黑后开始产卵，以20：00～22：00为盛，多择栗苞针刺间或板栗栗苞与果柄紧接处，或桃等水果果间紧靠处，或向日葵蜜腺盘或萼片尖端，或马尾松等松树松梢上产卵。卵多散产，每雌产卵量为20～50粒。卵历期7d左右。

初孵幼虫作短距离爬行后，多从桃等水果果蒂、板栗果柄和马尾松嫩梢等处蛀入，随后从蛀入孔排出粪便。桃等水果受害后，蛀孔外溢出黄色透明胶质，幼虫蜕皮后蛀入果心，直达果核四周，蠹食果肉。一个果内可潜居1～9头幼虫，果内、外充塞并黏附大量虫粪。幼虫具转移危害习性，在果与果间密接时，1头幼虫可同时窜害2～3个果。板栗受害后，幼虫先在苞皮和果实间窜食，栗实成熟后，幼虫随即蛀入其内危害，一头幼虫可转蛀3～5粒栗实，最高达13粒。在马尾松等松树上，常见2～8头幼虫将针叶、粪粒和碎屑缀合成"灯笼"状虫苞，幼虫居其内，取食苞内针叶，啃食梢皮或蛀入梢内，致嫩梢枯萎。松树幼苗及幼树受害较重。钻蛀蓖麻，将种仁食尽，仅残存种壳，用手一捏即碎。

在浙江地区，第1～2代桃蛀野螟幼虫危害桃、李、向日葵等；第2代幼虫蛀害板栗栗苞；第4代幼虫蛀食栗实，尤其是栗苞采收后堆放期是该虫主要危害期。幼虫成熟后在害果内、果柄与果枝或果与果相接处，吐丝结白色丝茧化蛹，而栖息于向日葵、玉米秆内、蓖麻种子内的成熟幼虫仅以少数丝缠绕其身化蛹。

> **害虫发生发展与天敌制约**

林间桃蛀野螟的天敌较多，主要寄生蜂有：广大腿小蜂、桃蛀螟内茧蜂、绒茧蜂、抱绿姬蜂、黄眶离绿姬蜂、樗蚕顶姬蜂。广大腿小蜂寄生桃蛀野螟蛹，雌蜂先在桃蛀野螟茧上咬一小孔，旋即用产卵器将卵产于蛹内，此蜂为单寄生，对该虫的发生起重要的制约作用。

捕食蜘蛛有奇氏猫蛛。

> **发生、蔓延和成灾的生态环境及规律**

桃蛀野螟幼虫蛀食板栗栗实，尚蛀害多种水果和农作物。在板栗林中，该虫多发生于海拔较高的老栗林、管理粗放的荒芜栗林。面积大的栗林危害重于小片栗林。栗林附近栽有桃、玉米和向日葵，且杂草丛生的林地发生严重。该虫幼虫缀马尾松针叶成虫苞，取食针叶，多发生于密植的马尾松苗圃和透光较差的马尾松幼林。

成虫飞翔和以幼虫、蛹随栗苞或栗实、水果、农作物的人为携带、调运，可作区域内和远距离的传播蔓延。

21 梨小食心虫（东方蛀果蛾、小食心虫、桃折心虫）*Grapholitha molesta*（Busck）

分类地位： 鳞翅目 Lepidoptera 卷蛾科 Tortricidae
主要寄主： 梨、桃、李、樱桃、杏、海棠、苹果、杨梅、山楂、枣、枇杷和油茶等。
地理分布： 国内：辽宁、陕西、山西、河北、北京、天津、河南、山东、安徽、浙江、湖北、湖南；国外：日本、澳大利亚、欧洲和北美洲等地。

> **危害症状及严重性**

按梨小食心虫幼虫在不同树种上的不同危害部位，分为3类：① 危害杨梅、桃、樱桃、杏、李和海棠等新梢；② 危害梨、李、苹果、桃、杏和枇杷等果实；③ 危害枇杷等枝干。幼虫钻蛀桃等树木嫩梢，蛀孔外有流胶并附有虫粪，被害梢初期叶片萎蔫，逐渐干枯死亡或折断；幼虫蛀食梨等果肉，直至果核，早期被害果蛀孔外附有较多虫粪，易造成落果；后期蛀孔周围常变黑腐烂，果实畸形，其内充塞虫粪（图1-47）。

图1-47 被害梨果流胶变黑腐烂（左）；落果（右）

> **形态鉴别**

成虫：5.0~7.0mm，翅展10.5~15.0mm，个体大小差别较大。全体灰褐色，无光泽。头部具有灰褐色鳞片。下唇须上翘。前翅混杂白色鳞片，中室外缘有1个白斑点。肛上纹不明显，有2条竖带，4条黑褐色横纹，前缘约有10组白色钩状纹。后翅暗褐色，基部较淡，缘毛黄褐色。足灰褐色，各足跗节末灰白色。腹部灰褐色。

幼虫：体长10.0~13.0mm，淡红色至桃红色。头部黄褐色，两侧有深色云雾状斑纹，前胸背板浅黄褐色。肛上板浅褐色，臀节深褐色，具4~7刺。

> **生活史**

梨小食心虫在浙江地区一年发生5代，有世代重叠现象，以成熟幼虫在树干翘皮缝隙内或树干基部草根、土缝中结灰白色长形茧越冬。翌年3月底4月初，越冬代蛹开始羽化。4月中旬为羽化盛期。5月中旬、6月上中旬、7月上旬、8月上旬和9月上旬为第1、2、3、4和5代幼虫种群数量发生的高峰期。越冬代至第2代发生明显，第3~5代出现世代重叠现象。10月上旬开始，第5代幼虫停止取食活动，开始滞育越冬。

> **生活习性与危害**

梨小食心虫成虫白天均静栖于树冠枝叶丛中，日落后两性成虫开始交配、雌蛾产卵等系列活动。成虫具趋光和趋化习性，尤其对糖醋液敏感，趋性极强。越冬代和第1代雌蛾多择桃、李或樱桃等嫩梢顶端2~3片叶子背面产卵，初产卵淡黄色，半透明，扁椭圆形，中央隆起，近孵化时呈黑褐色。卵均散产，每处产1粒。卵期7d左右。

幼虫孵化后，在叶面上爬行片刻，即从叶柄基部蛀入嫩梢，在木质部内向下蛀食，被害梢蛀孔外附有流胶和虫粪，嫩梢逐渐枯萎下垂，幼虫旋即爬离，转梢危害，一头幼虫一般转蛀2~3个嫩梢。被害株上虫口密度高时，造成大量嫩梢枯折。

第2~4代雌蛾多择梨、桃和油茶等寄主果实产卵。梨果上多产于果面，苹果上则多产于萼洼内。幼虫孵化后，多从萼洼、梗洼或两果相接处，蛀入果内，环绕核部周围蛀食果肉，早期被害果蛀孔外附有排出的虫粪和流胶；后期果内充塞虫粪。蛀孔周围腐烂变黑，形成一块较大的黑疤。一般一果仅潜居1虫。由于第3~5代幼虫种群重叠发生，在浙江省桃林和梨林中，7~9月和8~9月分别是该虫危害烈期，虫口密度高时，常致大量幼果脱落和果实腐烂。

除第5代幼虫即越冬代幼虫外，其余各代幼虫发育约需1个月。10月上旬开始，第5代幼虫发育成熟，弃离寄居的果实，潜伏于树干翘皮裂缝、树干基部土缝、草根等隐蔽处越冬。

➢ 害虫发生发展与天敌制约

梨小食心虫天敌种类较多，主要有马尾松赤眼蜂，为该虫的卵寄生蜂，成蜂寿命15～18d，林间依赖爬行和飞行扩散，亦可随风传播，是该虫的优势天敌。斑痣悬茧蜂成蜂飞翔和搜索寄主能力较强，雌蜂产卵于梨小食心虫幼虫体内，为单寄生，发育成熟后，钻出寄主体外结茧化蛹。黑胸茧蜂越冬代成虫羽化期较长，5～6月寄生梨小食心虫幼虫，对该期幼虫种群数量增殖起重要的制约作用。中国齿腿姬蜂、日本黑瘤姬蜂均为单寄生梨小食心虫幼虫的寄生蜂。其他寄生蜂尚有：食心虫扁股小蜂、卷蛾姬小蜂、黄眶离缘姬蜂、中国齿腿姬蜂、食心虫纵条小茧蜂、黑胸茧蜂、卷蛾壕姬蜂和无脊大腿小蜂等。

➢ 发生、蔓延及成灾的生态环境及规律

我国梨、桃产区梨小食心虫普遍发生，幼虫早期蛀害桃、梨等树嫩梢，后期蛀食其果实，多发生于桃、梨和李混栽、管理不善，林下杂草灌木丛生、树龄较大和未及时修剪的混种兼植园。成虫期多雨潮湿的气候利于雌蛾产卵，虫害发生较为严重。

成虫飞翔和以幼虫、蛹随嫁接接穗、果实调运等物流形式，进行区域内和远距离的扩散蔓延。

22 桃蛀果蛾（桃小食心虫、桃蛀虫、苹果食心虫）*Carposina niponensis* Walsingham

分类地位：鳞翅目 Lepidoptera 蛀果蛾科 Carposinidae
主要寄主：桃、梨、苹果、花红、山楂、枣、杏等。
地理分布：国内：黑龙江、吉林、辽宁、宁夏、青海、山西、河北、河南、山东、江苏、浙江和湖南；国外：日本、朝鲜和俄罗斯。

➢ 危害症状及严重性

桃蛀果蛾幼虫蛀食桃、枣等果实，被害果初期蛀孔外溢出泪状果胶，不久干枯，呈白色透明膜。随后幼虫在果内潜食果肉，蛀孔周围略呈凹陷，果核四周充塞颗粒状虫粪，致使被害桃果畸形；被害枣果提前变红而脱落，严重影响果实的产量和质量。

形态鉴别

成虫（图1-48）：体长5~8mm，翅展13~18mm，雌蛾略大于雄蛾。体灰褐色。头部灰褐色，复眼红褐色，触角丝状。雄蛾触角各节腹面两侧具纤毛，而雌蛾则无。雌蛾下唇须长而向前伸直，如剑状；雄蛾下唇须短，稍向上翘。胸部背面灰褐色。前翅灰白色或浅灰褐色，近前缘中间有一个略呈倒三角形的蓝黑色大斑纹；翅基部及翅中部具8簇黄褐色或蓝黑色斜立鳞片；前缘凸弯，外缘近M1脉处呈弧形凹弯，顶角明显；缘毛灰褐色。后翅灰色，缘毛较长，浅灰色。腹部灰黄褐色。前足胫节内侧近中部具1个叶状距，中、后足胫节端部及后足胫节中部各具1对距。

图1-48 桃蛀果蛾

幼虫：体长12~16mm，体橙红色或桃红色，头、前胸背板和臀板为黄褐色，腹部色淡，胸足及围气门片淡黄褐色；毛片褐色。

生活史

桃蛀果蛾在浙江地区一年发生2代，以成熟幼虫在树干周围土中，结"冬茧"越冬。翌年4月底、5月初越冬幼虫开始爬出地面，5月中旬至6月上中旬为出土盛期，另作"夏茧"并陆续化蛹。5月中下旬，越冬代成虫开始羽化，并先后产卵，盛期为6月上中旬。6月上旬至7月中旬为第1代幼虫发生期。7月上旬第1代成虫开始羽化，并先后产卵，7月下旬至8月上旬为羽化盛期。7月下旬出现第2代幼虫，10月上中旬，第2代幼虫在土中结茧越冬。

生活习性与危害

当年第2代幼虫发育成熟，弃离寄居的果实，由排粪孔爬出，坠落地面。幼虫多围绕距寄主树干基部1m以内的地面爬行，寻觅向阳、松软而干燥处，钻入离地表3~8cm深的土中，作丝质较密实的扁圆形"冬茧"越冬。

翌年4月底、5月初，越冬代幼虫遇春雨后，开始破茧而出，整个出土期，先后持续约一个多月。幼虫出土时间、数量均与5月的降雨有密切关系，降雨时间早且数量充沛，幼虫出土早且集中；反之则迟而分散。幼虫出土当日，在树基附近的土缝、石缝或灌木杂草根际，作丝质较疏松的纺锤形"夏茧"，茧外附有细土及沙粒，陆续在其中化蛹。蛹长6.5~8.6mm，淡黄白色，复眼橙黄色。蛹历期11d左右。

越冬代成虫全日均能羽化，但夜间羽化的数量略高于白昼。成虫白天静居于树冠枝叶或冠下草丛等隐蔽处，日落后开始飞翔、交配和产卵等系列活动，以下半夜较频繁。交配后的雌蛾多择叶片背面或果实梗、萼洼处产卵。卵椭圆形，长径约 0.5mm，卵壳表面密生不规则略呈椭圆形的刻纹。卵均散产，一般一果产 1~2 粒卵。成虫无趋光习性，寿命 3~4d。

初产卵淡黄色。卵经 7~10d 的发育，变成橙红色，孵化为第 1 代幼虫。初孵幼虫在果面上爬行，寻找适宜的部位，咬破果皮，入孔处呈现一内陷的小黑点，孔外有少量果胶溢出。幼虫蛀入果内，先在果皮下潜食，从果面可窥见淡褐色的蛀食痕迹，然后深入果核周围窜食，形成纵横坑道，不断排出粪便。被害果内充塞大量褐色颗粒状虫粪，蛀孔周围果皮内陷，致使果实畸形，常致果实发育未熟而脱落。第 1 代幼虫在果内蛀食 20d 左右。幼虫发育成熟后，先后脱离被害果，入土吐丝结"夏茧"化蛹。第 2 代幼虫在果内潜食至 10 月初，脱果入土结"冬茧"越冬。

> **害虫发生发展与天敌制约**

桃蛀果蛾寄生性天敌有甲腹茧蜂和中国齿腿姬蜂。前者雌蜂寿命 10 余天，产卵于寄主卵中，后者产卵于寄主幼虫体内。捕食性天敌有铜绿婪步甲，捕食地面活动的桃蛀果蛾幼虫，对该虫的种群数量增长有一定的制约作用。其他寄生蜂有桃小甲腹茧蜂等。

> **发生、蔓延和成灾的生态环境及规律**

桃蛀果蛾幼虫蛀食桃、枣等果实，多发生于经营管理不善，杂草灌木丛生的果园。该虫历年发生的种群数量变动较大。越冬代幼虫出土始期，若林间气温达到 16.9℃左右，又遇适当雨水，即可连续出土。越冬代成虫期，若林间气温达 25℃左右，相对湿度较高，有利于产卵繁殖，致下代种群数量剧增，造成猖獗危害；反之此期若高温、干旱，不利于产卵繁殖，下代发生数量较低，危害较轻。

成虫飞翔和以幼虫随果实的人为携带、调运，进行区域内和远距离的扩散和蔓延。

23 山核桃花蕾蛆（山核桃瘿蚊） *Contarinia* sp.

分类地位： 双翅目 Diptera 瘿蚊科 Cecidomyidae
主要寄主： 山核桃。
地理分布： 国内：安徽和浙江。

> **危害症状及严重性**

山核桃花蕾蛆幼虫蛀害山核桃雄、雌花，致使雄花序弯曲、肿大、发黑，在正常散粉前凋谢，影响授粉（图1-49）；造成雌花蕾膨肿，变成褐色，枯萎脱落，危害导致山核桃严重减产。据在浙江省淳安县调查，被害株率和受害花率分别为40%和11.0%左右，该虫是浙江、安徽两省山核桃产区花期的重要钻蛀性害虫。

图1-49 受害雄花序弯曲、发黑及凋谢（仿王嫩仙）

> **形态鉴别**

成虫：虫体较小。雌虫体长1.3~1.5mm，暗黄褐色，全身被有柔软细毛。头扁圆形，复眼黑色，无单眼，触角14节。翅椭圆形，翅脉简单。足细长。腹末有一根细长的伪产卵管，平时缩入体内。雄虫体长0.9~1.2mm，灰黄色。

幼虫：体长1.4~1.8mm，乳白色。前胸腹面有一个黄褐色的"Y"字形剑骨片。

> **生活史**

山核桃花蕾蛆在浙江、安徽两省一年发生1代，以成熟幼虫在寄主树下表土中越冬，翌年3月下旬在土内开始化蛹，生活史详见表1-19。

表1-19 山核桃花蕾蛆生活史（浙江淳安）

世代	2月 上中下	3月 上中下	4月 上中下	5月 上中下	6月 上中下	7月 上中下	8月 上中下	9月至翌年1月 上中下
越冬代	———	———△	—△△ +++					
第1代			●●●	———	———	———	———	———

注：●卵；—幼虫；△蛹；+成虫。

> **生活习性与危害**

表土中越冬的成熟幼虫于翌年3月下旬开始化蛹。4月上中旬山核桃刚开花时，越冬代成虫先后羽化出土，多在16:00~18:00时出土。天气闷热，地面潮湿生态条件下，出土的成虫数量较多。成虫飞翔能力较弱。成虫钻出土后，先在树干周边低飞，寻找异性进行交配。交配后的雌成虫飞上树冠，寻觅雄花序和雌花蕾，并将卵产于其中。

卵经3~4d发育，孵化为幼虫，幼虫较活跃，具弹跳力。被害花中常聚集3~8头幼虫，吸食汁液，刺激和毁坏雄花序和雌花蕾组织，致使不能正常发育，迅速枯萎凋谢。幼虫危害期甚短，仅15d左右。成熟幼虫随着4月下旬雄花序的枯萎、5月上旬雌花蕾的凋谢，先后落地入土，或直接从被害花上弹跳落地，钻入土内越夏和越冬。幼虫在土中生活长达近11个月之久。

> **发生、蔓延和成灾的生态环境及规律**

山核桃花蕾蛆危害树种单一，时间集中，仅在浙江、安徽两省山核桃产区发生。低山、阴山、湿度较大的林分危害严重。

该虫主要通过成虫飞翔自然扩散蔓延。

24 柳杉大痣小蜂 *Megastigmus cryptomeriae* Yano

分类地位：膜翅目 Hymenoptera 长尾小蜂科 Torymidae
主要寄主：柳杉、日本柳杉。
地理分布：国内：浙江、福建、江西、湖北和台湾；国外：日本。

> **危害症状及严重性**

柳杉大痣小蜂幼虫蛀食寄主种子胚乳，导致籽粒中空，失去发芽能力。在浙江地区柳杉林中，球果被害率高达90%以上，种子被害率达12%左右，无发芽力的硬粒种子和空瘪种子常占70%以上，严重影响种子的产量与质量，是柳杉林中重要的种实害虫。

> **形态鉴别**

成虫：雌蜂体长2.4~2.8mm，黄褐色。前翅长2.1~2.5mm。头部球形，稀生黑色长刚毛，背面观察，宽约为长的1.5倍；头顶隆起，具细横皱纹；颜面下方具较密黑毛；复眼椭圆形，黑色，长约为宽的1.4倍；触角着生于颜面中部，13节，柄节几乎伸达中单眼，内表面生有黑毛；鞭节长为宽的1.3~1.5倍，至端部渐粗。胸部长方形；前胸背板长为宽的1.1~1.3倍，两侧平行，在前方稍收拢，布满横细皱纹，散生黑色刚毛。小盾片隆起，长为宽的1.3~1.4倍，具细皱纹，有4~5对黑色刚毛。翅透明，具亚缘脉、缘脉、后缘脉和痣脉，痣脉较明显。腹部较侧扁，约与胸部等长；产卵管鞘黑色，约与胸腹部之和等长。雄蜂体略小，胸部较细，腹部各节背板上方黑色或第2~5节有暗色宽带。

幼虫：体长 1.8~2.8mm，乳白色，蛆形，稍弯曲。头小，上颚长三角形，具 4~5 个端齿，背缘光滑无瘤突，前关节处较突出。胸、腹部 13 节，除前胸较宽、末节较小外，余各节几乎等长。体表较光滑。

➢ 生活史

据徐德钦等观察，该虫在浙江省文成县为一年发生 1 代，以成熟幼虫在被蛀种子（残留树冠、坠落地面或库存种子）内越冬。翌年 3 月中旬，越冬代幼虫开始化蛹。3 月中旬至 5 月下旬为蛹期。4 月中旬至 5 月下旬为成虫羽化期，4 月下旬至 5 月初为羽化高峰期。5 月底林间可见初龄幼虫蛀食发育未成熟的种子。

➢ 生活习性与危害

柳杉大痣小蜂越冬代幼虫在被害籽内排尽体内粪便，虫体两端随即收缩，经 3~4d 后即开始化蛹。蛹体长 1.9~2.7mm，复眼赤褐色，足深褐色。初化蛹体为淡黄色，近羽化变为黄褐色。

越冬代成虫多在 6:00~15:00 时羽化，以 9:00~12:00 为盛。一般雄蜂先于雌蜂 4~9d 羽化。阴雨天或气温低时，羽化数量较少。成虫羽化后，在种子上咬蛀直径 0.5~0.6mm 的近圆形羽化孔，旋即爬出孔外。雌蜂用前足清理触角及腹部等处。出孔后的成虫在种子外爬行片刻，即飞离被害种子。雌雄成虫性比近 1:1.1。两性成虫羽化当日即可交配，两性成虫个体均可多次交配，多在午后至前半夜 12:00~23:00 进行。交配历时甚短，仅 3~22s。交配后的雌蜂均择当年幼嫩的球果上产卵。成虫有一定的趋光习性。成虫寿命与交配有一定关系，未经交配者，雌蜂平均寿命为 12.2d，雄蜂平均寿命为 5.9d；经交配者，前者为 9.8d，后者为 5.5d。

幼虫孵化后终生蛀食、栖息于同粒种子内。无转移危害习性，一粒害籽内仅居 1 头幼虫。被害种子与健康种子相比，外观除光泽较差外，余相似，较难识别。但被害种子内充满虫粪和蛀屑，稍捏即碎。幼虫发育成熟后，即在被害籽内化蛹，蛹历期 15~25d。

➢ 发生、蔓延和成灾的生态环境及规律

柳杉大痣小蜂幼虫蛀食柳杉种子胚乳。该虫喜光喜温，多发生于柳杉种子园和良种生产基地。林内发生及受害程度一般为：阳坡 > 阴坡；山顶 > 山中 > 山下；树冠上部 > 中下部。

成虫飞翔和以幼虫、蛹随种子的运输作区域内和远距离的传播蔓延。

25 蚱蝉（黑蚱、黑蚱蝉） *Cryptotympana atrata*（Fabricius）

分类地位： 同翅目 Homoptera 蝉科 Cicadidae

主要寄主： 榆树、法国梧桐、白蜡树、苦楝、桂花、桑、丁香、板栗、刺槐、枫杨、槐、木麻黄、女贞、油桐、梅、杨、柳、栎、枣、桃、山楂、梨、柑橘、李、樱桃、红叶李、杏、苹果、海棠、荔枝、葡萄和国外引种的弗吉尼亚栎、纳塔栎和柳叶栎等多种林木和果树。

地理分布： 国内：内蒙古、陕西、山西、甘肃、河北、北京、天津、河南、山东、江苏、安徽、上海、浙江、福建、江西、湖北、湖南、广东、广西、四川、云南、贵州、海南和台湾；国外：加拿大、美国、日本、印度尼西亚、菲律宾和马来西亚等。

➢ 危害症状及严重性

蚱蝉雌成虫用产卵器刺破寄主枝条的皮层和木质部，形成爪状卵窝，将卵产于其中。刺破表皮造成皮层和木质部开裂，产卵部位以上枝条迅即萎蔫枯死，是该虫主要的钻蛀危害特征（图1-50）。栖息树冠的成虫和潜居土中的若虫分别刺吸寄主嫩枝和侧根及其须根上的汁液。成、幼虫的刺吸危害，削弱树势，影响寄主树的生长发育，常引起被害果树落花、落果。

图1-50 纳塔栎被害枯死枝条（左）；产卵器刺伤表皮（右）

➢ 形态鉴别

成虫（图1-51）：体长39.0~45.0mm，体黑色，具光泽，局部密生金色细毛。头比中胸背板稍宽，头前缘和额顶各有1块黄褐色斑。复眼突出，灰褐色；单眼3个，琥珀色，呈三角形排列。前胸背板比中胸背板短，侧缘倾斜，稍突出；中胸背板宽大，中央具黄褐色的"X"字形突起。前、后翅透明。前翅基部1/3为烟黑色，上有短的黄灰色绒毛，基室暗黑色，翅脉红褐色。后翅基部1/3烟黑色。腹部各节侧缘黄褐色。前足基节隆线及腿节背面红褐色，腿节上具锐利的刺，中、后足腿节背面及胫节红褐色。雄蝉腹部第1、2节具鸣器，腹瓣后端圆形，端部不达腹部一半；雌蝉无鸣器，腹部第9、10节黄褐色，中间开裂，产卵器发达，呈长矛形。

若虫：体长25.0～37.0mm，体棕褐色。头部触角前区为红棕色，密生黄褐色茸毛。触角黄褐色，头部后缘近1/3至前缘触角基部有一黄褐色的"人"字形纹。前胸背板前部2/3处有倒"M"字形的黑褐色斑。翅芽前半部灰褐色，后半部黑褐色。腹部黑棕色，产卵器黄褐色。

图1-51 蚱蝉

> **生活史**

蚱蝉因生存地域、气候和土质的不同，发生的世代存在差异。在华东地区2～5年完成1代，均以卵和若虫分别在枝条和土中越冬。第1年以卵在寄主枝条木质部中越冬，其余年份均以若虫虫态在土中生长发育和越冬。越冬卵于翌年5月中下旬开始陆续孵化。初孵若虫弃离寄主枝条，落入根际周围约20cm深的土中栖息和生长发育，在土中生活数年才完成若虫期。成熟若虫于每年6～8月从土中钻出，爬至树干，固于树表，羽化为成虫。7月中旬至8月上旬为羽化盛期。

> **生活习性及危害**

每年6～8月间，潜居土中多年的成熟若虫，用开掘式前足，掘筑圆柱形的羽化孔逸出洞穴，穴上留有一层薄土，覆盖其穴。每天傍晚至次日凌晨，即19：00～5：00，以前半夜21：00～22：00最盛，成熟若虫顶去薄土层，陆续从洞穴中爬出。如逢雨后转阴的天气，成熟若虫出土的数量比其他天气显著增多。

出土后的成熟若虫，爬至树干（多数）或枝叶（少数），用前足紧抓树干，中、后足支撑躯体；或用前、中足紧抓叶片，以固定虫体。从出土至树干、树叶固定虫体，前后约需1h。羽化脱壳时，成熟若虫的躯体先与虫壳逐渐分离，胸部慢慢隆起，中胸背板中部渐渐裂开，旋即头部下弯，头部、胸部、前足、中足和腹部依次从虫壳中抽出，翅芽紧贴于胸侧，随即后足抽出，折叠的双翅渐渐展开，呈皱缩状，最后腹末从虫壳中脱出。图1-52为羽化后在树干或叶片上遗弃的虫壳。从成熟若虫爬上树干至蜕皮变为成虫，需3～4h。

图 1-52 树干遗弃的虫壳（左）；叶片上遗弃的虫壳（右）

刚羽化的成虫虫体柔软，淡粉红色，翅脉绿色，轻微抖动双翅，伸展呈屋脊状覆于体背。虫体和翅色逐渐变硬和加深，直至虫体坚硬，体及翅基呈黑色，翅脉呈红褐色。羽化初期雄蝉多于雌蝉；盛期雌雄比例近 1∶1；末期则雌虫多于雄虫。成虫飞行能力较强，但多为短距离的迁飞。成虫羽化后飞往林木树冠，栖息于树枝上，用刺吸式口器，插入嫩枝内吸食寄主汁液，进行补充营养。成虫具群居和迁移习性，清晨常见成群蚱蝉由大树飞往小树，傍晚又从小树迁往大树聚集。成虫具一定的趋光习性。雄蝉善鸣，在其腹基部具发音器，鼓膜振动，发出尖锐的鸣声。夏日气温超过 26℃，自黎明始至傍晚后，发出 "zhi------！" 的持续鸣声。往往一雄蝉始鸣，众雄蝉和鸣；若受惊，一虫停鸣，众虫亦止鸣。当气温超过 30℃ 的炎炎夏日，众蝉鸣声高而持续时间长，而且群鸣的次数增多。夏日雷阵雨前，特别是东南沿海地区台风侵袭前夕，雄蝉往往停鸣，树冠显得寂静。推测其因，可能是空气湿度、气压等影响了鼓膜的共鸣。雄蝉的高音量鸣叫是一种向异性召唤和求偶的生理行为。从每年 6 月下旬至 9 月底均能听其鸣声。成虫寿命长达 40~50d。

两性成虫多在白天进行交配，以午后 13∶00~16∶00 时为盛。交配后雌蝉多择直径 4~8mm 粗的嫩枝条产卵，卵梭形，乳白色，长径 2.5~2.8mm。产卵时头部朝上，用锯状产卵器，先刺破嫩枝皮层和木质部，将卵产在嫩枝髓心部位。产卵孔纵斜排列成一长串，每孔内有卵 5~7 粒，被害枝内常产成近直线形或不规则型螺旋状排列的卵带，一粒接一粒，严重时多达百余粒。受害部位以上嫩枝干缩翘裂，4~7d 后逐渐萎蔫枯死。卵期长达 10 个月左右。

卵孵化为若虫后，从寄生的枝条坠落地面，迅速钻入土中，用针管状口器吸食寄主根系养分。3 龄前后的若虫分别吸食细侧根及其须根上的养分。每年春暖时分，若虫向上移动吸取寄主根部汁液，冬季则潜入深土中，以避寒冬。在浙江地区 11 月中下旬开始，各龄蚱蝉若虫，均在各自取食的根系附近，构建一个椭圆形内壁光滑坚固的土室，在内越冬，一室 1 虫。若虫在地下以距地面 0~30cm 分布最多，最深可达 80cm 左右。

> ➤ **害虫发生发展与天敌制约**

蚱蝉的天敌种类较多，以鸟类为盛，四声杜鹃、三宝鸟、灰喜鹊、虎纹伯劳、棕背伯劳、黑枕黄鹂和日本树莺等，单独或 3~5 只成群，常停栖于枝叶繁茂的树冠或乔木顶端，发现蚱蝉后飞冲或直扑捕食。捕食天敌尚有黑眶蟾蜍、中华大刀螳等螳螂。前者主要栖身于阔叶林、河边草丛及农林等地，白昼匿居于土洞，夜间外出，捕食从土穴中爬出的蚱蝉成熟若虫；后者夏秋栖息树冠阴凉处，早晚活动捕食蚱蝉成虫。球孢白僵菌、金龟子绿僵菌和虫生藻菌是寄生土中蚱蝉若虫的主要寄生菌。

> ➤ **发生、蔓延和成灾的生态环境及规律**

蚱蝉寄生的林木种类较多，分布较广，田间、公园、行道、庭院树林均有发生。平原地区以江河、湖泊沿岸及远离人居的树林为主；丘陵山区以海拔 600m 以下的幼林和疏林中发生较为严重。苗圃苗木枝条及幼林 1~2 年生粗壮枝条受害最为严重。湿度对卵的孵化影响较大，此期若降雨较多，湿度较大，卵孵化率较高，若虫的种群数量就较高；反之则较低。

成虫具较强的飞翔能力，区域内依赖飞翔扩散，以卵随接穗人为携带或树木移植可远距离传播蔓延。

第三节　树干及枝条钻蛀性害虫

26　黑翅土白蚁　*Odontotermes formosanus*（Shiraki）

分类地位： 等翅目 Isoptera 白蚁科 Termitidae
主要寄主： 杉木、池杉、香樟、檫木、青冈栎、泡桐、栎树、桉树、板栗、油茶、油桐、木荷、刺槐、黑荆树、楝树、黄檀、梅、桑树、核桃、厚朴、杜仲、桂花、海棠、桃、柑橘、李和红叶李等多种林木、果树和药材。
地理分布： 国内：长江以南各省份；国外：缅甸、泰国和越南等国。

> **危害症状及严重性**

黑翅土白蚁是一种营群居性、土栖生活的社会性昆虫。主要以工蚁危害树干树皮、木质部及根部。工蚁在地面构筑泥路、树干上构建泥线、泥被，严重时泥被环绕整个树干形成泥套，其症状十分明显。虫体隐藏其内，在苗圃地咬食根系和幼苗，致其枯死；在人工林内啃食树皮和木质部，轻则致寄主生长势衰弱，重则造成树干中空，逐渐枯萎或倾倒地面，日久蛀成"尘土"状（图1-53）。该虫是我国苗圃地和人工林内的重要钻蛀性害虫，除危害林木外，还是水库、堤坝的主要害虫，常造成漏水、塌方和溃堤，酿成水灾。

图1-53 黑翅土白蚁的树干泥被（左）及木质部被蛀状（右）

> **形态鉴别**

该虫系多型昆虫，分有翅型的繁殖蚁（蚁王、蚁后）和无翅型的非繁殖蚁（兵蚁、工蚁）。

有翅成虫（图1-54左）：体长12.0～14.0mm，翅长24.0～25.0mm。头胸部和腹部背面黑褐色，腹面棕黄色。全身密被细毛。头圆形。复、单眼椭圆形；复眼黑褐色，单眼橙黄色。触角念珠状，19节，第2节大于第3、4、5节。前胸背板略狭于头，前宽后狭，中央具一淡色的"十"字形纹，两侧各有一圆形或椭圆形淡点。翅长大，暗黑色，前翅鳞大于后翅鳞。前翅M脉由Cu分出，末端成为许多分支；Cu有十几根明显的分支；后翅M由Rs分出，其余情况似前翅。

蚁王和蚁后：有翅成虫经群飞配对后，雄性为蚁王，雌性为蚁后。蚁王形态与脱翅后的有翅成虫相似，为雄性有翅繁殖蚁发育而成，仅色较深，体壁较硬，体略有收缩。蚁后为雌性有翅繁殖蚁发育而成，头胸部与有翅成虫相似，色较深，体壁较硬，腹部白色，随生长时间的增长逐渐胀大，具褐色斑块，体长可达60～80mm。

兵蚁：体长5.4～6.0mm。头深黄色，胸、腹部淡黄至灰白色。头部发达，具稀疏毛，背面呈卵形，长大于宽，最宽处在头的中后段，向前端略狭窄。额部较平。复眼退化。触角15~17节。上颚镰刀形，其中部前方，有一明显的齿，齿尖斜朝向前。前胸背板前部窄，斜翘起；后部较宽；前、后部在两侧的夹角处各有一斜向后方的裂沟；前胸背板的前缘及后缘中央皆有凹刻。

工蚁（图1-54右）：体长4.8~6.0mm。头黄色，胸腹部灰白色，头后侧缘圆弧形。囟位于头顶中央，呈小圆形凹陷。后唇基显著隆起，长相当于宽之半，中央有缝。触角17节，第2节长于第3节。

图1-54 黑翅土白蚁（左：有翅蚁；右：工蚁）

> **生活习性与危害**

黑翅土白蚁营巢居的群体生活，匿居于地下0.8~3.0m深的蚁巢中，群体内有不同的品级分化和复杂的组织分工，互相依赖、相互制约，群体组织一旦遭到破坏，就很难继续生存。在巢群内有蚁王、蚁后，专司繁殖；工蚁数量最多约占90%，专营筑巢、修路、寻食及饲育；兵蚁数量较少，专营守巢护卫，若遇外敌，即以强大的上颚攻击对方。

在浙江地区4~6月是黑翅土白蚁的分飞期，林间气温达22℃以上，空气相对湿度达95%以上的闷热天气，特别是暴雨来临前的傍晚18:00~20:00时，新的有翅繁殖蚁发育成熟后，待气候适宜时，即从工蚁预先构建的分飞孔，孔突高出地面3~4cm、底径4~8cm的圆锥形小土堆中，成群爬出，群飞（婚飞）天空，停下后即脱去翅膀，雌雄追逐配对，迂回爬行，寻找适宜场所，成对钻入土中构建新巢，成为新的蚁王和蚁后，繁殖后代，建立新蚁群。每个群体的分飞孔数量不等，有几个至几十个。脱翅前的有翅成虫具较强的趋光习性。林中常见绕灯飞舞的有翅成虫，灯下常聚集成片脱落的蚁翅。

蚁巢位于地下0.3~3.0m之处。初建巢为小腔室，所处地表常稍凸，高约0.6cm，长约1.0cm。雌雄配对定居后6~8d，即可产卵，卵乳白色，近卵圆形，直径约0.6mm，一边较平直。卵孵化成幼蚁，经数次蜕皮后，发育为小工蚁，开始衔泥修路和筑巢等工作，新巢在构建过程中，不断发生结构和位置上的变化。蚁巢的腔由小到大，由少到多，蚁巢在地下呈分散状态，具王室、菌圃的腔室为主巢，在其外围1~10m处分布有不等距离、大小各异的腔室、菌圃为副巢。主巢周围一般皆有3~5条大的蚁路通向外处，主巢与副巢、菌圃与菌圃之间均有蚁道相通，并有泥路通向地面和树干，形成一个可提供食料、防御和传递信息的蚁道网。一个巢群内的菌圃数量多达几十至百余个。新巢初建约3个月，即出现菌圃——草裥菌（鸡枞菌、三踏菌、鸡枞花）体组织。在自然条件下，鸡枞菌（*Termitornyces albuminosus*）的基柄与该虫蚁巢相连，该菌与该虫营共生生活。夏季高温高湿，蚁巢上先长出小白球菌，之后形成鸡枞子实体，该蚁从小白球菌获取各种营养和抗病物质。当雨季来临时，雨水渗入蚁巢周围土壤，该菌菌丝体向上生长，露出地面，可作为追挖主巢的指示物。整个巢群内的白蚁个体可达200万头以上。

蚁巢内的筑巢、修路、寻食和抚育等工作均由工蚁承担，兵蚁为护巢使者，每遇外敌，即用强大的上颚攻击对方，并迅速分泌一种黄褐色液体以御外敌。工蚁、兵蚁的眼均已退化，皆具畏光习性，故地面寻找、采食均需在泥土筑成的泥路、泥被的黑暗环境中方能进行。

当林间日均气温达12℃时，工蚁开始离巢外出采食。采食的适宜气温和相对湿度分别为15~25℃和85%左右。若气温高于32℃和相对湿度低于70%，不利于工蚁的采食活动，故一年中，林间出现2个危害高峰期，即4~5月和9~10月，尤以4月中下旬和9月为盛。进入盛夏期，工蚁一般不进行外出活动。11月中下旬开始，工蚁停止外出采食，均居巢越冬。

> **害虫发生发展与天敌制约**

黑翅土白蚁的天敌种类较多，捕食分飞时的有翅成虫主要为小鸦鹃、喜鹊、灰卷尾、鹊鸲等鸟类和大蹄蝠、角菊头蝠等蝙蝠。黑腹狼蛛游猎地面，捕食爬行的有翅或脱翅成虫。黑翅土白蚁分飞季节，拟黑多刺蚁常巡游在分飞孔周围，捕食钻出待飞的有翅成虫，是捕食黑翅土白蚁的优势虫种。

浙江省武义县林业局森防站曾组织作者等省内有关森防人员，考察该县一林地枯枝落叶层下土内，长出的细圆柱形、少数具分支状的菌丝体（图1-55）。经有关专家鉴定为黑柄炭角菌（*Xylaria nigripes*），系林下白蚁死巢在气候适宜的条件下在其上方生长出来，成为黑翅

图1-55　黑柄炭角菌

土白蚁等白蚁巢穴灭亡的标示物。该菌的生长发育机理与白蚁的发生发展关系尚不甚清楚，有待深入研究。该局曾在武义县新闻网、浙江林业网报道该菌的发生情况及其图片，该菌形成的菌核，中医称为乌灵参，是一种名贵中药。据文献报道，我国安徽、浙江、江西、福建、广东、广西和台湾等南方省份均有发生。

> **发生、蔓延和成灾的生态环境及规律**

黑翅大白蚁蛀害多种林木，不论苗木、大树均受害，多发生于新建苗圃或林内衰弱木、枯立木或古木大树较多的人工林，林内皮层较厚，树皮易开裂的树种受害最重。

有翅成虫的分飞是该虫扩散蔓延的主要途径。

27 黄翅大白蚁 *Macrotermes barneyi* Light

分类地位：等翅目 Isoptera 白蚁科 Termitidae
主要寄主：杉木、水杉、香樟、油桐、泡桐、刺槐、侧柏、法国梧桐、重阳木、枫香、油茶、板栗、核桃、檫树、橡胶树、马尾松、桉树、栎、桃、李等多种林木和果树。
地理分布：国内：长江以南各省份；国外：越南等。

> **危害症状及严重性**

黄翅大白蚁工蚁啃食寄主根茎部、树干树皮，钻入皮层内，取食木质部。被害株上构筑泥线和泥路。苗木受害后迅即枯死；成年树被害后生长势衰弱，影响木材生长和材质，严重者整株枯死（图1-56）。该虫还危害木制房屋及家具，是林木、果树和木材制品的重要害虫。

图1-56　被害株的泥线（左）；被蛀蚀后遗留的朽木（右）

形态鉴别

该虫亦系多型昆虫,分为有翅型繁殖蚁(蚁王、蚁后)和无翅型的非繁殖蚁(即兵蚁和工蚁,其又均分为两型,即大兵蚁、小兵蚁和大工蚁、小工蚁)。

有翅成虫(图1-57):体长14.0~16.0mm。体背面呈栗褐色,翅黄色,足棕黄色。头部卵圆形,复眼及单眼椭圆形,复眼黑褐色,单眼棕黄色。触角19节,第3节略长于第2节。前胸背板前宽后窄,前、后缘中央内凹,背板中央具一淡色的"十"字形纹,其两侧前方有一圆形淡色斑,后方中央亦有一圆形淡色斑。前翅鳞大于后翅鳞。

图1-57 黄翅大白蚁有翅成虫

大兵蚁:体长10.5~11.0mm,头深黄色,上颚黑色。头大,背面观长方形,略短于体长的1/2。上颚粗壮,镰刀形。上唇舌形,先端白色透明。触角17节,第3节长于或等于第2节。前胸背板略狭于头,呈倒梯形,四角圆弧形,前后缘中间内凹。中、后胸背板呈梯形,中胸背板后侧角成明显的锐角。后胸背板较短,但宽于中胸背板。腹末毛较多。

小兵蚁:体长6.8~7.0mm,体色较淡。头部卵形。上颚与头部的比例较大兵蚁微大,且较细长而直。触角17节,第2节长于或等于第3节。

大工蚁:体长6.0~6.5mm。头圆形,棕黄色。胸腹部浅棕黄色。触角17节,第2~4节约等长。前胸背板宽约等于头宽的一半,前缘翘起,中胸背板略小于前胸。腹部膨大如橄榄形。

小工蚁:体长4.2~4.4mm,体色浅于大工蚁,形态相似于大工蚁。

生活习性与危害

黄翅大白蚁营土栖群体生活。有翅成虫分飞时间,因地域或气候条件的不同而异。在浙江地区,5~6月间为有翅成虫的分飞繁殖期。分飞前,工蚁在主巢附近地面,修筑直径1~4cm、深1~4cm的近圆形的分飞凹孔,少数构建圆锥形的分飞突孔,孔外均撒有较多泥粒。一巢白蚁可有几个至数十个分飞孔。分飞可多次进行,常见3~5次。分飞活动多在下半夜至凌晨进行。临近分飞时,分飞孔外有许多兵蚁巡视,形成一保卫圈。有翅雌蚁和雄蚁钻出分飞孔,在空中群飞。每年飞翔的有翅繁殖蚁数量随巢群的大小而异,多者达6000头左右。该虫的分飞有时连续数年,每年都分飞;有时间隔1~2年才分飞一次。有翅成虫具强烈的趋光习性,常见几千头成虫围绕灯光漫天飞舞,不久落地纷纷脱翅,雌蚁在前,雄蚁在后,配对追逐,并寻找适宜场所,一般多择土缝、枯枝落叶下等处，入土营巢。营巢后约6d开始产卵，卵乳白色，椭圆形，长径0.6mm，一面较平直。

卵经40d发育后，孵化成幼蚁，随着幼蚁的生长，分化出工蚁和兵蚁，创建新的蚁群。原雌蚁、雄蚁成为蚁后、蚁王，不断繁殖，群体数量逐渐扩大。工蚁和兵蚁畏光，离巢外出活动均在预建的泥路、泥被下进行。工蚁在群体中数量最多，专司筑巢、修路、运卵、采食、汲水、清洁和喂养蚁后、蚁王和抚育幼蚁等工作；兵蚁专司警卫和御敌，故上颚特别发达，无取食能力，需工蚁喂食。巢体内栖居的个体数达30万~40万头。

黄翅大白蚁初建巢，入土深度为0.5~0.8m，随着群体的扩大，巢穴逐步延伸至2.0m深处。一般有"王宫"菌圃的主巢直径为1m左右，其内有许多泥骨架，其周围分布有长条状孔洞的菌圃，由泥片、泥骨架覆盖和支撑，泥质精致的"王宫"位于菌圃群的中上部。巢的外围有数十层联结的薄泥片，层次不分明，具有保湿和保温的功能。2014年浙江省绍兴市白蚁防治研究所工作人员挖出一个高96cm、长98cm和宽75cm，重500kg的蚁巢，构建时间推测为20年左右（图1-58）。该蚁的巢群上亦能长出鸡枞菌，一般菌圃离地40~50cm，雨季来临时，雨水漏渗入蚁巢周围土壤，该菌菌丝体亦向外生长，地面可据其指示，追挖主巢。

图1-58　黄翅大白蚁蚁巢（仿浙江省绍兴市白蚁防治研究所）

> **害虫发生发展与天敌制约**

天敌种类及其捕食情况与黑翅土白蚁相似。

> **发生、蔓延和成灾的生态环境及规律**

黄翅大白蚁蛀害多种林木，喜食纤维素丰富、糖分和淀粉含量较高的树木，多发生于经营管理不良，林内衰弱木、病虫危害后的朽木、伐根等未及时清理的林分。苗木、幼树较大树危害严重。旱季危害较重于雨季。

有翅成虫的分飞是该虫扩散蔓延的主要途径。

28 松墨天牛（松天牛、松褐天牛）*Monochamus alternatus* Hope

分类地位： 鞘翅目 Coleoptera 天牛科 Cerambycidae
主要寄主： 马尾松、黄山松、黑松、华山松、湿地松、油松、云南松、思茅松、晚松、红松、加勒比松、卵果松、展松、落叶松、雪松、冷杉、云杉，尚危害银杏、山毛榉、花红和栎树等。
地理分布： 国内：陕西、北京、河北、河南、山东、上海、江苏、安徽、浙江、江西、福建、广东、广西、湖南、湖北、四川、贵州、云南、西藏和台湾；国外：越南、老挝、朝鲜和日本等国。

▶ 危害症状及严重性

松墨天牛成虫啃食松树 1～3 年生嫩枝皮，成片状或环状裸露出木质部（图 1-59），严重时似同环剥，影响光合作用，致寄主生理衰弱，旋即雌成虫聚集树干、粗枝产卵。幼虫孵化后迅即蛀入皮层，树皮下充塞硬块状蛀屑和粪粒。幼虫种群密度高时，寄主皮层常与边材分离、脱落（图 1-60）。幼虫先后蛀入木质部，边材具椭圆形侵入孔，木质部蛀成多条坑道（图 1-61），寄主逐渐枯死。在松材线虫（*Bursaphelenchus xylophilus*）病疫区，成虫是病原线虫最有效的传播媒介，致使松林先后成片枯死（图 1-62）。松墨天牛在我国温带和亚热带地区均有分布，覆盖我国极大部分地域，该虫亦是日本等东亚诸国松林内危险性的蛀干害虫。

图 1-59 松树枝皮被害状

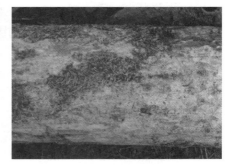

图 1-60 被害株树皮脱落裸露木质部

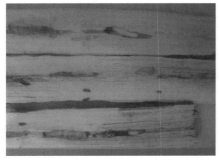

图 1-61 幼虫钻蛀木质部

图 1-62 松林遭松墨天牛危害枯死状

> **形态鉴别**

成虫：体长 14.0～28.0mm，体橙黄色或赤褐色。雄虫触角超过体长 1 倍多，第 1、2 节全部和第 3 节基部具灰白色绒毛，其余各节均为褐色（图 1-63 左）。雌虫触角约超过体长的 1/3，除第 9～11 节褐色外，其余各节大部分为灰白色，仅末端一小环为褐色（图 1-63 中）。前胸背板宽大于长，刻点粗密，多皱纹，中央有 2 条橙黄色纵纹，与 3 条黑色绒纹相间，侧刺突大而钝，圆锥形。小盾片密被橙黄色绒毛。鞘翅基部具颗粒和粗大刻点。每鞘翅有 5 条纵纹，由方形或长方形的黑色和灰色绒毛斑相间组成，末端近乎切平，内端角明显，外端角大圆形。腹部及足杂有灰白色绒毛。

幼虫（图 1-63 右）：体长 40.0～50.0mm，乳白色，体形瘦长，第 5～8 腹节显著较长，向末端渐尖细。头部极扁，两侧中部稍凹入，后端稍狭。上颚黑色。前胸背板横宽，侧沟较细，后区"凸"字斑密布细刺粒，散布不规则短条光滑的凹痕。腹部背步泡突具 2 横沟、1 纵中沟；腹面步泡突有 1 横沟 2 列瘤突。气门椭圆形。

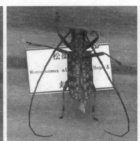

图 1-63　松墨天牛（左：雌成虫；中：雄成虫；右：幼虫）

> **生活史**

据在浙江、江西和湖南等地调查、观察，该虫一年发生 1 代，以幼虫在木质部坑道内越冬，在浙江地区 5 月上旬越冬代幼虫开始化蛹，其生活史详见图 1-64。

> **生活习性与危害**

松墨天牛成虫羽化后，从蛹室末端咬蛀平均直径 0.67（0.41～0.87）cm、平均长度为 2.6（1.5～3.5）cm 的近圆柱形逸出道和 0.7～1.2cm 的近圆形羽化孔。逸出前，成虫潜伏于道口 2～3d，多择晴朗天

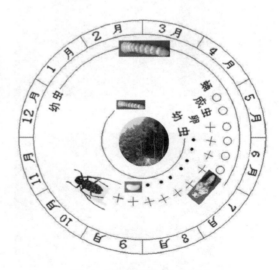

图 1-64　松墨天牛生活史

气逸离寄主，钻出羽化孔。逸弃后的寄主内，遗留呈"C"形坑道（可人为分为：幼虫从边材侵入孔，钻蛀的入侵道→化蛹前，咬蛀的堵丝道→蛹室道→成虫离开寄主的逸出道），见图1-65。据1985年在浙江杭州富阳市饲养观察，成虫钻出羽化孔的日期为5月22日至7月5日，其中5月下旬、6月上、中和下旬钻出率分别为54.7%、24.5%、17.0%和3.8%。成虫全日均能钻出，但以9:00~10:00和14:00~15:00为多，分别占总虫数的38.5%和30.8%。

图1-65 "C"形坑道

逸出洞口并暴露空间的成虫，伸展并不断转动触角，爬行至树冠枝上，多择枝端飞离寄主树。成虫多择林中生长旺盛的优势树，啃食1~3年生嫩枝皮，成不规则的片状痕，进行补充营养，两性成虫才能生理后熟，进行交配，繁衍后代。取食活动持续至死亡前一天。据10头成虫的饲养统计，平均寿命为82.7（52~107）d。日均取食量为201（159~264）mm^2，成虫一生平均取食量为164.7（99.3~214.2）cm^2。林间成虫隐藏于树冠，啃食嫩枝皮，种群密度高时，大量的嫩枝皮被食，形似环割，严重影响和阻碍寄主的光合作用和养分输送，致寄主逐渐枯萎死亡。1986年11月在浙江省安吉县龙山林场，对10株松墨天牛成虫取食嫩枝皮致树枯死进行取食面积测定，结果发现被害株平均取食痕为108.9个/株，平均总取食面积为53.8cm^2/株。表中可见（表1-20），6号树被食最少，仅58个取食痕，取食总面积46.4 cm^2，即可致寄主生理衰弱，旋即引起雌成虫聚集产卵、幼虫寄生而枯死。

表1-20 林间松墨天牛成虫取食马尾松嫩枝皮面积测定（浙江安吉）

树号	树高（m）	胸径（cm）	取食痕数（个）	总取食量（cm^2）	木质部幼虫数（头）
1	8.0	7.8	82	55.2	121
2	5.9	10.2	80	46.2	86
3	8.3	6.9	83	41.2	130
4	8.7	8.3	96	51.5	137
5	9.3	7.8	116	70.8	117
6	7.1	10.1	58	46.4	108
7	5.8	8.4	276	73.0	56
8	8.0	11.3	138	67.1	131
9	9.2	9.0	93	43.4	172
10	8.3	11.6	67	43.3	124

成虫受惊或用手挟持虫体时，常发出极轻微"zhi！zhi！"声。观察饲养笼，发现若1头成虫受惊发声，群虫闻声，部分成虫从枝上坠落地面，作假死状；部分成虫停止爬行，作静候状。成虫具较弱趋光习性，表1-21为2003、2004连续两年，在浙江淳安县国家马尾松良种基地，先后用2、4只频振式诱虫灯，诱捕松墨天牛成虫的试验。结果显示，雌雄成虫飞往光源的个体数量比例均为1：1.8，表明雄性成虫对频振式诱虫灯中的红外线光谱更敏感。

表1-21 松墨天牛两性成虫对光敏感度比较（浙江淳安）

试验日期 （年/月.日）	雌成虫数 （头）	雄成虫数 （头）	诱获成虫总数 （头）	雌雄比例
2003/5.25～8.16	13	24	37	1：1.8
2004/5.20～7.30	46	85	131	1：1.8

松墨天牛成虫具有互残行为，若将2头以上成虫置于小培养皿内，即刻互用上颚攻击对方，往往将其触角咬断，弱者毙命。在人为"阻食"胁迫状态下，成虫平均存活天数仅7.5（3～11）d；如供饲1～3年生混合马尾松枝条，成虫平均寿命达62.7（8～109）d。

松墨天牛成虫为夜行性昆虫。若林中食源（嫩枝）较丰富时，成虫一般不远距离迁飞。林中应用"蛀干类害虫引诱剂"标记释放试验，结果显示，回收的最远距离为70m，估测为该虫的自然活动半径。成虫具有较强的携带传播松材线虫的能力。据1997年在浙江富阳市松材线虫病疫区，对罹病的马尾松株中羽化逸出的40头成虫解剖、分离、镜检和统计显示，携带松材线虫的比率为77.5%。平均每头松墨天牛成虫可携带的松材线虫数量为3977.1（30～21330）头。成虫虫体各部位均可携带松材线虫，其携带的数量大小依序为：胸＞头＞腹＞足＞翅，比率为1：0.90：0.56：0.15：0.05：0.04。

两性成虫大多在夜间交配，个体成虫可多次交配。引诱剂不同时间诱捕的雌成虫，经解剖统计发现，一对卵巢内的成熟卵，若为偶数，两卵巢内所含卵数大多相等；若为奇数，一卵巢的卵数比另一卵巢多1粒卵。

孕卵雌成虫多在夜间，用触角频敲寄主干、枝，择薄或厚树皮分别咬蛀眼形（平均长5.8mm，平均最宽处2.4mm）或圆锥形（平均长8.1mm，平均最宽处5.8mm）的产卵疤（图1-66）。卵均

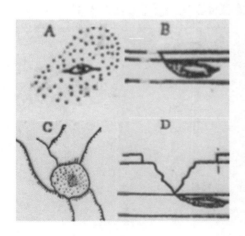

图1-66 产卵疤：A、B薄树皮；C、D厚树皮

产于韧皮部内或韧皮部与边材相接的界面中，卵长约4mm，椭圆形，初产卵乳白色（图1-67），近孵化时呈黄白色。表1-22为室内饲养的松墨天牛雌成虫的产卵疤及产卵量。表中可见，每头雌成虫平均咬蛀259.4个产卵疤，其中空疤数和具卵疤数分别占产卵疤数的40.8%和59.2%。

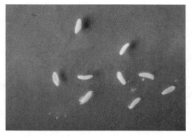

图1-67　初产卵粒

表1-22　松墨天牛雌成虫的产卵疤及产卵量（1986年浙江富阳）

虫号	寿命（d）	总疤数（个）	空疤		卵疤		总卵数（粒）	日平均产卵数（粒）
			数（个）	占比（%）	数（个）	占比（%）		
1	63	251	160	63.7	91	36.3	92	1.5
2	71	221	66	29.9	155	70.1	157	2.2
3	71	305	79	25.9	226	74.1	226	3.2
4	41	147	98	66.7	49	33.3	49	1.2
5	71	422	115	27.3	307	72.7	307	4.3
6	73	278	137	49.3	141	50.7	141	1.8
7	42	197	73	37.1	124	62.9	124	3.0
8	68	303	122	40.3	181	59.7	183	2.7
9	53	188	58	30.9	130	69.1	133	2.5
10	63	284	105	37.0	179	63.0	179	2.8
$\bar{x}$	61.6	259.6	101.3	40.8	158.3	59.2	159.1	2.5

雌成虫平均总产卵量为159.1粒，日平均产卵量为2.5粒。日产卵量不稳定，但没有出现峰期。自然状态下，成虫平均寿命为82.7（52～107）d。

松墨天牛幼虫共5龄，初孵幼虫从卵的钝圆端咬出，随即蛀入皮层。蛀食马尾松韧皮部的初孵幼虫，因消化道内含有韧皮部物质，体呈红褐色。初孵幼虫蛀痕为细线状，痕内充满褐色粉状排泄物。2龄幼虫取食木质部表面边材，形成浅平的不规则坑道。2龄后幼虫，在边材上沿切线方向，用上颚咬蛀平均纵径6.8mm，平均横径2.7mm的侵入孔，并侧身钻入侵入孔，在木质部穿凿坑道。幼虫咬蛀坑道时发出"咔！咔！（ca！ca！）"啮木磨擦音，据131次持续发音时间的检测表明，平均每次持续时间长达155（7～535）s，即2'35"。一个坑道只容1头幼虫。若投入另1头幼虫，将发生互残现象。剖视众多坑道，相互隔离，互不相通。推测幼虫利用筑坑时发出的声音，对同类幼虫起警示作用，不得穿凿到本坑道，此为该虫的一种领地行为。幼虫边蛀边将蛀屑和虫粪充塞坑道内，并将0.58～2.05cm长的蛀丝，通过树皮破裂处，排附于树干外部，虫口密度高时，树干上虫迹斑斑。树皮与木质部分离，被害株养分和水分的输送受阻而枯萎死亡。

成熟幼虫化蛹前，用蛀木丝堵塞坑道（图1-68），堵道平均长3.2（2.0～4.5）cm，然后在平均长3.2（2.5～4.1）cm，平均最宽处1.2（0.8～1.6）cm的蛹室内化蛹，蛹乳白色，圆筒形，体长20～26mm。蛹期约15d。

图1-68　蛀木丝堵塞坑道构筑蛹室

> **害虫发生发展与天敌制约**

松墨天牛的天敌种类较多：

捕食性鸟类有大斑啄木鸟和大山雀等，啄食干枝内的幼虫、蛹和嫩枝皮内刚羽化的成虫。

寄生性昆虫天敌有管氏肿腿蜂、川硬皮肿腿蜂、斑头陡盾茧蜂、花绒寄甲等。管氏肿腿蜂为体外寄生蜂，雌蜂爬到寄主体背，腹部向下弯曲，将尾刺插入寄主节间膜处，重复刺蛰，致寄主呈麻痹状态，旋即拔出尾刺，吸食寄主体液，以补充营养，使卵发育成熟，并将卵产入寄主体壁皱褶处。斑头陡盾茧蜂营体外寄生，雌蜂产卵管插入寄主体内，注射毒液，致寄主麻痹，然后产卵于寄主体外。花绒寄甲亦营体外寄生，卵产于寄主坑道壁上或粪屑中，几粒至几十粒排列在一起，幼虫孵化后，咬破寄主幼虫体节间表皮，头部钻入寄主体内，取食体内物质，仅残存躯壳。

捕食性昆虫天敌有：天牛霉纹斑叩甲、蚁形郭公虫、莱氏猛叩甲、日本大谷盗、朽木坚甲、赤背齿爪步甲、长阎魔虫等幼虫或成虫，应用各种方式，捕食干、枝坑道内的松墨天牛幼虫和蛹。

球孢白僵菌是松墨天牛幼虫和蛹的主要寄生菌。

> **发生、蔓延和成灾的生态环境及规律**

该虫多发生于人工松林中，特别是松材线虫病发生区的罹病木、马尾松毛虫（*Dendrolimus punctatus*）等食叶害虫严重危害的虫害木、衰弱木和冬春持续冰冻雨雪及东南沿海的强台风等气象灾害引发的大量衰弱木、风倒木和风折断木，是松墨天牛成虫产卵、繁衍后代适宜的生态环境，其中后者常为经营管理者疏忽，未及时清理，引诱成虫聚集产卵、繁殖，短期内松林中松墨天牛虫口密度剧增，成虫羽化后群集健康松树树冠，啃食松枝嫩皮，形同环割，迅即引起寄主生理衰弱，旋即雌成虫聚集产卵，发育至成虫，又飞往健康松冠，补充营养，几经循环，致成灾害。

松墨天牛成虫飞翔和以卵、幼虫和蛹随幼树、原木或制品（特别是包装箱）的人为携带和调远，进行区域内和远距离跨越式的扩散蔓延。

29 皱鞘双条杉天牛（粗鞘双条杉天牛） *Semanotus sinoauster* Gressitt

分类地位：鞘翅目 Coleoptera 天牛科 Cerambycidae

主要寄主：杉木、柳杉。

地理分布：国内：河南、安徽、江苏、浙江、福建、江西、湖北、湖南、广东、广西、四川、贵州、云南和台湾。

➤ 危害症状及严重性

皱鞘双条杉天牛幼虫在杉木树干内，绕韧皮部及边材，螺旋形地钻蛀扁圆形坑道，多呈"S"字形或"之"字形。蛀孔外流出白色树脂。坑道内充塞蛀屑及排泄物，结成硬块状。坑道由上向下延伸，少数可至根部，导致寄主生长缓慢，材质变劣，甚至整株枯死。林中被害株多呈零星或块状分布。该虫是我国杉木林中最严重的蛀干害虫。

➤ 形态鉴别

成虫（图 1-69）：体长 11.0～25.0mm。体形扁阔。头部黑色，触角、胸、腹和足黑褐色并着生较长的浅黄色绒毛。雌虫触角约为体长之半；雄虫触角约与体等长。前胸两侧圆弧形，前胸背板中部有 5 个光滑的瘤突，略呈梅花形排列。鞘翅棕黄色，具细刻点和浅黄色细短绒毛；中部及端部各具 1 块黑色宽横斑，前者多呈半椭圆形，后者伸达鞘翅端缘；末端为弧形，腹部被绒毛。雌虫腹端微露出翅外。

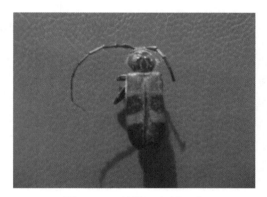

图 1-69 皱鞘双条杉天牛

幼虫：体长 24.0～35.0mm，体近圆柱形，向后端明显收缩，乳白或淡黄色。头部近梯形，横宽，后部显著宽。上颚端半部黑色，基半部黑褐色。前胸背板前端有 2 个黄褐色横斑，排列成"一"字形，其上密生红褐色刚毛。中区色较淡，后区、侧区之间乳白色，光滑，具极细纵皱纹。足腿节与胫、跗节约等长，前跗节端部尖、褐色。腹部步泡突极凸出，具 1 横沟，中沟宽深，无瘤突，表面具细皱纹。气门宽椭圆形，褐色。

➤ 生活史

皱鞘双条杉天牛在华东地区一年发生 1 代。据 1983—1984 年在安徽省旌德县庙首林场观察，该虫以成虫在寄主木质部的蛹室内越冬。翌年 3 月上旬越冬代成虫弃离寄主,外出活动,生活史详见表1-23。

表1-23 皱鞘双条杉天牛生活史(安徽旌德)

世代	3月 上中下	4月 上中下	5月 上中下	6月 上中下	7月 上中下	8月 上中下	9月 上中下	10月 上中下	11月至翌年2月 上中下
越冬代	+++	+++							
第1代	●	●●●	———	———	———	———△	—△△△	+++	+++

注:●卵;—幼虫;△蛹;+成虫。

▶ 生活习性与危害

3月上旬,林间日均气温达10℃以上,越冬代成虫陆续地弃离坑道,钻出羽化孔,以晴天午后13:00~15:00时为多。3月中下旬日均气温达到17℃左右时,成虫钻出羽化孔数量达到高峰,约占成虫钻出羽化孔总数的85%。据在安徽省旌德县调查,30株9年生被害木上羽化孔的数量,地面以上树干占87.0%,而地下根部占13.0%;地面树干上主要分布在距地高20cm以下,占55.1%。出孔后的成虫,在椭圆形的羽化孔附近缓慢地爬行数分钟,即飞离寄主。成虫不善飞翔,最远仅飞2m,主要靠频繁而快速的爬行进行活动。阴雨天或早晚,成虫多隐匿于树皮缝隙、树杈、树基、萌芽或枯枝落叶丛中。

昼间成虫在树干上爬行寻偶。成虫一般不需补充营养,即可交配。交配活动均在白昼进行,以9:00~15:00时为最盛。交配时雄成虫伏于雌成虫背上,历时1~2min。雄成虫可多次交配。成虫具假死和相互残杀的习性和现象。

交配后1~3d,雌成虫多择距地2m以下树干,3~4mm宽的树皮缝隙内产卵,卵长椭圆形,后端尖细,长2~3mm,宽0.8~1mm。雌成虫的产卵管较长,体外可见3节,能外翻或缩入,尤以第3节伸缩自如,十分灵活。一般每次产1粒卵后,即寻觅新场所,少数可产2~5粒卵。雌成虫产卵时分泌淡黄色较稠黏液,将卵粒黏附于缝隙内。每雌产卵量为35~50粒。初产卵为乳白色,孵化前呈淡黄色。卵发育历期与林地气温密切相关,据观察,3月下旬、4月中旬和4月下旬产的卵,分别需28d、10~16d和12d的发育才能孵化。

据1985年在浙江省开化县十里铺林场观察,1~2龄幼虫均在杉树皮层内钻蛀,约40余天;3~4龄幼虫多在木质部边材内蛀食,需40余天;5龄幼虫蛀入木质部深层,需20余天。整个幼虫发育需经120d左右(表1-24)。幼虫钻蛀过程中,蛀孔外流出白色树脂,蛀屑及粪粒不排出坑道外,前蛀后塞。坑道为不规则的扁圆形;随着虫龄增大，蛀食量亦随之增加，坑道由细变粗，宽达 22~43mm；坑道多为绕干螺旋形，有的延伸至树基，甚至根部。树干被害处常见树皮隆起，在一些树皮破裂处可见蛀屑外露。被害杉株虫口密度高时，坑道内充塞大量的蛀屑和粪粒，皮层和木质部分离，树皮极易被剥离。幼虫发育成熟后，在坑道末端咬蛀长 1.6~3.3cm 的蛹室。

表 1-24 粗鞘双条杉天牛幼虫发育进程（浙江开化）

龄期（龄）	1	2	3	4	5
日期（月旬）	4上至4下	4下至5中	5中至6上	6上至7上	7上至8
历期（d）	19~24	19~30	13~26	18~27	19~38

8月下旬，始见幼虫化蛹，蛹体长 20~25mm，淡黄色，头部下颚倾于前胸下，口器向后，触角向后伸达腹部第 2 节。蛹历期 20d 左右。10月初，成虫在蛹室内羽化，并滞留蛹室越冬。翌年 3 月成虫出蛰，钻出羽化孔活动。成虫期长达 200d 左右。

> **害虫发生发展与天敌制约**

捕食性鸟类有：大斑啄木鸟捕食皮层下的皱鞘双条杉天牛幼虫。

捕食性天敌昆虫有：异色郭公虫成虫常在树干上活动，行为敏捷；幼虫钻入坑道，捕食皱鞘双条杉天牛幼虫。黑蚂蚁和红树蚁捕食寄主卵和幼虫。

寄生性天敌昆虫有：斑头陡盾茧蜂，雌蜂产卵管插入寄主幼虫体内，注射毒液，致其麻痹，被产卵管刺过的幼虫表皮呈现黑色斑点，旋即雌蜂开始在寄主体外产卵。两色刺足茧蜂，为寄主幼虫体外单寄生峰，据调查，该蜂寄生皱鞘双条杉天牛幼虫的寄生率约 20%。林中活动的寄生性天敌尚有马尾茧蜂、红头小茧蜂、柄腹茧蜂、管氏肿腿蜂、川硬皮肿腿蜂、印角啮小蜂、长茧蜂和天牛茧蜂等。

球孢白僵菌是皱鞘双条杉天牛幼虫和蛹的重要寄生菌，感染后寄主呈白色僵硬状态，坑道内散发微臭味。

> **发生、蔓延和成灾的生态环境及规律**

皱鞘双条杉天牛幼虫钻蛀杉木等树干皮层或木质部。该虫多发生于大面积的杉木人工林，纯林重于混交林；丘陵、立地条件较差、树势衰弱和抚育管理粗放的林分发生较为严重。被害林内幼杉树受害较轻，15 年生以上的杉树受害较重。

成虫爬行、飞翔和以幼虫、蛹随原木、木制品的调运进行区域内和远距离的扩散蔓延。

30 星天牛 *Anoplophora chinensis*（Forster）

分类地位：鞘翅目 Coleoptera 天牛科 Cerambycidae
主要寄主：杨、柳、栎、黑荆树、榆树、柳杉、核桃、刺槐、油茶、茶、油桐、乌桕、桑、梧桐、法国梧桐、泡桐、苦楝、枫杨、薄壳山核桃、香椿、木荷、合欢、银杏、木麻黄、楷木、垂柳、普陀鹅耳枥、冬青、吴茱萸、油橄榄、海棠、桃、山樱花、苹果、花红、无花果、李、樱桃、柑橘、柚、杨梅、梨、枇杷和近年从国外引种的弗吉尼亚栎、柳叶栎等多种林木和果树。
地理分布：国内：河北、河南、北京、天津、陕西、辽宁、山西、吉林、甘肃、上海、安徽、江苏、浙江、山东、湖北、湖南、广东、广西、四川、云南、贵州、海南和台湾；国外：日本、缅甸和朝鲜等国。

➢ 危害症状及严重性

星天牛成虫啃食嫩枝皮，形成枯梢；幼虫先在树干皮层和木质部间蛀食成不规则的扁平坑道，随后蛀入木质部，并向外筑1个通气孔，推出粪粒并附于孔外。虫口密度高时，被害树干基部地面常见成堆的黄褐色虫粪。幼虫绕树干皮层蛀食，阻滞了养分的输送，削弱树势，致使寄主树枯死（图1-70）。该虫分布区域广泛，是我国绿化、用材和经济林木的重要蛀干害虫。

图1-70 庭院海棠树被害状（左：地面虫粪；右：树渐枯死）

➢ 形态鉴别

成虫（图1-71左）：体长27~40mm，雄虫略小于雌虫，体漆黑色具白色小毛斑，具金属光泽。头部和体腹面被银白色和部分蓝灰色细毛。触角第1、2节黑色，其他各节基部 1/3 处有淡蓝白色毛环，其余部分黑色。雄虫触角超出体外 4、5 节，雌虫超出体外 1、2 节。前胸背板无淡色毛斑，前方具有 2 个小的突起，后方中央有 1 个较大的突起，两侧具尖锐粗大的侧刺突。小盾片具不明显的灰色毛。鞘翅基部密布黑色小颗粒，大小不等。每翅约具 20 个大小不等的白斑，一般排成 5 横行，前 1、2 行各 4 个，第 3 行 5 个多斜向排列，第 4 行 2 个，第 5 行 3 个。斑点变异较大，有的个体排列不规则，难以辨别行列，个别靠近翅中缝处的白斑消失，第 5 行侧斑点与翅端的斑点合并，以致每翅只有 15 个白斑。足密被灰白色短毛。

幼虫（图 1-71 右）：体长 40～60mm，体乳白色至淡黄色，圆筒形，略扁，向后端稍狭，腹部第 7、8 节又稍宽，该 2 节的上侧片发达成宽突边。头部扁，长方形，长宽比为 11∶7，中部以后稍狭，后端略圆。上颚黑色。触角 3 节，第 2 节长为宽的 2.5 倍，第 3 节较小。前胸背板前缘部分色浅，其后具一对形似飞鸟的黄褐色斑纹，前缘密生粗短刚毛，前胸背板的后区有 1 个黄褐色略隆起的"凸"字形斑。腹部背步泡突微隆起，具 2 条横沟及 4 列念珠状瘤突；腹面步泡突具 1 横沟、2 列瘤突。气门椭圆形。

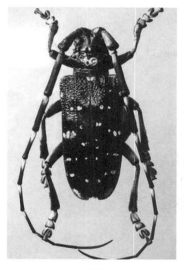

图 1-71　星天牛（左：成虫；右：幼虫）

> **生活史**

据在浙江省淳安县姥山林场观察，星天牛一年发生 1 代，以幼虫在寄主木质部坑道内越冬。生活史详见表 1-25。

表 1-25　星天牛生活史（浙江淳安）

世代	3月 上中下	4月 上中下	5月 上中下	6月 上中下	7月 上中下	8月 上中下	9月 上中下	10月 上中下	11月至翌年2月 上中下
越冬代	———	——— △△	— △△△ +++	△△ +++	+++				
第1代				●●●	●●				

注：●卵；—幼虫；△蛹；+成虫。

> **生活习性与危害**

3月下旬越冬代幼虫解除休眠状态，开始钻蛀危害。4月中旬前后，幼虫发育成熟，沿着原坑道顶端，咬蛀长4.0～5.0cm，宽2.0～2.5cm的蛹室，并预筑直径约1.3cm的近圆形羽化孔。蛹室上下两端均用木纤维和蛀屑堵塞，头部向上化蛹其中。幼虫化蛹前，虫体逐渐缩短，左右摆动，头缝开裂，蜕皮化蛹，历时约4h。据2010年在淳安县姥山林场的观察，4月中旬林间平均气温达21.3（19.0～26.0）℃时开始化蛹，蛹纺锤形，体长32～36mm，初化蛹体呈乳白色，后变为乳黄色（图1-72），羽化前体成褐色或黑褐色。蛹历期15～22d。

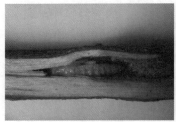

图1-72　普陀鹅耳枥内星天牛初化蛹（左）及羽化中的蛹（右）

5月上旬，林间平均气温达22.4（19.0～25.0）℃时，开始羽化。6月上中旬为羽化高峰期。羽化后的成虫，滞居蛹室5～8d，待体壁变硬后，从预筑的近圆形羽化孔逸出。出孔后的成虫能作短距离飞翔，一般第2天飞往较近的健康林木树冠，啃食嫩梢皮和叶脉，以作补充营养，取食持续时间各虫不一，一般为11d。取食后的成虫，飞行能力增强，雄成虫一次能飞行30～40m，寻觅雌成虫交配。成虫遇惊后，常从树冠下坠至半空展翅飞逸。

成虫多在风和日丽的晴天交配，全日均能进行，但以8:00～15:00时为多，交配方式为背负式（图1-73），多择距地高2～4m，枝叶隐蔽的树上交配，历时10～15min。两性成虫可多次交配。交配后3~4d，孕卵的雌成虫喜择距地40cm以下，多以10cm以下的树干基部，或5年生以上杉株的粗侧枝下部（少数），不断用触角敲打枝、干树皮，寻觅适宜的产卵场所。产卵前用上颚在树皮上，咬蛀长、宽和深分别为1cm、0.5cm和0.3cm左右的"T"或"人"字形产卵疤，并将产卵管插入皮层底，每疤产卵1枚，卵长椭圆形，长、宽分别为5~6mm、2.1~2.3mm。初产卵白色，后渐变为浅黄色。雌成虫每产完1枚卵，随即分泌淡黄色胶质物，将产卵疤封闭。每头雌成虫产卵量为18~65粒。成虫具弱趋光性，据2011—2012年在浙江淳安县姥山林场应用频振式诱虫灯监测显示，诱捕的成虫多集中于6~7月，最迟为7月30日。成虫寿命25~45d。

图1-73 成虫交配

卵经8~15d的发育，孵化为幼虫。初孵幼虫在产卵疤附近皮层中蛀食，被害处树表常流出黄白色泡沫状胶质物，易招引胡蜂、金龟和锹甲类昆虫争相取食。初龄幼虫在皮层和木质部之间蛀食，坑道内充塞虫粪。1个月后，幼虫先后开始蛀食木质部，向内钻蛀2~3cm深后，旋即转向上蛀，形成不规则的扁平坑道（图1-74），

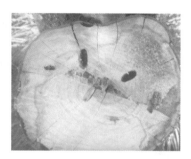

图1-74 被害樱花横截面上的扁平坑道

上蛀坑道长度不一（图1-75）。被蛀坑道逐渐加宽，并向外咬蛀1~3个通气孔（图1-76），以排出屑状粪粒，粪粒逐渐塞满孔口，常挤破树皮，致使树木表皮形成不规则的纵裂，粪粒附于裂口，或掉落地面。被害株虫口密度高时，树干基部周围，常见成堆的虫粪覆盖地面。10月初，大多数幼虫转向下，沿原坑道向下移动，越过蛀入孔后，向下蛀筑新坑道，坑道长达30~50cm、宽达0.5~2.0cm。约占90%的幼虫在距地面高20cm以下的树干内钻蛀，仅占2.0%左右的幼虫蛀入地下根部。11月中下旬先后开始越冬。幼虫历期约300d。

图1-75 薄壳山核桃木质部内坑道

图1-76 通气孔

> **害虫发生发展与天敌制约**

捕食星天牛幼虫和蛹的鸟类有：大斑啄木鸟和星头啄木鸟。前者螺旋形攀登于虫蛀树上，用嘴快速叩树，察出树内有虫，就啄破树皮，以舌钩出害虫而食之。

寄生星天牛卵期的天敌有天牛卵姬小蜂；幼虫期的天敌有管氏肿腿蜂、川硬皮肿腿蜂和花绒寄甲。

> **发生、蔓延和成灾的生态环境及规律**

星天牛成虫取食寄主嫩枝皮；幼虫蛀害多种健康林木木质部。该虫多发生于郁闭度较大、通风透光不良、林地杂草灌木丛生、经营管理粗放的4~7年生的人工幼林、农田防护林和果树林。

成虫飞翔和以各虫态随苗木、原木、木材及包装材料人为携带、调运，进行区域内和远距离的扩散蔓延。

31 光肩星天牛　*Anoplophora glabripennis*（Motsch.）

分类地位： 鞘翅目 Coleoptera 天牛科 Cerambycidae
主要寄主： 美国红枫、复叶槭、枫香、刺槐、榆树、白蜡树、乌桕、苦楝、水杉、木麻黄、梅、糖槭、桑、杨、柳、梨、苹果、柑橘和樱桃等。
地理分布： 国内：黑龙江、吉林、辽宁、内蒙古、宁夏、甘肃、山西、陕西、河南、河北、北京、山东、安徽、江苏、上海、浙江、福建、湖北、湖南、江西、四川、贵州、广东、广西、云南、海南和台湾；
国外：日本、朝鲜等国。

> **危害症状及严重性**

光肩星天牛成虫啃食寄主嫩枝皮，成不规则疤痕；取食叶片，造成众多孔洞。幼虫在寄主皮层和木质部内穿凿坑道，排出褐色粪粒和白色蛀屑。坑道多呈"S"或"V"字形，截断寄主养分输导，轻则树势衰弱，重则整株枯死。连续几代幼虫钻蛀危害，致被害株树干外部常呈膨大的"虫疱"。该虫是我国三北防护林、农田防护林、四旁绿化树和城区行道树等最为严重的蛀干害虫。

> **形态鉴别**

成虫（图1-77左）：体长20~35mm。雌虫略大于雄虫，全体漆黑色有光泽。头部比前胸略小，自后头经头顶至唇基有一条纵沟，以头顶部分最明显。触角鞭状，第

1节端部膨大,第2节最小,第3节最长,后各节逐渐短小,自第3节开始各节基部呈灰蓝色。雄虫触角约为体长的2.5倍,最后一节末端为黑色。雌虫约为体长的1.3倍,最后一节末端为灰白色。前胸两侧各具1个刺状突起,前胸背板比较光滑。鞘翅基部无颗粒,光滑。翅面刻点较密,有细小皱纹。每翅具大小不等的白色绒毛斑约20个。体腹面和腿节、胫节中部及跗节背面均具蓝灰色绒毛。

幼虫(图1-77右):体长50~60mm,体乳白色,圆筒形。头部褐色,后半部缩入前胸内。触角3节,淡褐色,较粗短,第2节长宽略相等。上颚前端黑色,基部黑褐色。前胸黄白色,大而长,后半部有"凸"字形硬化的黄褐色斑纹。中胸最短。第1~7腹节背、腹面各有步泡突1个,背步泡突中央具横沟2条,腹部为1条,有4列念珠状瘤突。

图1-77 光肩星天牛(左:成虫;右:幼虫)

> **生活史**

光肩星天牛各分布区内因气候条件不同,发生的世代各异。在浙江地区一年发生1代,跨2个年度,以幼虫在寄主坑道内越冬。翌年3月中旬,越冬幼虫恢复取食活动。生活史详见表1-26。

表1-26 光肩星天牛生活史(浙江奉化)

年度	3月	4月	5月	6月	7月	8月	9月	10月	11月至翌年2月
	上中下	上中下	上中下	上中下	上中下	上中下	上中下	上中下	上中下
第1年	———	———	△△△ ++ ++	△ ++ ● ●●● ●				———	———
第2年	———	———	△△ +	△△△ +++ ●●●	△△△ +++ ●●●	△ ++ ●●●	———	———	———

注:●卵;—幼虫;△蛹;+成虫。

➢ 生活习性与危害

4月底5月初，越冬代幼虫发育成熟，在坑道上部四周，略向树干外部倾斜，咬蛀近椭圆形的蛹室，并用蛀屑、粗木丝分别堵塞蛹室的上、下端，旋即化蛹其中。蛹长30~36mm，第8腹节背板上有1个向上生的棘状突起；腹面呈尾足状，其下面及后面有若干黑褐色小刺。化蛹初期，蛹体呈乳白色至黄白色，上颚浅棕色；近羽化时，体呈黄色，鞘翅乳白色，出现白色小斑点，足各节大部分变黑。蛹历期平均20（13~25）d。

成虫羽化后，在蛹室滞留5~7d，从蛹室向干、枝体外，咬蛀直径1.0~1.5cm近圆形的羽化孔，发出"zi！-zi！"的啮木声。羽化孔多位于边材侵入孔上方。成虫逸离寄主后，白天晴朗天气活动，以8:00~12:00时最为活跃；阴天、夜间和气温达33℃以上时，均栖息于树冠丛枝内。成虫喜择加杨、小叶杨、大关杨、旱柳、垂柳和复叶槭等树冠，取食叶柄、叶片及嫩枝皮，进行补充营养。补充营养后2~3d，开始交配。交配前，雄成虫时而爬行，时而短飞，并不断摆动触角，搜寻雌成虫。雄成虫接近雌成虫后，静止片刻，迅速扑向并抓住雌成虫，交配呈背负式，一次历时3~40min，以5~10min为多。交配多在午后14:00~18:00进行。交配后雄成虫爬离。成虫一生可进行多次交配。成虫喜在寄主上爬动，飞翔能力较弱，在林间或行道树上一般不作远距离飞翔。人为摇动树干，只见成虫从栖息树冠飞向邻近树冠，如再振动树干就会坠落。目测显示，一次最远飞50m左右。林间观察发现，早期活动的雄成虫数量明显多于雌成虫。灯光诱捕试验显示，成虫静栖暗处不动，亦不爬向光源，故无趋光习性。雄虫寿命最长为50d，最短仅3d；雌虫寿命最长可达66d，最短达14d。

交配后的雌成虫多择2年生枝丛及枝条分叉处，用上颚咬蛀椭圆形或唇形产卵疤。产卵疤深达边材表面，疤中具一产卵孔。每疤一般产1粒卵，也有无卵的空疤（约占总疤数的20%）。卵长椭圆形，长5~7mm，两端略弯曲。卵多产于距产卵孔上方5~6mm处，产后用胶状物封住产卵孔，而空疤无胶状物封堵。每日产卵1~5粒，每头雌成虫约产30粒卵。初产卵乳白色，近孵化时，变为黄色。从直径3.5cm的枝条到树干基部均有产卵疤分布，但以树干中上部为多，集中分布在树干分叉的部位。产卵后的边材与皮层界面开始变黑，进而腐烂，至卵孵化后，腐烂处周缘逐渐愈合。卵发育期的长短与温度密切相关，温度越高，卵历期越短，反之则长，一般卵历期约15d。

初孵幼虫取食产卵疤周缘腐烂部分皮层，并从产卵孔向外排出褐色粪便及木屑。约1个月，2龄幼虫开始蛀食腐烂皮层旁侧的健康皮层和边材，排出褐色的粪粒和白色的木丝。幼虫初期蛀食的坑道多为稍弯曲的横向坑道，后期向上钻蛀。随着虫龄的增大，坑道的容积亦随之扩大。3龄后幼虫蛀入木质部，木质部坑道仅为幼虫栖息场所，常返回皮层与边材之间的坑道壁蛀食，粪便均排出坑道。每个坑道只居1头幼虫，坑道间互不相通，坑道长度为4.0~27.0cm，多呈"C""S"和"U"形状。枝干被害部位，树皮常呈现掌状凹陷,由于坑道集中分布,致使树干中空,外部膨大呈"虫疱"。若几代幼虫连续蛀害,被害株枝干上"虫疱"较多,枝细小而稀疏,树叶小而易凋零。

➢ 害虫发生发展与天敌制约

捕食性鸟类有大斑啄木鸟和三趾啄木鸟。寄生性昆虫天敌有花绒寄甲。

➢ 发生、蔓延和成灾的生态环境及规律

光肩星天牛成虫取食嫩枝皮和叶片,幼虫钻蛀多种杨属(*Populus*)、柳属(*Salix*)等树种的健康林木,从树根至 3.5cm 左右的枝条均可栖息和蛀食。该虫寄主种类较多、分布范围广泛,以海拔 200m 以下分布最多,为该虫危害的猖獗区,多发生于立地条件较好,生长势旺盛的农田防护林、四旁绿化林、公园观赏林和行道树林,疏林、林缘受害较重。

成虫飞翔和以各虫态随寄主树移栽,或原木、木制品的调运进行区域内和远距离的扩散蔓延。

32 黑星天牛 *Anoplophora leechi*(Gahan)

分类地位:鞘翅目 Coleoptera 天牛科 Cerambycidae
主要寄主:板栗、锥栗、茅栗、漆树、榆树、桉树、柳和杨树。
地理分布:国内:河北、河南、浙江、江苏、湖北、湖南、江西、福建和广西等。

➢ 危害症状及严重性

黑星天牛成虫啃食板栗等寄主嫩枝皮。幼虫钻蛀韧皮部,形成坑道,切断养分输送,致使树势衰弱,出现众多的空栗苞和空籽粒,造成板栗产量锐减,甚至颗粒无收。幼虫钻蛀木质部,形成多条坑道,常致被害部位以上枝干枯萎,极易造成风折,重者整株枯死(图 1-78)。

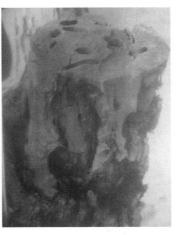

图 1-78 被害株横截面,多条坑道(仿徐志宏)

➢ 形态鉴别

成虫(图 1-79):体长 33~45mm。全体漆黑色,具光泽。头顶刻点细疏,额近方形,颊刻点较粗大。触角粗壮,略呈黑褐色,触角基瘤较突出,基部相距较近,两者之间凹深,被灰褐色稀疏短绒毛。前胸背板特别光亮。雄虫触角是体长的 1 倍,雌虫则超过体长 3 节,

图 1-79 黑星天牛（左：雄虫；右：雌虫）

柄节端部粗大，端疤关闭式，第3节长于第4节，明显长于柄节。前胸背板宽胜于长，侧刺突粗壮，末端尖锐而后弯；胸面不平坦，两侧及中部近后方稍隆起。小盾片舌形。鞘翅较长，拱凸，肩较宽，两侧中部之后渐狭窄，端缘圆形，翅面布满皮革状细皱纹，少有细刻点。中胸腹板凸片略有突起。雄虫腹末节较短阔，后缘完整不凹缺；雌虫腹末节较狭长，后缘中部呈钝角状凹缺。足较粗壮。后腿伸达第4腹节。

幼虫：体长47～59mm。黄白色，头褐色，前缘黑褐色，上唇扁圆形，棕褐色，被棕褐色毛。前胸背板棕黄色，其后区有一个明显的"凸"字形斑纹，前端背中线明显，表面散布细纵纹。背步泡突具2横沟，表面密布细刺突，无瘤突。

> **生活史**

黑星天牛在浙江淳安县为2年发生1代，跨越3个年度，以幼虫在寄主坑道内越冬。生活史详见表1-27。

表1-27 黑星天牛生活史（浙江淳安）

年度	4月 上中下	5月 上中下	6月 上中下	7月 上中下	8月 上中下	9月 上中下	10月 上中下	11月至翌年3月 上中下
第1年			●	●●●	— —	— — —	— — —	— — —
第2年	— — —	— — —	— — —	— — —	— — —	— — —	— — —	— — —
第3年	— — —	— △△△	△△△ +++	+++	+			

注：●卵；—幼虫；△蛹；+成虫。

> **生活习性与危害**

成虫羽化后,在蛹室内滞留 3~5d,待体、翅变硬后,咬蛀直径约 1cm 的圆形羽化孔,逸离寄主。成虫多择晴朗天气夜间或清晨出孔。白昼多在树干基部爬行或静栖于枝干,上午 9:00~12:00 时,常择距地 1.5~2.0m 高的树干或枝条上啃食嫩树皮,啃疤长达 4~5cm,以作补充营养,完成生理后熟。成虫行动迟缓,飞行能力较弱,一次仅飞 10 余米远,但可多次连续飞翔。两性成虫多在树干上爬行,追逐交配。个体成虫可多次交配,多在白昼 10:00~15:00 进行。成虫平均寿命为 30d。

交配后的雌成虫多择直径 6cm 以上,距地 1m 以下的树干,头部向下咬蛀"一"字形产卵疤。疤痕长 3~5mm、宽 1.5~3.0mm,旋即转体,将产卵器插入产卵疤内,每疤产卵 1 粒。卵长椭圆形,长、短径分别为 8.0~9.0mm、2.0mm,微弯。产卵历时约 20min。初产卵白色,近孵化时变为黄色。每头雌成虫约产 30 粒卵。卵历期 10~15d。

幼虫孵化后 10d,蛀入寄主树干韧皮部。初龄幼虫横向蛀食坑道,被害处下方有排粪孔,从孔中排出新鲜虫粪。当年幼虫一直在皮层内蛀害,直至 11 月初,蛰居坑道内越冬。翌年 4 月初,树液流动时,越冬代幼虫恢复取食。随着虫龄的增加,幼虫的取食量和坑道体积随之增大,被害部位下方的树表,常附有黏聚成团的粪粒和蛀屑。3 龄后幼虫由横向蛀食,逐渐斜向上蛀入木质部。被害株根际地面堆积较多的蛀屑和虫粪。第 3 年的春末夏初,幼虫发育成熟后,在髓心附近,从坑道四周咬下较长木丝,紧塞于坑道下部,构筑用细木丝相围,内壁光滑,长椭圆形的蛹室。蛹室多数直立,少数倾斜,然后头部向上,面朝树皮方向,陆续化蛹。蛹体长 30~45mm,纺锤形,触角基瘤较突出。蛹期 1 个月左右。

> **害虫发生发展与天敌制约**

寄生性昆虫天敌有管氏肿腿蜂和川硬皮肿腿蜂。

> **发生、蔓延和成灾的生态环境及规律**

黑星天牛成虫取食寄主嫩枝皮;幼虫蛀害板栗等树干皮层和木质部。在板栗林中,多发生于 4 年生以上的中壮龄林,林内或林周栽有毛白杨和栎类树种。管理粗放,林下杂灌等地被物较多的林分发生严重。

成虫飞翔在区域内进行自然传播,以卵、幼虫和蛹随苗木、原木及板材的调运等物流形式进行远距离的人为扩散蔓延。

33 黄星桑天牛（黄星天牛） *Psacothea hilaris*（Pascoe）

分类地位： 鞘翅目 Coleoptera 天牛科 Cerambycidae
主要寄主： 桑、油桐、柳、无花果、核桃、柑橘、苹果、杨、枇杷等。
地理分布： 国内：陕西、河北、河南、安徽、上海、浙江、江西、湖北、湖南、广东、广西、四川、云南和台湾；国外：朝鲜、日本和越南等国。

➤ 危害症状及严重性

黄星桑天牛成虫取食桑树等寄主的嫩枝皮和叶片，致使枝干或叶片被食成伤痕或缺刻；幼虫在枝、干上螺旋形钻蛀坑道，影响寄主的树液流通，被害部位以上枝、干随即枯死。

➤ 形态鉴别

成虫（图1-80）：体长15～30mm。体黑色，密被深灰色或灰绿色绒毛，并饰有杏仁黄色或麦杆黄色的绒毛斑纹。头部具杏仁黄色毛斑5～7个，以头顶毛斑最长，两颊的次之，头侧的最小或消失。触角细长，黑褐色，为体长的2.0～2.5倍，第1～3节被黄灰色绒毛，余各节基部密被白色绒毛，第3节最长。前胸侧刺突较短小；前胸背板多皱纹，两侧各有2个杏仁黄色长毛斑，排成一直行。小盾片近半圆形。鞘翅上的杏仁黄色毛斑多而变化不一，通常具5个较大的毛斑，略呈直线形排列，其余小斑，无规则地散布其间，靠中缝处较多而稍大。腹部毛斑4纵行，其中外侧2行，每行各5个，大小一致；

图1-80　黄星桑天牛（左：雄虫；右：雌虫）

内侧2行，每行3～4个。第1腹节最大，以后各节逐渐缩小。雄虫足较长，前足胫节前部略向内弯。

幼虫：体长21～32mm。圆筒形，头部黄褐色。胸腹部黄白色。前胸背板具褐色长方形硬皮板，形如"凸"字形，前方两侧具褐色的三角形纹。

➤ 生活史

黄星桑天牛在浙江地区为一年发生1代，以幼虫在寄主坑道内越冬，翌年3月下旬，开始活动。生活史详见表1-28。

表1-28 黄星桑天牛生活史（浙江宁海）

世代	3月 上中下	4月 上中下	5月 上中下	6月 上中下	7月 上中下	8月 上中下	9月 上中下	10月 上中下	11月至翌年2月 上中下
越冬代	───	───	───	── △△△	△△△ —				
				+	+++	+++	++		
第1代					●●	●●			
					—	───	───	───	───

注：●卵；—幼虫；△蛹；△成虫。

> **生活习性与危害**

黄星桑天牛越冬代幼虫发育成熟后，在坑道底咬蛀蛹室化蛹。蛹经20~30d发育后，羽化为成虫。成虫羽化出孔后，取食桑树等寄主叶片和啃食嫩枝皮，进行补充营养，以达到生理后熟。取食10~15d后，两性成虫开始交配。交配后的雌成虫，多择主干或直径3.0~5.0cm的树枝上产卵。产卵疤呈"一"字形，长约3mm。每疤内产1~2粒卵，每雌产卵160粒左右。成虫飞翔能力较强。树冠上的成虫受惊扰后，迅即下落，飞离险处。成虫寿命70d左右。

卵经10余天发育，孵化为幼虫。初孵幼虫在韧皮部内蛀食，坑道呈不规则形状。坑道内塞满了蛀屑和虫粪粒。随着虫龄的增加，蛀食面积逐渐扩大。虫口密度高时，桑树等寄主枝、干树皮易破裂，雨水入浸，枝、干上常呈现褐色斑块。3龄幼虫蛀入木质部。被害部位以上枝、干逐渐枯萎死亡。幼虫具互相残杀习性，如将几头幼虫置于培养皿内，常相互咬食而亡。

> **害虫发生发展与天敌制约**

大斑啄木鸟常在寄主树冠上单独活动，巧攀枝干捕食皮层下的黄星桑天牛幼虫。大山雀捕食在树冠上补充营养的成虫。长尾啮小蜂寄生该虫卵。在桑树林内蒲螨捕食黄星桑天牛幼虫。

> **发生、蔓延和成灾的生态环境及规律**

黄星桑天牛幼虫蛀食桑等树木的枝条、树干皮层和木质部。在桑园中常零星发生，多发生于低海拔山区，生长势衰弱的植株。

成虫飞翔和以幼虫、蛹随苗木和木材的调运作区域内和远距离的扩散蔓延。

34 栎旋木柄天牛 *Aphrodisium sauteri* Matsushita

分类地位： 鞘翅目 Coleoptera 天牛科 Cerambycidae
主要寄主： 麻栎、栓皮栎、僵子栎、青冈栎、甜槠、苦槠。
地理分布： 国内：河南、山东、安徽、浙江、江西、广西和台湾。

▶ 危害症状及严重性

栎旋木柄天牛幼虫蛀害栓皮栎等壳斗科树木主干，在皮层和边材间及边材内，咬蛀一条或多条纵行或螺旋形坑道。被害株表皮上，常同一方向，间隔一定距离具一排粪孔，不断向外排出黄褐色粪粒和片状蛀屑，堆聚于枝杈处或地面。林中被害株多呈零星或块状枯死。该虫是近十多年来，黄山、三清山和雁荡山等风景名胜处人工栎林中，危害最为严重的一种蛀干害虫。

▶ 形态鉴别

成虫（图 1-81）：体长 24～31mm，墨绿色，具金属光泽。头部具细密刻点，额中央有 1 条纵沟，伸向头顶。复眼肾形，下叶大，黑色。触角鞭状，着生于两复眼之间，蓝黑色，柄节蓝绿色，端部稍膨大，密布刻点，外端突出呈刺状；第 2 节最短，第 3 节最长，余各节依次短小；第 3 节后各节被少许黄色绒毛，其外端角较尖锐。前胸背板长略等于宽，前后缘有凹沟，布满稠密的横皱纹，上具 5 个瘤突，呈前 2 后 3，两横向排列；侧刺突短钝。小盾片倒三角形，较光亮，微皱。鞘翅狭长，两侧近乎平行，端缘稍钝，翅面密布刻点，其上具 3 条纵脊。前、中足腿节端部膨大，呈梨状，酱红色；胫节略扁，胫、跗节密被黄色绒毛；后足腿节不达鞘翅末端，蓝紫色，有光泽，胫节和第 1 附节特别扁平而长。雌、雄虫腹部分别可见 5、6 节。

图 1-81 栎旋木柄天牛
（仿刘玉军）

幼虫：体长 34～42mm。体淡黄色，近圆筒形。头部褐色，缩入前胸内。触角 3 节，第 3 节细小，圆柱形。前胸背板矩形，光滑，黄白色，前缘具黄色绒毛，背侧沟深，中纵沟较明显，前端有一个"凹"字形褐色斑纹，中部椭圆形，凸纹明显，后端色淡。胸足 3 对，极度退化。腹部 10 节，第 1～7 节背、腹面各具背步泡突，具一横沟。

▶ 生活史

栎旋木柄天牛在浙江省乐清市雁荡山风景区为 2 年发生 1 代，跨越 3 个年度，以幼虫在寄主坑道内越冬 2 次，生活史详见表 1-29。

表 1-29　栎旋木柄天牛生活史（浙江乐清）

世代	3 月 上中下	4 月 上中下	5 月 上中下	6 月 上中下	7 月 上中下	8 月 上中下	9 月 上中下	10 月 上中下	11 月至翌年 2 月 上中下
第 1 年				● ●	● ● ●				
					— —	— — —	— — —	— — —	— — —
第 2 年	— — —	— — —							— — —
	— — —	— — —	— — —	—					
第 3 年			△ △	△ △					
			＋	＋＋＋	＋				

注：●卵；—幼虫；△蛹；＋成虫。

> **生活习性与危害**

栎旋木柄天牛成虫多在白天羽化，以上午 9∶00～10∶00 为盛。成虫羽化后滞居蛹室 1～2d，待体壁及翅变硬后，向树皮方向咬蛀椭圆形的逸出坑道及羽化孔，羽化孔多呈椭圆形。成虫多择晴朗天气，午前 9∶00～11∶00 时钻出羽化孔。在原寄主树干上下来回爬行，并不断抖动双翅，持续约 1h，飞离寄主。成虫具较强的飞翔能力。林中未见取食枝梢或叶片等的补充营养行为或危害痕迹。该虫发生的林分内，诱虫灯从未诱捕到成虫。雄虫受惊时，即从臭腺孔排出黄褐色具强烈气味的液体。羽化后第 2 天，两性成虫即可交配，以 10∶00～15∶00 为盛。两性成虫可重复多次交配，一对成虫 1 次交配历时 1～3min，中间间隔 4～30min，可再次交配。成虫寿命约半个月。

交配后的雌成虫多择枝干缝隙或疤痕处产卵，卵长椭圆形，长、短径分别为 3.2mm、1.5mm。卵均为散产，初产卵黄色，后变成乳白色。产卵部位多随寄主树干直径大小而变化，胸径 5cm 以下则多产于 2m 以下树干；胸径 10cm 多产于距地高 2～3m 的树干，产卵部位多随胸径增加依次上升。初孵幼虫在寄主皮层和木质部之间蛀食，约经 7d 后，即蛀入木质部，先顺木纤维排列方向，向上约蛀 10cm，即转向下纵向钻蛀，间隔一定距离，向树表咬蛀排粪孔，向外排出粪粒和蛀屑。蛀食过的纵坑道壁光滑，色呈褐色。随着虫龄的增加，坑道直径和排粪孔口径随之增大。纵坑道累计长度较长，多在 1.5m 以上。

幼虫持续钻蛀至第 2 年的夏末秋初间，在纵坑道的末端咬蛀最后一个排粪孔，旋即开始在边材内环形蛀食，坑道排列多呈螺旋形，长度 50.0cm 左右。被害栎株树表相间分布着气孔和排粪孔，整个坑道分别具气孔和排粪孔 2～9 个和 2～5 个。被害株胸径大，坑道长，气孔和排粪孔数目较多；反之胸径小，坑道短，气孔和排粪孔则少。

被害栎株内多为1头幼虫钻蛀。被害栎株多为胸径7cm以上的大树。幼虫钻蛀危害，致使被害株的养分、水分输送受阻，营养条件恶化，逐渐枯萎死亡。若遇雨雪、台风等灾害天气侵袭，被害株极易折枝断干。

11月中旬后，幼虫发育成熟，返回原纵坑道，择适宜场所作第2次越冬。第3年4月初开始，蛰居的幼虫恢复活动，由纵坑道向树皮方向预筑横向羽化道，留有树皮，以遮盖孔道，并用白色分泌物黏合蛀屑，堵塞羽化道。幼虫在坑道内修筑长约4.5cm、宽约1.0cm的长椭圆形蛹室，先后在室内化蛹。蛹体长30mm左右，腹部各节背面具褐色短刺。蛹历期半个月左右。

> ### 害虫发生发展与天敌制约

捕食性鸟类有大斑啄木鸟、花啄木鸟，寄生性昆虫天敌有管氏肿腿蜂、花绒寄甲等，寄生菌有球孢白僵菌。

> ### 发生、蔓延和成灾的生态环境及规律

栎旋木柄天牛幼虫钻蛀栓皮栎、麻栎等栎类树木主干和枝条的皮层和木质部，多发生于海拔400～1100m的单树种栎林内，较少发生于松、栎混生的人工林中。密度小的林分重于密度大的林分，阳光充足的阳坡、林缘和山顶重于阴坡、林间和山沟。

成虫飞翔和以幼虫、蛹随栎树、原木、木材及其制品的移植或调运等物流形式进行区域内和远距离的扩散蔓延。

35 茶天牛（楝树天牛、株闪光天牛、茶褐天牛） *Aeolesthes induta* Newman

分类地位：鞘翅目 Coleoptera 天牛科 Cerambycidae
主要寄主：油茶、茶、楝树、乌桕和松树。
地理分布：国内：安徽、江苏、浙江、江西、福建、湖北、湖南、四川、重庆、广东、广西、贵州、云南和台湾；国外：缅甸、泰国、菲律宾、苏门答腊岛等地。

> ### 危害症状及严重性

茶天牛成虫啃食寄主嫩枝皮和叶片；幼虫钻蛀主干基部和根部的皮层和木质部，坑道宽而弯曲。距地高3～5cm的树干上留有细小的排泄孔，排出的蛀屑和粪粒多堆积于孔下的地面上。被害主根的坑道可深达40cm。被害植株轻则芽叶稀小，叶片枯黄，树势衰弱；重则树干及根部被蛀一空，整株枯死。

> **形态鉴别**

成虫（图1-82）：体长25.0～30.0mm。体较阔，褐色到暗褐色，有光泽，密被浅褐色短毛，腹面的毛灰褐色。头顶中央具一条纵脊纹。复眼黑色，两复眼在头顶近乎相接，复眼后方中央具一短而浅的纵沟，头顶后方有很多小的横颗粒。雌虫触角长度近似体长，而雄虫触角长度为体长的2倍，第6～10节外侧扁平具小而尖的外端刺，第5～9节具内端刺。前胸宽大于长，前端略狭于后端，中部膨大，两侧近弧形；前胸背板两侧具不规则的皱纹，后端中央有一长方形平滑的区域。小盾片短，末端钝圆。鞘翅基端阔，末端狭，两侧平行，后缘斜切，外端角齿状，内端角刺状；翅面密被浅褐色丝绒状具光泽的绒毛，排列成不同的方向，呈现出明暗的花纹。前胸腹面凸片中央具一条纵脊。

图1-82 茶天牛（仿夏声广）

幼虫：体长35～50mm，呈圆筒形。头浅黄色，胸、腹部乳白色。前胸宽大，背板前缘具4块黄褐色斑，后缘生有1条"一"字形纹。中、后胸和第1～7腹节背面中央均具瘤状突起。

> **生活史**

茶天牛在浙江地区为2年发生1代，跨越3个年度，以幼虫或成虫在树干基部或树根部坑道内越冬。生活史详见表1-30。

表1-30 茶天牛生活史（浙江开化）

世代	3月 上中下	4月 上中下	5月 上中下	6月 上中下	7月 上中下	8月 上中下	9月 上中下	10月 上中下	11月至翌年2月 上中下
第1年			●	●●●	———	———	———	———	———
第2年	———	———	———	———	—— △	△△△ +++	+++	+++	
第3年	+++	+++	+++	+++	+				

注：●卵；—幼虫；△蛹；+成虫。

> **生活习性与危害**

越冬代成虫多择于5月初离弃原寄主，从树干基部蛹室咬蛀近圆形的羽化孔钻出。林间5~7月上旬成虫活动。成虫白昼隐匿于树冠隐蔽处，夜间与凌晨活动。成虫飞翔能力较弱，具一定的趋光习性。交配后的雌成虫多择油茶和茶树的树干基部，距地高5~30cm树皮裂缝或枝杈处产卵，卵长椭圆形，长约4mm，乳白色。卵均为散产，每一产卵孔内多为1卵。

幼虫孵化后，初孵幼虫先钻蛀韧皮部，2~3d后蛀入木质部，随即向下蛀成坑道，直至根部。被害植株的坑道最长可达30cm左右。坑道宽阔且弯曲。被害树干基部近地表处4~6cm蛀有细小的排泄孔，幼虫边蛀边将蛀屑和粪粒推出排泄孔外，孔下地面常堆积较多的黄褐色蛀屑和粪粒。

幼虫历经一年多的生长发育，逐渐成熟，至翌年8月中旬开始，从地下的根部坑道爬至地上的树干基部坑道中，多在距地高4~10cm的坑道内，构筑圆柱形的石灰质茧，蜕皮后化蛹其中，蛹长约27mm，初化蛹乳白色，近羽化时变为淡赭色。蛹历期20余天。9月中下旬，成虫开始羽化。羽化后的成虫滞居于蛹室内，直至翌年（即第3年）5月初才陆续出孔，活动于林间。

> **发生、蔓延和成灾的生态环境及规律**

茶天牛成虫取食寄主嫩枝皮和叶片；幼虫蛀食油茶、茶树的树枝、干和根，多发生于茶园内根颈外露的老龄茶树、生长势衰弱植株，或经营管理粗放、荒芜的茶园。

成虫飞翔和以卵、幼虫、蛹随幼树移植、原木调运作区域内和远距离的扩散蔓延。

36 黑跗眼天牛（蓝翅眼天牛、茶红颈天牛、枫杨黑跗眼天牛）*Chreonoma atritarsis* Pic

分类地位：鞘翅目 Coleoptera 天牛科 Cerambycidae
主要寄主：油茶、茶、枫杨、柳。
地理分布：国内：陕西、山东、安徽、浙江、福建、江西、湖北、湖南、广东、广西、四川、贵州和台湾。

> **危害症状及严重性**

黑跗眼天牛成虫取食寄主嫩枝皮和叶片；幼虫钻蛀枝、干，常环绕皮层蛀蚀一圈，然后蛀入木质部，致使被害皮层处形成肿大的环状结节，虫口密度高时，仅1m长的枝干上，具环形肿突10个左右。危害轻则造成寄主生长不良，重则枝、干易折断枯死，对油茶生长及产量影响很大。

> **形态鉴别**

成虫（图1-83）：体长9.0~12.0mm，头部酱红色，刻点较稀，被深棕色竖毛。复眼黑色。触角11节，柄节基部酱红色，第2节最短，基部1/4处黄色，第3节最长，第3、4和5节的基部2/3左右为橙黄色，其余部分为黑色，第6节始皆为黑色，第3~10节每节下沿末端均有1长毛。前胸背板中瘤较高突，前胸背板及小盾片酱红色，被黄色竖毛。鞘翅蓝色，带紫色光泽，散生粗刻点，被黑色竖毛。腹部橙黄色，各足胫节端部1/3~1/2及跗节均为黑色。

图1-83 黑跗眼天牛

幼虫：体长18.0~21.0mm，扁圆筒形。头和前胸棕黄色。上颚黑色，胸、腹节为黄色。前胸膨大，后胸至腹部第7节背面均有长方形肉瘤状隆起。腹部第9节及第10节末端具丛生细毛丛。气门宽椭圆形，缘室2个较短，直指向体后上方。

> **生活史**

黑跗眼天牛每年发生世代数，不同地区略有差异，在广东、湖南、福建等地区为1年发生1代，江西、贵州地区为2年发生1代，均以幼虫在被害寄主的坑道内越冬。2年1代者，越冬代幼虫于翌年3月下旬至5月中旬化蛹，4月下旬至6月中旬出现成虫并产卵。6月中旬至7月中旬第1代幼虫孵化。详细生活史有待深入揭示。

> **生活习性与危害**

黑跗眼天牛幼虫发育成熟后，常在树干或枝条膨大环节状被害部的上方咬蛀直径约5mm的近圆形羽化孔。成虫羽化后，需在蛹室内滞居4~10d，待体、翅发育坚硬后，方钻出坑道。成虫钻出羽化孔，弃离寄主后，随即飞往树冠。成虫昼间活动，以晴朗天气的中午及午后最为活跃，阴雨、风雾天气多隐匿于树冠枝叶丛中。成虫飞翔能力不强，一次仅能飞行10m左右。成虫喜栖于树冠上部叶丛，啃食叶背主脉，有时亦取食少量叶肉和嫩枝皮层，以作补充营养。经3~4d的取食，两性成虫性成熟后即行交配。白天均能交配，但以入暮前后较多。

配后雌成虫多择直径1.0~2.0cm的枝干产卵，卵圆形，长径2~3mm，黄色。产卵前用上颚将树皮咬制成纵长1.0cm、横宽0.5cm左右的新月形刻槽，然后将卵产于刻槽中心上方皮层下。每槽产1粒卵。同一被害枝上，常连续间隔一定距离产卵数粒。每雌产卵15~22粒。成虫寿命15d左右。

卵经10d左右发育，孵化为幼虫。初孵幼虫，在皮层内绕树干或枝条蛀食一圈，需一个月左右时间，返至产卵处附近，随即蛀入木质部，向上钻蛀坑道。被害处皮层组织受幼虫蛀蚀刺激，致使害区组织增生，形成疣状的环状节，被害枝上叶片逐渐变黄，生长势随之衰弱，极易折断或枯死。坑道多呈"S"形，长达40～50cm。坑道内壁光滑，遗留蛀屑。幼虫发育成熟后，在坑道顶端构筑蛹室，化蛹其中，蛹体长15mm左右，橙黄色，翅芽和复眼黑色。

➤ 害虫发生与天敌制约

黄翅黑兜姬蜂是该虫幼虫期的主要寄生蜂，在控制黑跗眼天牛种群数量上起重要作用。

➤ 发生、蔓延和成灾的生态环境及规律

黑跗眼天牛成虫取食寄主嫩枝皮和叶片；幼虫钻蛀油茶、茶等树干的皮层和木质部。该虫多发生于造林密度过大，树冠丛生密实或经营管理粗放，多年不修剪的油茶、茶林，其中树龄过大、生长势衰弱植株危害最重。

成虫飞翔和以各虫态随苗木的移植、调运作区域和远距离的传播蔓延。

37 双条合欢天牛（合欢双条天牛）*Xystrocera globose*（Olivier）

分类地位：鞘翅目 Coleoptera 天牛科 Cerambycidae
主要寄主：合欢、桑、油茶、槐、云南松、杨、栎、梅、圆柏、木棉、桃、李、杏、樱桃、柑橘等林木和果树。
地理分布：国内：黑龙江、吉林、辽宁、陕西、甘肃、河北、山东、河南、安徽、江苏、浙江、福建、江西、湖南、四川、广东、广西、云南；国外：印度、缅甸、泰国、马来西亚、印度尼西亚、日本、朝鲜、菲律宾、夏威夷和埃及等地。

➤ 危害症状及严重性

双条合欢天牛幼虫钻蛀合欢等寄主主干和粗枝的韧皮部及木质部，形成不规则的弯曲坑道，淡黄色的蛀屑和粪粒充塞其中。虫口密度高时，皮层被蛀一空，至幼虫发育成熟时，树皮极易脱落，裸露出凹凸不平的木质部及椭圆形侵入孔。

➤ 形态鉴别

成虫（图1-84）：体长15～30mm，红棕色至棕黄色，具光泽；前胸背板的前、后

缘及中央各有1条狭纵带，左右两边各有1条较宽的直条，均呈金属蓝或绿色；雄虫的两旁直条由胸部前缘两侧向后斜伸至后缘中央，雌虫则直伸向后方，不像雄虫的斜行式样。鞘翅棕黄色，每翅中央有1纵条，其前方斜向肩部，此纵条及鞘翅的外缘和后缘均呈金属蓝或绿色。头部密布刻点，触角第1节外侧末端，及第3、4节下方末端各有一刺状突出，第3节较粗，比第4节约短1/4；雄虫触角约2倍于体长，而雌虫触角略长于体。前胸背板呈颗粒状；靠近前胸腹板前缘有1条宽的褐色横带，其上呈现横纹。雄虫前胸腹板的其余部分以及前

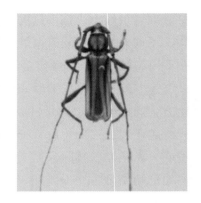

图 1-84　双条合欢天牛

胸两侧下部具有极细密的颗粒。雌虫前胸腹板的腹面颗粒较稀少，且不伸及两侧。小盾片心形。鞘翅刻点粗密，每翅有3条微隆起的纵纹，2条在背部，1条在侧方。

幼虫：体长30～48mm，体圆筒形，乳白色。头部近梯形。上颚粗短，黑色，基半部具刚毛数根。前胸背板横宽，后端稍宽；侧缘具有较多的淡色细毛，散布光滑的小点，背中线明显下陷；前端淡黄褐色有光泽，中区具粗刻点和短刚毛，后区有细密的纵条纹。前胸腹板中前腹片具1对三角形有光泽的粗糙区。腹部步泡突明显分为2叶，表面具暗色网状纹，并有粗糙的微刺突。足明显，4节，色淡。腹部第8节宽，第9节极短小。气门椭圆形，围气门片黄褐色。

> **生活史**

双条合欢天牛在浙江地区为一年发生1代，以幼虫在寄主皮层和木质部的坑道内越冬。翌年3月中旬恢复取食活动。生活史详见表1-31。

表 1-31　双条合欢天牛生活史（浙江宁海）

世代	3月 上中下	4月 上中下	5月 上中下	6月 上中下	7月 上中下	8月 上中下	9月 上中下	10月 上中下	11月至翌年2月 上中下
越冬代	———	———	——— △△	△△△ +++	+++				
第1代				●●● —	● ———	———	———	———	———

注：●卵；—幼虫；△蛹；+成虫。

> **生活习性与危害**

3月中旬寄主萌动，越冬代幼虫从蛰伏状态恢复取食活动，从蛰居的坑道内向前钻

蛀，取食量较大，是该虫重要的危害期。幼虫边蛀边将蛀屑和粪粒填塞于体后的坑道内，不向外排出。随着虫龄的增加，坑道由狭变阔，形成无规则的弯曲坑道，常致树皮脱落，被害木质部裸露空间。

越冬幼虫发育成熟后，在坑道底部，构筑一个内壁光滑的椭圆形蛹室，并在蛹室上方，向树皮方向咬蛀一圆形羽化孔洞，留有一层薄树皮，随后在蛹室内化蛹。

越冬代成虫羽化后，咬破羽化孔洞外薄树皮，多择晴朗天气出孔，一般在20：00左右开始活动。林间未见成虫有补充营养习性。两性成虫交配多在夜间进行。成虫具一定的趋光习性。

交配后的雌成虫多择树皮裂缝或翘裂皮下产卵。每次产7～10粒卵，成一卵块。雌成虫的产卵量较多，最多可达350余粒。

第一代幼虫孵化后，即蛀入树内，多数幼虫在韧皮部内向上钻蛀，少数幼虫向下蛀食，形成弯曲的细坑道，当年在钻蛀的坑道内越冬。

> ### 害虫发生发展与天敌制约

捕食性鸟类有大斑啄木鸟、灰翅噪眉鸟和大山雀。

寄生性昆虫天敌有花绒寄甲。

> ### 发生、蔓延和成灾的生态环境及规律

合欢双条天牛幼虫钻蛀生长势衰弱的植株，多发生于园林观赏树种、行道树和桑园桑树。

区域内扩散主要通过成虫飞翔进行，远距离主要以幼虫借助苗木和原木的调运传播蔓延。

38 桃红颈天牛 *Aromia bungii* Faldermann

分类地位：鞘翅目 Coleoptera 天牛科 Cerambycidae
主要寄主：桃、李、杏、梨、樱桃、苹果、柿、榆叶梅、海棠、核桃、石榴、栾树、榆树、桑、板栗、柞木、杨、柳、栎、梅、枫杨等果树和林木。
地理分布：国内：黑龙江、吉林、辽宁、内蒙古、甘肃、陕西、河南、河北、北京、山东、安徽、上海、浙江、福建、四川、云南、贵州、广东、广西；国外：俄罗斯、朝鲜等国。

第一章 林木主要钻蛀性害虫种类及其鉴别

> **危害症状及严重性**

桃红颈天牛幼虫蛀食寄主树干和粗枝的韧皮部和木质部，深达髓心。蛀入孔外流有众多的黄色或黄白色树脂，并黏附棕褐色锯屑状虫粪。虫口密度高时，树干基部堆积大量棕褐色粪屑。危害造成被害株干、枝中空，削弱树势，致使叶片小而枯黄，果实产量锐减，重者绝产或枯死（图1-85）。该虫危害的树种较多，分布区域较广，是我国核果类果树的主要蛀干害虫。

图1-85 桃树被害状（左：枯死状；中、右：流脂）

> **形态鉴别**

成虫（图1-86）：体长28～38mm，体黑色光亮，前胸背板棕红色，或完全黑色。头部黑色，头顶部两眼间有深凹隙。触角黑蓝紫色，基部两侧各有一叶片状突起，尖端锐。前胸具不明显的粗糙点；侧刺突尖锐。前胸背板有4个具光泽的光滑瘤突。前、后缘亮黑蓝色，收缩面下陷密布横皱纹。雄虫前胸腹面密布刻点，触角比体长；雌虫前胸腹面无刻点，但密布横皱纹，触角与体长约相等。小盾片黑色，略向下凹陷，表面平滑。鞘翅基部宽过胸部，后端稍为狭进，表面十分光滑，有2条不清楚的纵纹，肩部突起不显著。足黑蓝紫色。

图1-86 桃红颈天牛

幼虫：体长50mm左右，体乳白色，圆筒形。头部横宽，近梯形，头盖侧叶及额表面凹凸不平。上颚仅切口及关节处锈褐色，其余部分淡黄色。触角较粗长，长于基部的连接膜，第1节宽短，长不及宽的1/2，外侧具刚毛3根；第2节长胜于宽，端部

107

具1圈刚毛,约10根;第3节圆柱形,长为基宽的3倍,顶端具刚毛1根,短毛2根。前胸背板色淡,前缘后有褐色横斑,中区中央有1椭圆形凹陷。足4节,腿节宽略大于长,胫跗节长大于宽,前跗节端半部细缩,端部尖,褐色。腹部背步泡突呈梭形隆起,色淡,近前方有1细横沟,后方横沟向中央斜伸,中间断裂,侧沟细斜,中沟宽深,表面具网状细浅刻痕。腹部气门小,狭椭圆形。

> **生活史**

桃红颈天牛在浙江地区2年发生1代,跨越3个年度,先后以幼龄幼虫(第1年)和成熟幼虫(第2年)在树干、粗枝坑道内越冬。林间成虫活动盛期为6月中旬至7月中旬。6月下旬至7月下旬为卵期。7月上中旬始见初孵幼虫。11月下旬初龄幼虫在寄主皮层内越冬。翌年3月下旬出蛰,从皮层先后蛀入木质部,11月下旬在木质部坑道内越冬。第3年5月上旬至7月上旬为蛹期。

> **生活习性与危害**

桃红颈天牛成虫羽化后,在寄主坑道内滞居4~6d,待体、翅变硬后,方钻出羽化孔。成虫均在白天出孔,以上午8:00~12:00时为多,占出孔成虫总数的60%~70%。雌雄性比为1.0:1.3。成虫喜择雨后晴天出孔。中午成虫多停息于树枝上不动,遇惊扰后,雌成虫迅即飞逸,雄成虫多爬离躲避或从枝干上掉落,入草丛中静伏。成虫虫体两侧各具一分泌腺体,受惊或人为捕捉时能迅速射出白色的恶臭液体。

成虫出洞后1~2d,雄成虫搜寻和追逐雌成虫交配。两性成虫可多次交配。交配后2~9d,雌成虫多数在距地高40cm以下的树干基部爬行,以尾端频频试探,择粗皮裂缝处或树皮伤口,将产卵管伸入其中,随即抬起尾端,把卵产于其内;少数产于距地较近的粗枝上。卵圆形,长6~7mm,乳白色。产卵时间集中于8:00~19:00,卵散产,多数每处产1粒,少数为2~4粒。每雌产100~300粒卵。雌成虫在树基往返重复产卵,造成危害部位相对集中,种群密度过高,被害部位出现多处流胶,致使危害症状十分显眼(图1-85)。雌成虫产卵后不久即亡。卵历期7~10d。成虫寿命48~54d。

幼虫孵化后,先在表皮下蛀食,蛀入处树表流胶,并附有棕褐色粉粒状虫粪。当年幼虫发育体长为8mm左右。翌年幼虫继续在皮层内向下蛀食,渐至木质部,幼虫发育体长多为30mm左右。第3年幼虫皆在木质部内蛀害,深达枝干髓心,由上至下形成弯曲无规则的近椭圆形坑道,坑道可深达根部6~9cm。坑道内充塞虫粪和蛀屑,间隔一定距离向树表咬蛀一通气的排粪孔。当坑道堵塞时,即将粪粒和蛀屑推出孔外,推出时间多在夜间20:00至翌晨7:00。孔外和树干基部,常附有和堆满红褐色锯末状的虫粪和蛀屑。幼虫发育成熟时,体长为50mm左右。幼虫钻蛀的坑道累计长达50~60cm。虫口密度高时,寄主干、枝的皮层和木质部常被蛀空而枯死。

幼虫发育成熟后，由木质部蛀入髓心，并用分泌物黏缀蛀屑，堵塞坑道，筑成长约 5.5cm，宽约 1.0cm 的蛹室。化蛹前成熟幼虫预筑羽化孔道。孔外树皮未被咬穿，维持原状。成熟幼虫居蛹室内，不食不动，体长缩至 30mm 左右，最后蜕去一次皮化蛹，蛹体长 35mm 左右，前胸两侧各有 1 刺突。初化蛹为乳白色，后渐变成黄褐色。蛹历期 15~28d。

> **害虫发生发展与天敌制约**

冬春季大斑啄木鸟和星头啄木鸟对桃红颈天牛具有一定的控制作用。喜鹊常 3~5 只成群活动，白天常到被害林中捕食栖息树冠上的桃红颈天牛成虫，傍晚飞至附近高大的树上休息，捕食时常有一鸟负责守卫，如发现危险，守望的鸟发出惊叫声，与捕食鸟一同飞走。该鸟飞翔能力较强，一次可飞较远距离。

寄生天敌有管氏肿腿蜂、花绒寄甲，寄生菌有球孢白僵菌。

> **发生、蔓延和成灾的生态环境及规律**

桃红颈天牛幼虫钻蛀桃等核果类树干和大枝的韧皮部和木质部。在桃林中多发生于疏于管理，林下杂草灌木茂盛，立地条件较差，生长势差的林分。受害较严重的植株多见于路边、林缘。

成虫飞翔和以各虫态随寄主树的移栽作区域内和远距离的扩散蔓延。

39 粒肩天牛（桑天牛） *Apriona germari* (Hope)

分类地位： 鞘翅目 Coleoptera 天牛科 Cerambycidae
主要寄主： 桑、山核桃、薄壳山核桃、核桃、杨、柳、无花果、榆树、柞木、朴树、枫杨、刺槐、构树、栎树、油桐、枇杷、柑橘、梨、杏、花红、苹果、海棠、樱桃等林木和果树。
地理分布： 国内：吉林、辽宁、河北、陕西、山西、甘肃、山东、安徽、河南、江苏、浙江、福建、江西、湖北、湖南、广东、广西、四川、贵州、云南和台湾；国外：日本、朝鲜、老挝、柬埔寨、越南、缅甸、泰国、印度、孟加拉国等。

> **危害症状及严重性**

粒肩天牛幼虫钻蛀桑树等多种树木的木质部，间隔一定距离向外咬蛀一圆形排泄孔，将粪屑排出孔外，随虫龄增大，孔径和孔间距离随之增大。成熟幼虫预筑羽化孔，致使寄主树皮臃肿或开裂，易见树液外流。危害造成寄主生长不良，树势早衰，叶小而薄，影响果实产量、质量或降低材质及工艺价值。毛白杨幼树排粪孔周围常染病腐烂，重者整株枯死。在浙江山核桃产区核果采摘期间，因枝干遭蛀一空，时有伤人事件发生。

> **形态鉴别**

成虫（图1-87）：体长31~50mm。全体基底黑褐色，密被黄褐色短毛，体背呈黄褐色或青棕色，腹部棕黄色。头顶隆起，中央具一黑褐色纵沟。上颚黑褐色，强大锐利。触角11节，雌虫触角较体稍长，雄虫触角则超出体长2~3节，柄节端部开放式，第3节起基部灰白色，其余黑褐色。前胸近方形，背面具横皱纹，两侧中间各具1个刺状突起。鞘翅基部约翅长的1/3处，有许多黑褐色光亮的瘤状小颗粒；外端角及缝角处各具1根短小尖刺。足黑色，密生灰白色短毛。雌虫腹末2节下弯。

幼虫：体长51~81mm，乳白色，体圆筒形略扁，向后端渐狭，第9腹节背板向后伸，超过尾节。头部中部以后显著渐狭。上颚粗短，切口稍倾斜，端部钝，基半部着生刚毛约10根。触角2节，第1节极短，第2节长宽略等。前胸背板骨化区近方形，前部中央突出呈弧形，色较深；表面有4条纵沟，两侧的在侧沟内侧斜伸，较短，中央1对较长而浅，沟间隆起部，纵列圆凿点状粗颗粒，前几排较粗而稀，色深，向后渐次细密，色淡。腹部背步泡突扁圆形，具2横沟，两侧各具1弧形纵沟，步泡突中间及周围凸起部，均密布粗糙细刺突，腹面步泡突具1横沟。腹部气门椭圆形，气门片黄褐色。

图1-87 粒肩天牛（左：雄虫；右：雌虫）

> **生活史**

粒肩天牛在浙江地区2年发生1代，跨越3个年度，以幼虫在寄主枝、干的坑道内越冬2次，每年3月下旬越冬幼虫恢复取食活动。生活史详见表1-32。

表 1-32 粒肩天牛生活史（浙江宁海）

世代	3月 上中下	4月 上中下	5月 上中下	6月 上中下	7月 上中下	8月 上中下	9月 上中下	10月 上中下	11月至翌年2月 上中下
第1年	———	———	———	——— △△ +	△△△ +++ ●●●	△ ++ ●●●		———	———
第2年	———								———
第3年	———			△△ + ●●	△△△ +++ ●●●	△ ++			

注：● 卵；— 幼虫；△ 蛹；+ 成虫。

> **生活习性与危害**

粒肩天牛成虫羽化后，在蛹室中静居 5~7d，待体、翅变硬后，择天气晴朗日，钻出羽化孔，飞离寄主。成虫飞翔能力较强，一般 1 次飞翔 30~90m，最远 1 次可飞翔 200m 左右。该虫由中心发生区逐步向周围林网或片林扩散，1 年一般为 500m。出孔成虫寻觅构树和桑树的嫩枝皮层及叶，进行补充营养，以达到生理后熟。成虫补充营养的高峰期，每日为 6:00~8:00 和 12:00~14:00 时。构树和桑树是该成虫补充营养的嗜食树种。在他种人工林内，该虫严重发生时，可在其周缘种植少量嗜食树种，引诱成虫取食时，杀灭取食成虫，以降低下代虫口密度。成虫取食疤痕呈不规则的条块状，边缘残存茸毛纤维物，枝条被害 1 周后，即枯死。补充营养期需 10~15d。

成虫求偶时，雄成虫不断用触角轻敲雌成虫的背部。交配时，雄成虫前足跗节紧抱住雌成虫胸部两侧，雌成虫背负雄成虫爬行至适宜场所，静止不动。成虫具假死习性，振动枝干，即可震落地面，极易捕捉。成虫具弱趋光性，寿命 35~45d。

孕卵雌成虫飞往毛白杨、山核桃、柳树等寄主，多择距地高 2~7m 范围内枝条产卵。在杨树上，雌成虫喜择 2 年生直径为 1.0~3.0cm 的侧枝产卵。产卵前，雌成虫用触角频敲寄主树皮，找到适宜的产卵场所，即用上颚在树皮上咬蛀"川"或"U"字形的产卵疤，疤长约 10mm，宽约 5mm。然后雌虫调转头，用足紧抱枝条，弯曲尾部，将产卵器下瓣插入疤内产卵，卵长椭圆形，长 5~7mm，黄白色，前端较细，略弯曲。卵均产于皮层与木质部的界面上。一般每个产卵疤内产 1 粒卵，极少数 2、3 粒卵共处 1 疤内。产后雌成虫分泌黏液，并用腹部轻压产卵疤，封闭其疤，以保护卵粒。产卵多在夜间进行，一般 20:00 开始，04:00 结束，集中于 21:00~23:00。雌成虫每产下

1 或 2 粒卵，需静栖或飞迁 1 次。天亮前返回白昼栖息的树冠，继续取食。每头雌成虫产卵 50~100 粒。卵历期 10~12d。

初孵幼虫孵化后，从孵化处上蛀 1cm，随即调头沿木质部边材向下蛀食，渐入心材。开始钻蛀时，间隔 5~6cm，向树皮外咬蛀 1 个圆形排粪孔，排出粉状湿润虫粪。随着虫龄的增大，排粪孔间隔距离增大。排粪孔一般均位于同一方向，向下顺序排列。幼虫蛀食的坑道光滑通直。如寄主树小，坑道直达根部。

幼虫发育成熟后，沿坑道上移，在倒数第 2~4 个排粪孔之间，由心材向树表，预筑羽化道和长、短径分别为 14mm、13mm 的近圆形羽化孔，仅留表皮而不咬穿，常致树皮臃肿或破裂，易见树液外流。成熟幼虫退回坑道内，并距坑底 8~10cm 处构筑蛹室。蛹室上下端均用坑壁啃下的木丝堵塞。随后头部向上，化蛹其中。蛹纺锤形，长约 50mm，黄白色，触角后披，末端卷曲；腹部第 1~6 节背面两侧各有一对刚毛区，尾端较尖，轮生刚毛。蛹历期 26~30d。混有幼虫排泄物的树液下流，蛹室下端的排粪孔，常流出褐色的腐液。根据排粪孔虫粪的新鲜程度，或有无树液外流及其腐浊的危害情况，可初步判断出，寄主内粒肩天牛幼虫或蛹的发育状况及寄主的被害程度。

成虫羽化后，虫体向蛹室上端的细木丝堵塞方向爬动，边爬边将上端的细木丝向下推，积于蛹室底部。成虫顺坑道上爬，进入羽化道，最后咬穿树皮，爬出羽化孔。林间成虫寿命与补充营养取食的树种密切相关，取食构树和桑树的成虫寿命较长，其他树种则较短。

> **害虫发生发展与天敌制约**

粒肩天牛的天敌种类较多，桑天牛卵长尾啮小蜂，寄生粒肩天牛卵，自然寄生率达 50%，对该虫的发生起重要的制约作用。天牛长尾啮小蜂亦是该虫卵的重要寄生蜂。卵寄生蜂还有桑天牛澳洲跳小蜂。幼虫期的寄生蜂有赤腹茧蜂、柄腹茧蜂和花绒寄甲。

> **发生、蔓延和成灾的生态环境及规律**

粒肩天牛侵害的树种较广泛，食性杂，成虫啃食构树、桑树等嫩枝皮；幼虫蛀害杨、柳树和海棠等多种林木和果树的主干和枝条。在田野宜林地中，都存在粒肩天牛虫源，无论幼树或大树、生长势旺盛或衰弱，均可遭其侵害，多发生于连带成片栽植的纯林。在我国长江流域一带危害较为严重。该种种群在林间呈聚集分布，一旦侵入，种群数量可迅速、稳定地增殖，短期内即可辗转扩散蔓延，酿成重大灾害。

成虫飞翔和以幼虫、蛹随寄生苗木、原木、木材及木制品的运输，进行区域内和远距离的传播蔓延。

40 锈色粒肩天牛　*Apriona swainsoni*（Hope）

分类地位：鞘翅目 Coleoptera 天牛科 Cerambycidae
主要寄主：槐、黄檀、柳树、云实、紫铆、三叉蕨。
地理分布：国内：河南、山东、湖南、福建、浙江、江苏、四川、贵州和云南；国外：越南、老挝、印度和缅甸等国。

▶ 危害症状及严重性

锈色粒肩天牛初孵幼虫钻蛀寄主干、枝皮层，排出的粪粒常附聚于排粪孔处，中龄后幼虫蛀害木质部，将部分蛀木丝排于树外或填塞于树皮下。幼虫蛀蚀形成不规则的横向扁平坑道，毁坏寄主的输导组织，造成表皮与木质部分离、脱落，致使被害树3～5年内整枝或整株枯死。该虫是我国槐树等绿化树种的重要钻蛀性害虫。

▶ 形态鉴别

成虫（图1-88左）：体长28.0～39.0mm，长方形，黑褐色。全体密被锈色短绒毛。头、胸及鞘翅基部颜色较深。头部额高胜于宽，两边弧形向内凹入，中沟明显，直达后头后缘。雌虫触角较体稍短，雄虫触角较体略长；触角基瘤突出，柄节粗短，短于第3节，略长于第4节，第1～5节下侧有稀疏的细短毛，第4节以后各节外端角突出，末节渐尖锐。前胸背板宽大于长，具不规则的粗皱突起，前、后端2条横沟明显；两侧刺突发达，先端尖锐。小盾片舌形。鞘翅基部颜色较深，肩角向前微突，但无肩刺；翅基1/5区域密布黑色光滑小颗粒，翅表散布许多不规则的白色细毛斑和细刻点；翅端平切，缝角和缘角均具小刺，缘角小刺短而较钝，缝角小刺长而较尖。腹面前胸足基节外侧、中胸侧板和腹板，各腹节两侧各有一白色毛斑。

幼虫（图1-88右）：体长42～65mm。体黄白色，扁圆筒形，向后端渐窄。本种幼虫与粒肩天牛幼虫十分相似。前胸背板黄褐色，略呈长方形，其上密布棕色颗粒突起，中部两侧各有1斜向凹纹。幼虫胸、腹两侧各有9个黄棕色椭圆形气门。腹部背步泡突扁圆形，具2条横沟；腹面步泡突具1条横沟。

图1-88　锈色粒肩天牛（左：成虫；右：幼虫）

生活史

锈色粒肩天牛在浙江地区为 2 年发生 1 代，跨越 3 个年度，以幼虫在寄主干、枝坑道内越冬，翌年 4 月上旬恢复取食活动。生活史详见表 1-33。

表 1-33 锈色粒肩天牛生活史（浙江宁海）

年	4月 上中下	5月 上中下	6月 上中下	7月 上中下	8月 上中下	9月 上中下	10月 上中下	11月至翌年3月 上中下
第1年			●●	●●●	●			
			—	—	—	—	—	—
第2年	—	—	—	—	—	—	—	—
	—	—	—					
第3年	△	△△△	△					
			+	+++	+++	+++		

注：●卵；—幼虫；△蛹；+成虫。

生活习性与危害

锈色粒肩天牛越冬代成熟幼虫于 4 月下旬开始化蛹，5 月底成虫开始羽化。成虫羽化后，向树皮咬蛀直径 1.0~1.5cm 的羽化孔。成虫多在晴天的午后 15:00 至凌晨 4:00 时出孔。出孔后，成虫沿树干上爬至树冠，啃食 1~2 年生嫩枝皮，进行补充营养。被啃食的嫩枝皮疤痕多呈条状或环状，常裸露出木质部。成虫不善飞翔，振动树干，树冠上部分成虫会坠落地面。经 5~8d 的补充营养，两性成虫开始交配。交配多在树冠枝条上进行，呈背负式，历时长达 25min 左右。成虫可多次交配。成虫寿命较长，达 75d 左右。

交配后的雌成虫，多在夜间 21:00 后，从小枝下爬，择直径 6cm 以上的枝、干，在其树皮的缝隙处产卵。产卵前，用口器将缝隙底部咬平，构筑成"产卵槽"，旋即前爬，将其腹末插入，产卵于槽内，并排出草绿色糊状分泌物覆盖于卵上，轻摆腹末压紧，以防脱落。大多数为一槽 1 卵，极少数为一槽 2 卵。一般每晚先后各产 1 卵，停止 1~2d 后再产。卵长椭圆形，长、短径分别为 2mm、0.5mm 左右。卵历期 10~15d。刚孵化卵为黄白色，近孵化前变为灰褐色。

初孵幼虫由蛀入孔，经韧皮部垂直蛀入边材，边蛀边将粪粒排出，悬附于树皮外排粪孔处。蛀至边材的幼虫，随即横向往内钻蛀。第 1 年蛀入木质部的深度为 0.5~5.0cm。第 2 年继续向内弯曲蛀食 5.0~7.0cm，接近髓心即转向上蛀食 8.0~15.0cm，再向外钻蛀 3.0~6.0cm。第 3 年春季，幼虫边蛀边将蛀木丝排出孔外。坑道多呈 "Z" 字形。随着幼虫虫龄的增加，坑道随之延长和变宽。幼虫期钻蛀的坑道累计长达

20.0cm 左右。幼虫发育成熟后，在坑道终端，构筑长 4.5~6.0cm、宽 1.5~2.5cm 的蛹室。用粪粒将蛹室上端坑道堵塞，头部向上化蛹，蛹纺锤形，体长 32~40mm，黄褐色；触角贴于体两侧，达后胸部，其端部弯曲；翅贴于腹面，达第 2 腹节。蛹期 20d 左右。幼虫期长达 22~23 个月，而危害期则达 12~13 个月。

➢ 害虫发生发展与天敌制约

大斑啄木鸟和棕腹啄木鸟对该虫有一定的控制作用。两鸟均能巧攀树木，尾羽羽干刚硬如棘，能以其尖端撑在树干上，助脚支持体重并攀木。嘴强直如凿。舌细长，能伸缩自如，先端并列生短钩。攀木觅食时，以嘴叩树，以舌钩食锈色粒肩天牛幼虫和蛹。

锈色粒肩天牛卵期，黑蚂蚁啃破卵上覆盖物，食取卵粒，取食率林间可达 15% 左右。

花绒寄甲是寄生幼虫、蛹期的优势天敌，1 头寄主可寄生 7~8 头花绒寄甲幼虫，自然寄生率达 25% 左右。

➢ 发生、蔓延和成灾的生态环境及规律

锈色粒肩天牛多发生于园林观赏树种和四旁绿化树种。

该虫成虫飞翔能力较弱，远距离主要以各虫态借助苗木、幼树的调运传播。

41 薄翅锯天牛（中华薄翅天牛、中华锯天牛、油桐锯天牛）*Megopis sinica*（White）

分类地位：鞘翅目 Coleoptera 天牛科 Cerambycidae
主要寄主：泡桐、杨树、柳、松、栎、榆树、板栗、苦楝、梧桐、油桐、野桐、枫杨、木荷、桤木、构树、银杏、乌桕、桑、杉木、柳杉、白蜡树、云杉、冷杉、核桃、苹果、海棠、柿、山楂、枣等多种林木和果树。
地理分布：国内：黑龙江、吉林、辽宁、河北、山西、陕西、山东、河南、安徽、江苏、浙江、福建、湖北、湖南、四川、贵州、云南、广西和台湾；国外：朝鲜、日本、越南和缅甸等国。

➢ 危害症状及严重性

薄翅锯天牛幼虫钻蛀寄主韧皮部和木质部，致使养分、水分输导受阻，引起当年

果实萎蔫脱落。虫口密度高时,树干被蛀蚀成蜂窝状,遇大风(如台风、飓风等)或冰冻雨雪等灾害性气候,被害树干、枝易折断枯死(图1-89)。该虫是我国多种针、阔叶树和果树常见的蛀干害虫。

> **形态鉴别**

成虫(图1-90):体长30~50mm,赤褐色或暗褐色,有时鞘翅色泽较浅,为深棕红色。头部具细密颗粒式刻点,密生细短灰黄毛;上唇有较直的棕黄色长毛;上颚黑色,分布深密的刻点;前额中央凹下,后头较长,自中央至前额有一细纵沟。雄虫触角与体长相等或略超过,第1~5节极粗糙,每节有刺状粒点,柄节粗壮,第3节最长,约倍于第4节。雌虫触角较细短,伸展约至鞘翅的后半部。前胸背板前窄后宽,呈梯形,密布颗粒状刻点及灰黄色短毛。小盾片三角形,后缘稍圆。鞘翅宽于前胸节,向后渐形狭窄,翅面有微细颗粒状刻点,基部略粗糙;鞘翅各具2~3条细小纵隆脊。腹面后胸腹板密被绒毛。雌虫腹末常伸出较长的伪产卵管。足扁形。

图1-89 海棠被害后折断枯死

1-90 薄翅锯天牛(雌)

幼虫:体长50~70mm,体形较肥大,圆筒形,乳白色或淡黄色,头部近方形,较扁,触角较长,3节,触角环有细网纹,覆盖连接膜,第2、3节长稍大于宽。上颚褐色,边区有脊纹,端区内侧有3条明显的龙骨状脊突,切缘前区较长,后区弧形弯向背面,背方有2或3条粗隆脊。前胸背板前宽后狭,前缘后有黄褐色横斑,侧沟线浅,亚侧沟线浅短,横向,稍向后斜,侧沟间骨化板乳白色,中区中央具1个不明显的梭形浅陷,具细横皱及稀疏粗刻点。胸足短小。腹部步泡突光滑无瘤突,2条横沟较明显,侧沟短稍斜。

> **生活史**

薄翅锯天牛在浙江地区2年发生1代,跨越3个年度。以幼虫在寄主坑道内越冬,当翌年树液萌动时,幼虫开始取食危害。生活史见表1-34。

表 1-34 薄翅锯天牛生活史（浙江淳安）

世代	4月 上中下	5月 上中下	6月 上中下	7月 上中下	8月 上中下	9月 上中下	10月 上中下	11月至翌年3月 上中下
第1年				●●●	● ———	———	———	———
第2年	———	———	———	———	———	———	———	———
第3年	———	———	△△ +	△△△ +++	+			

注：●卵；—幼虫；△蛹；+成虫。

> **生活习性与危害**

6~7月，林间成虫羽化后，在树皮咬蛀椭圆形羽化孔，钻出后，爬上树冠，啃食寄主枝干嫩树皮，作为补充营养。两性成虫交配后，雌成虫多择距地2m以下树干缝隙、伤疤、树洞或其他蛀干害虫坑道内产卵，亦有在腐朽树干上产卵。卵长椭圆形，长5~6mm，乳白色。成虫具一定的趋光习性。成虫寿命40d左右。

初孵幼虫在皮层内蛀食，中龄后蛀入木质部，多向上钻蛀成较宽而不规则的坑道，坑道内充塞虫粪和蛀屑，坑道累计最长达45cm。幼虫发育成熟后，多在近树皮下，构筑蛹室化蛹，蛹体长45~55mm，初化蛹乳白色，后呈黄褐色，后胸腹面有1个疣状突起。

该虫详尽的生活习性与危害规律有待深入探讨。

> **害虫发生发展与天敌制约**

寄生菌有球孢白僵菌。

> **发生、蔓延和成灾的生态环境及规律**

薄翅锯天牛幼虫钻蛀杨、柳等树木主干和枝条木质部，多零星发生于城乡四旁绿化、公园和人工林内其他天牛危害后生长势衰弱的植株，未见严重成灾的报道。

成虫飞翔和以幼虫、蛹随幼树移植及苗木、原木、板材的调运进行近或远距离的扩散蔓延。

42 橙斑白条天牛 *Batocera davidis* Deyrolle

分类地位： 鞘翅目 Coleoptera 天牛科 Cerambycidae
主要寄主： 油桐、板栗、锥栗、核桃、苦楝、杨树、苹果、栎和从北美引进的柳叶栎、纳塔栎、弗吉尼亚栎等。
地理分布： 国内：陕西、河南、浙江、福建、江西、湖北、湖南、四川、广东、贵州、云南和台湾；国外：老挝、越南等国。

➢ 危害症状及严重性

图 1-91 树基地面布满大量蛀丝、粪粒

橙斑白条天牛成虫，啃食 1~3 年生枝条嫩枝皮，常造成寄主枯梢和落果。幼虫钻蛀树干，致使树叶变小而枯黄，枝条纤细、干枯，最后导致寄主枯萎死亡，树干基部布满大量的黄白色蛀丝和黄褐色粪粒（图 1-91）。该虫是我国油桐、核桃等经济林木和生态树种的重要蛀干害虫。幼虫蛀害的树表伤痕，为薄翅锯天牛等蛀干害虫产卵提供了有利条件。

➢ 形态鉴别

成虫（图 1-92 左）：体长 50~70mm、宽 17~22mm。体大型，黑褐色至黑色，有时鞘翅肩后棕褐色，密被青棕灰色绒毛。头黑褐色，具细密刻点，背面有 1 条纵沟。雄虫触角超过体长的 1/3，内侧具纵行弯曲细齿，自第 3 节起各节端部略膨大，内侧突出，以第 9 节突出最长，呈刺状；雌虫触角较体略长，有较稀疏的小刺，除柄节外，各节末端不显著膨大。头胸间有一圈金黄色绒毛。前胸背板中央有一对肾形的橙红色斑纹，侧刺突细长弯曲。小盾片被白毛。鞘翅肩角有短刺，外端角钝圆，内端角具短刺。鞘翅基部 1/4 处，分布较多的光滑颗粒，翅面具细刻点。每鞘翅上有 5~6 个主要的长矩形或圆形的橙黄色斑纹。第 1 斑位于基部 1/5 的中央；第 2 斑位于前斑之后近中缝处；第 3 斑紧靠第 2 斑位于同一纵行上；第 4 斑位于翅的中部；第 5 斑位于端部 1/3 处；第 6 斑位于第 5 斑至端末的 1/2 处。体腹面两侧由复眼后方至腹部末端，各具一条白色较宽的纵条纹。腹部腹面可见 5 节，末节后缘凹入。雄虫前足腿、胫节下沿粗糙，具齿突，胫节弯曲，附节第 1、2 节外端较尖锐。

幼虫（图 1-92 右）：体长可达 100 mm 左右，体型硕大粗壮，圆筒形，黄白色。体表密布黄色细毛。头部棕褐色，侧缘中部稍凹入，中部以后渐窄，后端狭圆。上颚近黑色，切口倾斜，端部不尖伸。触角粗短，缩入，第 1 节横扁，第 2 节长约为宽的

图 1-92 橙斑白条天牛（左：成虫；右：幼虫）

1.5 倍，第 3 节细小，末端有 2 根细短毛。前胸背板横宽，周缘色淡，前区较光滑，前端密生细毛，后区骨化板坚硬，密布棕褐色凿点状扁颗粒，两侧颗粒粗而较稀，中间部分的颗粒向后渐细密，侧沟较直。足极小，呈刺状，黑色，周围有细短毛。中胸气门较大，长椭圆形，突入前胸。腹部背步泡突具 2 横沟及 4 排念珠状瘤突，瘤突表面密布微刺；腹面步泡突具 1 横沟及 2 排念珠状瘤突。腹部气门椭圆形，气门片褐色。

> **生活史**

橙斑白条天牛在浙江地区 2 年发生 1 代，跨越 3 个年度，以幼虫和成虫在寄主坑道内越冬，生活史详见表 1-35。

表 1-35 橙斑白条天牛生活史（浙江杭州）

年度	4月	5月	6月	7月	8月	9月	10月	11月至翌年3月
	上中下	上中下	上中下	上中下	上中下	上中下	上中下	上中下
第1年	+++	+++ ——	+++ ●● ———	+++ ●●● ———	● ———	———	———	———
第2年	———	———	———	△	△△△ +	△△ +++	+++	+++
第3年	+++	+++	+++	+++				

注：●卵；—幼虫；△蛹；+成虫。

> **生活习性与危害**

5 月上旬，越冬成虫开始出孔，咬蛀直径约 2cm 的圆形羽化孔（图 1-93）。成虫多择气温较高，连续晴朗天气爬出，飞往树冠较大、生长势旺盛的寄主，栖息并大量啃食 1~2 年生嫩枝皮。成虫取食枝皮，致被害枝迅即枯萎，其上果实脱落。成虫经 13d

左右的补充营养，达到生理后熟。两性成虫喜在寄主树干上来回爬行求偶。交配时间多在 14:00 ~ 16:00 进行，交配一次后，啃食枝皮，再进行下次交配。两性成虫可多次交配，交配历时 6 ~ 12min。6 月上旬至 7 月为林中成虫活动盛期。成虫多在夜间爬行或飞翔，飞翔能力较强。成虫无趋光习性，具假死性，一受惊扰，即从树冠坠落地面，作假死状。成虫寿命较长，达 5 个多月。

孕卵雌成虫多择生长良好的油桐，或生长势衰弱的栗、栎树等大树，在距地 80cm 以下树干上来回爬行，用触角和下唇须频触树皮，探寻适宜的产卵场所。多择距地面 8cm 以下的树干基部，树皮厚度多为 4.5 ~ 7.0mm，用上颚咬破树皮，成一唇形或椭圆形，深达木质部的刻槽，随即转体将产卵器插入槽内，虫体来回转动数次，将卵产于刻槽中。每槽产 1 粒卵，极少数产 2 粒卵，并用分泌的胶状物覆盖卵粒。卵长椭圆形，长、宽径分别为 7 ~ 8mm、2 ~ 3mm，略扁平。雌成虫从刻槽内抽出产卵器后，用腹部轻压卵粒并用周围木屑填平刻槽，随即离去。具卵刻槽的树皮稍微隆起，被害株上较易识别。每次交配后的雌成虫产卵 4 粒左右。雌成虫一生产卵约 50 粒，初产卵为乳白色，孵化前呈淡黄色。

卵经 10d 左右的发育，孵化为幼虫。初孵幼虫在韧皮部和木质部之间蜿蜒蛀食，经 6 ~ 11d 的发育，蜕皮成 2 龄幼虫，被害处变黑，树皮外常流出树液，呈水渍状，并附有淡黄色细蛀屑。随着幼虫龄期增大，先后向木质部边材咬蛀一扁圆形侵入孔，逐渐向下蛀入木质部直至根部，坑道不规则（图 1-94）。虫粪和木屑充塞在树皮内，致使树皮肿胀、挤压开裂为较多小口，从裂口中排出大量虫粪和木屑。大龄幼虫排出的木屑粗而长，多呈木丝状，并常爬至孔口树皮下，蛀食边材，遇惊迅即返回坑道内，致使被害处树皮破裂，裸露被害木质部。被害树干地面堆满黄白色或黄褐色的虫粪和木屑。幼虫期长达 460d 左右。

幼虫发育成熟后，在坑道上方，咬蛀长约 7cm、宽约 3cm 的肾形蛹室，并用粗木屑堵塞坑道，化蛹其中。蛹体长 60 ~ 70mm，初化蛹乳白色，蛹期 60d 左右。8 月底 9

图 1-93　羽化孔

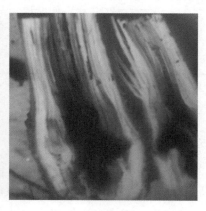
图 1-94　树基部坑道

月初，成虫开始羽化，滞留蛹室，并在其中越冬。

➤ 害虫发生发展与天敌制约

捕食性鸟类有：大斑啄木鸟和灰喜鹊。前者多栖息于山地和平原的混交林和阔叶林中；后者多栖息于低山丘陵和山脚平原地区的次生林和人工林内，对橙斑白条天牛种群密度的增长起重要的抑制作用。

寄生蜂有马尾茧蜂、云斑天牛卵跳小蜂、花绒寄甲和柄腹茧蜂等。

➤ 发生、蔓延和成灾的生态环境及规律

橙斑白条天牛成虫啃食栎、栗类和油桐等多种树木的嫩枝皮，幼虫蛀食树干和枝条的韧皮部和木质部。在栎、栗林内多发生于管理粗放，林下杂草灌木丛生，近于荒芜的林分内，其中以生长势衰弱、老龄植株受害为重。在油桐林内该虫多择生长良好、健壮的植株钻蛀。在被害严重之林内，受害株多呈点、块状分布。

成虫飞翔和以幼虫、蛹及成虫随寄生苗木、虫害木、木制品进行区域内或远距离、跳跃式的扩散和蔓延。

43 云斑白条天牛 *Batocera horsfieldi*（Hope）

分类地位：鞘翅目 Coleoptera 天牛科 Cerambycidae
主要寄主：核桃、桑、法国梧桐、油桐、泡桐、枫杨、乌桕、木麻黄、白蜡树、苦楝、女贞、桉树、板栗、榆树、青冈、木荷、银杏、柳、枇杷、梨、苹果、杨、山毛榉、栓皮栎、薄壳山核桃、麻栎、油橄榄、桤木和北美引种的纳塔栎、弗吉尼亚栎及柳叶栎等林木。
地理分布：国内：河北、山西、陕西、甘肃、山东、河南、安徽、江苏、浙江、福建、江西、湖北、湖南、广东、广西、四川、贵州、云南和台湾；国外：越南、印度、日本等国。

➤ 危害症状及严重性

云斑白条天牛成虫啃食 1~2 年生嫩枝皮和嫩叶。幼虫在树干基部韧皮部和木质部，钻蛀弯曲坑道，轻者造成树势衰弱，叶稀而小，果实脱落。重者被害部位树皮肿胀，纵裂成许多裂隙，从蛀孔和裂口处排出粪粒和木屑，致使寄主凋谢直至枯死（图 1-95）。该虫危害症状与橙斑白条天牛颇相似，是我国多种四旁绿化、生态树种和果树的重要蛀干害虫。

图 1-95　树皮肿胀、纵裂（左）；孔口排出粪粒、木屑（右）

> **形态鉴别**

成虫（图 1-96 左）：体长 40～60mm，宽 10～19mm。体黑色或黑褐色，密被灰白色或灰褐色绒毛。头部中央有 1 条纵沟，雌虫触角较体略长，雄虫的触角超出体长的 1/3，各节下方生有稀疏细刺；第 1～3 节黑色具光泽，并有刻点和瘤突，其余各节均为黑褐色；第 3 节长约为第 1 节的 2 倍。前胸背板中央有一对白色或浅黄色的肾形斑；侧刺突粗大而尖锐。小盾片近半圆形，基部除小部分覆盖有暗灰色绒毛外，余均密披白色绒毛。鞘翅基部具较多的瘤状颗粒，肩刺大而尖端略斜向后上方，末端微向内斜切，外端角钝圆或略尖，缝角短刺状；每鞘翅由白色或浅黄色绒毛组成云片状斑纹。斑纹大小变异较大，一般有 10 余斑纹，排成 2～3 纵行，以外边一行数量较多，并延至翅端部，翅末的斑纹为长形。腹面两侧由复眼后方起至腹末，各有一条白色绒毛组成的宽纵带。

幼虫（图 1-96 右）：体长 68～85mm，圆筒形，黄白色，肥粗多皱。头部扁，侧缘中部稍凹入，中部以后稍窄，后端弧形。上颚黑褐色，背面圆隆，有几条横沟，切口几平直，中间稍狭，端钝。触角 3 节，基部连接膜较大，长于触角，触角第 1 节深缩入连接膜内，第 2 节长稍胜于基宽，稍短于第 3 节，末端具细毛 2 根。前胸背板前缘后方密生短刚毛，排成一横条，其后方较光滑，后区骨化板的前端有一深黄褐色波形斑横条，侧沟前端外侧有 1 个倒三角形深黄褐色斑，骨化板的后区密布棕褐色颗粒，两侧区的颗粒大而稀，呈圆形的凿点状，中区和后端的颗粒向后渐次细小，近后缘处最细密。腹部背步泡突具 2 条横沟，4 横列念珠状瘤突。腹面步泡突具 1 条横沟、2 列念珠状瘤突。腹部气门椭圆形，围气门片黄褐色。

图 1-96 云斑白条天牛（左：成虫；右：幼虫）

> **生活史**

云斑白条天牛在浙江地区为 2 年发生 1 代，跨 3 个年度，以幼虫和成虫在坑道和蛹室中越冬。生活史详见表 1-36。

表 1-36 云斑白条天牛（浙江杭州）

年度	3月 上中下	4月 上中下	5月 上中下	6月 上中下	7月 上中下	8月 上中下	9月 上中下	10月 上中下	11月至翌年2月 上中下
第1年	+++	+++	+++ ●●●	+ ●● —	—	—	—	—	—
第2年	—	—	—	—	—	△	△△△	++	+++ +++
第3年	+++	+++	+++	+					

注：●卵；—幼虫；△蛹；+成虫。

> **生活习性与危害**

成虫羽化后蛰伏在蛹室内，度过冬季。翌年 4 月中旬，越冬成虫多在晴天的闷热夜晚，咬一圆形羽化孔爬出，风雨天一般滞留坑道内。成虫出孔后，向上爬至原寄主树冠，或飞往健康树树冠，栖息枝叶丛中。成虫出孔 3~4d 后，开始啃食寄主嫩枝皮、叶柄，尤喜食拓树、薄壳山核桃和柳树嫩枝皮及树叶。两性成虫经 10 余天的补充营养，性器官才能发育成熟。成虫喜于夜间 19：00~22：00，在距地 4m 以下的树干上，来回爬行求偶。成虫自补充营养后至死亡前，均能交配。成虫具较强的飞翔能力，1 次飞翔可达 20~50m，最远可达 150m，飞行搜寻嗜食的树种，夜间再飞回杨树、栎树等人工林进行交配、产卵。该虫由中心发生区向周围林网或片林，自然扩散距离为 300~900m。成虫寿命较长，越冬期加林间活动期，长达 9 个月左右，而在林间活动、生存时间仅 40~50d。

孕卵雌成虫产卵前，在树干上不断地爬行，触角、上颚、下颚和下唇须不停地摆动，寻找合适的产卵场所，多选平均厚度为 4.0（2.0~6.5）mm 的树皮，咬蚀圆形或椭圆形、中央有小孔的产卵痕，随即转身将产卵管从小孔插入，产卵于小孔上方的韧皮部和木质部之间的界面上。产卵痕多分布于 2m 以下的树干上。每痕产 1 粒卵。卵长椭圆形，长径 8~10mm，稍弯，一端略细。初产卵为乳白色，逐渐变淡黄色，近孵化时呈黄褐色。雌成虫交配一次，产卵 1 次，每次产卵 1~12 粒不等，多数为 5 粒左右。一生交配 4~6 次。每雌平均产卵量为 41（29~64）粒。林间调查显示，无卵的空痕率为 31.2%。雌成虫产卵后，迅速分泌黏液，黏合产卵痕周围的蛀屑，堵住产卵痕口。

卵经 10~15d 的发育，孵化为幼虫。初孵幼虫在韧皮部蛀食，被害处渐变成黑褐色，从树皮上的产卵痕里，可见排出的褐色细粉末状蛀屑。幼虫在韧皮部钻蛀 1 个月左右，随后从木质部边材咬蛀侵入孔，蛀入木质部。幼虫环绕树干向上蛀蚀，形成"S"形不规则的掌状坑道。蛀食处树皮肿胀，常纵裂成许多小孔，排出蛀屑和粪粒。随着虫龄增大，排出的蛀屑越粗越长，成木丝状；排出的粪便呈烟丝状。被害树基部堆满大量的黄褐色蛀木屑和少量木丝及虫粪（图 1-97）。木质部内坑道长约 30cm。幼虫的龄期，国内专家已发现有 7~8 龄。幼虫期长达 12~14 个月。

图 1-97　林木被害状（左：侵入孔排出的粗木屑；右：树基堆满木屑和虫粪）

幼虫发育成熟后，在坑道顶端，弯向皮层咬蚀一椭圆形蛹室，并用蛀屑和粗糙的长、短木丝，堵塞蛹室与蛀食时的坑道，在光滑的蛹室内化蛹。蛹长 40~70mm，头部和胸部背面生有稀疏的棕色刚毛，腹部第 1~6 节背面中央两侧亦密生有棕色刚毛；末端锥形。蛹期约 25d。成虫羽化后便蛰居在蛹室内越冬。

> **害虫发生发展与天敌制约**

捕食性鸟类有：大斑啄木鸟和灰喜鹊。

卵期寄生蜂有云斑天牛卵跳小蜂；幼虫期寄生蜂有柄腹茧蜂、马尾茧蜂。花绒寄甲外寄生成熟幼虫和蛹。

寄生菌有球孢白僵菌和绿僵菌。

上述天敌对云斑白条天牛的发生及其危害起到一定的抑制作用。

> **发生、蔓延和成灾的生态环境及规律**

云斑白条天牛成虫咬食杨树和栎、栗类树木嫩枝皮；幼虫钻蛀主干和枝条的韧皮部和木质部，是我国各类防护林和绿化树种的重要蛀干害虫，危害树种多，地理分布广泛。该虫分布于海拔 1000m 以下林分，垂直分布规律比较明显，海拔越高，数量越少，危害较轻；海拔越低，数量越多，危害越重。在杨树林中，多发生于树种单一、成片或成带状栽植的中龄林中；在核桃林中，多发生于 7 年生以上林分，树龄越大，受害越重。受害严重的林分中，被害株多呈点状、块状分布。

成虫飞翔和以幼虫、蛹随寄生苗木、原木、木材及其制品进行区域内或远距离的跳跃式扩散和蔓延。

44 栗山天牛 *Massicus raddei*（Blessig）

分类地位： 鞘翅目 Coleoptera 天牛科 Cerambycidae
主要寄主： 麻栎、栓皮栎、枹栎、辽东栎、蒙古栎、小叶栎、板栗、锥栗、青冈栎、柞木、水曲柳、泡桐、杨树、乌桕、梅、石栎、桑树、肉桂、柑橘、梨和近年从国外引种的纳塔栎、弗吉尼亚栎。
地理分布： 国内：黑龙江、吉林、辽宁、河北、陕西、新疆、河南、安徽、山东、江苏、浙江、江西、四川、云南和台湾；国外：日本、朝鲜和俄罗斯等国。

> **危害症状及严重性**

栗山天牛幼虫在麻栎等寄主的韧皮部和木质部持续钻蛀 3 年，被害部位皮层变黑腐朽；木质部内坑道纵横交错，千疮百孔，树冠枝条大部分枯死，木材材质不堪利用。东南沿海地区若遇冰冻雨雪或台风袭击等灾害性气候，则常枝折干断。

> **形态鉴别**

成虫（图 1-98）：体长 40~50mm。体灰棕色或灰黑色，被覆棕黄色短绒毛。触角和两复眼的中间具纵沟，一直延伸至头顶，在头顶处深陷。触角近黑色，每节有刻点；

图 1-98　栗山天牛（雌）

第 1 节粗大，呈筒形，后缘稍向外凸；第 3 节较长，约为第 4、5 节之和；第 7~10 节呈棒状，各节端部粗大，内侧无刺。雄虫触角约为体长的 1.5 倍；雌虫约与体等长。前胸背板着生较多不规则的横皱纹，两侧较圆有皱纹，无侧刺突。鞘翅基部光滑无颗粒状突起，后缘呈圆弧形，内缘角生有尖刺。

幼虫：体长 60~70mm，体圆筒形，乳白色，较粗壮。头部宽短，两侧平行，后侧区骨化，黑褐色。上颚黑色，粗短，基半部具刚毛 5 或 6 根。触角 3 节，粗短，基部连接膜短于 3 节之和；第 1 节长为宽的 1/3；第 2 节长宽略等；第 3 节细长，长为基宽的 2.5 倍，稍短于第 2 节。前胸背板前区具 2 个黄褐色横斑，后区骨化区隆凸，表面凹凸不平，具不规则纵皱脊。腹部背步泡突，仅在沿后横沟后有较明显的光滑瘤突。气门较大，椭圆形，围气门片厚。足较发达，腿节长为基宽的 2/3，胫跗节长为基宽的 1.5 倍，前跗节尖细。

▶ 生活史

栗山天牛在浙江地区为 3 年发生 1 代，以幼虫在寄主主干或粗侧枝中越冬。5 月中旬幼虫发育成熟，开始化蛹。6~7 月为成虫期。6 月下旬至 7 月初，林间始见卵。7 月中旬，林中始见初孵幼虫。在寄主坑道内，幼虫发育较为缓慢，从幼虫孵化当年计，至发育成熟，整个幼虫期需历经 3 个年度。

▶ 生活习性与危害

成虫于 6 月中旬开始羽化，刚羽化的成虫体、翅均柔软，需在蛹室内静居 4~6d，待体、翅发育坚硬后，旋即沿坑道向树皮外咬蛀略呈椭圆形的羽化孔。成虫多择晴朗天气的中午爬离寄主坑道，而阴雨天和早晨、夜间少见爬出。成虫多择距地高 1.8m 以下树干爬行，啃破树皮，显露出直径 6~11mm、深 10mm 左右的疤痕，吸吮从中渗漏出的树液，以补充营养，达到生理后熟。渗漏的树液形成天然的引诱源，招引周边林中同种成虫聚集吸食汁液。

补充营养后 2~3d，两性成虫即可交配，交配方式为背负式。雌雄成虫可多次交配。成虫具较强的趋光习性和飞翔能力。林中目测发现，成虫单次水平飞翔，最远距离可达 70m。成虫平均寿命为 15d 左右。

两性成虫交配后的第 2d，孕卵雌成虫飞往中龄栎树等寄主树干或较粗侧枝，用触角轻触树皮，探寻适宜的产卵场所。产卵场所一般采用制造伤口或选择裂缝的方法。

前者即用上颚咬破树皮，转身将产卵器插入伤口，将卵产入其中；后者用产卵器频触树皮，选择较深的裂缝，将卵产于其内。每处产 1 粒卵。卵长椭圆形，长径约 4mm，黄白色。产卵后雌成虫从产卵器内分泌出乳黄色黏液，将卵粒固定，此液渐变为茶褐色。每头雌成虫产卵量为 25~45 粒。

卵经 7~10d 的发育，孵化为幼虫。初孵幼虫咬蛀约 1mm 的针孔状侵入孔，蛀入韧皮部，边蛀边将黄白色蛀屑和粪粒，排积于侵入孔周围。当年以 3~4 龄幼虫在皮层内越冬，第 2 年 4 月初，栎树液开始流动，3~4 龄幼虫由皮层向木质部钻蛀，第 2 年以 4~5 龄幼虫在木质部内越冬。随着幼虫龄级的增加，坑道逐渐增长且加宽，至幼虫发育成熟时，钻蛀的坑道可达 20~25cm。第 3 年幼虫蛀食量显著增加，侵入孔外常排出大量黄白色粪粒。寄主受害日益严重。寄主虫口密度高时，韧皮部和木质部内密布坑道，纵横交错，雨水从侵入孔等处流入后，常引起霉菌寄生繁殖，导致皮层和木质部变黑腐朽，多造成树皮脱落，木质部裸露，寄主整株枯死。

幼虫发育成熟后，用粗糙的长、短不一的丝状蛀屑，错落有致地交叠状堵住坑道入口处，并分泌白色分泌物，构筑长约 9cm、宽约 2cm 的长椭圆形石灰质状蛹室，头部朝向坑道入口处化蛹。蛹呈纺锤形，长约 60mm，头部略宽于前胸，触角垂于腹面两侧，并于腹末端向两侧卷起，翅超过腹部第 2 节。初化蛹乳白色，近羽化时变为黄褐色。

> **害虫发生发展与天敌制约**

捕食鸟类较多，主要有大斑啄木鸟，捕食树干和粗枝中的幼虫和蛹；大山雀常在树枝间穿梭跳跃，喙呈尖细状，啄食卵粒；沼泽山雀常活动于针阔混交林树冠，攀附于树枝捕食树皮内幼虫。

寄生蜂有白蜡吉丁肿腿蜂，寄生 1~3 龄幼虫；豹纹马尾姬蜂、管氏肿腿蜂为寄主幼虫的体外寄生蜂。

花绒寄甲寄生中龄和成熟幼虫，为体外寄生天敌。

> **发生、蔓延和成灾的生态环境及规律**

栗山天牛成虫啃啮树皮，吸食汁液；幼虫钻蛀树干韧皮部和木质部。该虫多发生于阳坡、山脊和树龄较大的林分内，其中 35 年生以上，木栓层较发达的大栎树受害尤为严重。

成虫飞翔和以幼虫、蛹借助树木移植及原木、木材、木质包装材料的运输，可区域内和远距离传播蔓延。

45 橘褐天牛 *Nadezhdiella cantori*（Hope）

分类地位：鞘翅目 Coleoptera 天牛科 Cerambycidae
主要寄主：柑橘、柚、柠檬、葡萄、杨树、菠萝和花椒。
地理分布：国内：陕西、河南、江苏、浙江、福建、江西、湖南、广东、广西、四川、贵州、云南、海南、香港和台湾；国外：泰国。

➤ 危害症状及严重性

橘褐天牛幼虫钻蛀距地 30cm 以上柑橘等寄主主干和主枝的皮层和木质部。幼虫蛀入木质部后，间隔一定距离向外咬蛀一排通气孔，并将粪粒排出树外。树干内坑道纵横，致使水分和养分输导受阻，造成树势衰退，严重者整株枯死。东南沿海省份常因台风、冰冻雨雪等灾害性气候袭击，造成大量被害株断干、折枝。

➤ 形态鉴别

成虫（图 1-99）：体长 25～50mm，长扁形。体黑褐色至黑色，具光泽，被灰色或灰黄色短绒毛。额中央两侧各具 1 弧形深沟，头顶复眼间有一极深的中央纵沟。复眼下叶长于颊。触角基瘤隆起，上端具一小瘤突。

图 1-99 橘褐天牛（雌）

雄虫触角超过体长的 1/2～2/3，具横皱刻点，3、4 节端部膨大呈球形，第 4 节短于第 3 节；雌虫触角短于体长，柄节特别粗大。前胸宽胜于长，背板上密生不规则的瘤状皱褶，沿后缘 2 条横沟之间的中区较大，有时呈现成 2 条横脊；侧刺突短而尖锐。小盾片心形。鞘翅肩部隆起，两侧近于平行，末端较狭，端缘略斜切，有时略圆或略凹。鞘翅基部密生颗粒状黑色粒点，翅面布有细密刻点，缝角刺状，外端角钝。前胸腹板凸片后方垂直。后腿伸达第 3 腹节，足第 1 跗节短于第 2、3 跗节之和，爪全开放。

幼虫：体长 50～60mm，长圆筒形，较粗大，乳白色。头部近方形，宽胜于长，前端两侧角较圆，左右近于平行，后缘较平直，背面较厚。上颚粗壮，黑色，基半部具刚毛 7 或 8 根，切口凹入。触角 3 节，第 1 节长于第 2 节，第 3 节细长，与第 2 节等长，长约为基宽的 4 倍，顶端具 2 毛。前胸背板前区具 2 个黄褐色横斑，前缘乳白色，前侧角内方亦各有 1 个黄褐色横斑，两侧沟之间的骨化板稍凸起，前半部多细横皱纹，后半部多细纵皱纹。腹部背步泡突具 2 横沟，两端侧沟明显，表面无瘤突。气门大，椭圆形，围气门片黄褐色。胸足较发达，与触角等长，腿节宽稍大于长，胫跗节长约为宽的 1.5 倍。

➢ 生活史

据在浙江省淳安县姥山林场柑橘园内初步观察，该虫为 2 年发生 1 代，跨越 3 个年度。以成、幼虫在寄主坑道内越冬。越冬代成虫于 4 月中下旬开始，弃离蛰居的坑道，进入林间活动。5 月中旬始见卵，直至 9 月中旬产卵结束。产卵期长达 4 个月，幼虫孵化期不整齐。7 月以前孵化的幼虫，至翌年 8 月下旬至 10 月上旬先后化蛹，9 月底至 11 月上旬羽化为成虫，在寄主蛹室内潜居越冬；8 月以后孵化的幼虫，发育成熟需历经 2 个冬季，直至第 3 年 5~6 月间才能化蛹，8 月前后林间始见成虫活动。

➢ 生活习性与危害

越冬代成虫多择 4~5 月雨前潮湿闷热的天气，爬离寄主蛹室，进入林间。成虫白天隐匿于树洞、树皮裂缝内，傍晚 18：00 时开始活动，20：00~24：00 最为活跃，两性成虫在树干上不断爬行，寻觅异性交配。交配后 1~30d 内，雌成虫开始陆续产卵。孕卵雌成虫多择树干、主枝树皮的缝隙内、伤痕边缘或凹陷不平处产卵。每个产卵疤一般产 1 粒卵，少数为 2 粒。卵圆形，长径 2~3mm，两端略尖，卵壳有网纹，初产卵为乳白色，渐变成黄色，近孵化时呈褐色。检视产卵场所发现，卵多分布于距地高 35cm 以上的主干或距地高 2m 以下的主枝上，以近主干的分叉处密度最高。卵历期 5~15d。

幼虫孵化后，在其卵壳附近的寄主皮层内横向蛀食，致使被害皮层处向外溢出泡沫状树液。幼虫在皮层内钻蛀 10~20d 后，开始转蛀入木质部，先横向蛀食，后向上，多顺木纤维排列方向钻蛀。间隔一定距离，向树表咬蛀一近圆柱形的通气孔。幼虫在坑道内，边蛀边向外排出虫粪。每头幼虫在树表可见 3~5 个通气孔。从排出的虫粪形状，可粗略估计出寄主坑道内幼虫的龄期：低龄幼虫的虫粪呈白色粉末状；并附着于通气孔外；中龄幼虫的虫粪呈锯木屑状，多散落于地面；高龄幼虫的虫粪呈粒状，若其中混杂有粗条状木屑，表明幼虫已接近成熟期。幼虫历经 2 个冬季，渐入根部蛀害。幼虫在寄主树内栖息、蛀食长达 18 个月左右。

幼虫发育成熟后，以木屑填塞坑道两端，并分泌出一种似石灰质物质，构筑成椭圆形蛹室，头部向上，化蛹其中，蛹体长约 40mm，乳白色或浅黄色，翅芽达腹部第 3 节末端。蛹历期 1 个月左右。

➢ 害虫发生发展与天敌制约

主要天敌有两色刺足茧蜂寄生寄主幼虫。

➢ **发生、蔓延和成灾的生态环境及规律**

橘褐天牛幼虫钻蛀柑橘类树木主干和枝条的韧皮部和木质部，多发生于生长势衰弱、经营管理疏忽粗放的果园内。

成虫飞翔和以幼虫、蛹随苗木、幼树的移植进行区域内和远距离的传播。

46 橘光绿天牛（橘光盾绿天牛、光绿橘天牛、光绿天牛） *Chelidonium argentatum*（Dalman）

分类地位：鞘翅目 Coleoptera 天牛科 Cerambycidae
主要寄主：柑橘、乌桕、构树、山核桃和核桃等。
地理分布：国内：陕西、安徽、江苏、上海、浙江、江西、福建、湖南、广东、广西、四川、云南和海南；国外：印度、老挝、越南和缅甸等国。

➢ **危害症状及严重性**

橘光绿天牛初孵幼虫钻蛀柑橘等寄主嫩梢，致梢枯死；中龄后幼虫蛀入大枝条，并间隔一定距离，向外咬蛀通气排粪孔，数个孔相排，形如"竹箫管"。被害枝条极易遭风吹折断。该虫是我国柑橘产区重要的枝梢害虫，严重发生时，导致柑橘产量锐减。

图 1-100　橘光绿天牛

➢ **形态鉴别**

成虫（图 1-100）：体长 23.0～27.0mm，体深绿至墨绿色，具光泽；腹面绿色，被银灰色绒毛，足和触角深蓝色或黑紫色，跗节黑褐色；腹面有灰褐色绒毛。头部刻点细密，在唇基和颜面之间有光滑而微陷区域；额区有 1 条中沟伸向头顶区。触角柄节密布刻点，5～10 节端部有尖刺，雄虫触角略长于体，前胸长、宽略相等；侧刺突端部略钝。前胸面具刻点和细密皱纹，两侧刻点细密，皱纹较少；前胸面前后缘、侧刺突及小盾片均平滑而具光泽。鞘翅布满细密刻点和皱纹。腿节刻点细密，雄虫后腿节略超过鞘翅末端，第 1 跗节长略等于 2、3 节之和。雄虫腹部腹面可见 6 节，第 5 节后缘凹陷，雌虫腹部腹面只见 5 节，第 5 节后缘拱凸成圆形。

幼虫：体长 45～50mm，体橘黄色，圆柱形，前端稍平扁，向后渐瘦长，第 5～7 腹节最长。头部横宽，两侧略平行。上颚黑褐色，粗短，基半部具 2 根长刚毛、1 根短毛；下颚较大，腹面隆突，边缘近圆形。触角 3 节长于基部连接膜，第 1 节宽短；第 2 节长宽略等，端部具刚毛数根；第 3 节细柱形，顶部具长刚毛 1 根，远长于第 3 节，具短刚毛 2 根。前胸背板前区红褐色，具粗糙刻点；中区色较淡，平陷，中央有 1 梭形小隆起，表面有不规则细短横皱纹；后区两侧沟深陷，中间骨化板平隆。腹部第 1、2 节侧面密生红褐色粗短刚毛，步泡突具一横沟，中沟与侧沟明显，各沟两侧均具珠形瘤突。气门宽椭圆形，围气门片褐色，深陷。

> **生活史**

橘光绿天牛在浙江地区柑橘园内，一年发生 1 代，以幼虫在寄主坑道内越冬，其生活史详见表 1-37。

表 1-37 橘光绿天牛生活史（浙江淳安）

世代	3月	4月	5月	6月	7月	8月	9月	10月至翌年2月
	上中下	上中下	上中下	上中下	上中下	上中下	上中下	上中下
越冬代	———	——— △△ +	——— △△△ +++	△△ +++				
第1代			●●● ———	●● ———	———	———	———	———

注：●卵；—幼虫；△蛹；+成虫。

> **生活习性与危害**

4月中下旬越冬代幼虫发育成熟，在坑道末端化蛹。蛹长 20～25mm，头部长形，朝后贴向腹面，翅芽伸达腹面第 3 节，背披褐色刺毛。初化蛹为乳白色，后变为黄色，蛹历期 20 余天。成虫羽化后，滞留蛹室 2～4d，待体、翅变硬后，从羽化孔钻出，飞往健康的柑橘树冠。成虫较活跃，行动敏捷，白昼多栖息于枝桠间，取食嫩叶，进行补充营养，致生理后熟，两性成虫方能交配。交配多择晴朗白昼进行。交配后的雌成虫多择树龄较大，分枝丛密的树冠，在嫩枝的分叉处，或叶柄与嫩枝连接点等隐蔽处产卵，每处产 1 粒卵。卵长扁圆形，长径约 4.7mm，黄绿色。产卵处离枝尖多约 10cm。每头雌成虫每天产 3～5 粒卵，最多产 10 粒。成虫无趋光习性，寿命 20d 左右。

卵经 17d 左右的发育，初孵幼虫咬破卵壳底层，蛀入嫩枝中，初龄幼虫常将嫩梢细枝蛀蚀一空，受害处以上枝条逐渐枯萎，旋即转身向下蛀食，直至主枝。每条坑道仅居 1 虫。幼虫蛀入粗枝后，间隔 5～10cm，向外咬蛀一圆形的排粪、通气孔洞，形如箫孔状，故俗称"吹箫虫"，边蛀边将粪粒排出孔洞外。林中虫口密度高时，被害树冠下的地面上常见大量的虫粪。随着幼虫龄期的增大，孔的数目和孔径随之增多和增大。林间判断幼虫的潜居处，即在最后一个孔洞下方的坑道内。幼虫畏光，爬行迅速，稍受惊扰，迅即向坑道上方逃匿。幼虫生长发育期较长，长达300d左右，而钻蛀危害期为200d左右。

> 发生、蔓延和成灾的生态环境及规律

橘光绿天牛幼虫蛀害多种芸香科（Rutaceae）树木的枝条，在柑橘林中，多发生于树龄较大，树冠分枝丛密的植株上。

成虫飞翔能力较强。成虫飞翔和以幼虫、蛹随树木移植、调运作区域内和远距离扩散蔓延。

47 刺角天牛 *Trirachys orientalis* Hope

分类地位：鞘翅目 Coleoptera 天牛科 Cerambycidae
主要寄主：杨树、柳树、榆树、槐树、刺槐、臭椿、泡桐、枫香、栎、银杏、合欢、苦楝、枣、柑橘和梨。
地理分布：国内：黑龙江、辽宁、山西、陕西、甘肃、河北、北京、天津、山东、河南、安徽、江苏、上海、浙江、江西、福建、四川、广东、贵州、云南、海南和台湾。

> 危害症状及严重性

刺角天牛幼虫钻蛀寄主中、老龄树干皮层和木质部，成不规则的坑道。坑道内充塞褐色虫粪和纤维状的蛀屑。木质部被蛀蚀成千疮百孔，致使木材丧失利用价值。危害严重的植株树皮脱落，整株枯死（图1-101）。该虫是我国公园观赏树、行道树和寺庙内珍稀古树的重要蛀干性害虫。

> 形态鉴别

成虫（图1-102）：体长35.0~50.0mm，体型较大。体灰黑色至棕黑色，被有丝光的棕黄色及银灰色绒毛，从各方向观察均显现闪光。头顶中部两侧具纵

图1-101 被害株树皮脱落

沟，后部有粗细不等的刻点，复眼下叶略呈三角形，两触角间有3条纵脊，中间1条伸向头顶中缝。触角灰黑色，较长，雄虫的触角约为体长的2倍，而雌虫略超过体长。雌雄成虫触角皆具明显的内端角，雄虫位于第3～7节，雌虫位于第3～10节，此外，雌虫第6～10节还具较明显的外端角刺；柄节呈筒状，具有环形波状脊。前胸节侧刺突较短，背板粗皱，中央偏后有一小块近三角形平滑区，上覆棕黄色绒毛，而区块两侧较低洼，无毛，有平行的波状横脊。鞘翅肩部隆起，翅面不平，略有起伏，末端平切，具内、外角端刺。腹部被有稀疏绒毛，臀板一般露于鞘翅外。足黑色，密被棕黄色绒毛。

图1-102 刺角天牛（雄）

幼虫：体长43.0～55.0mm，体淡黄色至黄色。头褐色，缩入前胸内，触角3节。前胸背板近长方形，前方具2个被中缝线分开的"凹"字形斑纹，两侧各有1个近三角形褐色斑；胸、腹部背部生有褐色毛。腹部步泡突较明显。

> **生活史**

刺角天牛在浙江地区以2年发生1代为主，少数3年发生1代，以幼虫和成虫在寄主坑道内越冬，需跨越3～4个年度。2年1代者，第1年（或第2年）的幼虫于10月下旬停止取食活动，开始潜居越冬。第2年7～10月幼虫发育成熟，先后化蛹并陆续羽化为成虫，滞居坑道内越冬，至第3年5月中旬至6月上旬弃离坑道，钻出羽化孔活动。林间6～7月出现初龄幼虫钻蛀危害。

> **生活习性与危害**

蛰居越冬的成虫多于5月中旬始，日均气温在18.1（15～22）℃时开始出蛰，多择入暮后的19:00至凌晨2:00时出孔，尤以晴朗的闷热夜晚出孔数量较多。成虫爬至树冠，喜在枝上来回爬行，寻觅并啃食嫩枝皮和树叶，进行补充营养。成虫均在夜间进行取食、交配和产卵等系列活动。黎明前4:00左右，即从树冠爬回树干，寻找较大的羽化孔等孔洞或树皮较大的裂缝，隐栖其中，傍晚又返回树冠活动。成虫飞翔能力较弱，林间1次最远能飞20m。夜间振动树冠，成虫大多坠落地面，只少数成虫飞遁毗邻树冠。成虫经1～2d的补充营养后，即可交配。交配方式为背负式，长达4h左右，两性成虫可多次交配。成虫寿命较长，蛰居越冬期加上林间活动期，长达8个月左右，但林间活动期仅1个月左右。

交配后 3~4d，雌成虫开始产卵，多择衰弱树的树皮裂缝、伤口或陈旧的排粪孔、羽化孔等树干破裂处产卵。产卵前，雌成虫在树干表面上下爬动，用产卵器频繁地接触树皮，试探适宜的产卵场所。卵长卵形，长径约 3.4mm，短径 1.5mm，乳白色。一头雌成虫的产卵天数为 10~25d，产卵量达 45~150 粒。卵均为散产。

卵经 7~9d 的发育，孵化为幼虫。初龄幼虫在韧皮部与木质部之间蛀食，危害期约 50d，形成不规则的扁平坑道。幼虫边蛀边将粪便排出孔外，排出的粪便常呈黏条状，悬吊于排粪孔外。4 龄后幼虫蛀入木质部，全日均能蛀食，但以夜间为烈。每天幼虫在坑道内向前钻蛀，常返回至蛀孔附近，将粪屑推出孔外，又不断啃食孔沿木质，蛀入孔不断扩大，日久成一大孔。随着虫龄的增加，取食量亦随之加大。大龄幼虫排出的大量粪便和丝状蛀屑，常散落于寄主树干基部，聚集成堆。幼虫钻蛀的坑道长达 40cm 左右，平均宽度达 2.0cm。2006 年作者曾参与考察浙江普陀山 1 株树龄 300 多年、胸径 109cm 的古枫香树，因该虫蛀害，树干上部粗枝枯死，枝内木质部被蛀一空。该区管理部门及时采取了相应的防治措施，经抢救、复壮，该树逐渐恢复了生机。

幼虫具互残习性，被害株内若栖居 2 头以上幼虫，坑道虽相邻，但绝不相通。幼虫对不良环境具较强的抗逆能力，耐饥能力极强，阻食 40 余天，仍能生存，一旦恢复食源，即能取食。

幼虫发育成熟前，在坑道末端，向树干或枝的髓心方向，咬蛀 10~15cm 坑道，转即向下钻蛀，构筑成椭圆形的蛹室，并用蛀屑充填蛹室四周，仅保留顶端孔口，随即从腹部排出灰白色蜡质物封闭孔口。幼虫发育成熟后，头部向上化蛹其中。蛹长 40~50mm，乳黄色，雌蛹触角垂于胸前略弯，而雄虫触角卷曲成发条状。腹部背面第 1~7 节有小刺，形成 7 条带。蛹室长达 50~80mm。2 年 1 代者幼虫历期长达 13 个月，而蛹期为 20~30d。

> **害虫发生发展与天敌制约**

林间刺角天牛的天敌主要有管氏肿腿蜂，为寄主幼虫的体外寄生蜂；花绒寄甲寄生寄主中龄和成熟幼虫，亦为体外寄生蜂。

> **发生、蔓延和成灾的生态环境及规律**

刺角天牛幼虫蛀食寄主皮层和木质部，多发生于四旁绿化、行道树、公园的中大树和寺庙内的古老观赏树。寄主树种中，该虫尤嗜蛀杨、柳和槐；生长势衰弱的 25 年生以上的大龄树，受害较严重；5 年生以下的幼龄树基本不危害。

成虫飞翔和以各虫态随寄主原木及木制品的调运进行区域内和远距离的传播蔓延。

48 瘤胸簇天牛（瘤胸天牛）*Aristobia hispida*（Saunders）

分类地位： 鞘翅目 Coleoptera 天牛科 Cerambycidae
主要寄主： 漆树、杉木、柏木、油桐、核桃、女贞、枫杨、厚朴、黄檀、南岭黄檀、桑、板栗、紫穗槐、油橄榄、桃、栎树、柳树、杨树、柑橘等。
地理分布： 国内：陕西、河北、北京、山东、安徽、江苏、浙江、福建、江西、湖南、湖北、四川、贵州、广东、广西、台湾、海南和西藏；国外：越南等。

➢ 危害症状及严重性

瘤胸簇天牛成虫啃食嫩梢皮，裸露木质部，致使被害梢生长不良；幼虫钻蛀木质部，坑道长而不规则。寄主树表可见蛀屑（后期为木丝）和粪粒从排粪孔排出，堆聚于孔边（图1-103）。

➢ 形态鉴别

成虫（图1-104）：体长23～35mm。全身密被带紫的棕红色绒毛，鞘翅、体腹面及腿节杂有较多的黑、白色毛斑，鞘翅上斑点较大，一般呈卵形或圆形，头部、前胸侧面和腿节白斑较多于黑斑。除绒毛外，还散布稀疏的黑色竖毛，以鞘翅上较密，有时其端部呈棕黄色。头部较平坦，不粗糙，额微凸。

图1-103 蛀屑和粪粒堆积于树皮下排粪孔

图1-104 瘤胸簇天牛（左：雄虫；右：雌虫）

触角黑色，密被淡灰至棕红色绒毛；1~4节棕红色，端部黑褐色；第5节以下色泽渐变淡，最后3节全部为淡灰色，或略带棕黄色，极光亮；各节端部还具1圈较长的黑色细毛，1~5节散布稀疏的黑色细竖毛。触角较短，雄虫超出尾端1~2节；雌虫刚达或稍短于翅末。前胸节两侧各具1尖锐刺突，背板略呈方形，高低不平，中区具一个较大的瘤突堆，由9个左右的小瘤突组成，其中6个较大，前后左右围着内部几个小瘤，明显隆起于胸平面之上。小盾片三角形，长大于宽。鞘翅基部具少数颗粒。翅末端凹进，外端角超过内端角，内端角钝圆。

幼虫：体长70mm，长圆筒形，略扁，乳白色微黄。头椭圆形，扁平，黄白色，缩入前胸较深。上颚及口器周围棕黑色。前胸背板黄褐色，中央有一塔形黄白色斑纹，后缘有略隆起的"凸"字纹；前胸腹板的刻纹呈半圆形。步泡突发达，从后胸至第7腹节背面共有8个，后胸的步泡突最小，长椭圆形，中央有一纵缝。腹步泡突从中胸始，比背步泡突多1个，其上具"H"形沟。

> **生活史**

瘤胸簇天牛在浙江地区一年发生1代，跨越两个年度，以幼虫在木质部坑道中越冬。翌年5月上旬，为越冬代成虫羽化盛期。5月下旬至6月上旬，为第1代卵的产卵盛期。6月中旬第1代幼虫开始孵化。幼虫钻蛀危害至11月初，开始越冬。详尽生活史有待进一步揭示。

> **生活习性与危害**

瘤胸簇天牛成虫白天静栖于树冠枝桠丛中，取食、爬行、飞翔、交配和产卵等系列行为均在夜间进行。成虫嗜食1~3年生嫩枝皮，作为补充营养，多由上向下啃食，日取食量1~3g，致使被害处裸露木质部，影响其生长。经10d左右的补充营养，两性成虫方能交配。交配历时1~2h，可多次交配。成虫具假死习性，轻振树冠，成虫即从树冠上坠落地面，静伏片刻，即逃匿他处。

交配后的雌成虫，多择距地高0.5m以下的树干上产卵。产卵前雌成虫在树干上来回爬行，寻找适宜的产卵场所。择定后，用口器在寄主表皮上，咬蚀一个长、宽和深分别约10mm、2mm和3mm的新月形产卵疤，随即将产卵器插入疤中，在皮层与木质部之间的界面内产卵。卵长卵圆形，长径6mm，白色微黄。卵粒多纵向置于内。多为一疤1卵。雌虫产卵毕，腹部即刻分泌些许黄褐色黏液，将卵覆盖其内。产卵处的树皮表面，多微裂成一纵缝。每头雌成虫的产卵量约为35粒。成虫寿命3个月左右。

卵经15d左右的发育，孵化为幼虫。初孵幼虫取食卵壳后，随即蛀入并栖居于韧皮部与木质部之间，以近水平方向钻蛀韧皮部为主，少量蛀食木质部。50d后，幼虫蛀入木质部深层危害。随着虫龄增加，幼虫取食量和寄主被害坑道随之加大和延伸，坑道最长可达 50cm。每条坑道均有 1~5 个排粪孔，从孔中排出蛀屑和粪粒。幼虫发育成熟后，咬制木丝堵塞坑道，在坑道末端化蛹。蛹乳白色，头、口器和胸部具红棕色绒毛；腹部各节背面均具一横列红棕色绒毛。幼虫历期 150d 左右。

> **害虫发生发展与天敌制约**

大斑啄木鸟是该虫主要的捕食性天敌。

> **发生、蔓延和成灾的生态环境及规律**

瘤胸簇天牛成虫啃食杉木和栎树等枝条嫩皮；幼虫钻蛀树干木质部，多零星发生于人工林和公园内，至今未见该虫危害酿成重大灾害的报道。

成虫飞翔和以各虫态随幼树移栽、原木及木材的调运作区域内和远距离的扩散蔓延。

49 杉棕天牛（杉扁胸天牛、棕扁胸天牛） *Callidiellum villosulum* (Fairmaire)

分类地位：鞘翅目 Coleoptera 天牛科 Cerambycidae
主要寄主：杉木、柳杉。
地理分布：国内：河南、安徽、江苏、上海、浙江、江西、福建、湖南、四川、广东、广西、贵州和云南。

> **危害症状及严重性**

杉棕天牛初龄幼虫在杉木、柳杉的韧皮部和木质部之间蛀食，形成弯曲的扁圆形坑道，切断树干的输导组织，致使寄主枯死。成熟幼虫蛀入木质部，形成众多空洞（图 1-105），影响材质，是我国南方杉木林中习见的蛀枝、蛀干害虫。

> **形态鉴别**

成虫（图 1-106）：体长 15~25mm，体阔 7~8mm，体呈圆柱形，栗褐色，具光泽，全身被稀疏的灰色细毛。头部较短，向前下方伸出，具细小刻点。额近方形，触角之间有一条横脊。触角棕褐色，雌虫约为体长的 2/3，雄虫略超过体长，柄节具较粗的刻点。前胸

图 1-105 木质部内的空洞

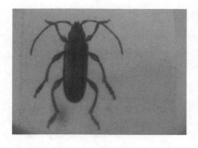

图 1-106　杉棕天牛

宽略大于长，密布细刻点，两侧缘呈圆弧形，无侧刺突，背面有极不明显的瘤突。鞘翅较体色略浅，具金属光泽。鞘翅肩角明显，基部密生较粗大刻点，至末端逐渐稀少，鞘翅末端为圆形。胸部腹面及腿节棕红色，各足腿节较膨大，后胫节向内微弯曲。

幼虫：体长 10～14mm，淡黄色，体略扁平。口器黑褐色。前胸背板具 1 对片状棕色斑纹，胸足退化。

> **生活史**

杉棕天牛在浙江开化、安徽旌德等地一年发生 1 代，以成虫在木质部坑道的蛹室内越冬。翌年 3 月中旬，成虫咬羽化孔爬出（表 1-38）。

表 1-38　杉棕天牛生活史（浙江开化）

世代	3月 上中下	4月 上中下	5月 上中下	6月 上中下	7月 上中下	8月 上中下	9月 上中下	10月 上中下	11月至翌年2月 上中下
越冬代	+++	+++	+						
	●●	●●●	●●						
第1代		—	———	———	———	———	———	—	
							△	△△△	
								+++	+++

注：●卵；—幼虫；△蛹；+成虫。

> **生活习性与危害**

3 月上旬，越冬代成虫在蛹室至边材之间，咬蛀羽化通道和羽化孔，成虫多择晴朗暖和天气出孔。3 月下旬至 4 月上旬，为林中成虫活动盛期。成虫飞翔能力较弱，单次飞行目测距离仅十几米。两性成虫在树上寻偶交配主要依靠爬行。两性成虫可多次交配，交配多择晴暖天气，以上午 8：00～10：00 时为多。交配时，雌成虫背负雄成虫，在寄主树干上不断爬行。

交配后的雌成虫，多选树势衰弱的杉木产卵。卵长径约 1mm，乳白色。卵均散产于树皮缝隙中。4 月中旬为产卵高峰期。

初龄幼虫在韧皮部和木质部的界面上蛀食，坑道为扁圆形，随着虫龄的增大，坑道加宽延长，坑道内充塞棕褐色的蛀屑和粪粒。8 月中旬后幼虫开始蛀入木质部内，边材上可见扁圆形的侵入孔。9 月下旬幼虫逐渐发育成熟，在木质部内斜向髓心方向，蛀蚀 1cm 深，构筑蛹室，并用虫粪和粉状蛀屑堵塞入口，在其内化蛹。蛹长椭圆形，长

7~10mm，乳白色，触角贴于体侧，并于第2胸足下边卷曲。蛹历期10~15d。9月底10月初，蛹开始羽化为成虫。11月下旬成虫滞留于蛹室中开始越冬。

> **害虫发生发展与天敌制约**

异色郭公虫幼虫，钻入寄主坑道，捕食杉棕天牛幼虫。寄生蜂有赤腹茧蜂和川硬皮肿腿蜂幼虫，寄生该虫幼虫。

> **发生、蔓延和成灾的生态环境及规律**

杉棕天牛多发生于3~6年生，立地条件较差，生长不良的衰弱杉林内。

成虫飞翔和以幼虫、蛹和成虫随原木、木材及其制品的调运，进行区域内和远距离的传播蔓延。

50 小灰长角天牛 *Acanthocinus griseus*(**Fabricius**)

分类地位：鞘翅目 Coleoptera 天牛科 Cerambycidae
主要寄主：马尾松、红松、油松、华山松、云杉、杉木、柞树、栎树、杨树。
地理分布：国内：黑龙江、吉林、内蒙古、陕西、河北、河南、安徽、浙江、江西和贵州；国外：俄罗斯和朝鲜等国。

> **危害症状及严重性**

小灰长角天牛幼虫钻蛀衰弱木、枯萎木、风倒木、风折木和新伐倒木的韧皮部和边材，形成坑道和孔洞，损害木材材质及工艺价值。病菌由坑道侵入，常引起木材腐朽。

> **形态鉴别**

成虫（图1-107）：体长8~13mm。体较小，长形，较窄，略扁平。体底色黑褐至棕褐色。触角各节基部及腿节基部棕红色；头部被灰色短绒毛，具细密刻点，头中央有一条细沟。额近于方形，表面较平。复眼小、颜面细，内缘深凹，复眼下叶长略胜于宽。雄虫触角为体长的2.5~3倍；雌虫约为体长的2倍。前胸宽胜于长，两侧缘中部后有1个圆锥形的隆突，前、后缘

图1-107 小灰长角天牛

微凹；前胸背板被灰褐色绒毛，前端有 4 个污黄色圆形毛斑，排成一横列；侧刺突基部阔大，刺端很短，微向后弯。小盾片中部被淡色绒毛。鞘翅被黑褐、棕褐或灰色绒毛，两侧近于平行，末端圆形；翅面具粗密刻点，基部中央微凹。每个鞘翅上有 2 条横纹：前一条位于翅的中部，为淡灰色横纹，其内杂有黑色小斑点；后一条为黑色横纹。雌虫腹部末端较长，与第 1、2 节之和约等长，腹部具明显的产卵器。腿节后端十分膨大，后足胫节略弯曲，后足第 1 跗节长于各节的总和。

幼虫：体长 14～20mm。体形较长而细扁，淡黄白色。额上有 8 个具刚毛的孔，排成一横列，唇基上有 2～4 条分离的纵痕。触角 2 节，第 2 节长方形，着生 1 个小圆锥形的透明突起。前胸前缘有一横列刚毛，前胸背板后面有 2 个较粗糙的红褐色区域，具较多散开的平滑斑点。肛门 3 裂。

> **生活史**

小灰长角天牛在浙江地区为一年发生 1 代，以成虫在寄主蛹室内越冬。生活史见表 1-39。

表 1-39　小灰长角天牛生活史（浙江宁波）

世代	4月	5月	6月	7月	8月	9月	10月	11月至翌年3月
	上中下	上中下	上中下	上中下	上中下	上中下	上中下	上中下
越冬代	+++	+++	+++	+++	+++	+		
第1代			●　●●●	———	———	△△△　△		
						++	+++	+++

注：●卵；—幼虫；△蛹；+成虫。

> **生活习性与危害**

5 月下旬，越冬代成虫咬蛀椭圆形羽化孔，择白昼晴朗天气出孔。成虫弃离被害寄主后，飞往衰弱或新伐倒树木的树干上，来回爬动，寻找异性进行交配。交配后的雌成虫，用上颚咬蛀圆锥形的产卵疤，并在其底产 1 粒卵。成虫具一定趋光性。据在浙江省淳安县和绍兴市林间应用黑光灯和引诱剂，监测成虫种群数量变动规律显示，越冬代成虫活动时间较长，从 5 月 26 日至 9 月，能断续诱捕到越冬代成虫，未出现明显的高峰期。

幼虫孵化后在皮层内蛀食，到夏末蛀入边材，并在其内化蛹，蛹历期十余天。成虫羽化后滞留蛹室，并在其内越冬。

有关该虫的详尽生活习性有待深入研究。

> **害虫发生发展与天敌制约**

大斑啄木鸟啄凿腐朽或局部心腐的树干为巢,最喜啄食被害干、枝内的小灰长角天牛幼虫。

捕食该虫幼虫的昆虫天敌有:拟蚁郭公虫和异色郭公虫等。

> **发生、蔓延和成灾的生态环境及规律**

小灰长角天牛幼虫蛀食寄主韧皮部和边材,多发生于夏秋持续高温干旱、东南沿海地区台风等气候灾害、松材线虫病或其他天牛等生物灾害引发的生长势衰弱的林分。被害林中,枯萎木、风倒木、风折断木和新伐倒木上的虫口密度较高,成为害虫发生的虫源株。

成虫飞翔和以幼虫、蛹及成虫借助原木、板材和木制品的调运作区域内和远距离的扩散蔓延。

51 短角幽天牛(椎角幽天牛、椎天牛) *Spondylis buprestoides*(L.)

分类地位:鞘翅目 Coleoptera 天牛科 Cerambycidae
主要寄主:马尾松、赤松、油松、华山松、黄山松、柳杉、云杉、冷杉、日本扁柏、无花果和泡桐。
地理分布:国内:内蒙古、黑龙江、吉林、辽宁、陕西、河北、河南、北京、安徽、江苏、浙江、福建、广东、广西、贵州、云南、海南和台湾;国外:欧洲、俄罗斯、朝鲜和日本等地。

> **危害症状及严重性**

短角幽天牛幼虫钻蛀衰弱、伐倒的马尾松等寄主枝、干及根部的皮层和木质部,形成不规则坑道,坑道内充塞大量的蛀屑和粪粒,常导致树皮脱落,裸露出凹凸不平、附有蛀屑和粪粒的木质部。松材线虫病疫区或遭受台风、冰冻雨雪等灾害性气候侵袭的松林中,该虫常伴随松墨天牛严重发生,种群数量甚高,引起松树大量枯萎死亡,是松林的重要钻蛀性害虫。

> **形态鉴别**

成虫(图 1-108):体长 14~26 mm。体稍呈圆柱形,全黑色。额斜倾,中央具 1 条稍凹且光滑的纵纹。上颚强大,向前伸出,雄虫较尖锐,基端阔,末端狭,呈镰刀形,除内侧缘及末端光滑不具刻点外,外侧的大部分具很密的刻点,内缘近基部有 1 个小齿,有时其前方近中部尚有 1 小齿;雌虫上颚较扁阔,内缘具 2 个较钝的齿。触角短,雄虫约至前胸后缘，而雌虫仅约达前胸的2/3处；第1节长略呈圆柱形；第2节最短，呈球形；第3~11节扁平，除末节狭长外，各节呈盾形。前胸前阔后狭，两侧圆；前胸背板密布刻点，前缘中央稍向后弯，后缘平直，沿前后缘镶有较短的金色绒毛。小盾片大，末端圆。鞘翅基端阔，末端稍狭，后缘圆。雄虫每鞘翅具有2条隆起的纵脊纹，翅面具细小刻点和大而深的圆点；雌虫纵脊纹不明显，翅面刻点稠密，呈皱状。体腹面被有黄褐色绒毛。足短，胫节内侧具短的竖毛，末端具2个尖刺，外侧具小锯齿。

幼虫：体长可达33mm。头部横宽；上唇心形；触角主感器长稍大于宽，几乎与第3触角节等长；下颚须第3节长仅为第2节的1/2。前胸背板后区密被微刺粒，杂有少数小而不明显的光滑小点；前胸腹板中前腹片中部有一个较大的光滑区，侧区密布微刺粒。气门具较大缘室，约15个。腹部末端背方具2个尾突，小而尖，左右远离。

图1-108　短角幽天牛（左：雄虫；右：雌虫）

▶ 生活史

短角幽天牛生活史不甚清楚。林间应用引诱剂和诱虫灯长年监测显示，在浙江地区马尾松林内，短角幽天牛成虫有两个明显分隔的活动期，即5~6月和9~10月，中间7~8月经多年多地监测均诱获极少量成虫。被害株剖析检视发现，该虫在浙江地区以幼虫越冬，推测以一年发生1代为主，少数两年1代。详细生活史有待深入研究。

▶ 生活习性与危害

短角幽天牛成虫多在夜间活动，行动较为隐秘。在自然状态下，林间未见成虫，难以观察其行为。应用蛀干类害虫引诱剂诱捕装置，2001年在安徽黄山风景区黄山松林、浙江杭州余杭区长乐林场湿地松林及2004—2005年在浙江淳安县姥山林场马尾松种子园，监测不同松种、不同经营管理模式松林，林间成虫活动期种群数量的时空变化，诱获较多的成虫，详见图1-109、图1-110、图1-111。

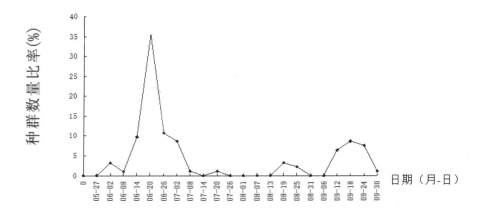

图 1-109　黄山风景区短角幽天牛成虫种群数量动态（2001 年）

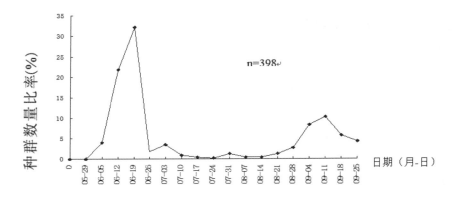

图 1-110　杭州余杭区湿地松母树林短角幽天牛成虫种群数量动态（2001 年）

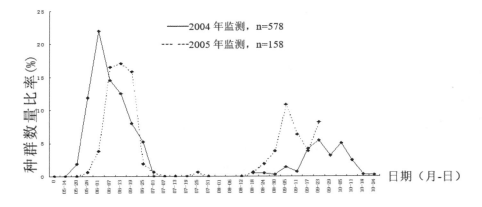

图 1-111　浙江淳安马尾松种子园短角幽天牛成虫种群数量动态（2004—2005 年）

图中显示：安徽黄山、浙江杭州余杭和淳安3个不同松种、不同监测地及2001年、2004年和2005年3个不同监测年份，林间短角幽天牛成虫活动期的种群数量比率，均出现2个明显的峰期，主峰期最高峰值为17.7%～35.5%，出现于6月1～19日，时间为19d；次峰期最高峰值为8.6%～10.3%，出现于9月5～23日，时间亦为19d。2001年7月26日至8月13日共计13d，黄山风景区未监测到林间成虫活动；同年7月10日至8月21日共计42d，余杭监测到林间极少量（1～5头）成虫活动；2004年淳安7月10日至8月12日共计34d，未监测到成虫活动。从监测数据推测，该虫在安徽、浙江两省为一年发生1代为主，少数两年1代。

2006年5月26日至6月30日，在淳安县姥山林场马尾种子园内，设置20个蛀干类害虫引诱剂诱捕装置，监测诱获到747头短角幽天牛成虫，其雌、雄虫的数量比例为1.0∶1.4。

该虫详尽生活习性与危害规律有待深入研究。

> **害虫发生发展与天敌制约**

斑头陡盾茧蜂寄生该虫幼虫，对该虫的种群数量增殖有一定的制约作用。

> **发生、蔓延和成灾的生态环境及规律**

短角幽天牛幼虫钻蛀马尾松等松树树干和枝条的韧皮部和边材。该虫系从属钻蛀性害虫，多发生于松材线虫病疫区，松墨天牛、马尾松角胫象等钻蛀性害虫及马尾松毛虫、思茅松毛虫等食叶性害虫猖獗危害的松林，冬春季持续冰冻雨雪或夏秋季持续高温干旱或东南沿海台风等气象灾害引发的衰败松林内。监测显示该虫常伴随松墨天牛、马尾松角胫象发生，短时间内种群可迅速增殖，致使被害松林迅速地成片枯萎死亡。

成虫飞翔和以幼虫、蛹及成虫随松材线虫病区的疫木和非疫区的松材及其包装箱等制品的无序运输，进行区域内和远距离的跳跃式扩散蔓延。

52 家茸天牛 *Trichoferus campestris* (Faldermann)

分类地位：鞘翅目 Coleoptera 天牛科 Cerambycidae
主要寄生：刺槐、杨、柳、榆树、香椿、白蜡树、泡桐、枣、丁香、柏木、桑树、油松、云南松、云杉、枫杨、梧桐、杉木、臭椿、池杉、构树、桦树、苹果、梨、覆盆子、厚朴、黄柏、黄芪等多种林木、果树和药材。
地理分布：国内：黑龙江、辽宁、内蒙古、甘肃、陕西、河北、青海、新疆、河南、山东、浙江、贵州、云南；国外：日本、俄罗斯、蒙古和朝鲜等国。

> **危害症状及严重性**

家茸天牛幼虫危害林间衰弱木、枯死木、伐桩或砍伐后的原木、木材及其制品，新建房屋的椽或柱，黄芪、厚朴等中药材，钻蛀成扁宽坑道，并将蛀屑排出蛀入孔外，致使木材、中药材的物理性质、质地遭到严重破坏，造成经济损失；蛀害房屋危及人身安全。该虫是往返于林间、居家和仓储间的重要钻蛀性害虫。

> **形态鉴别**

成虫（图 1–112 左）：体长 9.0～22.0mm，个体大小差异较大。全体黑褐至棕褐色，被褐灰色绒毛，小盾片及肩部被较浓密的淡黄色绒毛。头较短，具粗密刻点，触角基瘤微突，基瘤之间稍低；雄虫额中央具 1 条细纵沟，雌虫额中央无此沟。雄虫触角长达鞘翅端部；雌虫稍短于雄虫，第 3 节与柄节约等长。前胸背板宽稍胜于长，前端略宽于后端，两侧缘弧形，无侧刺突；雄虫胸面刻点粗密，粗刻点间着生细小刻点，雌虫则无细小刻点分布。小盾片短，舌状，灰黄色。鞘翅两侧近于平行，外端角弧形，缝角垂直；翅面分布中等刻点，端部刻点渐细弱。腿节稍扁平，后足第 1 跗节较长，约等于第 2、3 跗节的总长。雄虫腹部末节较短阔，端缘较平直，雌虫腹部末节则稍狭长，端缘弧形。

幼虫（图 1–112 右）：体长 18～28mm，黄白色，长圆筒形，后端稍狭。头部近梯形，后端渐宽。上颚黑色。触角长，3 节，基部连接膜短于 3 节之和；第 1 节端部旁生细刚毛 2 根；第 2 节长为基宽的 1.5 倍，端部具刚毛 2 或 3 根；末节端部具 1 长刚毛，长略等于第 3 节，锥形主感器长为第 3 节的 1/3。前胸背板前缘之后具 2 个黄褐色横斑，后区淡色，在侧沟之间平坦隆起，隆起部前方具细纵纹，后端渐不明显。腹部步泡突较突出，光滑，具 2 条横沟，中沟明显，侧沟分支，分为左右 2 叶，表面无瘤突，具不明显的细皱纹。气门小，椭圆形，气门片薄，浅色。腿节短宽，胫跗节长稍大于宽，前跗节向内弯。肛门 3 裂。

图 1–112　家茸天牛（左：成虫；右：幼虫）

> **生活史**

家茸天牛在浙江地区一年发生1代，以幼虫在寄主的枝、干等坑道内越冬。翌年3月下旬出蛰，恢复取食活动。生活史详见表1-40。

表1-40 家茸天牛生活史（浙江 宁海）

世代	3月	4月	5月	6月	7月	8月	9月	10月	11月至翌年2月
	上中下	上中下	上中下	上中下	上中下	上中下	上中下	上中下	上中下
越冬代	———	———	——— — △△ +	△△ +++					
第1代			●●●	● ——	———	———	———	———	———

注：●卵；—幼虫；△蛹；+成虫。

> **生活习性与危害**

5月中旬越冬代幼虫发育成熟，在坑道底部开始化蛹。蛹长15~19mm，初化蛹为乳白色，后渐变成黄褐色，蛹历期15d左右。成虫羽化初期，复眼、上颚首先变为褐色；5d后，体变为红褐色；11~13d后体呈棕褐色至黑褐色。成虫羽化后，在坑道内滞留3~5d，待体壁变硬后，爬离寄主坑道。

5月下旬越冬代成虫开始出孔，多择夜间钻出羽化孔。成虫白天均停栖于林间避光处，夜间比较活跃，擅长飞翔。林间未见成虫补充营养，出孔不久，两性成虫即可交配，昼夜均能进行，但以夜间为多，尤以闷热的夜间为盛。两性成虫可多次交配，最多可达7~9次，交配历时30~50min，个别长达2h以上。交配后的雌成虫，多择直径3cm以上的衰弱枝、干树皮缝隙中或木材破损处皮下产卵，尤喜在未经剥皮具一定湿度的伐倒木上产卵。卵长椭圆形，一头较钝，另一端稍尖，灰黄色。卵散产或3~5粒集于一起。产卵量150粒左右。雌、雄成虫寿命较接近，约15d。

成虫具趋光习性，该虫发生林区，夜间利用黑光灯能诱捕到成虫。成虫还具假死和互残习性。振动枝干，成虫受惊即坠地，作假死状，片刻后恢复活动。若将多头雄成虫置于同一培养皿或试管内，常因撕斗而伤亡。

卵经9~11d发育后，开始孵化。孵化后的幼虫先在韧皮部与木质部之间蛀食，蛀成不规则的扁圆形坑道，1头幼虫钻蛀的坑道全程长达50cm左右。坑道可延伸至主干地表以下6~10cm。随着虫龄增长，不断延长和拓宽坑道，最终可将被害株枝、干或木材蛀空。坑道内充塞蛀屑和粪粒，蛀孔外及地面上常堆积排出的粪粒和木屑。幼虫蛀害至11月，先后进入越冬状态。

➤ 害虫发生发展与天敌制约

主要天敌有酱色刺足茧蜂和两色刺足茧蜂，均为寄主体外寄生蜂。前者蜂卵多产于幼虫胸腹部体节的皱褶处。孵化后幼虫营体外寄生，头部插入寄主体内，吸食体液。后者用产卵管鞘刺入木质部坑道内幼虫，往寄主体内注射麻醉液，致使寄主不能挣扎活动，旋即产卵于寄主体表，亦营体外寄生。

➤ 发生、蔓延和成灾的生态环境及规律

家茸天牛幼虫钻蛀刺槐等林木木质部和房屋内的木材、板材，是一种林间、室内可互窜危害的钻蛀性害虫。在林间多择生长势衰弱或冬、春季砍伐未经剥皮、未经充分干燥的树干；在室内尤喜蛀蚀新采伐制作的橡木等木质材料。该虫畏光，危害程度与光照有一定的关系，即室内或隐蔽处的木材受害较重，室外木材堆中下层受害重于上层；全光照下的木材受害较轻。

成虫较活跃，善飞翔。成虫飞翔和以各虫态随寄主树、原木及其木材进行区域内和远距离的传播蔓延。

53 弧纹虎天牛（弧纹绿虎天牛）*Chlorophorus miwai* Gressitt

分类地位： 鞘翅目 Coleoptera 天牛科 Cerambycida
主要寄主： 油桐、马尾松、柏木、杨树。
地理分布： 国内：安徽、浙江、江西、福建、湖南、广东、广西、四川和台湾。

➤ 危害症状及重要性

弧纹虎天牛幼虫钻蛀寄主树干皮层和木质部，形成无规则的曲折坑道，其内填塞着大量黄白色粪粒和蛀屑，阻断了寄主营养物质和水分的输导，寄主逐渐枯萎死亡。

➤ 形态鉴别

成虫（图 1-113）：体长 13.5~18.0mm。体粗壮，底黑色，体背面被黄色绒毛，无绒毛着生处形成黑色斑纹；体腹面着生较浓密的黄色绒毛。头部具细密刻点，头顶有少许粗大刻点。复眼间额突

图 1-113 弧纹虎天牛

起，额有1条中纵线。触角基瘤内侧角状突出，触角长达鞘翅中部，第3、4两节约等长。前胸背板长、宽近于相等，前端稍窄，两侧缘微呈弧形，表面拱凸；中区有2个前端连接的黑斑，两侧各具1个圆形黑斑，胸面有细皱纹刻点。小盾片半圆形。鞘翅略宽于前胸，两侧近于平行，端部较狭，翅端斜切，外端角尖。每翅基部具弓形黑斑纹，中部有1条黑横带，近中缝一端沿中缝稍向上延伸；翅端具1个大黑斑纹；翅面具细密刻点。中、后足腿节外侧具细纵线，第1跗节略短于其余各节总长。

幼虫：体长15.0~18.0mm，黄白色。前胸背板近梯形，上有细波状纹，腹部末端有细刚毛。

> ### 生活史

弧纹虎天牛在浙江地区一年发生1代，以初龄幼虫在寄主边材的坑道内越冬。翌年3月下旬出蛰，恢复蛀食活动。5月中旬化蛹。6月上旬林间始见成虫活动。7月下旬见第1代幼虫。10月中旬开始，幼虫陆续进入越冬期。详尽生活史有待研究揭示。

> ### 生活习性与危害

6月上旬，弧纹虎天牛成虫开始羽化，成虫喜于晴天中午11：00~14：00在寄主树干周围飞翔，白天其余时间多静栖于隐蔽处。据作者2005年在浙江省淳安县国家马尾松良种基地应用蛀干类害虫引诱剂监测显示，诱获始日为6月7日，诱获终日为8月18日，期间共诱捕到40头成虫，6月19~25日为林间活动成虫种群数量变动的高峰期。两性成虫交配后，雌成虫多择距地2m以下树干基部缝隙、翘皮或伤痕处产卵，卵单产。卵历期16d左右。

卵孵化后2d，7月下旬初孵幼虫开始蛀入韧皮部，并由皮层蛀入木质部边材，10月中旬在其中越冬。翌年3月下旬，越冬幼虫出蛰后继续钻蛀，在木质部表层蛀成多条不规则的曲折坑道，随着虫龄的增加，坑道逐渐延伸、变粗，其内充塞蛀屑和粪粒。5月中旬幼虫发育成熟，在木质部内坑道顶端，开始构筑椭圆形蛹室，并在其内化蛹。

> ### 害虫发生发展与天敌制约

异色郭公虫捕食幼虫。

> ### 发生、蔓延和成灾的生态环境及规律

弧纹虎天牛多发生于密度大、通风透光较差的林分，林内衰弱木、被压木较多，特别是树势衰弱的古柏树发生较严重。

成虫飞翔和寄生木材的人为携带是区域内自然传播和远距离扩散蔓延的主要途径。

54 六星吉丁（柑橘星吉丁、柑橘吉丁虫）*Chrysobothris succedanea* Saunders

分类地位： 鞘翅目 Coleoptera 吉丁虫科 Buprestidae
主要寄主： 山杜英、梅、香樟、合欢、法国梧桐、枫杨、核桃、杨、柳、柿、五角枫、重阳木、雪松、乌桕、柑橘、海棠、桃、苹果等。
地理分布： 国内：上海、浙江、福建、江西、广东、广西、湖北、湖南、四川、重庆、贵州、云南和台湾；国外：日本等。

➢ 危害症状及严重性

六星吉丁幼虫钻蛀寄主主干和侧枝的皮层，被害处树表附有黑色或暗红色流胶。皮层内蛀成弯曲坑道，粪便不外排，充塞其中。秋冬后，皮层干枯，致使树皮爆裂，严重时树皮与木质部分离。危害轻者，树势衰弱；重者整株枯死。该虫是我国长江以南局部地区，园林绿化和果园的重要钻蛀性害虫。

➢ 形态鉴别

成虫（图1-114左）：体长8～12mm，体深褐色，具紫铜色光泽。头部短，带青蓝色，额面宽阔。复眼大，椭圆形，黑褐色。复眼之间具1条较弱的横向脊纹。前胸背板宽略大于长，前缘双曲状，中叶前突，两侧缘斜行；后缘双曲状，中叶后突，大而钝圆，表面具排列致密的横皱纹。小盾片甚小，三角形。鞘翅宽短，两侧中前部近于平行，自后2/3处至顶端渐收窄，翅面上各有3个稍凹陷的具绿色或橙黄色金属光泽的近圆形星坑，纵向排列。基部1个星坑位于鞘翅前端的凹窝内，凹窝较深。每翅各具3条纵脊纹，边缘与近翅缝处的1条均由翅基伸达翅端，中间1条呈短杆状，仅中央一段清晰，前后较弱或消失。腹面发较强的紫蓝色光泽，中部铜绿色，两侧赤铜色，布满细密刻点。

幼虫（图1-114右）：体长18～26mm。体扁长，黄褐色。头部小，黑色。胸部特别膨大，其后迅速变狭。腹部各节近似链珠状，逐渐变细。腹节背面近中间各具一条横沟。

图1-114 六星吉丁（左：成虫；右：幼虫）

生活史

据在浙江省淳安县柑橘园内观察，六星吉丁一年发生1代，以幼虫在寄主韧皮部或边材的坑道内越冬。翌年4月底越冬幼虫开始化蛹。生活史详见表1-41。

表1-41　六星吉丁生活史（浙江淳安）

世代	4月			5月			6月			7月			8月			9月			10月			11月至翌年3月		
	上	中	下	上	中	下	上	中	下	上	中	下	上	中	下	上	中	下	上	中	下	上	中	下
越冬代	—	—	—	—	△	△	△	+	+	+														
						+																		
第1代							●	●	●	●	—	—	—	—	—	—	—	—	—	—	—	—	—	—

注：●卵；—幼虫；△蛹；+成虫。

生活习性与危害

六星吉丁越冬代成虫羽化后，在蛹室内滞留4~6d，待体壁变硬后，咬蛀长约4mm、宽约3mm的近圆形羽化孔逸出。成虫一般在白昼，多择晴朗天气于9:00~11:00弃离寄主坑道出孔。出孔后的成虫，飞往健康的寄主树冠，啃食嫩叶，以补充营养，完成生理后熟。昼间早、晚多静栖于寄主树干缝隙或叶片丛中。中午气温较高时显得活跃，常在树冠周围飞行或在树枝上爬行，追逐异性，试图交配。一遇惊扰即坠地或下坠中途飞逸。成虫具假死习性。6月上中旬是林间成虫活动盛期。

交配后的雌成虫，多择寄主向阳面的树皮裂缝处、树干与树枝分叉处或伤痕处产卵。卵扁圆形，长径约0.9mm，初产为乳白色，后渐变为橙黄色。卵历期10d左右。

幼虫孵化后随即钻入韧皮部，被害部位的树皮常出现稀疏的小液点。幼虫在韧皮部蛀食2周后，逐渐向边材钻蛀，最深可达12mm。幼虫钻蛀的坑道曲折蜿蜒。随着虫龄的增加，坑道由细逐渐变粗，坑道内充塞蛀屑和粪粒，严重时皮层被蛀食一空，仅残存一层灰黑色的外表皮。秋冬时节，木质部干枯，致使树皮爆裂或经风吹日晒，表皮破裂，坑道外露。受害严重的柑橘特别明显，故俗称该虫为"柑橘爆皮虫"。直径5cm的枝干，寄生幼虫多达40余头，若遇冬春季持续冰冻雨雪，或夏秋季台风等自然灾害，被害枝干折断枯死。幼虫发育成熟后，在边材内咬蛀长10~16mm、宽4~5mm的椭圆形蛹室，蛹室大多与木纤维分布方向平行或略成锐角，并用蛀屑封堵其入口，在其内休眠或越冬，直至翌年4月底开始化蛹。蛹长12mm左右，初为乳白色，近羽化时变为酱褐色。5月下旬开始陆续羽化。

➢ 害虫发生发展与天敌制约

寄生蜂有爆皮虫柄腹茧蜂、黄柑蚁（黄猄蚁）等。

➢ 发生、蔓延和成灾的生态环境

六星吉丁幼虫钻蛀柑橘、法国梧桐等果树和绿化树的韧皮部和木质部。在柑橘林中，多发生于管理粗放的林分或树龄较大、生长势衰弱的植株上。

成虫飞翔和以各虫态随树木、木材的移栽、调运作区域内和远距离的扩散蔓延。

55 多瘤雪片象 *Niphades verrucosus*（Voss）

分类地位： 鞘翅目 Coleoptera 象虫科 Curculionidae
主要寄主： 马尾松、黑松、黄山松、湿地松、火炬松和金钱松。
地理分布： 国内：上海、安徽、浙江、福建、江西、湖南和四川；国外：日本等。

➢ 危害症状及严重性

多瘤雪片象成虫啃食马尾松等松树1~2年生嫩梢和雄球花。幼虫钻蛀马尾松等多种松树枝、干皮层，形成块状坑道。坑道内充塞众多蛀屑和粪粒，轻则影响生长，重则皮层遭蛀蚀一空，皮层与木质部分离，被害松树迅即枯死（图1-115）。

图1-115 块状坑道充塞蛀屑和粪粒

➢ 形态鉴别

成虫（图1-116上）：体长7.1~10.5mm。体黑褐色。头部散有明显的坑形刻点，喙亦具明显的刻点，刻点排列于纵沟内。触角位于喙端前面，柄节达眼的前缘，索节1

图 1-116　多瘤雪片象
（上：成虫；下：幼虫）

长于索节 2，长大于宽，棒卵形，长 1.5 倍于宽，其他节宽大于长。前胸背板长略大于宽，两侧平行，背面散布圆锥形瘤。小盾片向前缩窄，后端宽，被覆雪白色的毛。鞘翅长于宽 1.8 倍，从行间 3 开始，奇数行间的瘤较大，而偶数行间的瘤较小。鞘翅具锈褐色和白色鳞片状毛斑。行间瘤顶上被覆直立的锈褐色鳞片。鞘翅基部和端部行间的瘤，布满雪白的鳞片状毛斑。腹板 1、2 的刻点明显而稀疏，末一腹板较密。腿节和胫节上长有白色鳞片状毛。腿节具齿，近端部的白色鳞片状毛排成环状。

幼虫（图 1-116 下）：体长 9.0～15.6mm，头壳宽 2.0～2.3mm。体淡黄色，两侧疏生黄色细毛，略呈 "C" 形弯曲。头部黄褐色，上颚黑褐色。前胸背板明显宽于头壳，前缘覆盖头壳的 1/3 左右，边缘略呈直角。中、后胸及腹部各节均具横褶。腹部末端宽而扁平。气门黄褐色，8 对。

> **生活史**

多瘤雪片象在浙江地区一年发生 2 代，少数一年发生 1 代，以中老龄幼虫在皮层内越冬，生活史详见表 1-42。

表 1-42　多瘤雪片象生活史（浙江杭州）

世代	3月 上中下	4月 上中下	5月 上中下	6月 上中下	7月 上中下	8月 上中下	9月 上中下	10月 上中下	11月至翌年2月 上中下
越冬代	———	△ △△△ +++	△△ +++	△△ +++	+++	+++	+++		
第1代			···	—— △	——— △△△ +++	——— △△ +++	+++	+++	
第2代						·····	——	———	———

注：·卵；—幼虫；△蛹；+成虫。

> **生活习性与危害**

4 月上旬越冬代成虫羽化，据室内 126 头蛹的饲养观察，全日均能羽化，但以

12:00～16:00时为最多，占全日羽化总数的23.8%。成虫羽化当日，复眼黑色，喙红褐色，前胸背板及足均为淡红褐色，鞘翅白色或黄白色，腹部末端附着残存的蛹皮。羽化次日，鞘翅变成黄褐色，腿节近端部显现白色鳞片状毛环。羽化3～4d后，体呈黑褐色，鞘翅基部和端部显现出鳞片状毛斑。

成虫羽化后，在蛹室滞居4～7d，体壁变黑变硬，开始咬出。成虫先在蛹室一端或中央，咬断覆盖其上的蛀丝圈（图1-117）。咬断一端和中央蛀丝者，分别为90%和10%，旋即成虫咬破树皮，成一平均直径为4（3～5）mm的圆形或椭圆形羽化孔，羽化孔裸露树表的占87%，隐于缝隙中的占13%。咬出时间以8:00～10:00为盛，占全日咬出数的33.3%。

图1-117 蛀丝圈（左）；成虫一端咬破的蛀丝（右）

据徐真旺、周樟庭在2008—2011年连续四年，引用蛀干类害虫引诱剂监测浙西南遂昌县马尾松林间多瘤雪片象成虫种群数量时序动态，结果显示（图1-118）：盛期（大于种群数量比率5%）为5月4～25日，共22 d，高峰期为5月25日（占种群数量比率15.2%）。

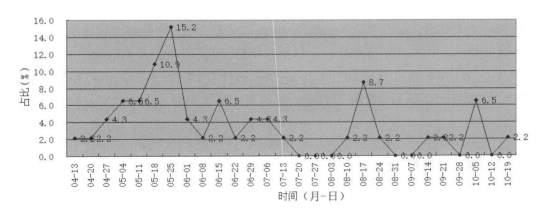

图1-118 多瘤雪片象成虫种群数量的时序动态

室内饲养和林间观察，均未见成虫飞行，但善爬行，爬行速度为 0.8~2.3cm/min。成虫爬行路线，直线形居多，占 48.1%；弧形次之，占 43.7%。成虫爬行和交配等系列活动中，一旦受惊扰，常从树冠上坠落，前足紧贴喙，中、后足紧贴虫体腹面，仰或侧卧于地面，成假死状态。一旦恢复，迅速逃遁。据 73 头成虫试验测定，平均假死时间为 30（9~172）s。

成虫逸离寄主，遇炎热天气，就思饮水。成虫将喙插入水珠等小水源中，不断开闭上颚饮水，平均饮水的持续时间为 28（15~45）s。饮后，用前足整理触角，即刻离开水源。成虫对光具负反应。昼间，林中饲养笼内的成虫钻入土内或隐匿于杂草丛的根际，静伏不动。入暮后，从树干爬至枝梢上，啃食 1~2 年生的马尾松和湿地松嫩梢，进行补充营养，致使嫩梢裸露木质部。成虫羽化逸出期，正逢马尾松雄球花成熟期，成虫除啃食嫩枝梢皮外，还喜食马尾松雄球花上的小孢子叶球，致使小孢子叶球残破不堪，花粉未成熟即萎蔫。

成虫经一个月的补充营养，方能达到性成熟，才开始交配。交配活动主要发生在 20∶00~24∶00 时，约占交配总数的 66.7%。交配前雄成虫追逐雌成虫，随后，雄成虫爬至雌成虫背部，用触角不断敲打雌成虫的前胸背板，发出求偶的表示。交配呈背负式，雄成虫前、中足抱住雌成虫腹部侧板，后足抱住腹板，雌成虫往往不断向前爬行，雄成虫随之而动。饲养笼内，常见 1 头雌成虫引诱几头雄成虫。1 对成虫交配时，雄成虫背上常常又负着 1~4 头雄成虫，成一串状，雄成虫均伸出阳具，试图交配。据 27 次交配测定，平均交配历时 11′1″（2′45″~41′），交配后 1h，雄成虫离开雌成虫。两性成虫可多次交配。成虫寿命极长，据 30 头成虫观测，平均为 111.7（41~126）d。

雌成虫交配后，隔天即可产卵，卵产于树皮表面或缝隙间。卵椭圆形，长径约 0.8mm，乳白色。卵经 3~4d 发育，孵化为幼虫。初孵幼虫从卵的一端啮破卵膜而出。初孵幼虫头壳淡红褐色，余均为乳白色，一出卵膜，爬动不止，寻找新寄主。取食幼虫的体色多呈红褐色。4 龄前幼虫在马尾松等松树韧皮部内蛀食，红褐色蛀屑和粪粒塞满坑道，极易辨认。4 龄后，幼虫取食量大增，在原坑道周边啃食，坑道成片状或块状。幼虫大多分布在树干基部，剖析 7m 高的被害马尾松株，具幼虫 920 头，其中 86.9% 的幼虫分布于距地 2m 高以下的树干上。被害株幼虫种群密度高时，韧皮部与边材间充塞大量蛀屑和粪粒，致使皮层与木质部分离，树皮常破裂或掉落地面。

成熟幼虫顺着木纤维的排列方向构筑蛹室。幼虫先在蛹室周围咬一圈蛀丝，后从蛹室底部中央咬制蛀丝，蛀丝一端连于蛹室底部，并将两边蛀丝往上推，在蛹室外相互紧密排列，外加一圈蛀丝，以封闭蛹室，成一平均长 2.3（1.1~3.3）cm、平均宽 0.5（0.3~0.7）cm，平均深 0.5（0.3~0.7）cm 的椭圆形蛹室。昼间，很少筑蛹室，夜晚 19∶00~02∶00 最频繁，发出"ca！ca！"的啃木声。

蛹室筑成后，成熟幼虫头部向上，居于室中化蛹。蛹体长 7.5～11.9mm，椭圆形，前胸背板上有数个突出的刺，腹部背面散生许多小刺，臀节末端具一对刺突。初化蛹前胸背板、腹部黄白色，余均为白色。蛹如暴露光中，腹部转动不已，日久蛹体发黑而亡。蛹居黑暗环境中，则静止不动。近羽化时，复眼灰黑色，前胸背板、喙和足均呈淡红褐色，腹部黄色。蛹平均历期为 13.8（9～21）d。

➢ 害虫发生发展与天敌制约

多瘤雪片象的天敌寄生蜂主要有：兜姬蜂和小茧蜂（学名待定）。前者寄生于寄主幼虫和蛹体外，单寄生。蜂蛆斜附于寄主体外，吸取体液，寄主干瘪死亡。蜂蛆发育成熟后，在寄主蛹室内，头部向上，结茧化蛹。茧外常粘附一些寄主的碎屑。成蜂羽化后从茧的上端或中部啮破 1 小孔飞出。据在浙江省新昌县小将林场调查，林间寄生率达 32.7%。后者寄生寄主幼虫体外，每头幼虫可寄生 7～11 头蜂蛆，寄主体发软而亡。6 月初蜂蛆发育成熟，在寄主坑道内结茧化蛹。6 月中下旬成蜂从茧的一端羽化，成蜂平均寿命为 9.6（7～11）d。

捕食性天敌有扁平虹臭蚁。6～8 月寄主成虫在地面爬行、交配时，易遭该蚁咬食，被害株下坡方向的地面上，常见该蚁拖食死寄主成虫，地面屡见咬食后残留的寄主鞘翅。

➢ 发生、蔓延和成灾的生态环境及规律

多瘤雪片象多发生于 15 年生以上生理衰弱的松林，特别是山高雾重、气候较潮湿、杂草丛生、白天利于成虫隐栖的林地，被害株在林内多呈块状分布。据在浙江省新昌县小将林场 23 年生金钱松林调查，193 株树中 83 株受害，株害率达 43.0%。经常存放新鲜松原木、场地隐蔽、较潮湿的贮木场发生较为严重。

成虫通过爬行，在区域内传播蔓延，原木无序调运是远距离扩散蔓延的主要途径。

56 马尾松角胫象　*Shirahoshizo patruelis*（Voss）

分类地位：鞘翅目 Coleoptera 象虫科 Curculionidae
主要寄主：马尾松、火炬松、湿地松、晚松、华山松、黑松、黄山松和金钱松等。
地理分布：国内：安徽、上海、江苏、浙江、福建、湖北、湖南、广西、四川和云南。

> **危害症状及严重性**

马尾松角胫象幼虫钻蛀马尾松等多种松树衰弱木、伐倒木树干皮层，形成不规则坑道，截断树液流动，坑道内充塞蛀屑和粪粒，木材极易腐朽，材质不堪利用，致使被害部位树皮脱落，被害株逐渐枯萎死亡（图1-119）。

图1-119　被害皮层蛀屑及其幼虫（左）和成虫（右）

> **形态鉴别**

成虫（图1-120左）：体长4.7～6.8mm。体红褐色或灰褐色，覆盖红褐色、白色和黑褐色鳞片，黑褐色鳞片在前胸背板比较浓密，在鞘翅只集成少数点片。白色鳞片在前胸背板、鞘翅和足集成斑点。头部半球形，散布密而深的刻点。喙约与前胸等长，弯曲。触角较短，基部以后密布刻点，具中隆线；基部以前发光，刻点稀而小；柄节未达到眼，索节1粗，索节2较细，索节1略长于2，索节3、4长略大于宽，其他索节宽等于或大于长，棒卵形，均密被绵毛，节间缝不明显；额略窄于喙的基部。复眼扁，几乎不突出。前胸背板宽大于长，中间具细中隆线。中线两侧各具白斑2个，4个白斑排列成一直线。两侧圆，基部1/3最宽。前缘宽等于基部一半，基部中间向小盾片突出，略呈截断形。小盾片圆形，具中隆线，被覆鳞片。鞘翅长约1.5倍于宽，基部一半两侧平行，顶端连成圆形；行纹发达，刻点方形，刻点间具明显的横纹；行间扁，宽于行纹。鞘翅行间4、5紧靠中间，以前各有白斑1个，行间4的白斑宽约等于行间4的直径，行间3的端部1/3有3个排列成链状的白斑。前足腿节几乎不呈棒形，具小齿，中后足腿节具较发达的齿。腹部密布发达的刻点。

幼虫（图1-120右）：体长7.0～12.0mm。头部黄褐色，上颚黑褐色。胴部黄白色，略弯曲，呈新月形，疏生黄色细毛。前胸背板淡黄色。中、后胸及腹部各节均具横褶。气门黄褐色，胸部1对，位于前胸两侧略后方。腹部气门8对，位于第1～8腹节两侧。

图 1-120　马尾松角胫象（左：成虫；右：幼虫）

> **生活史**

马尾松角胫象在浙江地区一年发生 2 代，以中龄幼虫在皮层中越冬；少数 3 代，以成虫越冬。2 代者，翌年 3 月中旬越冬代幼虫发育成熟，3 月下旬至 6 月上旬为蛹期。5 月中旬越冬代成虫开始羽化。5 月下旬至 7 月下旬为第 1 代幼虫危害期。7 月下旬始见第 1 代成虫羽化。8 月上旬出现第 2 代幼虫，11 月底幼虫停止取食，在皮层内越冬。幼虫生长发育与寄主的含水率关系密切，含水率高，生长发育迟缓，反之则较快。

> **生活习性与危害**

成虫羽化时，喙、前胸背板变成红褐色，鞘翅呈灰黄色，足呈淡红色，腹部黄色。次日均呈红褐色。成虫羽化后，滞留蛹室 4～6d，待体、翅发育变硬后，随即咬蛀直径 2.0～3.5mm 的圆形羽化孔，并从孔中爬出。成虫全日均能咬出，但以 14∶00～18∶00 时为多，占咬出数量的 47.4%。白昼林间成虫大多隐蔽在土表杂草丛中，夜晚开始活动。成虫善爬行，时爬时停。据 6 头成虫爬行时间、距离及路线测定，平均每头成虫每次爬行 6s（4～9s），每次爬行的平均间隔为 2s（2～3s），每次爬行的平均距离为 13.2cm，平均爬行速度为 2.3cm/s（1.8～3.1/s）。爬行路线：直线形占 50.00%，弧形占 46.7%。

成虫能飞行，爬行中受惊扰或受阻时，全身转一圈或腹部翘一下，随即起飞，每次飞行距离约 2m。成虫具假死习性，平均每次假死时间为 9s（2～25s）。假死时虫体腹面向上，3 对足紧贴于腹面，这与虫体死亡时 3 对足紧靠在一起，伸向腹面前方有明显区别。两性成虫交配呈背负式，雄象喙紧贴于雌象鞘翅，前足按住雌象鞘翅基部，中、后足分别抱住雌象腹部的侧、腹板。雄象触角不断敲打雌象鞘翅，发出求偶的表示。交配时，雌象负着雄象不断爬行。交配历时 5～87min 不等。交配后的雌象多择树皮缝隙产卵。卵圆形，乳白色。据室内 5～7 月饲养试验显示，成虫寿命为 41～62d。成虫略具趋光习性。

初孵幼虫十分活泼。初龄幼虫在皮层中弯曲钻蛀，边蛀边将蛀屑和粪粒充塞在坑道内，坑道纤细而曲折。中龄后，幼虫沿原坑道周边啃食，至幼虫发育成熟时，坑道连成一片成块状。幼虫大多分布在寄主树干基部，据调查6m高的马尾松，2m以下的幼虫平均数占全株平均总数的80.8%（图1-121）。

取食幼虫体色为淡红色。幼虫发育成熟后，停止取食，体缩短，体内积聚脂肪，呈黄白色。成熟幼虫向边材咬蛀蛹室，白天很少筑室，夜晚20：00～03：00时最为频繁，发出轻微和具节奏的"ca！ca！"啃木声。成熟幼虫顺木纤维排列方向，平行咬蛀蛹室，在边材上先啃取蛀丝，制成一疏松的椭圆形蛀丝团，致蛀处凹陷，随后在陷底中间向两边咬制蛀丝，一端连于陷底，一端推向室口，两边的蛀丝相互交叉，紧密排列于蛀丝团下，制成一个蛹室。在林间和贮木场，该虫常与多瘤雪片象伴随发生，该虫蛀丝团和蛹室与多瘤雪片象形式颇相似，但其大小和蛀丝数量存在差异。为便于识别，表1-43和表1-44列出了这2种象虫的蛀丝团和蛹室的差异。幼虫发育成熟后居于蛹室，头部向上化蛹，蛹体长6～9mm，淡黄色。图1-122为马尾松树干上蛹室分布情况。蛹畏光，如暴露在自然光中，腹部转动不已，直至虫体变黑死亡。蛹平均历期为14（11～18）d。

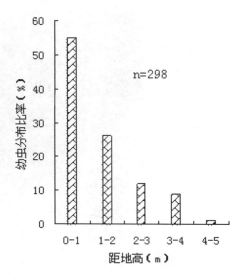

图1-121 马尾松树干上幼虫种群数量分布规律

图1-122 马尾松树干上蛹室分布

表1-43 两种象虫蛀丝团的大小差异

虫名	平均长（cm）	平均宽（cm）	平均蛀丝数（条）	蛀丝平均长（mm）	蛀丝平均宽（mm）
马尾松角胫象	1.6（1.1～2.6）	0.9（0.6～1.3）	255（187～290）	9.0（4.0～13.2）	0.2（0.2～0.3）
多瘤雪片象	2.9（1.9～4.5）	1.5（1.0～2.8）	413（277～648）	14.0（6.0～20.0）	0.4（0.2～0.6）

表 1-44 两种象虫蛹室的大小差异

虫名	平均长（cm）	平均宽（cm）	平均深（cm）
马尾松角胫象	1.1（0.7~1.6）	0.4（0.3~0.6）	0.3（0.3~0.5）
多瘤雪片象	2.3（1.1~3.5）	0.5（0.3~0.7）	0.5（0.3~0.7）

> **害虫发生发展与天敌制约**

姬蜂（学名待定）单寄生于寄主幼虫体外，吸取体液，致寄主干瘪死亡。6月初，蜂蛆发育成熟，在寄主尸旁结长约7mm的圆柱形茧。6月中旬，羽化为成蜂，从茧的一端飞出。莱氏猛叩甲幼虫捕食寄主幼虫，捕食量较大。

> **发生、蔓延和成灾的生态环境及规律**

松材线虫病疫区的罹病木、思茅松毛虫（*Dendrolimus kikuchii*）和松墨天牛等食叶和蛀干害虫严重危害后的衰弱木；我国东南沿海的台风及冬春季持续的冰冻雨雪等极端气象灾害，引发林间大量风倒木、断枝残干，未经及时清理，均是马尾松角胫象寄生、繁衍的生态环境。在我国马尾松、黄山松等松林内，该虫常与松墨天牛伴随发生而成灾。据1985年在江西省明月山林场黄山松林内设标准地调查，发现被害松株遭该虫和松墨天牛蛀害，平均危害株率达46.9%（24.0%~75.0%）。据样木解析统计，被害株中，该虫平均达108头，最高达207头。调查发现林分密度大、林木分化明显、径级差异大，风倒、风折和雪压断木多，林地卫生条件差的林分受害严重；阳坡比阴坡发生严重；林间道路两旁、山中下部较先发生，被害株在林中多呈块状分布，形成明显的发生中心，逐步向外扩散，致松林成片枯死。

成虫飞行和各虫态随寄生原木、制品（特别是包装材料）进行区域内和远距离扩散蔓延。

57 萧氏松茎象 *Hylobitelus xiaoi* Zhang

分类地位：鞘翅目 Coleoptera 象虫科 Curculionidae
主要寄主：湿地松、火炬松、华山松、黄山松和马尾松等松属树种。
地理分布：国内：江西、浙江、湖北、湖南、广东、广西和贵州。

> **危害症状及严重性**

萧氏松茎象幼虫钻蛀湿地松、马尾松等松树树干基部或根茎部的韧皮组织，切断养分物质的输送，寄主逐渐萎蔫枯死。林中被害植株常呈零星的块状分布。被害处大量向外溢出树脂，并与幼虫蛀害后的蛀屑和粪便等排泄物混合在一起，形成紫红色稀酱状或花白色黏稠状的块状、团状物，黏附于被害处树皮表面或地表（图1-123）。

图1-123　松树被害状（左：大量流脂；右：团块状脂粪混合物）

> **形态鉴别**

成虫（图1-124左）：体长13.5~16.3mm。体暗黑色，触角、胫节端部和跗节暗褐色。头部密布小刻点。喙长略短于前胸背板，背面具明显的皱纹状刻点，在两侧各形成2条明显的纵隆线。触角索节2为索节1长度的3/4，为索节3长度的1.5倍，索节3略长于索节4，索节4~6长宽近相等，形状亦相似，索节7宽略大于长，长略等于索节3；触角棒密实，分为3节，各节长度略相等。前胸背板长等于宽，两侧圆，中间最宽，近端部略缩窄。前胸背板被覆赭色毛状鳞片，在其前缘和小盾片分布较密。鞘翅长为宽的1.5倍左右，基部至中间两侧近乎平行，向端部逐渐缩窄。鞘翅上的毛状鳞片形成两排斑点，前一排位于行间2和10的斑点在鞘翅基部1/3处，行间4和6的斑点分别位于上述斑点的稍前或稍后；后1排位于行间2、6和8的斑点近于鞘翅端部的1/4处，行间4的斑点略靠后，后1排的4个斑点有时状如1个不明显的波状带。鞘翅其他部分被覆同样的稀疏鳞片，足和身体腹面均被覆黄白色毛状鳞片。

幼虫（图1-124右）：体长16.0~20.5mm。体白色略黄，头黄棕色，口器黑色。前胸背板具浅黄色斑纹，体柔软，弯曲成"C"字形，节间多皱褶。

图 1-124 萧氏松茎象（左：成虫；右：幼虫）

> **生活史**

萧氏松茎象在浙江湿地松和马尾松等松林内为 2 年发生 1 代，以成虫或幼虫分别在寄主蛹室或坑道中越冬。生活史详见表 1-45。

表 1-45 萧氏松茎象生活史（淳安）

年份	4月 上中下	5月 上中下	6月 上中下	7月 上中下	8月 上中下	9月 上中下	10月 上中下	11月至翌年3月 上中下
第1年	+++	+++ ●●●	+++ ●●●	+++ ●●●	+++ ●●● —	+++ ● —	+++ ———	———
第2年	———	———	———	———	—— △△	△△△ +++	△△ +++	+++

注：●卵；—幼虫；△蛹；+成虫。

> **生活习性与危害**

经调研分析，该虫为我国马尾松林中的一种土著钻蛀性害虫，多在松株根茎部位蛀食，危害症状藏匿于根际杂草灌木丛中。林中被害株多呈零星分布，不甚显露。我国自从国外引种湿地松、火炬松后，发现局部地区和林分适宜于该虫的取食和生存，可迅速繁殖、扩散、蔓延，酿成灾害，尤其是湿地松受害最为严重。

林中萧氏松茎象出现两次活动期。越冬成虫于3月中旬，林中平均日温达11.3℃（4.0~15.0）℃以上、平均相对湿度达64.2%（53%~81%）时，便弃离寄主，破孔而出。越冬代成虫白天多潜栖于寄主基部的树皮缝隙，或附近枯枝落叶层下，或土缝中。

黄昏后从树干爬至树冠，择嫩枝啃食枝皮以作补充营养，并进行交配、产卵和扩散等活动。这系列活动均在夜间进行，显得十分活跃，清晨成虫返回树干基部或枯枝落叶层下或土缝中，仍潜伏其中。成虫善爬行，在马尾松种子园内观察，未见其飞行。灯诱从未诱捕到成虫，推测成虫无趋光习性。成虫具假死习性，受惊扰后，即用足的跗节紧抓住寄主枝条，一动不动。补充营养后的两性成虫方能交配。交配持续时间为1~6h。第1代成虫羽化后，生活于松脂与排泄物相混合的土中或蛹室内，并在其中越冬。成虫寿命较长，从羽化后越冬至翌年出孔及林间活动，长达250余天。

在晴天的夜间，交配后的雌象多择寄主树皮较薄且不开裂的部位产卵。产卵前，雌象用上颚咬蚀直径和深度分别为2mm和3~4mm的产卵疤。产卵部位的高低与寄主种类、树皮和地势有一定的关系。林内调查发现，被害马尾松和湿地松树干根茎上的产卵孔，前者分布较低，多位于距地面高0~10cm；后者较高，多位于距地高20~40cm的范围内，每孔具1粒卵。卵椭圆形，长径约2.9mm。雌象产卵后，随即用咬蚀产卵疤的蚀屑堵住孔口。每头雌成虫约产30粒卵。初产卵为乳白色，孵化前呈深黄色。

幼虫孵化后，迅即蛀入韧皮部，形成线形的细小坑道。2龄幼虫蛀蚀，引起被害部位的韧皮部溢脂，在对应的树皮外可见到微小的松脂珠。随着虫龄的增高，幼虫耐脂力和取食量逐渐提高和增大，幼虫在皮层内横向，或上下持续钻蛀。据1984年在湖南省靖县排牙山林场调查，被害湿地松坑道累计长达44~53cm。图1-125左为除去表皮后，被害湿地松上的横向和上下行坑道，幼虫边蛀边将粪粒排出树外。据观察，幼虫排泄的粪粒和寄主流脂形成的混合物形状、色泽和残留部位，因寄主不同具明显差异。湿地松多为稀酱状、紫红色或花白色，常附于被害根茎处树表；马尾松多呈块状，黄褐色或黄白色，残留于被害根茎地面处；少部分幼虫钻蛀土中根茎部韧皮组织，树脂从被害处溢出后与周围泥土混结成块状。马尾松株被害症状常为林下的蕨（*Pteridium aquilinum*）、芒萁（*Dicranopteris dichotoma*）和覆盆子（*Rubus idaeus*）等杂草灌木掩蔽而被忽视。4龄后幼虫在皮层内常单头环状或几头幼虫上下叠加钻蛀，形成环状蛀道，导致养分输送中断，致使寄主枯萎死亡[图1-125（右）]。据在浙江省淳安县马尾松林调查，被害株的虫口密度为1~5头/株。

幼虫发育成熟后，从坑道末端转移至树脂分泌较多且凝聚的坑道中，构筑长约2.5cm、宽约1.0cm的椭圆形蛹室。据初步调查发现，蛹室多位于距地高20cm以下的树干内，马尾松多在树干基部，少数在根茎部；湿地松均在树干基部。成熟幼虫经10d左右的预蛹期后化蛹。初化蛹呈乳白色，羽化前成黄褐色。

图 1-125　被害湿地松的坑道（左）与寄主枯死状（右）

> **害虫发生发展与天敌制约**

林间发现的天敌种类较少，据国内报道仅球孢白僵菌和绿僵菌寄生幼虫。

> **发生、蔓延和成灾的生态环境及规律**

萧氏松茎象多发生于 15 年以下的湿地松、马尾松等人工松林内。林地湿度较大、杂草灌木较繁盛的林分，有利于该虫栖息和繁衍，易爆发成灾。从目前报道情况看，湿地松林重于马尾松林。

该虫的卵、幼虫、蛹和大部分的越冬代成虫都生存于树皮内，环境十分稳定，只有越冬后出孔的成虫，裸露于空间。较长的发育进程均处于隐蔽状态中，环境制约因素相对较少，害虫一旦侵入、定殖后，种群数量即能持续地增长，直至猖獗成灾。林间监测和治理具一定的难度。

成虫较少飞翔，爬行是近距离扩散蔓延的主要途径，以幼虫随苗木或幼树的调运可远距离的传播蔓延。

58　松瘤象　*Sipalinus gigas*（Fabricius）

分类地位：鞘翅目 Coleoptera 象虫科 Curculionidae
主要寄主：马尾松、黄山松、黑松、云南松和思茅松等松属为主的树种。
地理分布：国内：陕西、河南、江苏、安徽、浙江、江西、福建、湖北、湖南、云南、广东和台湾；国外：朝鲜、日本等国。

➢ 危害症状及严重性

松瘤象幼虫钻蛀衰弱或伐倒的马尾松等松树，集中蛀蚀距地 1m 以下的树干。寄主蛀孔外和根际，常堆积较多黄白色粉状蛀屑（图 1-126）。松林砍伐迹地遗弃的伐桩、松材线虫病疫区清理罹病树遗留的伐桩内，往往寄生众多的松瘤象幼虫。该虫是我国松类贮木场的重要害虫，严重影响松材质量。

图 1-126　伐桩旁堆积的松瘤象蛀屑

➢ 形态鉴别

成虫（图 1-127 左）：体长 15～26mm。体壁坚硬，体灰褐色至黑色，具深黑色略呈长方形、大小不等的斑纹。头小呈半球状，散布稀疏刻点。喙较长，向下弯曲，基部 1/3 较粗，灰褐色，粗糙无光泽；端部 2/3 平滑并具光泽。触角沟位于喙的腹面，基部位于喙基约 1/3 处。前胸背板长大于宽，密布较大的瘤状突起，中央具 1 条光滑纵纹。小盾片极小。鞘翅基部宽于前胸背板基部，每翅具 10 条刻点列，刻点间具稀疏、交互着生小瘤突，每 2 条刻点列间稍隆起，其上具突起的黑色纹和瘤突。各足胫节末端具 1 锐钩。

幼虫（图 1-127 右）：体长约 28mm，肥大肉质。除头部黄褐色外，余均为乳白色。胴部弯曲，中部数节尤现肥状，腹末具 3 对棘状突起。足退化。

图 1-127　松瘤象（左：成虫；右：幼虫）

➢ 生活史

松瘤象在浙江地区一年发生 1 代，以幼虫在被害松树的木质部坑道中越冬。翌年 4 月中旬，越冬幼虫在坑道末端筑蛹室化蛹。5 月上旬成虫羽化，5 月下旬始见第 1 代卵。浙江省淳安县马尾松林内引诱剂监测显示，10 月中下旬仍能诱捕到成虫。生活史详见表 1-46。

表 1-46　松瘤象生活史（浙江富阳）

世代	3月 上 中 下	4月 上 中 下	5月 上 中 下	6月 上 中 下	7月 上 中 下	8月 上 中 下	9月 上 中 下	10月 上 中 下	11月至翌年2月 上 中 下
越冬代	— — —	— — — △ △	— — — △ △ △ +++	△ △ △ +++	△ +++	+++	+++	++	
第1代				● ● ● ●	● ● ●	— — —	— — —	— — —	— — —

注：●卵；—幼虫；△蛹；＋成虫。

> **生活习性与危害**

成虫羽化后滞留蛹室2~3d，待体、翅变硬后，从成熟幼虫预筑的直径6.0~13.0mm的近圆形羽化孔钻出坑道。成虫爬离寄主至健康松树树冠，啃食嫩梢皮，经8~11d的补充营养，达到生理成熟，两性成虫才能交配。成虫具假死性和趋光性，林间发现成虫喜聚集于壳斗科树木溢出的树液处。成虫爬行缓慢，作者多年观察研究，白天一直未见成虫飞行，但成虫期林间应用引诱剂和黑光灯均能诱捕到成虫。黑暗生境中，成虫是否具有飞行习性，有待深入探讨。2006年在浙江省仙居县大北地溪林场，应用蛀干类害虫引诱剂监测显示，5月上旬至10月中旬长达170余天，均诱到成虫。图1-128为仙居县松瘤象成虫种群数量动态图。图中表明，该成虫的种群数量动态曲线，呈现先主后次的多峰型。主、次高峰期分别在6月3~10日、7月29日至8月5日，其峰值率分别为18.9%和13.5%。

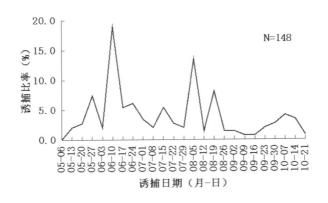

图 1-128　林间松瘤象成虫种群数量动态

交配后的雌象，多择厚树皮的松树树干产卵。卵圆形，乳白色，长径3~4mm。卵均产在树皮裂缝处。6月中旬为产卵盛期，卵期12d左右。幼虫孵化后，在韧皮部和木质部边材之间蛀食，不久即向木质部深处蛀害，并窜蛀于心材部分，危害部位集中于距地1m以下的树干上，蛀屑呈黄白色颗粒状，附于孔外树干上或堆积于孔下根际地面上，十分显眼。剖析被害木，发现木质部内寄生幼虫少则几头，多则十余头。木质部内幼虫钻蛀众多坑道，被害木横截面能见到许多近椭圆形的坑口（图1-129）。幼虫发育成熟后，即在木质部坑道内化蛹，蛹体长15~25mm，乳白色，腹末有2个向下的尾状突。

图1-129 被害松树木质部横截面内的坑道

> **害虫发生发展与天敌制约**

花绒寄甲是该虫幼虫期的重要寄生天敌。

> **发生、蔓延和成灾的生态环境**

松瘤象多发生于松林内虫害木、衰弱木、伐倒木和松材线虫病疫区治理后残留伐桩及松贮木场。

该虫区域内传播主要依赖成虫爬行，远距离传播扩散主要通过松原木及其制品的无序调运。

59 杉肤小蠹 *Phloeosinus sinensis* Schedl

分类地位：鞘翅目 Coleoptera 小蠹科 Scolytidae
主要寄主：杉木。
地理分布：国内：陕西、河南、安徽、浙江、福建、江西、湖北、湖南、广东、广西、四川、贵州和云南。

第一章 林木主要钻蛀性害虫种类及其鉴别

▶ 危害症状及严重性

杉肤小蠹成虫和幼虫分别在杉木皮层内钻蛀纵行母坑道和上下行子坑道，形成纵横交错的坑道网，阻滞营养物质和水分的输送，致使被害株生理衰弱，造成杉木林中零星或成片杉株枯死（图 1-130）。被害株内害虫种群密度高时，树皮极易破碎脱落。该虫是我国南方杉木林中和贮木场中习见的蛀干害虫。

▶ 形态鉴别

成虫（图 1-131）：体长 3.0～3.8mm，体深褐色或赤褐色。雄虫额部稍许凹陷；雌虫额面较短阔隆起。复眼肾形，凹陷较浅，两眼间的距离较宽。前胸背板长略小于宽，长宽比为 0.8，背面观呈梯形；背板底面平滑光亮；刻点细小深圆，稠密均匀，刻点间隔小于刻点直径；背板上的茸毛稠密，起自刻点中心，贴伏于板面上，指向背中线。鞘翅长度为前胸背板长度的 1.9 倍，为两翅合宽的 1.4 倍。鞘翅基缘略隆起，其上的锯齿大小均一，相距紧密。刻点沟狭窄轻陷，沟底平滑，沟中刻点圆形，刻点直径与沟宽相等，并小于刻点间距，刻点中心光秃无毛；沟间部宽阔低平，其上的刻点圆而略深，分布不匀，常横向连成短沟，刻点间隔突起成粒，点、粒、沟、谷相互交织，构成既粗糙又均匀的表面；沟间部的毛被厚密，向后方斜竖。鞘翅斜面第 1、3 沟间部隆起，第 2 沟间部低平，沟间部上的颗瘤形似尖桃，顶尖向后，相距紧密，第 1、3 沟间部各约 10 枚以上，第 2 沟间部 6～7 枚；靠近翅端，第 3 沟及其以外各沟间部 2～3 枚。

图 1-130　边材上的子坑道

图 1-131　杉肤小蠹

幼虫：初孵幼虫体长 1mm，成熟幼虫体长约 5mm。取食幼虫体紫红色，成熟幼虫体黄白色。口器棕褐色，体略呈"C"形弯曲。

▶ 生活史

据在安徽省旌德县和浙江省开化县观察，杉肤小蠹一年发生 1 代，以成虫在杉木皮层内散居越冬。生活史详见表 1-47。

表 1-47　杉肤小蠹生活史（1983 年安徽旌德）

世代	3月	4月	5月	6月	7月	8月	9月至翌年2月
	上中下	上中下	上中下	上中下	上中下	上中下	上中下
越冬代	+++	+++	+				
	●	●●●	●●				
		———	———		———		
第1代			△△△	△△△	△△△		
			++	+++	+++	+++	+++

注：● 卵；— 幼虫；△ 蛹；+ 成虫。

> **生活习性与危害**

杉肤小蠹的生活习性，可人为地分为聚集钻蛀危害和分散隐居越冬两个时期。前者为 3 月中旬至 6 月下旬；后者为 7 月上旬至翌年 3 月上旬。

每年 3 月中旬至 4 月下旬，越冬代成虫从林中分散的杉株中，聚集钻蛀 5~15 年生的杉木树干。雌蠹先钻蛀 0.8~3.0mm 的圆形蛀入孔，蛀入皮层后，释放出性激素，招引雄蠹。雄蠹随即进入蛀入孔。蛀害导致寄主树脂分泌并外溢，蛀孔外常附着黄色蛀屑。严重发生区，被害杉株的平均流脂点多达 200~300 个。蛀入孔主要分布于 3m 以下树干上。成虫聚集钻蛀与寄主的含水率密切相关，被害林中调查显示，当杉树含水率为 60.9%，树上未见杉肤小蠹蛀入孔；含水率降低至 55.9% 时，见有该蠹蛀入孔。

白昼成虫在坑道内静伏，蛀食、交配等系列活动多在夜间进行。雌蠹钻入杉木皮层后，在其内咬蛀 1 个近圆形的交配室，在室内与雄蠹交配。交配呈背负式，一般在夜间 19:00~21:00 进行，配后雌蠹沿木纤维排列方向，咬蛀单纵行母坑道。成虫聚集后期，被害杉木皮层内布满母坑道。据 5 株被害杉木测定，每株母坑道累计面积占皮层面积的 6.7%（2.4%~11.4%）。雌蠹边筑母坑道边向其两侧构筑直径 0.6~1.1mm 的圆形卵室。交配后的雌蠹先后向卵室产卵，一室 1 卵。卵椭圆形，长径 1.0mm、短径 0.5mm，初产卵乳白色，半透明，近孵化时变成黄白色。产后雌蠹即用蛀屑，封住通向母坑道的室口。每头雌成虫平均产卵量为 48 粒。

卵经 3~5d 发育，开始孵化。孵化时，在镜下透过卵膜，能观察到一对不断开闭的三角形红褐色上颚。据 7 粒卵的孵化观测，从上颚破卵膜至初孵幼虫脱离卵膜，平均需 400（260~673）min。初孵幼虫居母坑道两侧的卵室，从卵室分别上、下行钻蛀子坑道（图 1-132）。初龄幼虫蛀食的坑道较细，随着龄期的增加，坑道逐渐变粗。被害株测定显示，子坑道始端平均直径为 0.2（0.1~0.3）mm，终端平均直径为 1.7（1.0~3.0）mm。子坑道均分布于紧靠木质部的皮层界面上，坑道内充塞棕褐色蛀屑和粪粒。种群密度高时，树皮一剥即落。平均每个母坑道具子坑道 21（10~35）条。少数幼虫钻蛀发育途中，因各种因素引起中途死亡，子坑道即断。从整个坑道系统中，统计中断的子坑道百分率，可推断出幼虫的自然死亡率。据7个母坑道测定，幼虫的自然死亡率为6.4%。幼虫上、下行子坑道的平均数量及其长度略有差异，但基本相同。上行子坑道的平均长度为15.4cm，下行子坑道为15.9cm，见表1-48。

幼虫发育成熟后，体缩短，在子坑道终端斜向木质部内，构筑一个长5.5~7.0mm、宽1.8~2.1mm的长圆形蛹室，近子坑道处堵以黄白色蛀屑，化蛹其中。蛹长约3.5mm，宽约1.5mm，腹末具一对刺突，初化蛹为乳白色，近羽化时变成黄褐色，复眼鲜红色。平均化蛹率达91.8%（76.9~100%），蛹平均历期为8.9（7~10）d。

图1-132 母坑道和子坑道（实物影印）

表1-48 杉肤小蠹上、下行子坑道的数量及平均长度（1983年旌德）

母坑道号	子坑道总数	完整子坑道数	完整子坑道比率（%）	上行子坑道			下行子坑道		
				数量	比率（%）	平均长度（cm）	数量	比率（%）	平均长度（cm）
1	35	32	91.4	16	45.7	16.9	19	54.3	17.1
2	10	10	100	6	60.0	16.4	4	40.0	16.6
3	10	10	100	6	60.0	16.6	4	40.0	17.5
4	17	17	100	11	64.7	15.0	6	35.3	15.8
5	23	23	100	13	56.5	15.5	10	43.5	16.1
6	36	32	88.9	15	41.7	14.6	21	58.3	15.9
7	16	12	75.0	10	62.5	12.5	6	37.5	12.5
平均	21	19.4	93.6	11	55.9	15.4	10	44.1	15.9

注：子坑道平均长度为健康发育幼虫完整子坑道的平均长度。

5月中旬，蛹室内始见第1代子成虫羽化。羽化后的子成虫滞留于蛹室内。7月上旬始见子代成虫咬出，终见于9月上旬。大多数成虫在白昼咬出，其中上午咬出者占25%，下午咬出者占75%。林中成虫咬出后，分散飞往健康杉株，在树干枝下皮层内构筑长2.2~5.1mm、宽1.3~2.0mm的越冬穴，穴外无蛀屑和流脂现象。成虫居于穴中，大多头部向上，少数向下或朝外静居越冬。

> **害虫发生发展与天敌制约**

球孢白僵菌是杉肤小蠹子成虫的主要寄生菌。6月子成虫陆续羽化，在长江中下游地区正是高温高湿季节，利于该菌的生长繁殖，子成虫寄生后全身发白，死于蛹室内。

金小蜂和广肩小蜂是杉肤小蠹幼虫的主要寄生蜂，4月中旬坑道内始见成蜂，6月上中旬飞离寄主坑道，寻找新寄主，对该蠹种群的发生发展起一定的制约作用。

捕食性天敌有：异色郭公虫和拟蚁郭公虫。

> **发生、蔓延和成灾的生态环境及规律**

杉肤小蠹成、幼虫钻蛀杉木皮层。据在浙江省开化县调查，该蠹多发生于海拔300m左右，6~10年生、平均树高5.1（2.0~9.4）m、胸径6.7（2.4~11.6）cm的杉木纯林中，株害率达15.3%，一般林缘重于林中，被害林内受害株多呈簇状分布。林中临时堆放的杉木严重受蛀。

杉肤小蠹成虫聚集、幼虫生长发育均与寄主的生理状态，尤其是含水率密切相关。1984年4月，在浙江开化县选取6株健康杉株，用嫁接刀分别在树干1.5m以下的上、中、下3个位置，各取5cm×3cm的3块树皮，人为引起树木衰弱。4月14日、21日，分2次统计每株杉树上的杉肤小蠹蛀入孔，并计算出每株树皮的平均含水率。试验结果显示，当供试杉树含水率为60.87%时，树上未见该虫蛀入孔。含水率降低至55.95%时，平均蛀入孔达9.7（6~13）个。

成虫飞翔和以各虫态借助幼树或原木（带皮）的调运进行区域内和远距离的扩散蔓延，严重时形成灾害。

60 罗汉肤小蠹 *Phloeosinus perlatus* Chapuis

分类地位：鞘翅目 Coleoptera 小蠹科 Scolytidae
主要寄主：杉木、圆柏。
地理分布：国内：河南、山东、安徽、浙江、福建、江西、湖北、湖南、四川、贵州、云南和台湾；国外：日本和朝鲜。

> **危害症状及严重性**

成虫和幼虫在杉木皮层内分别钻蛀横行的母坑道和纵行的子坑道。严重发生时，寄主皮层内坑道纵横交错，皮层与边材间充塞大量蛀屑和粪粒，引起腐生菌寄生，致使寄主迅速枯萎死亡，木材腐朽。我国南方杉木林中该虫常与杉肤小蠹伴随发生，潜栖同一寄主树内，共蛀皮层及边材。

▶ 形态鉴别

成虫（图 1-133）：体长 2.4～3.1mm。黑褐色，无光泽。复眼凹陷较浅，两眼间距离较宽。雄虫额部平；雌虫额部略隆起。额部中隆线细弱不清楚；刻点圆形细小，分布稠密，有时上下相连成短沟，但不交合；额毛黄色，短小细弱，下部茸毛倒向中隆线，上部茸毛簇向额顶中心。前胸背板长略小于宽，长宽比为 0.8 倍。背板表面平滑光亮，其上的刻点圆小而稠密，点底晦暗，间隔光亮，刻点间隔小于刻点直径；背板的茸毛浅黄色，短小柔软，两侧茸毛齐向背中线倒伏。鞘翅长度为前胸背板长度的 1.9 倍，为两翅合宽的 1.4 倍。两翅基缘各自前突成浅弱弧线，基缘略微突起，其上的锯齿细小均匀，排列稠密。刻点沟凹陷，沟缘菱角分明，沟底平滑光亮，沟中刻点圆形模糊，刻点中心无毛；沟间部宽阔不隆起，其上的刻点微小不清楚，沟间部的表面粒粒点点，粗糙不平，点粒中有一列大颗粒，时而单列，时而双列，从翅基直至翅端；沟间部中有 2 类毛皮：1 类为散乱倒伏的鳞片，起自沟间部的粗糙结构之间，横排各自 5～7 枚；1 类是单生竖立的刚毛，起自大颗粒后面，如大颗粒时而单列，时而双列，从翅基直至翅端。鞘翅斜面上奇偶数沟间部起伏分明。

幼虫：初孵幼虫体长 1.0mm，成熟幼虫体长 2.6～3.7mm，体略弯曲。取食幼虫淡红色，成熟幼虫乳白色。

图 1-133 罗汉肤小蠹

▶ 生活史

据在安徽省旌德县和浙江省开化县观察，罗汉肤小蠹为一年发生 1 代，以成虫在散居的杉木皮层内越冬。生活史详见表 1-49。

表 1-49 罗汉肤小蠹生活史（1983 年安徽旌德）

世代	3月 上中下	4月 上中下	5月 上中下	6月 上中下	7月 上中下	8月 上中下	9月 上中下	10月至翌年2月 上中下
越冬代	+++	++						
第1代			●●● ●					
			—	———	———	———		
			△△△	△△△	△△△			
				+++	+++	+++	+++	+++

注：● 卵；— 幼虫；△ 蛹；+ 成虫。

▶ 生活习性与危害

3月上旬，罗汉肤小蠹越冬代成虫飞离散居的健康杉株，群聚衰弱杉株或伐倒杉木，钻蛀直径约1.4mm的圆形侵入孔，引起被害杉株流脂。侵入孔大多位于翘裂的杉皮缝隙里或树干与枝相接处附近。成虫多聚集危害，据3月26日至4月12日调查，34株树高为1.8～4.7m的被害木，有虫6730头，平均每株具虫198头，最高一株达796头。成虫大多为两性配对栖居。据2762个侵入孔内5165头成虫鉴别统计，成对者占86.1%；一雌者占13.6%；二雌一雄者占0.3%。两性成虫侵入后，雄蠹用尾部堵住侵入孔口，雌蠹咬蛀交配室和母坑道。雄蠹不断将雌蠹咬蛀的残屑，从母坑道内清除出侵入孔外。在侵入孔下方附有白色树脂和积聚的黄褐色蛀屑，十分明显。

罗汉肤小蠹的坑道系统由侵入孔、交配室、母坑道、卵室、子坑道、蛹室和羽化孔组成。雌蠹构筑的母坑道有单横坑、双横坑和三横坑3种类型（图1-134）。据250个母坑道调查统计显示，单、双和三横坑母坑道分别占总坑道数的35.6%、63.2%和1.2%。单横坑母坑道平均长为3.1（1.6～5.5）cm、平均宽1.5（1.3～1.8）mm；双横坑母坑道平均长为5.4（1.3～10.4）cm、平均宽1.6（1.3～1.8）mm；三横坑母坑道平均长为5.2（4.3～6.2）cm、平均宽1.6（1.5～1.7）mm。调查3.3m长、胸径10.2cm的被害杉株，共有母坑道165条，累计母坑道总长度达8.07m，母坑道总面积达150.0cm^2。

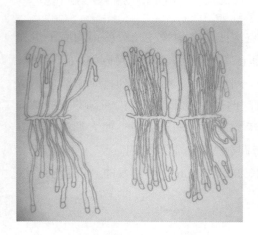

图1-134 单横坑（左）；双横坑（右）母坑道及其子坑道（实物影印）

两性成虫交配呈垂直状，雄蠹在雌蠹尾后，用前、中足按住雌蠹鞘翅，后足紧握雌蠹腹部。雌雄蠹可多次交配。交配后的雌蠹，在母坑道两侧构筑半圆形的卵室（图1-135），每室产1枚卵，卵椭圆形，长径0.7～0.9mm，乳白色。雌蠹每产完1粒卵，即用蛀屑封住卵室的开口。据197个母坑道统计，有6721个卵室，每个母坑道平均具卵室34.1（4～94）个。卵需湿润环境才能发育。剖开皮层，显露母坑道，木材水分散失，如不保湿，卵迅即干瘪死亡。

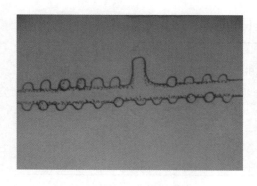

图1-135 半圆形卵室

卵经5～8d的发育，孵化为幼虫。孵化前，透过卵膜镜下可见一对三角形的粉红色上颚点。孵化时，上颚点变成褐色，不断开闭，撕破卵膜，幼虫头部钻出卵膜。据197个母坑道6721枚卵的调查，卵平均孵化率为89.4%（62.5%~100%）。初孵幼虫从母坑道一侧的卵室，向皮层与边材之间蛀蚀，形成弯曲的子坑道，随着幼虫虫龄的增加，子坑道随之加长变宽，子坑道内塞满粪粒和蛀屑。单横母坑道平均有子坑道18.9（4~50）条，子坑道平均长度为6.0（5.0~7.9）cm；双横坑母坑道平均有子坑道21.2（4~81）条，子坑道平均长度为5.9（4.4~8.9）cm。

幼虫发育成熟后，停止取食，排出粪粒，体色由淡红色变成黄白色，在子坑道尽端，朝向边材筑一斜行的平均长径为3.4（1.9~4.2）mm，平均横径为1.6（1.2~2.0）mm的椭圆形蛹室。成熟幼虫静居室化蛹，蛹体长2.7~3.3mm。据9个母坑道170条子坑道统计，每个母坑道内，幼虫的平均化蛹率为92.7%（75.0%~100%）。化蛹初期，体黄白色，腹部末端常附着末龄幼虫蜕下的皮。近羽化时，透过蛹皮，可见鲜红色的复眼和灰蓝色的翅。

7月中下旬，第1代成虫先后咬蛀羽化孔，飞离受害木，分散蛀入健康杉株。成虫在韧皮部蛀筑长1.1~2.0mm，宽0.5~0.9mm的新月形或长形穴洞，并在其中越冬。穴洞多位于枝节下方，洞外无流脂现象。

▶ 害虫发生发展与天敌制约

球孢白僵菌寄生罗汉肤小蠹成虫，致成虫僵死于母坑道内。

金小蜂寄生罗汉肤小蠹幼虫，平均寄生率达12.7%，4月中旬林间始见成蜂羽化，啮破杉皮钻出，在杉株上不断跳跃，转动触角，频频地用后足整理双翅，显得非常活泼。据28头成蜂观察，平均寿命为5.1（3~10）d。在自然界中，该蜂对罗汉肤小蠹的发生起一定的制约作用。

▶ 发生、蔓延和成灾的生态环境及规律

罗汉肤小蠹常伴随杉肤小蠹发生，多发生于因后者初期危害或灾害性气象因子引发的衰弱木或新伐倒木，导致衰弱木迅即枯死，皮层与木质部分离。据林间调查显示，5m高的被害杉株，杉肤小蠹和罗汉肤小蠹分别聚集分布于3~4m和2~3m处。被害杉株成为林中虫源木，两虫随即向周边扩散，致使成片杉木枯萎死亡。

成虫飞翔和以各虫态随树木移植、原木的无序调运进行区域内和远距离扩散蔓延。

61 柏肤小蠹（柏树小蠹）*Phloeosinus aubei* Perris

分类地位：鞘翅目 Coleoptera 小蠹科 Scolytidae
主要寄主：侧柏、桧柏、日本扁柏和杉木。
地理分布：国内：陕西、山西、河北、北京、山东、江苏、浙江、湖南、四川和云南；国外：俄罗斯、保加利亚、南斯拉夫、德国、法国、意大利和西班牙等国。

▷ 危害症状和严重性

柏肤小蠹越冬代成虫钻蛀健康柏树枝梢，致使枝梢中空折断；第一代成虫聚集钻蛀树干皮层和边材，构筑单纵母坑道，子代幼虫在母坑道两侧蛀蚀放射状子坑道（图1-136），韧皮部和边材表面布满坑道，被害植株逐渐枯萎死亡（图1-137）。受害严重的林分，林地常见众多坠落的枝梢。

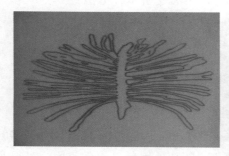 

图 1-136 单纵母坑道（实物影印）　　图 1-137 公路移植柏木被害状

▷ 形态鉴别

成虫：体长 2.5～3.0mm，体形粗壮，赤褐色或黑褐色，无光泽。头部小，藏于前胸下。触角黄褐色，球棒部呈椭圆形。复眼凹陷较浅，两眼间距离较宽。雄蠹额部凹陷，中心有一凹点，中隆线光滑低平；额底面平滑光亮，刻点深圆细小，稠密均匀。雌蠹额部短阔隆起，额心无凹点；中隆线与雄蠹等长，但较狭窄锐利；刻点深圆细小，间隔突起较强。前胸背板长小于宽，长宽比为0.9，背板基缘和前缘平直，侧缘后半部弓突，前半部收缩，最大宽度在基缘之前。背板底面平滑光亮；刻点细小稠密，从不交合，刻点间隔平坦；刻点中心有短毛，两侧短毛齐指背板中线。鞘翅长度为前胸背板长度的1.7倍，为两翅合宽的1.5倍。每鞘翅上具9条纵纹，鞘翅基缘上有规则的锯齿；刻点沟深陷，沟间部宽阔，其上遍生刻点、颗粒和规则顺向的小刚毛；斜面开始于翅长的后半部，其上第1刻点沟呈弧线形，稍向外侧扩展，致使第2沟间变狭窄。斜面奇数沟间部生有纵排的颗瘤。

幼虫：体长 2.7～3.4mm，乳白色。头淡褐色，体微弯曲。

> **生活史**

柏肤小蠹在浙江省淳安县一年发生1代，以成虫在被害枝梢内越冬，其生活史详见表1-50。

表1-50　柏肤小蠹生活史（浙江淳安）

世代	3月 上中下	4月 上中下	5月 上中下	6月 上中下	7月 上中下	8月 上中下	9月 上中下	10月至翌年2月 上中下
越冬代	+++	+++	+					
第1代		●●	● — —	— — — △△	— — — △△△ △	+++	+++	+++ +++ +++

注：●卵；—幼虫；△蛹；+成虫。

> **生活习性与危害**

3月中旬至4月中旬，林间日平均气温达14.8℃，日平均相对湿度为60.2%时，越冬代成蠹陆续出蛰，弃离越冬场所林间扬飞，寻找生长势衰弱或新伐倒的侧柏、日本扁柏和桧柏等柏树。雌蠹先从寄主树干树皮，钻蛀一个近圆形的侵入孔，雄蠹跟踪钻入，并与雌蠹一起构筑1个7mm左右长的不规则交配室，在其内进行交配。交配后的雌蠹随即向上咬蛀单纵母坑道。雄蠹将母坑道内的蛀屑和粪粒推出侵入孔外，侵入孔外常附有蛀屑和粪粒。母坑道长达18～50mm。雌蠹沿母坑道两侧咬蛀卵室，并在其内产卵，一室1卵。卵球形，白色。雌蠹一生产卵量为30～90粒。

卵经7d左右的发育后，先后孵化为初孵幼虫。初孵幼虫为乳白色，在皮层和边材间、母坑道两侧，从卵室向外钻蛀细长而弯曲的子坑道，坑道内塞满黄褐色的蛀屑和粪粒。随着虫龄的增大，子坑道逐渐延伸，并由细变粗。子坑道长度28～45mm。虫口密度高时，被害株上常分布稠密的子坑道。幼虫经50d左右的发育后，先后在子坑道的末端，与其垂直方向构筑一个长约5mm的圆筒形蛹室，并在其中化蛹。

蛹体长2.5～3.0mm。初化蛹，体为乳白色；近羽化前变为淡黄褐色。蛹体暴露于光中会不断翻动，直至死亡。蛹期10d左右。

6月初，林间被害株的树干上，可见到由羽化孔钻出、向上爬行的第1代成虫。刚羽化的成虫体壁及翅均较软，呈淡黄色。爬行过程中，体壁及翅逐渐变硬，先后弃离被害株，飞往健康柏树树冠，在其上部或边缘，择其适宜的枝梢蛀入，并向下钻蛀，进行补充营养。被害枝梢常被蛀空，遇大风即折断，坠落林下。10月下旬后，在被害梢的坑道内蛰居越冬。

> **害虫发生发展与天敌制约**

大斑啄木鸟、拟蚁郭公虫和金小蜂是该虫的主要天敌。

> **发生、蔓延和成灾的生态环境及规律**

柏肤小蠹多发生于因侧柏毒蛾（*Parocneria furva*）等食叶害虫和气象灾害引发的虫害木、衰弱木、新伐倒木较多的林分内。

成虫飞翔和以各虫态借助原木（带皮）调运进行区域内和远距离扩散蔓延。

62 纵坑切梢小蠹 *Tomicus piniperda* Linnaeus

分类地位： 鞘翅目 Coleoptera 小蠹科 Scolytidae
主要寄主： 马尾松、赤松、黑松、华山松、油松、云南松、黄山松、湿地松、火炬松、晚松、长叶松和樟子松等多种松树。
地理分布： 国内：吉林、辽宁、陕西、河南、山东、江苏、安徽、浙江、湖南、四川、贵州和云南；国外：日本、朝鲜、蒙古、俄罗斯、瑞典、荷兰和芬兰等国。

图 1-138　单纵母坑道

> **危害症状及严重性**

纵坑切梢小蠹春季成虫聚集钻蛀马尾松等松树树干，被害树表密布针眼状小孔，孔下方堆聚黄褐色蛀屑和污白色凝脂。雌蠹咬蛀单纵母坑道，幼虫在其两侧蛀蚀子坑道，构成单个坑道系统（图1-138）。众多坑道系统交错分布于皮层，切断了树液流通，致使被害树枯死。夏季成虫分散钻蛀健康的马尾松等松树嫩梢，致梢中空折断，梢端球果枯萎，造成松类种子园良种减产。该虫是我国南北方松林中习见的重要钻蛀性害虫。

> **形态鉴别**

成虫（图1-139）：体长3.6~4.0mm。头部、

前胸背板黑色，鞘翅红褐色至黑褐色，有强光泽。额部略隆起，额心有点状凹陷；中隆线发生于额的下半部；额部底面平滑光亮，额面刻点圆形，分布疏散。复眼椭圆形，前缘无缺刻。触角鞭节5节，锤状部4节，侧面圆厚，节间缝横直，锤端平直。前胸背板长度约为其基部宽度的0.8，背板表面平坦光亮，生有清晰的圆形刻点。鞘翅长度为前胸背板长度的2.5倍，为双翅合宽的1.8倍。刻点沟浅凹陷，沟内刻点圆大，点心无毛；沟间部宽阔，翅基沟间部生有横向隆堤，起伏显著，以后渐平，出现刻点，点小如针尖锥刺痕迹，分布疏散，各沟间部横排1~2枚；翅中部以后沟间部出现小颗粒，由此向后，排成纵列；沟间部的刻点中心生短毛，贴伏于翅面上；沟间部的小粒后面伴

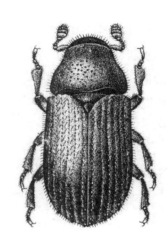

图1-139　纵坑切梢小蠹

生刚毛，挺直竖立，像小粒一样，从翅中部至翅端排成等距纵列。斜面第2沟间部凹陷，其表面平坦，只有小点，无颗粒和竖毛。

幼虫：体长5.0~6.0mm。头黄色，口器褐色。体乳白色，粗而多皱纹，微弯曲。

> **生活史**

纵坑切梢小蠹在浙江地区一年发生1代，以成虫在被害的马尾松等松树梢内散居越冬。翌年3月上中旬开始，越冬代成虫飞离越冬场所，蛀入健康松梢，营冬后补充营养，致梢枯死。4月初，成虫群聚衰弱松树树干，钻蛀危害。生活史详见表1-51。

表1-51　纵坑切梢小蠹生活史（1988—1989年浙江杭州）

世代	3月			4月			5月			6月			7月			8月			9月至翌年2月		
	上	中	下	上	中	下	上	中	下	上	中	下	上	中	下	上	中	下	上	中	下
越冬代	＋	＋	＋	＋	＋	（居二年生枯梢内）															
				＋	＋	＋	＋	＋	＋	＋	＋	＋	（聚集衰弱松树干）							
第1代							●	●	●	●	●	●	（母坑道卵室内）								
								—	—	—	—	—	—	（子坑道内）							
										△	△	△	△	△	△	（枯萎树干子坑道内）				
										＋	＋	＋	＋	＋	＋	＋	＋	＋	＋	＋
															（分散蛀害健康嫩梢，害后梢枯，并越夏越冬）					

注：●卵；—幼虫；△蛹；＋成虫。

> **生活习性与危害**

在浙江地区，每年3月上中旬开始，越冬代成虫飞离越冬场所，蛀入健康的2年生松梢，营冬后补充营养，致梢迅即枯萎，但不弯曲。这一症状明显与油松球果小卷蛾和松实小卷蛾危害后，被害梢呈钩状弯曲相异。据杭州市长乐林场国外松基地调查，发现马尾松、晚松和湿地松3种松梢被害症状略有差异（表1-52）。被害梢中蛀道的长、宽度大小次序为：马尾松＞晚松＞湿地松。害梢顶端的球果亦随之枯萎。浙江省淳安县国家马尾松种子园16株1591个球果监测表明，因该成虫蛀害松梢而引起的萎果率达1.9%，是造成种子减产的因素之一。

表1-52 纵坑切梢小蠹成虫蛀害3种松梢症状的比较

松种	调查梢数（株）	蛀孔距梢顶（cm）	蛀孔所居梢径（cm）	蛀道长度（cm）	蛀道宽度（cm）
马尾松	29	4.61	0.56	1.69	0.31
晚松	25	2.66	0.53	1.31	0.25
湿地松	9	2.52	0.46	0.98	0.23

嫩梢被害后，当年在其梢底常萌发出众多的不定芽，形成丛生嫩梢（图1-140），耗费寄主养分，影响正常生长；若主梢被蛀，被害株树冠常成平截状。

图1-140 嫩梢被害状：蛀孔外凝脂及丛生嫩梢

4月初，成虫开始弃离枯萎的嫩梢，飞往衰弱松树树干。雌蠹多择树隙处，钻蛀直径1.5~2.0mm的圆形侵入孔，孔外常附有黄褐色蛀屑，并释放聚集激素，招引同种成虫。雄蠹随即从雌蠹所筑的侵入孔钻入。雌蠹在皮层内咬建一交配室，在室内两性成虫进行交配。交配方式为背负式，雄蠹位于雌蠹体后，头部、前足均抬起，中足按住雌蠹鞘翅，后足抱住雌蠹腹侧板，交配历时10min。

交配后雌蠹迅即在皮层内，咬蛀单纵母坑道。据105个母坑道统计，母坑道平均长93.6（35.0~202.0）mm，平均宽1.7（1.5~2.5）mm，平均面积157.5（55.0~404.0）mm^2。雌蠹前蛀，雄蠹不断把坑道内的蛀屑推运出侵入孔外，并常用尾部堵住孔口。据树高5~6m的被害湿地松和晚松上观察，成虫多聚集在2m以下的树干上，前者占总虫数的66.7%，后者为74.5%。母坑道亦集中分布于此区间内。

孕卵雌蠹在单纵母坑道两侧，分别咬蛀半圆形卵室，并将卵产于其中。卵椭圆形，淡白色。卵室间的距离为 0.6～1.1mm，卵室直径为 0.8～1.0mm。产卵后，雌蠹随即用蛀屑封住室口。每头雌蠹平均产卵量为 93.3 粒，最高达 134 粒。雌蠹产卵期间，雄蠹用其坚硬的鞘翅末端，堵住侵入孔，以防御天敌（如郭公虫等）侵入。卵历期约 10d，卵孵化率约为 83.4%。

卵发育与寄主的含水率密切相关。在湿地松的研究中发现，雌蠹早期产的卵，因寄主刚衰弱，其含水率尚高，卵均能系统发育，孵化成幼虫，在母坑道两侧钻蛀成众多的子坑道；后期产的卵，往往因寄主含水率偏低，已孵化的幼虫不能系统发育，干瘪而亡；或卵不能孵化，母坑道两侧仅残存卵室，致使母坑道两侧出现短截子坑道，或无子坑道分布。检视坑道发现，有的单纵母坑道的 1/4～1/3 无幼虫蛀食的子坑道，整个坑道系统，形如一把"羽扇"状（图 1-141）。

初孵幼虫从单纵母坑道两侧的卵室，分别上下行蠹食子坑道。始在皮层内蛀害，随着虫龄增高，虫体增大，子坑道逐渐延长变宽，并触及边材。残存蛀屑及排泄物，密集地充塞于子坑道内，呈暗褐色。每个母坑道具子坑道 66～114 条。幼虫发育完全的子坑道平均长度为 31.2（28.0～34.0）mm。被害株内子代幼虫种群密度高时，各坑道系统的子坑道相互密集交叉，形成子坑道网络，切断树木的输导组织，寄主逐渐失水枯萎。幼虫发育过程中，常因天敌捕食或寄生等因素而中途夭殂，形成残坑，由此可推断出林间幼虫平均自然死亡率为 37.2%（25.9%～45.6%）。幼虫历期约 19d。

幼虫历经 5 龄，发育成熟后，从皮层蛀向边材，在子坑道末端筑一长径为 5.0～7.0mm、短径为 2.0～2.5mm 的椭圆形蛹室，化蛹其中。蛹体长约 5.0mm，腹末有一对针突，向两侧伸出。初化蛹乳白色，腹部末端常附有末龄幼虫蜕下的皮。据 1989 年饲养观测，平均化蛹率为 62.8%（54.4%～74.2%），蛹平均历期为 8.9（8～10）d。

5 月中旬始见子代（即第 1 代）成蠹羽化，少数母坑道内尚居留着亲代成蠹。羽化后的子成蠹，在蛹室内滞居 6～8d，待体壁变硬后，随即在皮层上咬蛀直径 1.0～2.0mm 的圆形羽化孔钻出。子成蠹全日均能脱出，但以 18：00～24：00 为多，占总脱出数的 35.2%。

实验室饲养显示，子成蠹羽化逸出后，若得不到营养补充，5～14d 即亡。林间观察发现，子成蠹逸离寄主，分散钻蛀健康的马尾松等嫩梢，进行补充营养。据 1990 年 6 月 12～13 日，在 12 块马尾松人工林标准地（50～85 株/块）以株为单位统计被害梢数，共

图 1-141 "羽扇"状母坑道（实物印影）

调查 850 株，经计算，扩散系数 C 值为 0.88～2.86，其中 1 块 C＜1；1 块 C=1；其余 10 块均为 C＞1，故子成蠹在林间分散钻蛀嫩梢具一定的聚集性。子成蠹经补充营养，体色由红褐色变成黑褐色，并在害梢内越夏越冬。

➢ 害虫发生发展与天敌制约

大斑啄木鸟用细长而先端列生短齿的舌，将栖居树干中的成虫、幼虫和蛹钩出而食之，对该虫种群数量的发展起重要的制约作用。

异色郭公虫雌成虫，多择被害木缝隙、翘皮处产卵，幼虫孵化后钻入寄主坑道内，捕食纵坑切梢小蠹幼虫及蛹，对目标害虫种群数量的增长起一定的制约作用。

➢ 发生、蔓延和成灾的生态环境及规律

纵坑切梢小蠹成虫分散钻蛀嫩梢，多发生于 15 年生以下，栽植密度较大，当年嫩梢发育健壮的幼松林；成虫聚集钻蛀树干，多发生于松毛虫属（*Dendrolimus*）食叶害虫猖獗危害后，或自然灾害等因素引发的衰弱松林；松林内堆放的砍伐不久的原木受害较重。

区域内传播主要通过早春成虫扬飞进行。寄生原木（带皮）的无序调运是远距离传播的主要途径。

63 横坑切梢小蠹 *Tomicus minor*（Hartig）

分类地位：鞘翅目 Coleoptera 小蠹科 Scolytidae
主要寄主：马尾松、油松、华山松、云南松、黑松和红松。
地理分布：国内：甘肃、陕西、山西、河北、河南、安徽、浙江、福建、江西、湖南、四川和云南；国外：日本、俄罗斯、丹麦和法国等国。

图 1-142 被害梢枯死状

➢ 危害症状及严重性

横坑切梢小蠹成虫补充营养期蛀食松梢髓心，蛀孔外常黏附有黄白色松脂，被害梢逐渐枯萎，多呈红褐色，常遭风吹折断（图 1-142）；成虫繁殖期钻蛀树干和枝条皮层，侵入孔外常堆附有黄褐色蛀屑，皮层内蛀成横向母坑道，在其上下两侧由繁衍的幼虫咬蛀纵行的子坑道。该虫常伴随纵坑切梢小蠹发生，是我国松

林中习见的钻蛀性害虫。

> **形态鉴别**

成虫：体长 3.4～4.0mm，椭圆形。头部、前胸背板黑色，密布圆形刻点。额部略隆起，额心有点状凹陷，点心生细绒毛，倾向额顶。前胸背板前缘平直。鞘翅赤褐色，其长度为前胸背板长度的 2.6 倍。本种外部形态与纵坑切梢小蠹颇相似，主要特征为：鞘翅第 2 沟间部在斜面上与其余沟间部完全相同，不下陷变狭窄，上面的颗粒依然存在；鞘翅沟间部中的刻点稠密多列，并伴生许多伏在翅面上的小毛，沟间部当中的纵向颗粒列出现较早，约在翅长 1/3 之前；额中部在中隆线顶端及顶端两侧有若干低洼的褶皱，褶皱接连使额中部似有横向凹陷。

幼虫：体长 4.9～5.7mm。体乳白色，头黄白色，口器褐色，体微弯曲。

> **生活史**

横坑切梢小蠹在浙江地区一年发生 1 代，以成虫在寄主松梢内越冬。生活史详见表 1-53。

表 1-53　横坑切梢小蠹生活史（浙江杭州）

世代	3月 上中下	4月 上中下	5月 上中下	6月 上中下	7月 上中下	8月 上中下	9月 上中下	10月 上中下	11月至翌年2月 上中下
越冬代	+++	+++	+++	+					
第1代		●	●●●						
		− − −	− − −						
		△△	△△△						
			+	+++	+++	+++	+++	+++	+++

注：●卵；—幼虫；△蛹；+成虫。

> **生活习性与危害**

4月中旬开始，横坑切梢小蠹成虫弃离越冬蛰居的松梢，多择风日晴和天气的下午 13:00～16:00 时，飞往健康松树树冠，选择直径 0.5～1.0cm 粗、距梢顶 3～7cm 的当年生嫩梢，蛀入髓心，进行补充营养，成虫性器官逐渐成熟。被害梢上蛀入孔呈圆形，孔周常堆积一圈白色或黄白色松脂，害梢若被蛀空，成虫即转梢重蛀。此期称为"转梢扬飞期"。被害梢逐渐枯萎，易被风吹折断，坠落地面。阴天成虫多隐居于被害梢内，极少外出活动。

5月初开始，经补充营养后的雌虫，先弃离被害松梢，飞往衰弱或纵坑切梢小蠹已侵占的松株树干，一般择距地 2m 以下的树干皮层，蛀入并咬蛀交配室，并释放信素，招引 1~2 头同种异性小蠹，进入交配室交配。交配后的雌成蠹，随即在交配室的左右两端，向外与树干略呈垂直状态，横向钻蛀略显弧形的母坑道。因交配室两边均为母坑道，故称其为"复横坑"。雌蠹前蛀，而雄蠹在后清理侵入孔，将蛀屑堆积于孔沿。雌蠹边咬蛀母坑道，边在其两侧边缘修筑半圆形的卵室，随即产卵其中，一室 1 卵，并用蛀屑封住室口。

卵室内，卵约经半个月的发育后，分别从母坑道两边的卵室，或上或下蛀食子坑道，子坑道起始处，仅宽约 1mm，随着虫龄的增加，逐渐变粗，最粗达 4mm 左右。幼虫历经 20d，发育成熟，在子坑道末端修筑椭圆形蛹室，化蛹其中。初化蛹乳白色，近羽化时，眼点、翅芽端部和口器渐变成棕红色。羽化后的第 1 代成蠹，在蛹室滞居 1~2d。此期是该虫从梢转干聚集危害期，称其为"聚干繁殖期"。

羽化后的第 1 代成蠹，从蛹室上方咬蛀圆形羽化孔，陆续飞离生长发育地，分散飞赴松冠，寻觅松梢，钻入后，栖息其中，以越夏越冬。此期称为"分散穴居期"。

> **害虫发生发展与天敌制约**

大斑啄木鸟是该虫的主要天敌。该鸟巧攀被害松树树干，叩树干，啄树皮，钩食害虫的幼虫、蛹和成虫，对害虫的发生发展起一定的制约作用。

晴天，异色郭公虫成虫在被害松树树干上爬行，寻找缝隙产卵，幼虫钻入横坑切梢小蠹坑道，捕食横坑切梢小蠹的幼虫和蛹，降低虫口密度。捕食性的昆虫天敌还有环斑猛猎蝽。

> **发生、蔓延和成灾的生态环境及规律**

横坑切梢小蠹系次期性的钻蛀性害虫，林间常伴随纵坑切梢小蠹发生。在发生期，松林中常出现新侵害木、枯萎木和枯立木 3 种不同程度的被害株，其识别方法为：①新侵害木：针叶绿色或部分黄绿色，树势衰弱，树干上出现少量蛀孔；②枯萎木：针叶黄绿或黄褐色，树势极衰，近于死亡状态，树干蛀孔下附有黄褐色蛀屑和凝脂；③枯立木：针叶全干枯，呈红褐色，蛀干孔下堆积众多蛀屑。林间伐倒松木上受害较严重。

成虫飞翔和以各虫态随原木、薪材等的无序运输进行区域内和远距离的传播扩散。

64 削尾材小蠹 *xyleborus mutilatus* Blanadford

分类地位： 鞘翅目 Coleoptera 小蠹科 Scolytidae
主要寄主： 板栗、锥栗、山茶、红豆树、桂花和三角枫等林木。
地理分布： 国内：安徽、浙江、四川和云南；国外：日本。

➤ 危害症状及严重性

削尾材小蠹雌成蠹钻蛀 3~7 年生板栗等主干和 2~4 年生枝条，引起寄主生理衰弱，栗叶推迟半个月才萌发，小而稀疏，渐至枯萎；枝、干被害处树皮粗糙，呈颗粒状肿大。蛀入孔周边皮层变黑，逐渐腐烂，皮层内散发出酒糟气味。髓心内具 1~3 条纵向坑道（图 1-143）。6 月底后，被害枝条和部分严重受害植株逐渐枯萎死亡。被害林中平均株害率达 11.1%（8.5%~37.5%），受害株多呈块状分布。该虫是板栗产区的重要钻蛀性害虫。

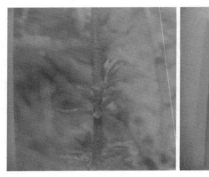 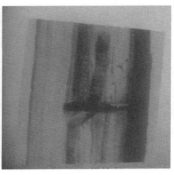

图 1-143 被害株叶小而稀（左）与干内坑道（右）（仿唐伟强）

➤ 形态鉴别

成虫（图 1-144）：雌成蠹体长 3.5~4.0mm，体宽 2.1~2.5mm，短阔粗壮。除触角和足黄褐色外，余皆为黑色，光泽晦暗。体表光秃少毛。复眼肾形，前缘中部缺刻甚小，小眼面极细小。触角鞭节 5 节，顶节锤状，被 3 条褐色横线分成 4 节，触角节间有短疏绒毛。额部平隆，底面有粒状细密印纹，额面刻点深陷较大，分布稠密；额面下半部有光亮的中隆线。前胸背板长略等于宽，背面观呈盾形；侧面观背板前部的 2/3 强烈弓突上升，后部的 1/3 平直下倾，背顶部比较突出。瘤区的长度稍大于刻点区，瘤区的颗瘤前部大而尖利，瘤间空隙宽阔，空隙之间伴生小颗粒，后部扁平稠密，连成横弧形，逐层上升，止于背顶；背板前缘中部前突成角，角缘上横排 4~6 枚颗瘤，以当中 2 枚为最大。小盾片较大，为圆钝的三角形，平滑光亮。鞘翅长度与前胸背板相等，但为双翅合宽的 0.9 倍。鞘翅前背方极短，仅翅长 1/5，翅面具细浅的圆形刻点，均匀分

图 1-144 削尾材小蠹（雌）

布；鞘翅端部 4/5 斜线下倾，呈圆截面，其上刻点全突起成粒，大小均匀；截面有细弱等长的茸毛，贴伏于翅面上，方向规律，在翅缝两侧向外方撇成"八"字形，其余则向里方撇成倒"八"字形。

雄成蠹体长 2.2～2.4mm，体形小于雌成蠹。体色褐色。触角念珠状 11 节，顶端 5 节膨大成椭圆形。口器与前额形成三角形，口器边缘有 6 条黄色茸毛。复眼椭圆形。前胸背板呈"瓦片"状，黑褐色，散生细软茸毛，前部有圆形颗瘤，后部有浅刻点。鞘翅黄褐色，光泽晦暗，散生茸毛，边缘茸毛较长而直。

幼虫：体长 4.3～5.0mm，乳白至灰褐色，头部黄褐色。体略弯成月形，散生绒毛，头部较密且较长，腹部较短。

> **生活史**

据浙江省新昌县森林病虫害防治检疫站唐伟强等的观察，削尾材小蠹在该省为一年发生 1 代，以成虫在板栗林下的杂草和枯枝落叶丛中越冬。翌年 4 月上旬越冬成虫开始上树危害。生活史见表 1-54。

表 1-54　削尾材小蠹生活史（浙江新昌）

世代	4月	5月	6月	7月	8月	9月	10月至翌年3月
	上中下	上中下	上中下	上中下	上中下	上中下	上中下
越冬代	+++	+++	+				
	●	●●●	●				
第1代	—	———	——				
		△△△	△△				
		++	+++	+++	+++	+++	+++

注：●卵；—幼虫；△蛹；+成虫。

> **生活习性与危害**

4 月上中旬，越冬代雌成蠹弃离蛰居的杂草、枯枝落叶丛，选择生长势较弱的板栗等为寄主。据唐伟强等对 5 株被害栗树蛀入孔垂直分布情况调查发现，该虫从距地 40～250cm 高的树干或 2～4 年生的枝条（直径 1.2～2.5cm）蛀入，蛀入孔主要分布在距地高 41～150cm 处枝、干上，占蛀入孔总数的 90.9%，详见表 1-55。蛀入孔呈圆形，平均直径为 2.1（2.0～2.2）mm。据 13 条被害栗枝统计，累计长度 901cm，具蛀入孔 56 个，平均 16.1cm 长的枝条即有 1 个蛀入孔。林间发现，直径 1.2～2.5cm 的栗枝均易遭其蛀害。雌成蠹先在边材中近水平地环蛀 1/3～4/5 圈后，蛀入心材。随后上钻或下蛀，形成 1～3 条纵坑，筑成平均长度为 2.15（1.04～3.28）cm、平均直径为 2.4（2.3～2.6）mm 的纵向坑道。雌成蠹边蛀边向蛀入孔外推出黄褐色的蛀屑和粪粒，坑道建成后即用蛀屑封住蛀入孔。

表 1-55　被害栗株蛀入孔的垂直分布情况

调查株号 （NO.）	距地高各区段蛀入孔数（个）				Σ
	1～40 （cm）	41～100 （cm）	101～150 （cm）	150～250 （cm）	
1	0	13	7	2	22
2	0	18	8	3	29
3	0	16	10	1	27
4	0	21	9	4	34
5	0	10	8	2	20
Σ	0	78	42	12	132
比率（%）	0	59.1	31.8	9.1	100

入侵时的雌成蠹体上均携带原寄主坑道内的真菌孢子。随着雌成蠹咬蛀新坑道，真菌孢子进入新坑道，沿其坑壁萌发、生长、发育和繁殖，产生众多的白色菌丝体和分生孢子，形成新的菌落，成为越冬代成虫和子代幼虫、成虫的食圃。

雌成蠹将卵产于纵向坑道内，5～8d 逐步产出，每次产卵 2～5 粒。卵椭圆形，长径 0.5～0.7mm，初产乳白色，具光泽。每头雌成蠹的最高产卵量为 36 粒。每次产卵后，雌成蠹即将卵移至纵向坑道末端。卵经 7d 左右的发育，孵化为幼虫。

幼虫均以菌圃上的真菌为食，不蛀蚀木材。亲代和子代共同居住于同一坑道内，坑道无母坑道和子坑道之分。因产卵延续时间较长，致使栖居同一坑道内的幼虫龄期参差不齐。幼虫发育成熟后，在坑道内用黑色长丝状粪便覆盖或分隔坑道，成一蛹室，化蛹其中。种群密度高时，多个蛹室排列较为齐整。雌、雄蛹体长分别为 4.5～4.8mm、3.3～3.5mm，体宽分别为 2.2～2.3mm、1.6～1.8mm，体肥。初化蛹为乳白色，后体色逐渐加深，呈淡黄色。蛹历期 7～10d。

子代成蠹羽化后，滞居在坑道内，需取食真菌或蛀食木材，进行补充营养后方能达到生理后熟，进行两性交配。同一坑道内雄性子成蠹常先于雌性子成蠹羽化，亦有坑道内仅见雌性子成蠹，而无雄性子成蠹。常见同一坑道内的雄成蠹与雌成蠹交配后，又钻入另一坑道内与所居的雌成蠹交配。交配后的雌成蠹于 6 月下旬至 7 月下旬，先后弃离寄主外出，当年不再危害板栗等新寄主。雄成蠹寿命短，仅 8d，而雌成蠹寿命长达近 1 年。该虫成蠹的雌雄性比为 16∶1。

2008—2011 年连续 4 年，徐真旺等在浙西南的遂昌县引用作者研制的蛀干类害虫引诱剂，监测林木钻蛀性害虫时，共诱获 174 头削尾材小蠹成虫，林间活动的种群数量明显具 2 个高峰：主高峰和次高峰分别为 6 月 15 日和 4 月 20 日，前者占种群数量比率为 20.1%，后者为 15.3%（图 1-145）。

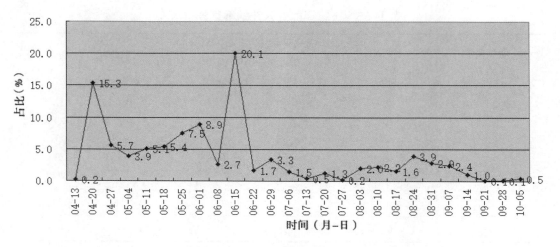

图 1-145　2008—2011 年削尾材小蠹成虫种群数量的时序动态

➢ 发生、蔓延和成灾的生态环境及规律

削尾材小蠹多发生于经营管理粗放、杂草丛生的 3～7 年生板栗林，树势衰弱的嫁接株受害尤为严重，而实生板栗株和 10 年生以上栗株很少受害。该虫常与光滑材小蠹（*Xyleborus germanus*）混同发生。前者多寄生于树干 40cm 以上区域，而后者多居 40cm 以下部位。两者的蛀害加速寄主的枯萎死亡。

成虫飞翔和带虫接穗随人为携带进行区域内和远距离传播蔓延。

65　疖蝙蛾　*Phassus nodus* Chu et Wang

分类地位：鳞翅目 Lepidoptera 蝙蝠蛾科 Hepialidae

主要寄主：板栗、锥栗、麻栎、石栎、泡桐、白玉兰、香椿、臭椿、山杜英、香樟、杜仲、桤木、梧桐、野梧桐、枫杨、榆树、杭州榆、楝树、糙叶树、连香树、八角枫、蓝果树、梾木、银钟花、合欢、乐昌含笑、榿树、天目木姜子、木莲、木荷、浙江楠、小叶女贞、光皮树、鹅掌楸、杉木、柳杉、吴茱萸和国外引种的弗吉尼亚栎、柳叶栎等达 35 科 65 种，在我国南方，特别是长江中下游省份发生较为普遍。

地理分布：国内：河南、安徽、浙江、江西、湖南、广西、贵州和海南。

> **危害症状及严重性**

疖蝙蛾幼虫钻蛀多种林木韧皮部和木质部，食性颇杂。幼虫在树干、枝的韧皮部蛀食一横沟后，随即蛀入心材，向下蛀成圆柱形坑道，坑道内壁光滑。大树树干、粗枝蛀孔外包裹囊状粪屑苞；幼树树干、细枝蛀孔外则环状包裹粪屑苞，初期多呈黄褐色，后经风吹日晒，变成黑褐色（图1-146）。被害苗木或幼树蛀孔以上主干，极易遭雪压或风折断干。该虫是我国林木苗圃、药材园、树木园、园林绿化的重要钻蛀性害虫，给林业、园林建设和药材生产带来严重威胁。

图1-146　被害树干（左）；弗吉尼亚栎苗木（右）上的囊状蛀屑苞

> **形态鉴别**

成虫（图1-147左）：体长28.0~55.0mm，翅展60.0~111.0mm。头小，赭棕色布满深棕色丛状毛，后缘中部内隐。触角丝状，仅4.9mm，23~27节，各节长大于宽，两侧各有微毛1根。复眼大，黑色，约占头部的2/3。上、下颚均退化，下唇小呈泡状，下唇须短。胸部狭长，约占体长的2/5，密被赭棕色长毛；前胸长大于宽，近似盾形；中胸背板窄长，前缘内陷，后缘近弧形。小盾片近圆形。前翅正面黄褐色，前缘与Sc脉间有4块由黑色与棕黄色线纹组成的斑，在Sc脉的端部有1疖状隆起，内具1深色椭圆形斑，中室部位的三角区呈黄褐色，在三角区的中室下方有1条纵行黑色线纹。后翅灰黑色，近长三角形，前缘有深色小点，外缘各脉间具半透明的月牙斑，后缘有较长的棕赭色毛。前、后翅反面均为灰黑色。前足短，胫节无胫距；跗节5节，第1节长，约与2、3节总长相等，4、5节约等长。前、中足均为棕色，胫节外侧有浅色纵带，其两侧有较长的深棕色排状毛。后足短，胫节端膨大，跗节5节，较细，第3、4节短，两节相加仅为第1节之长。腹部背面深棕色，第1、2节披长毛，其余各节较光滑，各节间膜较浅呈褐色，腹面黄褐色，有明显的连续黑色腹上线。

幼虫（图1-147右）：体长52.0~79.0mm。体黄褐色，头部棕黑色，头颅两侧触

图 1-147　疬蝙蛾（左：成虫；右：幼虫）

角外各具 6 枚单眼，排列呈双行状，每 3 枚为一行，形成直线，内行略呈弧形。上颚具 4 齿，中间 2 齿长而尖，两侧齿呈乳突形。前胸背板骨化强，第 1 胸节不分小节，2、3 节各分为 2 小节。1～3 节的毛基片黄褐色；腹部污白色，1～7 节各分为 3～4 小节，毛基片及其周围有深色大斑。气门椭圆形，围气门片黑色。前胸足粗壮，各节约呈圆筒形，爪赭褐色；腹足 4 对，臀足 1 对；腹足趾钩全环双序，臀足趾钩双序缺环。

▶ 生活史

据在河南省新县和浙江省杭州富阳区两地观察，疬蝙蛾皆为 2 年发生 1 代，以卵在土表落叶层或以幼虫在被害树干（枝）的髓部中越冬，生活史详见表 1-56。

表 1-56　疬蝙蛾生活史（浙江杭州富阳）

年份	4月 上中下	5月 上中下	6月 上中下	7月 上中下	8月 上中下	9月 上中下	10月 上中下	11月至翌年3月 上中下
第1年	●●●	— — —	— — — —	— — — —	— — — —	— — — —	— — — —	— — — —
第2年	— — — —	— — — —			△	△△△ +++	●● ●●●	●●●

注：●卵；—幼虫；△蛹；+成虫。

▶ 生活习性与危害

成虫羽化前 2～3d，蛹体借助腹部气门下方的两排刺突，从坑道底部移至坑道口，顶破孔口的丝盖和粪屑苞，将胸前半部伸出孔外，并挣破蜕裂缝而羽化为成虫。

成虫羽化期间的日平均温度为 21.8（17.2～27.5）℃，日平均湿度为 90.3%（83%～96%）。成虫多在 14:00～20:00 时羽化。羽化时先从头及背部的蜕裂线开始，随即抽出前、中足攀住被害植株的老皮裂缝，借助体肌的胀缩，虫体渐渐伸出蛹壳之外，从头背脱裂至全身脱出，羽化全程需20～30min。成虫羽化后即爬离原羽化孔，多攀悬于羽化孔附近的小枝下，随后伸展开卷缩的双翅，呈屋脊状覆盖于体上，静息呈假死状。羽化后1/3蛹壳遗留羽化孔外，经久不脱落（图1-148）。

图1-148 1/3蛹壳遗留羽化孔外，成虫悬挂于枝上

白昼成虫隐匿于林下杂草灌木丛中，入暮时显得较活跃。据实验室观察，雌、雄成虫飞行时间分别为0′25″～1′25″、1′36″～6′50″。飞行前双翅微微分开，不时颤动，雄蛾突然起飞，以高速直冲式瞬息而过；雌蛾因腹部抱卵较多，则左右摇摆式慢飞。由于前、中足特化，失去步行作用，飞行途中若跌落地面，只能在地面上兜圈运动，很难再起飞。雌雄交配呈"一"字形，多在19：00～21：00时开始，长达22h（图1-149）。交配结束后，雌成虫产卵，雄成虫即死亡。据室内饲养显示，雌、雄性比为1：0.9，雌、雄蛾寿命分别为4～10d、6～12d。

雌蛾产卵无固定场所，大量的卵是在飞行途中，或停栖于树干或杂草灌木上振翅、摆尾时产下。因卵表面光滑，无黏着性，卵均散落于地面或地被植物上（图1-150）。据在浙江杭州实验室观察统计，每头雌成虫的平均产卵量为3960（1604～6904）粒，而在河南新县1头雌蛾最高产卵量达11926粒。卵椭圆形，长径0.4～0.5mm，表面光滑。初产的受精卵为乳白色，3～4h后变成灰白色，后渐变成灰黑色，以卵越冬，卵期长达200余天。卵孵化率为68%。有些雌蛾未经交配亦能产卵，但产后2～3h，由乳白色渐变成黑色，6d后即干瘪成麦粒形。

越冬卵孵化为幼虫后，均栖居于林下落叶层或腐殖质丰富的土中，先吐丝缀落叶黏连腐殖质碎屑，结成疏松的团状茧，幼虫隐居其中，取食落叶碎屑或腐殖质。初龄

图1-149 成虫攀悬灌木枝上交配

图1-150 散落地面的近孵化的卵粒

幼虫爬行迅速，受惊即迅速后退，逃遁。3龄前后幼虫陆续离地，沿树干螺旋形向上爬行，找到宜居场所，即将臀足固定，吐丝结椭圆形丝网，随后虫体隐匿于网下，先在皮层处蛀一横沟，旋即蛀入髓心，并向下钻蛀成内壁光滑的近圆柱形坑道，很少向上钻蛀（图1-151左）。调查70头幼虫，向下钻蛀者占97.1%。幼虫在蛀蚀过程中，将片或块状蛀屑及粪粒排向丝网，黏于其上，成一黄褐色的粪屑苞。此苞随着虫龄的增加而加大变厚，经风吹日晒，变成黑褐色（图1-151中）。

图1-151　坑道光滑通直（左）；黑褐色粪屑苞（中）；孔口凹陷（右）

幼虫白昼一般不取食，日暮后还经常爬至孔口啃食周围边材，日久成一圆勺状的凹陷（图1-151右）。植株遭害后，蛀孔下方的主干上萌发多个不定芽，以后发育成细弱的新枝（图1-152左）；若蛀孔离地较近时，蛀孔下方常萌生多个不定根（图1-152右）。幼虫蛀害至11月上中旬，陆续进入越冬期，虫体静栖坑道底部，头朝上，进入休眠状态。

幼虫发育成熟后即停止取食，爬至坑道口，绕坑道口四周，吐丝结一直径0.6～1.1cm的圆柱形、海绵状的黄白色丝盖，封住坑口，随后幼虫退回坑底，头部向上，经短时的预蛹期，渐化成浅褐色蛹。蛹体长35～40mm，近圆筒形，赭黄色，头部

图1-152　萌发不定芽、发育成弱枝（左）；萌生众多不定根（右）

两侧隆起呈乳突形,触角在头的两侧分开,下端达前胸足及中足基部;下层须短,近三角形,下颚须外露,下颚长,位于前足腿节与胫节环之间;前翅表面光滑;各节气门处稍外突,各节间有小皱纹,在气门下方有两排自背板至侧板中央的齿状隆起。蛹在坑道内能借助蛹壳外的齿形突,上下自由蠕动;近羽化的蛹,白昼晴天常蠕动到坑口,若遇大风或其他原因的惊扰,则迅速退回坑底。蛹期一般为16~20d。此时被害的大树树干、粗枝或幼树树干、细枝的蛀孔外,分别包裹囊状或环状粪屑苞,十分显眼。幼虫钻蛀的坑道通直,坑道平均长16.6(10.4~28.7)cm,平均直径0.9(0.7~1.2)cm。

> **害虫发生发展与天敌制约**

球孢白僵菌是疖蝙蛾幼虫和蛹的重要寄生菌,尤其在温暖潮湿的生境条件下,对该虫的发生起一定的制约作用。据室内饲养观察,幼虫被寄生后,在坑道内爬行不止,最后爬至坑道口,头部向上,全体变白僵硬,死于坑口的坑道内。

捕食性鸟类有:大山雀捕食成虫;棕腹啄木鸟捕食幼虫及蛹。

> **发生、蔓延和成灾的生态环境及规律**

1、2龄幼虫栖居于pH值为4.7~5.7的酸性、湿润、腐殖质丰富的土壤环境中。3龄前后幼虫钻蛀多种林木枝、干的皮层和木质部。垃圾成堆、杂草丛生、树木繁茂的园林,庭园密植的绿篱,阴暗的沿墙树丛和终年积水的溪边树林等,均是该虫生长发育、繁衍的适宜环境。

成虫飞翔和幼虫、蛹随苗木、幼树、原木的调运进行区域内和远距离的扩散蔓延。

66 点蝙蛾(一点蝙蛾) *Phassus sinensis* Moore

分类地位: 鳞翅目 Lepidoptera 蝙蝠蛾科 Hepialidae
主要寄主: 日本柳杉、杉木、水杉、海州常山、白花泡桐、榆树、香椿、木荷、茶、白蜡树、槐树、刺槐、接骨木、喜树、合欢、葡萄、茅栗、白栎、黄荆、大青、算盘子、覆盆子、女贞、黄杨、香椿、葛藤、核桃、桃、柿和苎麻等多种林木、果树。
地理分布: 国内:山西、河北、河南、山东、上海、浙江、福建、江西、湖北、湖南、广东、广西、四川、云南和海南;国外:日本、印度和斯里兰卡等国。

> **危害症状及严重性**

点蝙蛾幼虫钻蛀泡桐等阔叶树,从皮层直接蛀入髓部,并向下钻蛀通直的坑道;幼虫钻蛀柳杉等针叶树,先在皮层水平地环蛀一圈,随后向下蛀入髓部,切断寄主水分和养分的输送,被害株迅即枯萎死亡或遭风折断(图1-153)。该虫是我国丘陵、低山地区苗圃地、果树、林木及灌木的重要钻蛀性害虫。

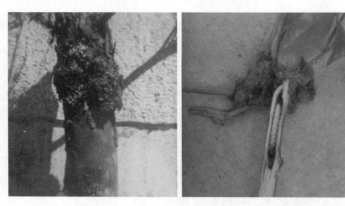

图1-153 被害柳杉上的粪屑苞(左);茶树中通直坑道(右)

> **形态鉴别**

成虫(图1-154左):体长30.0~44.0mm。体棕褐色,密披绿褐色和粉褐色鳞毛。头小,头顶部位凹陷,后缘有内切状月牙形纹。触角黑褐色,丝状,长仅5mm,21~24节,各节长与宽近相等,两侧端各有1根微毛。复眼大,两复眼占头宽的2/3,肾形,棕褐色。胸部狭长,约占体长的2/5,密披黄褐色长毛。前胸前狭后宽近似盾形,背中线明显;中胸背板狭长,前缘缝波浪状,后缘两侧呈楔状插入后胸,中胸小盾片倒心状。前翅正面暗褐色,前缘有4个边缘不整齐的黑褐色斑,翅面无整齐而规律的横带,翅面中部有1个深褐色三角区,中室基部有一白色小点,小点外围有棕色

图1-154 点蝙蛾(左:成虫;右:幼虫)

棒形条纹，中室端有一银白色条纹，Cu 脉下方至后缘及外带、亚外缘带由褐色不规则的椭圆形斑组成。后翅浅褐色，鳞片薄略呈半透明状。前、后翅反面黄褐色。腹部宽大圆筒形。前足短，胫节无胫距，跗节 5 节，第 1 节长，相当于 2、3、4 节的总和，中足各节均长于前足；后足明显短于前足及中足，腿节宽扁，3 对足均披有密集的长毛。各足跗节末端具粗大爪钩 1 对，能钩悬物体。

幼虫（图 1-154 右）：体长约 75mm。长圆筒形，黄褐色。头部赭褐色。胴部各节背面具褐色毛片 3 个，排成"品"字形，前 1 个较大，后 2 个较小。前胸背板黄褐色，骨化强，除气门附近外，几乎全部骨化，气门椭圆形，围气门片深褐色。

> **生活史**

点蝙蛾在浙江省宁波地区为 2 年发生 1 代，以幼虫在被害植株髓部坑道内越冬，生活史详见表 1-57。

表 1-57　点蝙蛾生活史（1980 年浙江宁坡）

年份	4月	5月	6月	7月	8月	9月	10月	11月至翌年3月
	上中下	上中下	上中下	上中下	上中下	上中下	上中下	上中下
第1年	———	——— △△△ 　+	△△ +++ ●●●	●				
第2年	———		——	———	———	———	———	———

注：●卵；—幼虫；△蛹；+成虫。

> **生活习性与危害**

点蝙蛾成虫羽化前，蛹体借助于背板至侧板中央两排齿状隆起，能从坑道底部蠕动至蛀入孔口，顶破丝盖和粪屑苞，并螺旋状向外蠕动。头、胸和腹部 1、2 节，蛹体的 1/3～1/2 伸出蛀孔外。5 月下旬成虫开始羽化，据在浙江省宁海市茶山林场林间饲养观察，成虫集中于 18：40～19：40 时羽化，羽化日的平均温度为 19.5（13.3～22.7）℃，日平均相对湿度为 87.8%（63.7%～100%）。羽化时，蛹顶及部分背中线开裂，约经 2min，成虫爬离蛹壳至孔口旁的枝干上，翅呈卷曲状紧贴于腹背，约需 10min 伸展双翅并呈屋脊状覆盖于虫体之上。羽化全程共需 15～20min，羽后蛹壳底部残留少量乳黄色体液。成虫羽化后，蛹壳仍遗留在原处，经久不会脱落，极易识别。

成虫羽化后静伏于蛀入孔旁的枝干上（图 1-155），30min 后飞离寄主，利用前、中足跗节上的爪钩，悬挂于林下杂草灌木枝干上。成虫性惰，白昼成虫静悬杂

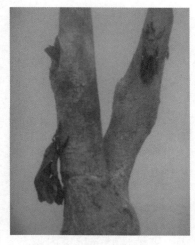

图 1-155 成虫羽化后静息枝干

草灌木枝下，形如枯叶，轻扰一般也不逃遁。日暮 18：30～19：50 和黎明前后 3：40～4：50 时分，成虫开始飞行，在林中近地面摇摆不定，忽上忽下，无一定方向地来回飞行，形似蝙蝠。飞行高度具地 2～20m，飞行距离 10～30m。日平均累计飞行时数为 9.1（3～18）min。林中未见成虫取食。成虫无趋光习性。

据在浙江省宁海县茶山林场林间观察，成虫交配方式为"一"字形，雌蛾在上，雄蛾在下，倒挂于灌木枝上，历时达 15h。成虫交配结束后约 35min，雌蛾开始产卵，边飞边产，多散产于湿度较大的溪坑边、杂草灌木丛生的土表或地被植物上，无黏着性。部分雌蛾未经交配亦能产卵，未受精卵不能孵化为幼虫。初产卵为乳黄色，2h 后变为黑色。林间卵平均孵化率为 76.46%（74.13%～78.78%）。每头雌蛾平均产卵量为 2541（1572～4196）粒，成虫平均寿命 7（6～8）d。

卵经 13～19d 的发育，孵化为幼虫。3 龄前幼虫在枯枝落叶层或腐殖质丰富的土壤中，吐丝缀叶、碎屑或少量土粒成疏松的团状茧，幼虫栖居其中，以碎叶、碎屑或腐殖质为食。3 龄后幼虫陆续离地，开始蛀害林木。幼虫蛀入寄主后，即吐丝在蛀入孔外结椭圆形丝网，封盖其蛀入孔。日间幼虫一般不蛀食，头部向上居于坑道内。入暮后幼虫爬至坑道口，再调头向下钻蛀，黎明前幼虫后退至坑道口，再调头向上并退至坑道底，静居其中。坑道壁光滑洁净。幼虫钻蛀寄主的方式，因针、阔叶树的不同而异。泡桐、榆树和木荷等阔叶树，幼虫先从皮层水平地蛀入髓部，再向下钻蛀，在自然状态下，幼虫蛀入髓部后直至成虫羽化，一般不再转株危害，被害株髓部内坑道长且宽；杉木、柳杉等针叶树，幼虫先在皮层内水平地环状蛀食一圈，随后再向里而下蛀入髓部，被害株迅即枯萎死亡，幼虫随即弃之，转株危害。被害株髓部内坑道相对短且窄（表 1-58）。

表 1-58　幼虫钻蛀不同树种髓部坑道长宽度比较

调查日期 （月-日）	树种	调查株数 （株）	蛀孔距地高 （cm）	坑道平均长度 （cm）	坑道平均宽度 （cm）
4-15	杉木	38	4.3 （0～14.0）	4.2 （1.5～11.9）	4.5 （3.0～7.0）
4-26	柳杉	23	8.8 （0～29.0）	7.6 （5.5～10.1）	5.4 （5.0～6.0）
3-24	泡桐	15	24.9 （10.0～59.0）	20.7 （12.6～29.0）	6.8 （4.0～8.0）
3-27	女贞	10	21.8 （11.0～37.0）	23.0 （14.0～42.2）	7.6 （6.0～10.0）

幼虫边蛀边吐丝，用丝连缀着蛀屑、粪粒，推出蛀入孔外并粘附于网上，成一囊状或环状的粪屑苞，随着虫龄的增大，粪屑苞的体积亦随之增大，从粪屑苞的大小，可估计出幼虫龄期的大小。幼虫具极强的耐饥能力，在禁食的胁迫条件下，幼虫竟能不食不动91d，一旦返回林中，仍能钻蛀林木。

幼虫发育成熟后，停止取食，不再将粪粒和蛀屑推至粪屑苞上，苞上见不到新鲜的蛀屑和粪粒。粪屑苞经日晒雨淋，由黄褐色变成深褐色，状如一疏松的土块附着于枝干上。成熟幼虫在坑道底部，头向上化蛹。蛹体可借助体节上的背、腹齿状棘，能上下自由蠕动，逃避敌害。

> **害虫发生发展与天敌制约**

在浙江省5月底至6月，9~10月两个温度、湿度较高的季节，点蝙蛾幼虫和蛹易遭球孢白僵菌寄生。幼虫被寄生后，爬行不止，体表布满白色茸毛状菌丝体和子实体，死于坑道外粪屑苞内或孔口坑道内。死于苞内者，虫体卷曲，僵硬；死于坑道内者，虫体头部朝上僵直（图1-156）。据1982年在浙江省宁海县茶山林场调查，82头幼虫中有9头被寄生，自然寄生率为10.98%。

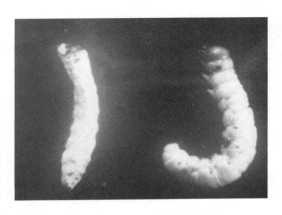

图1-156 球孢白僵菌寄生幼虫

家蚕追寄蝇和蚕饰腹寄蝇均寄生点蝙蛾幼虫，每头寄主体内可寄生1~10头蝇蛆，寄主坑道内潮湿且臭。

茧蜂（学名待定）4月底至5月上旬发育成熟，钻出寄主体外，结茧化蛹。观察被寄生的幼虫，1头寄主体外多达14~212个茧，均在寄主尸体旁聚成一团，外覆绒状物，寄主体干瘪，5月中旬成蜂羽化，飞离寄主。林间寄生率达4.8%。

捕食性天敌有蠼螋。6~7月，3龄前的点蝙蛾幼虫栖息于枯枝落叶层或腐殖质丰富的土壤中时，易遭蠼螋捕食。

> **发生、蔓延和成灾的生态环境**

点蝙蛾幼虫钻蛀寄主皮层和木质部，多发生于低山、丘陵地区，湿度较大、土壤腐殖质丰富，土壤pH值为5.2~6.1；林下生长着较多的大青、覆盆子和黄荆等灌木的人工幼林内和杂草丛生的苗圃、公园、溪边绿化带中。

成虫飞翔和借助幼虫、蛹随苗木、幼树、原木的调运进行区域内和远距离的扩散蔓延。

67 杉蝙蛾 *Phassus anhuiensis* Chu et Wang

分类地位：鳞翅目 Lepidoptera 蝙蝠蛾科 Hepialidae
主要寄主：杉木、日本柳杉、水杉、日本花柏、柏木、白栎、茅栗、香椿、泡桐、冬青、算盘子和大青等。
地理分布：河南、安徽、山东、浙江、福建。

➤ 危害症状及严重性

杉蝙蛾幼虫钻蛀皮层和木质部，杉木、日本柳杉等针叶树树干被害处，多环状包裹着由丝缀蛀屑和粪粒组成的粪屑苞，其内皮层被蛀一圈，木质部内坑道通直，被害株逐渐枯死（图1-157）；白栎、泡桐等阔叶树干被害处，粪屑苞多呈囊状包裹着蛀孔，木质部内坑道亦通直，被害株虽不枯死，但材质不堪利用。危害初期粪屑苞多呈黄褐色，日久呈灰褐色。

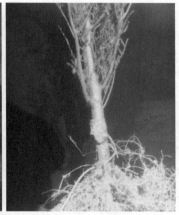

图1-157　日本柳杉（左）；日本花柏（右）被害状

➤ 形态鉴别

成虫（图1-158）：体长33~36mm。头小，棕黄色，长宽近相等。头顶具黄色毛丛。复眼大，半圆形，两复眼约占头宽的3/5。触角丝状，枯黄色，24节。胸部狭长，约占体长的1/2，前胸前窄后宽，披棕紫色毛，前缘直，后缘中部呈尖角形，背线黑色；中胸略呈盾形，后半两侧内陷，中线两侧有纵沟；后胸两侧背板黑色，中间分离较宽，下缘有

图1-158　杉蝙蛾

向中间合拢的长毛丛。小盾片杏仁状，披有长毛丛。前翅长宽约 5∶2，雄性正面暗棕褐色，雌性赤褐色，前缘脉至亚前缘脉之间有 3 块黑斑，每个斑由 2 个肾形黑点组成，中间有灰色带隔开；中间基部至横脉间的 R 脉 Cu 脉间有一深色的三角区，三角区的外侧下方有 1 弧形黑线；中室基部具 1 小白星，其围圈呈黑色，中室端的上角具银白色条纹，条纹下方有 1 银白色点；顶角尖稍向下弯曲，内侧有深色斑，斑内具银白色星点，缘毛棕褐色较短。后翅浅灰褐色，前缘及顶角内侧有灰褐色斑。腹部第 1、2 节上具较长的深褐色毛，3 节以上较光滑。前足无胫距，腿节短，仅中足长的 1/2；中足胫节上具成排的赭棕色长毛；后足短于前足，腿节端部膨大，外侧具很长的刷状式橘黄色毛，跗节 5 节，第 1 节与第 5 节约等长。

幼虫：体长约 71mm，长圆筒形，淡黄色，头部黄褐色。胸、腹部各节背面具褐色毛片 3 个，排成"品"字形，前 1 个较大，后 2 个较小。

> **生活史**

杉蝙蛾在浙江省余姚市为两年发生 1 代，以幼虫在被害植株的髓部坑道内越冬，生活史详见表 1-59。

表 1-59　杉蝙蛾生活史（1980 年浙江余姚四明山）

年份	4月 上中下	5月 上中下	6月 上中下	7月 上中下	8月 上中下	9月 上中下	10月 上中下	11月至翌年3月 上中下
第1年		— — — △△ +	— — — △ +++ ● ● ●	△ ●	— —			
第2年	— — —	— — —	— — —	— — —	— — —	— — —	— — —	— — —

注：● 卵；— 幼虫；△ 蛹；+ 成虫。

> **生活习性与危害**

该虫生活习性与危害规律与点蝙蛾颇相似。

成虫多在 19∶00～20∶00 羽化。成虫钻出粪屑苞，爬至苞的上方，停息 30min 左右，展翅并不断抖动，常滑落于林下的灌木及杂草枝上，用前足及中足攀住枝干，悬挂其下，随后双翅合拢，覆盖于体背，形如枯枝败叶，轻触亦不逃遁。成虫白昼均隐匿于灌木杂草丛中，夜间特别是黎明前活动较为频繁。雌蛾羽化后第 2 天开始产卵，多产于寄主种类较多且密植的林分或湿度较大的溪坑边沿、杂草灌木丛生的地表，边飞边产，无固定场所。产卵量多达 1500~3000 粒。初产卵乳白色，孵化前呈黑色，卵径 0.5~0.7mm。镜下观察发现，幼虫孵化时，卵膜先裂一小孔，旋即初孵幼虫尾部先钻出卵粒（图 1-159）。林间发现未受精卵较多，产后即变黑色而干瘪。

图 1-159　幼虫孵化过程：卵膜裂孔（左）；尾部钻出（中）；初孵幼虫（右）

初孵幼虫较活泼，爬行速度较快，多在腐殖质较丰富的地表，吐丝缀碎叶、腐叶和细土粒成疏松团状茧，隐身其内觅食。3龄幼虫离地爬至寄主树干基部蛀食，蛀食方式因针、阔叶树种不同而异。前者，幼虫先水平地围绕树干皮层蛀食一圈（图1-160），随后向下蛀入髓部，寄主水分、养分输送通道被切断而逐渐枯死；后者，幼虫直接从蛀入孔水平或斜向下蛀入髓部。幼虫边蛀边将蛀屑、粪粒排出孔外，吐丝缀蛀屑、粪粒于丝网中，成一黄褐色的粪屑苞。粪屑苞初期较疏松，后期密实呈囊状封于蛀孔口（阔叶树树干或粗枝）或环状地包裹于被害处（针叶树树干或枝）。表1-60为该蛾幼虫蛀害4~6年生杉木幼树的情况，表中可见，被害杉株平均树高为1.19m，被害处平均距地高为5.5cm，蛀入孔处平均树围为10.24cm，坑道的平均长度和宽度分别为4.8cm和0.5cm。幼虫除向下钻蛀外，还常爬至孔口，啃食边材，致使坑道口多呈饭勺状或环形状凹陷。

图 1-160　柳杉皮层环状蛀蚀

表 1-60　杉蝙蛾蛀害杉木情况（1979 年 浙江余姚四明山）

调查株号	树龄（a）	树高（cm）	蛀孔距地（cm）	蛀入孔处树围（cm）	坑道长（cm）	坑道宽（cm）
1	4	0.90	2.5	3.8	2.8	0.4
2	4	0.90	2.9	5.5	3.1	0.4
3	4	1.01	0.2	4.6	7.5	0.6
4	5	0.86	5.0	10.9	2.0	0.6

（续）

调查株号	树龄（a）	树高（cm）	蛀孔距地（cm）	蛀入孔处树围（cm）	坑道长（cm）	坑道宽（cm）
5	5	0.99	1.5	10.0	2.9	0.8
6	5	1.57	6.8	14.9	4.2	0.6
7	5	0.79	4.5	9.3	2.0	0.4
8	5	1.43	3.9	5.2	5.9	0.5
9	6	1.56	8.6	11.1	6.5	0.5
10	6	1.01	6.0	6.4	5.2	0.4
11	6	1.26	7.1	12.1	6.4	0.5
12	6	1.56	3.0	13.0	8.2	0.6
13	6	1.73	12.0	22.0	9.5	0.5
14	6	1.33	10.5	13.5	3.3	0.4
15	6	1.01	7.5	11.3	2.5	0.6
平均		1.19	5.5	10.24	4.8	0.5

幼虫发育成熟后，爬至坑道口，吐丝作白色薄丝盖封住坑口，幼虫退至坑道底化蛹。蛹能借助背齿支撑，在坑道内上下自由蠕动。羽化前蛹常移动至孔口薄丝盖下，若遇惊扰，迅即退至坑底。羽化时，蛹的头胸部顶破丝盖，伸出孔口。羽化后，蛹壳长久地遗留于粪屑苞内，但有 1/3~1/2 长的壳体露出坑道外。

> **害虫发生与天敌制约**

捕食和寄生杉蝙蛾幼虫的昆虫天敌有球蝽和蚕饰腹寄蝇。

捕食鸟类有棕腹啄木鸟、大山雀和黑枕黄莺。

球孢白僵菌寄生杉蝙蛾的幼虫和蛹。

> **发生蔓延和成灾的生态环境及规律**

该虫多发生于低山丘陵地的人工林中，尤其是栽植密度较高、杂草灌木丛生的幼林和湿度较大的林分，而平原地区的公园、庭院和四旁绿化的林木中发生较少。

68 咖啡豹蠹蛾（咖啡木蠹蛾、咖啡黑点豹蠹蛾、豹蠹蛾）*Zeuzera coffeae* Nietner

分类地位： 鳞翅目 Lepidoptera 木蠹蛾科 Cossidae

主要寄主： 麻栎、法国梧桐、枫杨、核桃、薄壳山核桃、山核桃、木麻黄、刺槐、紫穗槐、黄檀、乌桕、喜树、香椿、白蜡树、榆树、茶、杜仲、泡桐、水杉、鹅掌楸、黄杨、桑、苹果、柑橘、梨、桃、樱桃、咖啡、荔枝、葡萄、龙眼、石榴、柿和国外引种的柳叶栎、纳塔栎等多种林木和果树。

地理分布： 国内：陕西、河南、山东、江苏、浙江、江西、福建、湖北、湖南、广东、广西、贵州、四川、云南和台湾；国外：印度、印度尼西亚、斯里兰卡等国。

▷ 危害症状及严重性

咖啡豹蠹蛾初孵幼虫从嫩梢上腋芽处蛀入，新叶嫩梢迅即枯萎，后转移至较粗的枝条，先在韧皮部与木质部间环蛀一圈后，蛀入木质部，并向上蛀食。每隔 5~10cm，向外咬蛀一排粪孔，状如竹笛，孔外枝上或地面常见成堆的圆粒状粪粒。枝条被害部位逐渐凋萎，常在环蛀一圈处折断、枯死（图 1-161）。

图 1-161 环蛀状（左）；折断（右）

▷ 形态鉴别

成虫： 体长 13.0~26.0mm。体灰白色，具青蓝色斑点。头部较小，复眼黑色。下唇须短小，黄褐色，仅达复眼中部。额面黑褐色。触角黑褐色，雄虫基半部双栉齿状，16~18 节，栉齿细长，具长绒毛，而端半部细锯齿状，18~27 节；雌虫触角丝状。胸部灰白色，具 3 对青蓝色圆点，胸部腹面白色。前翅灰白色，翅脉黄褐色；顶角尖，翅长为臀角处宽的 2.4 倍。翅脉间密布大小不等的青蓝色短斜斑纹，外缘具蓝黑色圆斑 8 个，雄虫较模糊，雌虫明显，翅前、后缘及脉端的斑点显著。缘毛短，白色。后翅透明，翅脉间密布短斜近圆形青蓝色斑，臀区白色无斑纹。外缘毛短，后缘毛长，均为白色。前足腿节腹面白色，背面暗褐色；中足腿节白色，后足腿节和胫节白色；跗节黑色。前足胫突几乎与胫节等长，中、后足胫节具有 1 对端距。腹部白灰色，背部中央、两侧及背腹交界处共有 5 列黑点，背中线的点较小，两侧的较大。第 8 腹节背面几为青蓝色鳞片覆盖。雄虫腹部腹面白色，无斑点；雌虫腹面每节有 3 列青蓝色斑点，以中间的 1 个为大；雌虫产卵管外露，长 8~10mm。

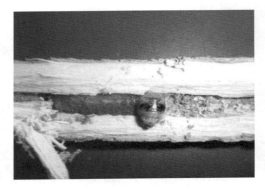

图 1-162　咖啡豹蠹蛾（幼虫）

幼虫（图 1-162）：体长 18~35mm，淡橙红色。头部梨形，黄褐色，头壳基半部缩入前胸。上颚黑褐色，坚硬。单眼 6 个，在 3~6 单眼着生处有一深褐色"S"形斑。胸部淡黄褐色，以前胸最大。前胸背板半骨化，黄褐色，略呈梯形，前缘有 4 个小缺刻，背面中央有 1 条浅色纵纹。腹足趾钩双序环状，臀足为单序横带。

➢ 生活史

咖啡豹蠹蛾在我国一年发生 1~2 代，据在浙江省淳安县观察，一年发生 1 代，以幼虫在被害枝条中越冬，翌年 3 月中旬开始活动。生活史详见表 1-61。

表 1-61　咖啡豹蠹蛾生活史（2012—2013 年浙江淳安）

世代	3月	4月	5月	6月	7月	8月	9月	10月	11月至翌年2月
	上中下	上中下	上中下	上中下	上中下	上中下	上中下	上中下	上中下
越冬代	———	———	——						
		△	△△△	△					
			++	+++					
第1代			●	●●●	●				
			———	———	———	———	———	———	———

注：●卵；—幼虫；△蛹；+成虫。

➢ 生活习性与危害

在浙江地区每年 3 月中旬，林间平均气温达 10.7（4~18）℃时，咖啡豹蠹蛾越冬幼虫在被害的枯枝内恢复取食活动，孔外能见到排出的粪粒。4 月下旬幼虫发育成熟，在皮层处预筑 1 个近圆形的羽化孔。在孔的下方 7~8mm 处，幼虫在坑道内吐丝连缀蛀屑，堵塞蛀道两端，并构筑一斜向羽化孔，长3~4cm的蛹室，头部向下化蛹其中。经2~3d预蛹期，进入蛹期。蛹长圆筒形，褐色，体长15~26mm，头顶有1个尖的突起；腹部第3~9节的背侧面及腹面有小刺列，腹部末端具6对臀棘。蛹平均历期18.5（12~25）d。

成虫羽化前，蛹体借助背腹部的刺列，蠕动至羽化孔口，顶破蛹室丝网及羽化孔盖，蛹体一半露于孔外，羽化后蛹壳许久不落。成虫全日均能羽化，以10:00~15:00为多。成虫钻出羽化孔后，多爬至树枝交叉处，飞离寄主树，雄蛾的飞翔能力强于雌蛾。成虫白昼静伏于树冠中，入暮后开始活动。雌、雄成虫性比近1:1.6。两性成虫羽化当日即可交配，多在夜间21:00~24:00进行，交配历时5~10h。成虫趋光性弱，林间黑光灯未诱捕到成虫。交配后当天，雌蛾沿枝条爬行，择树皮缝隙、旧蛀道内或芽腋等处产卵。产卵时雌蛾剧烈颤动双翅，卵粒多呈块状分布，每一卵块中卵粒数量多在400粒以上，每次产卵历时约5min，一生可产卵2~10次。未经交配的雌蛾亦能产卵，但产卵量较低，且不能孵化。卵椭圆形，长径1.0mm。初产卵为淡黄白色或乳白色，孵化前呈紫黑色。卵历期9~15d。

幼虫孵化后，吐丝结网，群集于丝网下取食卵壳。2~3d食尽卵壳，即分散爬行，分散时间多在晴天9:00~15:00进行，此时段阳光充足，气温较高，阴天则停止扩散。幼虫爬行一段距离后，常吐丝随风飘迁至毗邻嫩梢或邻近树嫩梢，多从嫩梢端部的几个腋芽处蛀入，并向叶柄端部钻蛀。2d后，受害叶柄枯萎，并在蛀孔处折断，经5d左右，幼虫弃离枯叶柄，转移至新梢危害。7月幼虫转移至2年生枝条蛀害，此时林间气温较高，被害枝条枯萎较快。幼虫昼夜均能蛀食，尤以夜间为盛。幼虫先在被害枝条的韧皮部与木质部之间近水平地环蛀一圈，随即蛀入枝条髓部，蛀坑取食。若遇大风天气，被害枝条常在环蛀处折断，大多下垂悬挂枝上，十分显眼；少数断坠地面。幼虫在枝条髓部每蛀一段距离，向外咬蛀一个排粪孔，边蛀边将圆柱状粪粒排出孔外。11月上旬幼虫停止取食，吐丝缀取蛀屑和虫粪堵塞坑道两端，静栖坑道内越冬。初孵幼虫的粪便为黄白色粉末状，2龄后幼虫的粪便为黄褐色至黑褐色圆柱状。

> **害虫发生发展与天敌制约**

小茧蜂是咖啡豹蠹蛾幼虫的重要天敌，寄主体内可寄生4~6头幼虫。该蜂幼虫发育成熟后，钻出寄主体壁，在坑道内结淡黄褐色的圆柱状茧。

串珠镰刀菌寄生幼虫后，虫体缩短、干瘪和僵硬，体表长出白色菌丝。据在浙江省杭州市富阳区国外引种的纳塔栎林内调查，自然寄生率达9.8%。

➤ 发生、蔓延和成灾的生态环境及规律

咖啡豹蠹蛾钻蛀多种林木的皮层和木质部。多发生于平原地区多种人工林、果园、茶园和城乡行道树的林木枝条上，其中疏林、林缘受害尤为严重。

成虫飞翔和人为携带寄生枝条、移植寄生树是区域内和远距离传播蔓延的主要途径。

69 豹纹木蠹蛾（六星黑点蠹蛾、咖啡黑点木蠹蛾） *Zeuzera leuconotum* Butler

分类地位：鳞翅目 Lepidoptera 木蠹蛾科 Cossidae
寄　　主：栎、杨、柳、榆树、桦树、泡桐、香樟、茶、山茶、枫杨、黄杨、白玉兰、木麻黄、紫荆、木槿、梅、杜仲、核桃、桃、梨、海棠、苹果、柑橘、山楂、柿、石榴、枣和枇杷等多种林木和果树。
地理分布：国内：辽宁、陕西、山西、河北、河南、北京、山东、安徽、上海、江苏、浙江、江西、福建、广东、广西、四川、云南、海南和台湾；国外：日本、朝鲜等国。

➤ 危害症状及严重性

豹纹木蠹蛾幼虫钻蛀枝、干，先在皮层与木质部间环状蛀食一圈，随后蛀入髓部，向上钻蛀纵直坑道，坑道较长。幼虫在坑道内，间隔一定距离，向树表咬蛀一圆形排粪孔，并将颗粒状粪粒排出孔外（图1-163）。受环蛀被害枝的木质部外，仅残留一薄层树皮，不久枯萎或遭风折倒挂。危害致使树冠逐年缩小或形成偏冠，严重者整株枯死。该虫危害百余种阔叶树种，是我国园林和果园内习见的钻蛀性害虫。

图1-163　被害坑道（左）和排出的颗粒状粪便（右）

> **形态鉴别**

成虫（图1-164）：体长27.0～35.0mm，体被灰白色鳞片。雌虫触角丝状，雄虫触角基半部羽毛状，端半部丝状。前胸背板具排列成行的3对蓝黑色斑点。前翅散生大小不等的蓝黑色斑，后翅除外缘有蓝黑色斑外，其余部分斑色均较浅。腹部各节均具8个大小不一的蓝黑色斑点，排列成环形。

幼虫：体长35.0～55.0mm，头部黑褐色，体紫褐色，尾部淡黄色。各节具4～7个小毛瘤，其上有1～2根毛。前胸背板前缘有1个近长方形黑褐色斑，中央有一条纵向黄色细线，后缘具有黑褐色小刺。尾板较硬化，色深。

图1-164　豹纹木蠹蛾

> **生活史**

豹纹木蠹蛾在浙江地区一年发生1代，跨越2个年度，多以成熟幼虫，少数以未成熟幼虫在寄主坑道内越冬，其生活史详见表1-62。

表1-62　豹纹木蠹蛾生活史（浙江杭州）

世代	3月 上中下	4月 上中下	5月 上中下	6月 上中下	7月 上中下	8月 上中下	9月 上中下	10月至翌年2月 上中下
越冬代	———	———△	———△△△ 　　　++	+				
第1代				●●● 　—	———	———	———	———

注：●卵；—幼虫；△蛹；+成虫。

> **生活习性与危害**

3月下旬，林间日平均气温达15.0℃左右，发育未成熟的越冬代幼虫出蛰危害，先在冬眠枝条中蛀食，待春季枝条萌发后，再转移到新梢继续危害。被害梢枯萎后，随即转移危害。春季气温回升不稳，时升时降，出蛰的幼虫对气温变化较敏感，气温升高，取食量增加；反之则减少或停食。

越冬代幼虫发育成熟后，预先向外咬蛀一个直径约6mm的近圆形羽化孔，随后吐丝缀取蛀屑制成一盖，封闭其孔，以防外敌侵入，随即在盖下的坑道内，吐丝缀连蛀屑，分别堵塞两端，即为蛹室。幼虫头部向下，先后在其中化蛹。蛹历期 20~23d。

越冬代蛹发育成熟后，借助每腹节两圈横行排列的齿突，蠕动至羽化孔下，顶破其盖。5 月中旬，越冬代成虫开始羽化。羽化时，蛹体 2/3 裸露出羽化孔外，几分钟后蛹壳头顶开裂，成虫随即钻出蛹壳，在被害枝上爬行数分钟后，停息，待体壁变硬，随即展翅飞离被害枝。成虫羽化以午后 16：00~20：00 为盛。羽化后次日，两性成虫即可交配，多在夜间进行，以 20：00~22：00 为盛。

交配后 1~2d，雌蛾多择树干与枝条、枝条与枝条的分叉处或嫩梢上的腋芽处产卵，卵多为成堆产出。每堆具卵 7~30 粒不等。每头雌蛾可持续产卵 3~5d。每头雌蛾产卵 500 粒左右，少数未经交配的雌蛾亦能产卵，但不能孵化。受精卵为粉红色，而未受精卵为淡黄色。成虫具趋光习性，飞翔能力较差，雄蛾飞翔能力略强于雌蛾。

卵经 15d 左右的发育，孵化为初孵幼虫。孵化均在白天进行，以 8：00~11：00 为盛。初孵幼虫弃离卵壳后，爬行 1~2h，寻觅侵入点。选定后，边啃食表皮组织，边吐丝结网，虫体隐匿网内，随后蛀入皮内组织。幼虫先蛀入嫩芽、叶脉和叶柄，后转蛀 1~2 年生枝条或树干。据孙永康在陕西调查发现（1988 年），初孵幼虫多数从核桃叶片主脉蛀入，由主脉蛀入叶柄，从叶柄进入枝条危害。幼虫蛀入枝、干后，先在近皮层的边材环蛀一周，旋即蛀入髓部，向下蛀食 0.5~1.0cm 的坑道，随后转向上钻蛀纵向坑道，间隔一定距离向外咬蛀排粪孔，不断将坑道内的粪粒清理出孔外。蛀孔处的边材遭环蛀后，仅残存一薄表皮相连，输导组织受到严重破坏，被害枝条 4~6d 即枯萎。幼虫从蛀入孔钻出，向下爬行，择枝重新蛀入，转移均在白天进行，每头幼虫可转枝危害 2~5 次。种群密度高时，被害树干上的当年生枝条可全部枯死。幼虫危害至 10 月中下旬，在最后一个被害枝的坑道底部休眠越冬。

> **发生、蔓延和成灾的生态环境及规律**

豹纹木蠹蛾幼虫钻蛀多种林木和果树的当年生枝条。该虫多发生于人工幼林内，其中疏林和林缘发生较为严重。

成虫飞翔和卵、幼虫、蛹借助接穗、苗木等调运进行区域内和远距离的传播蔓延。

70 肉桂木蛾（肉桂蠹蛾、堆砂蛀蛾）*Thymiatris loureiriicola* Liu

分类地位：鳞翅目 Lepidoptera 木蛾科 Xyloryctidae
主要寄主：香樟、肉桂、楠木。
地理分布：国内：上海、浙江、福建和海南等。

> **危害症状及严重性**

肉桂木蛾幼虫以钻蛀香樟等嫩枝为主,多从分叉处蛀入,吐丝缀粪粒和碎屑呈沙丘状堆积于蛀孔外,少数蛀食主干(图1-165)。幼虫常先蛀食嫩枝皮层近一圈,裸露木质部,被害圈外两侧树皮呈疣状隆起,旋即幼虫蛀入木质部,直达髓心,并向下蛀食。主枝被害后,造成枯顶,风吹即折,侧枝丛生。1~2m高的幼树受害后易枯死。幼虫还咬食寄主叶片。

图1-165 枝分叉处呈沙丘状粪屑堆

> **形态鉴别**

成虫(图1-166):体长15.0~20.5mm。体银灰色,头黄褐色。触角丝状,长约9mm,黄褐色。复眼黑色。喙退化,下唇须黄褐色,长约3mm,向上弯曲,成弧形。前翅近长方形,长为宽的3倍。前翅前缘具一黑色宽带,其宽度约为翅宽的1/3。除黑色宽带外,翅面布满银白色的鳞片。前翅顶角处具6~7个黄褐色斑点。后翅略呈三角形,灰褐色,近外缘黄褐色,具1条黑色细纹。前、后翅缘毛均为黄褐色。腹部披黄褐色毛。前、中足灰褐色,后足黄褐色。中足胫节端部具二距,内侧长,外侧短。后足胫节中部和端部均具二距,内侧长,外侧短,长距为短距的2倍。

幼虫:体长15.0~31.5mm。体漆黑色,具白色刚毛,长约5mm。体壁大部骨化。气门椭圆形。腹足趾钩三序环。

1-166 肉桂木蛾

> **生活史**

肉桂木蛾在浙江省杭州市一年发生1代,以成熟幼虫在香樟等寄主髓心中越冬。生活史详见表1-63。

表1-63　肉桂木蛾生活史（浙江杭州）

世代	4月 上中下	5月 上中下	6月 上中下	7月 上中下	8月 上中下	9月 上中下	10月 上中下	11月至翌年3月 上中下
越冬代	———	——— △	——— △△△ ++	+				
第1代			●	●● ———	———	———		

注：●卵；—幼虫；△蛹；+成虫。

> **生活习性与危害**

据1984年在浙江省杭州市中国林业科学研究院亚热带林业研究所观察，林间越冬代成虫始见于6月16日，终见于7月5日。成虫全日均能羽化，但以晴天6:00~11:00时羽化居多。据28头成虫观察，羽化时的日平均温度为26.7（24.9~28.6）℃，日平均湿度为87%（77%~92%）。羽化前，蛹移动至坑道口，顶破薄丝绒膜。成虫羽化后爬出坑道，蛹壳仍遗留在原坑道内，坑道口周围散落少量鳞片。成虫在坑道口有爬行、展翅等系列活动，约经25min，随即飞离寄主枝、干。成虫白昼均静伏于香樟叶背及小枝上。夜晚较活跃，飞翔能力较强，目测一次最远可达30m。两性成虫羽化后，第2d即可交配。交配呈"一"字形，交配时雌雄成虫均静伏于香樟叶片上。雌蛾鳞翅覆盖雄蛾体的1/3，交配历时4h以上。据对14头成虫的饲养观察，平均寿命为4.2d，雌雄性比为1:0.8。成虫具趋光习性。

据1984年林间调查，卵始见于6月20日，终见于7月12日。卵多2~7粒散产于香樟枝条分叉处，少数产于叶柄基部或树皮裂缝内。卵形如"汤罐"状，一端平截，一端圆，长径1.1mm左右，短径0.6~0.7mm。卵壳具方格形网纹。初产卵淡绿色，1d后变成红色，7~8d接近孵化时呈灰白色。卵平均历期为10.9d。

孵化时，初孵幼虫从平截面的卵膜处咬一圆孔，爬出。据1984年7月18日470粒卵的统计，孵化率为98.6%。初孵幼虫极其活跃，一受惊扰便吐丝下垂或迅速爬离。初孵幼虫钻蛀平均直径1.8mm的香樟细嫩枝，多从分叉处蛀入，吐丝缀粪粒和碎屑，呈沙丘状堵住蛀入孔口。随着虫龄增加，虫体随之增大，便由细枝向粗枝转移，整个幼虫期至少要转移危害3~5次。受害的枝上往往形成许多蛀孔及粪屑堆。幼虫从皮层近水平地蛀入髓心，并向下钻蛀，整个坑道成拐杖形。髓心内的坑道通直且光滑。坑道平均长度和宽度分别为3.5cm和4.1mm。幼虫除钻蛀枝条外，还钻蛀主干。

图 1-167　樟叶插入粪屑堆中

4龄后幼虫，夜间常爬至坑道附近的枝上，咬断叶柄，将叶拖至坑道口，插入粪屑堆中（图1-167），取食叶片。据1984年10月25日至11月19日观察（表1-64），平均每头幼虫取食叶片天数为15.3（10~19）d，日平均取食香樟叶面积为1.36~3.80cm²。被害香樟叶平均面积为13.22~19.93 cm²，日平均食叶率达11.21%~24.53%。夜间幼虫还爬至蛀孔口，啃食周围皮层。

表 1-64　肉桂木蛾食叶量测定（1984年）

虫号	食叶时间（日/月）	食叶天数（d）	日均食叶量（cm²/d）	平均叶面积（cm²）	日均食叶率（%）
1	25/10–10/11	17	1.36（0.72~3.22）	13.22（6.99~19.11）	11.21（3.77~32.35）
2	31/10–9/11	10	3.80（1.43~6.67）	17.28（6.92~24.37）	24.53（5.87~54.77）
3	1/11–19/11	19	2.33（1.08~7.17）	19.93（6.87~19.31）	17.08（8.10~42.79）

幼虫多在夜间蜕皮，并将蜕下的头壳，推到蛀孔外的粪屑堆上，由头壳的数量和大小可估计出枝、干内幼虫的龄期。幼虫发育成熟后，在坑道口吐丝筑一薄丝绒膜，封住坑口。幼虫潜居坑道底部，头部向上，化蛹其中。蛹体长18.5~22.0mm，头部顶端具一对角状突起。腹部第5~8节背、腹面具一环状齿列，第8节特别明显，第5~7节背面齿列近直线，其后另有1条近直线的齿列；第5~7节腹面齿列呈波形。化蛹初期蛹体黄色，尾部常附有成熟幼虫蜕下的残皮，后变为红褐色。蛹在坑道内可借助腹部的棘刺，上下蠕动。近羽化时，蛹蠕动至坑道口。成虫羽化后，蛹壳底部常留有残存的体液。

> **害虫发生发展与天敌制约**

球孢白僵菌寄生肉桂木蛾幼虫。

> **发生、蔓延和成灾的生态环境及规律**

肉桂木蛾幼虫钻蛀香樟等樟科（Lauraceae）树木枝条，多发生于通风透光良好的行道树林、四旁绿化树林和公园观赏树林15年生以下的植株。

成虫飞翔和以幼虫及蛹随寄生树木移植、调运进行区域内和远距离传播蔓延。

71 板栗透翅蛾（赤腰透翅蛾） *Sesia molybdoceps* Hampson

分类地位： 鳞翅目 Lepidoptera 透翅蛾科 Sesiidae
主要寄主： 板栗、栓皮栎、麻栎、薄壳山核桃和近年从国外引进的柳叶栎、纳塔栎等。
地理分布： 国内：山东、江苏和浙江；国外：日本等国。

▶ 危害症状及严重性

板栗透翅蛾幼虫钻蛀寄主干、枝的韧皮部和形成层，除横向蛀食嫁接伤痕处外，多为纵向蛀害。被害部位臃肿膨大，呈肿瘤状隆起，皮层开裂，主干下部受害较重；新梢停止生长，叶片枯萎凋落，严重时众多幼虫环绕韧皮部纵横窜食，坑道内充塞虫粪和蛀屑，致使被害处以上主枝枯萎或整株枯死（图1-168）。

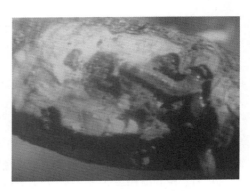

图1-168 板栗主干被害状

▶ 形态鉴别

成虫：体长15～21mm。雌蛾略大于雄蛾，体形似胡蜂。触角两端尖细，基半部橘黄色，端半部赤褐色，稍向外弯，顶端具一束由长短不同的黑褐色细毛组成的笔形毛束。下唇须黄色。头顶由着生于颈部的一排刷状黄色鳞毛向前覆盖，前胸背部亦由着生于颈部的一排黑色羽状鳞毛向后覆盖，在肩部形成1个"肾"形斑。中胸背面覆盖有橘黄色鳞毛。后胸、翅基及腹部第2～7节后缘的鳞毛均为黑色。翅透明，翅脉及缘毛褐色。腹部第1节前缘具向后覆盖的黑色鳞毛，后缘为1条细且鲜亮、鳞毛向前覆盖的橘黄色横带；第2、3节具着生于前缘，向后覆盖的赤褐色鳞毛；第4节至末节前缘，均具向后覆盖的橘黄色鳞毛横带。3对足胫节均着生黑色并混有赤褐色的长鳞毛，尤以后足胫节鳞毛最发达。雄蛾的鳞毛较艳，尾部具红褐色毛丛。

幼虫：体长40～42mm，污白色。头部褐色，稍嵌入前胸；前胸背板淡黄色，后缘中部具一褐色的倒"八"字形细斑纹。气门褐色，椭圆形；第8节气门是第7节气门的2倍。胸足3对，较粗壮；跗节褐色，尖削。腹足趾钩单序二横带，臀足趾钩仅1列。臀板浅黄色骨化，后缘有1个向前弯曲的角状突刺。

▶ 生活史

板栗透翅蛾在浙江地区一年发生1代，极少数两年完成1代。一年1代者，以2龄幼虫在被害处皮层下越冬，翌年3月中下旬出蛰，开始取食。生活史详见表1-65。

表1-65 板栗透翅蛾生活史（浙江淳安）

世代	3月 上中下	4月 上中下	5月 上中下	6月 上中下	7月 上中下	8月 上中下	9月 上中下	10月 上中下	11月至翌年2月 上中下
越冬代	———	———	———	———	——— △	△△△ +++	+		
第1代						●● —	●● ———	———	———

注：●卵；—幼虫；△蛹；+成虫。

> **生活习性与危害**

3月中下旬，日平均气温达13.3（8~17）℃，幼虫出蛰，恢复取食活动，多数沿原坑道一端纵向钻蛀，仅少数从越冬场所横向蛀食，边蛀边将粪粒排出树皮外。4月后幼虫多以纵、横和斜向等多种方式钻蛀，并逐渐向皮层深处蛀入。被害树干虫口密度高时，坑道出现相互交叉，互为连通现象，少数幼虫的坑道已近木质部。5月气温渐升高，幼虫蛀害加烈，坑道形式更为不规则，幼虫向外排粪最多。6月大部分幼虫已蛀透皮层到达边材表面。随着虫龄的增加，幼虫的蛀食量和潜食范围逐渐增大，粪粒和蛀屑充塞于坑道内，6~7月幼虫不再向树表排出粪粒。7月是幼虫蛀蚀最盛期，一头幼虫来回窜食板栗皮层，坑道长达10~17cm，宽达1.0~2.5cm，在其潜食的树皮上，可见到分布略均匀的4~5个排气孔，从孔内流出红褐色树液及排出不成形的排泄物。严重时，被害单株上幼虫数量多达十余头，甚至数十头。多头幼虫竞相蛀食，致使树体内被蛀成千疮百孔，树干周围的地面上出现成堆粪便。

8月幼虫发育接近成熟，逐渐排尽体内粪便，虫体略缩短变粗，体色由污白色变成黄白色，向树皮方向咬蛀直径5~6mm的近圆形羽化孔，仅保留表皮盖住孔口，以阻止天敌入侵，旋即在孔下，紧靠木质部表面的坑道内，吐丝缀连蛀屑及粪便，陆续结厚茧，化蛹其中。蛹体长14~20mm，微向腹部弯曲。腹部背面第2节具2横列微刺；第3~6节各有2横排短刺，前排粗大，后排细小；第8、9节各具1横排短刺，腹末周围有10余个短且坚硬的臀棘。初化蛹体黄褐色，近羽化时变为棕黑色。8月上中旬进入化蛹盛期。蛹历期20~27d。

8月中旬，越冬代蛹发育成熟，蠕动至羽化孔下，顶开羽化孔盖，露出1/2~2/3蛹体，旋即开裂胸背，成虫脱出蛹壳。近一半蛹壳遗留于羽化孔外，许久不脱落。成虫多在白昼羽化，以9：00~10：00为盛，一般雄蛾先于雌蛾羽化。成虫羽化后，在其树干上静息1~2h后，开始爬行并试飞。起先30min内，多次跳跃式预飞，随后远飞。成虫白天活动，以9：00~12：00最活跃。成虫飞翔能力较强，晴朗气爽的天气，林间常见成虫绕树飞翔。低温、阴雨天则很少活动。成虫具趋光习性，日暮后成虫栖息于树干和灌木杂草丛中。成虫羽化出孔后，当天即能交配。交配多在下午17∶00至天黑前进行，交配历时6～10h。交配后次日，雌蛾在树干上下爬动，多选粗皮缝隙、翘皮下，少数择树表皮或嫁接等伤口产卵。卵椭圆形，长约0.8mm，无光泽，一端稍平。初产为淡褐色，近孵化时变成赤褐色。卵多散产于树干下部，以距地1m高区域内为最多，约占总产卵量一半以上。每头雌蛾可产300～400粒卵。卵历期15d左右。成虫寿命为4～5d。

幼虫多在夜间孵化，1∶00～3∶00为孵化高峰。初孵幼虫在树皮缝隙或翘皮内，作一薄丝网，随后钻入皮层，并纵向蛀食。3d后，蛀孔处排出细小而松散的褐色虫粪，附于丝网上。初孵幼虫钻蛀的坑道呈线形。幼虫经一个月左右的蛀食、生长，至10月中旬发育成2龄幼虫，在其坑道内越冬。

➢ 发生、蔓延和成灾的生态环境及规律

板栗透翅蛾在板栗产区普遍发生，幼虫蛀害皮层。多发生于管理粗放，栗园内杂草丛生和生长势衰弱的林分。地势低洼、背风栗园及林内栽植稀疏、其他害虫伤害较重的植株受害较严重。

成虫飞翔和寄生苗木的人为携带和调运是区域内和远距离传播的主要途径。

72 白杨透翅蛾 *Paranthrene tabaniformis* Rottenberg

分类地位： 鳞翅目 Lepidoptera 透翅蛾科 Sesiidae
主要寄主： 毛白杨、银白杨、小叶杨、青杨、滇杨、北京杨、黑杨等杨树和垂柳等柳树。
地理分布： 国内：辽宁、吉林、黑龙江、内蒙古、陕西、甘肃、宁夏、青海、新疆、山西、山东、河北、北京、河南、江苏、浙江、江西、湖南；国外：欧洲、俄罗斯、蒙古、伊拉克、叙利亚和阿尔及利亚等。

➢ 危害症状及严重性

白杨透翅蛾幼虫钻蛀杨、柳树的枝梢和干，主要蛀害当年生枝条和幼树树干，尤以毛白杨和银白杨为烈。幼虫蛀害顶芽、主梢，致其萎蔫，失去顶端优势，萌生侧枝；钻蛀树干，致被害处组织增生，形成瘤状虫瘿，致其枯萎或风折。幼虫在韧皮部和木质部之间蛀食，形成坑道，切断树体水分、养分的输送，轻者影响树体正常生长，重

者被害株枯萎死亡。

> **形态鉴别**

成虫（图1-169左）：外形似胡蜂。体长11～20mm。头部半球形。下唇须基部黑色密布黄色绒毛。头和胸部之间有橙色鳞片围绕，头顶有一束黄色毛簇。触角近棍棒状，端部稍弯曲，雌蛾触角栉齿不显著，端部光秃，表面呈黄褐色；雄蛾触角具青黑色栉齿2列。胸部背面有青黑色具光泽的鳞片覆盖。中、后胸肩板各有2簇橙黄色鳞片。前翅狭长，其上有黑褐色鳞片覆盖，中室与后缘略透明；后翅全部透明。腹部圆筒形，末端略细，青黑色，具5条橙黄色环带。雌蛾腹末有黄褐色鳞毛一束，两边各镶有一簇橙黄色鳞毛。

幼虫（图1-169右）：体长30～33mm。黄白色，臀节背部略硬化，上具2个深褐色棘，略向背上前方钩起。腹足趾钩12～21根，排列成2横带，腹部第8节气门较前面7节为大，着生位置也略向上。

图1-169　白杨透翅蛾（左：成虫；右：幼虫）

> **生活史**

该虫在华东地区多为一年发生1代，少数为2代。一年1代者，以幼虫在寄主坑道内越冬。翌年4月上旬，越冬代幼虫恢复蛀食活动，4月下旬开始化蛹。5月上中旬，林间始见成虫。5月中下旬始见第1代卵。5月底6月初卵开始孵化，出现第1代幼虫，当年蛀害至10月下旬开始越冬。

> **生活习性与危害**

成虫羽化时，蛹体借助腹部背面横列的刺和腹末的臀刺，蠕动至坑道口，头部顶开堵塞的蛀屑和羽化孔外的树皮，待蛹体露出孔外 2/3 时，成虫随即破壳爬出。遗弃于羽化孔内外的蛹壳，经久不落，林中极易辨认。成虫均在白昼 8∶00～16∶00 羽化。羽化后的成虫，稍事停息后，伸展双翅，边爬行边颤动起飞。成虫飞行迅速，具较强的飞翔能力，喜绕林缘或林间稀疏寄主飞翔。成虫交配、产卵等系列活动均在白昼进行，夜间静栖于树冠枝叶丛中。成虫羽化当天即可交配，多在中午前后 11∶00～14∶00 进行。交配后的雌蛾多择 1～2 年生幼树树干上具绒毛的幼嫩枝条或树干缝隙、叶柄基部、伤痕、旧虫孔等处产卵。卵椭圆形，长径 0.6～1.0mm，黑色，具灰白色不规则的多角刻纹。产卵部位和产卵量与被害枝、干的粗糙程度和绒毛的多寡有一定的关系。粗糙者和绒毛多者，产卵量较高，受害程度较重。卵历期 10～15d。

幼虫孵化后，多在卵壳附近爬行，寻找适宜场所侵入，如从嫩芽蛀入。幼虫穿透整个组织，致嫩芽枯萎脱落。幼虫若从侧枝或主干蛀入，先在韧皮部与木质部之间蛀食，围绕枝、干钻蛀坑道，致被害处形成瘤状虫瘿。枝、干细时，蛀透周围组织，常致被害处断折；枝、干粗时，幼虫仅钻蛀半周后，随即蛀入木质部，并在髓部凿成纵形坑道，坑道均位于蛀入孔的上部（图 1-170）。幼虫边蛀边将蛀屑和粪粒排出树外，堆聚在蛀入孔外。幼虫蛀入树体后，通常不再转移，仅在树干枯萎，缺乏新鲜食料或枝、干折断时，才被迫转移至其他健康枝、干上危害。随着虫龄增加，蛀食量逐渐增大，坑道随之拓宽延长，坑道长度多为 4.0～10.0cm。越冬前，幼虫多在坑道底部，吐少量丝围住其体越冬。幼虫发育成熟后，在坑道端部吐丝缀结蛀屑，制成蛹室，封闭坑道，随后在其内化蛹。蛹体长 12～24mm，纺锤形，褐色，腹部第 2～7 节背面各有两排横列的刺；9、10 两节各具刺一排。腹末具臀棘。

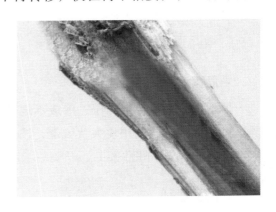

图 1-170　被害杨树枝髓心坑道

> **害虫发生发展与天敌制约**

狭面姬小蜂是白杨透翅蛾的体外寄生蜂。雌蜂用触角搜寻被害植株 2 龄以上的寄主虫孔，发现后随即钻进虫体产卵。卵单粒或几粒呈簇状产于幼虫体表，一般多产于寄主腹部的节间两侧，被寄生的幼虫体表有卵 20 余粒，最多达 90 余粒。该蜂是白杨透翅蛾的重要天敌。

其他天敌有透翅蛾绒茧蜂。

> **发生、蔓延和成灾的生态环境及规律**

白杨透翅蛾幼虫钻蛀杨、柳树的枝条和树干。多发生于苗圃或杨、柳人工林林缘或疏林内、城乡行道树和绿化林带内。

成虫飞翔和卵、幼虫、蛹随寄生苗木、幼树的移植进行区域内和远距离的传播蔓延。

73 烟角树蜂（烟扁角树蜂） *Tremex fuscicornis*（Fabricius）

分类地位： 膜翅目 Hymenoptera 树蜂科 Siricidae
主要寄主： 钻天杨、欧美杨和箭杆杨等杨树，柳树、榆树、榉树、水青冈、栎树、桦树、朴树、楸树、枫杨、龙爪槐、法国梧桐、臭椿、刺槐、槐树、梨和桃等多种林木和果树，尤以杨树、柳树受害最为严重。
地理分布： 国内：黑龙江、吉林、辽宁、内蒙古、甘肃、陕西、山西、宁夏、河北、北京、天津、山东、上海、江苏、浙江、江西、福建、湖南和西藏；国外：美国、加拿大、芬兰、日本、朝鲜和澳大利亚等国。

> **危害症状及严重性**

烟角树蜂幼虫钻蛀树干，形成不规则的纵横坑道，常造成树干中空，轻则树势衰弱；重则被害部位的树皮大块脱落，枝梢逐渐枯萎，直至整株枯死。该虫是我国园林和行道树的重要钻蛀性害虫。

> **形态鉴别**

成虫：雌、雄异型。雌虫（图1-171）体长16.0~40.0mm。唇基、额直至头顶中沟两侧前部黑色。触角中间几节，特别是其腹面，暗褐色至黑色。前胸背板红褐色；中胸背板红褐色，近似圆形。腹部第1节黑色，第2、3和8节为黄色，第4~6节前缘黄色，其余黑色。产卵管鞘黄褐色至红褐色。足基节、转节和中、后足的腿节黑色，前足胫节基部黄褐色；中、后足胫节基半部及后足跗节基半部黄色。雄虫体长11.0~17.0mm，体黑色，具金绿色光泽；

图1-171 烟角树蜂（雌）

有些个体触角基部 3 节红褐色；胸部与雌虫相似，但全为黑色。腹部黑色，各节略呈梯形。翅淡黄褐色，透明。前、中足胫节和跗节及后足第 5 跗节红褐色。

幼虫：体长 14.0 ~ 44.0mm，乳白色；圆筒形。头部黄褐色。胸足短小不分节。腹部末端褐色。

> **生活史**

烟角树蜂在浙江地区为一年发生 1 代，以幼虫在寄主坑道内越冬，翌年 3 月下旬出蛰，恢复取食活动，直至 8 月上旬，寄主坑道内仍见有越冬代幼虫危害。5 月上中旬少许幼虫发育成熟，开始化蛹，蛹期长达 4 个多月。6 月上中旬，始见越冬代成虫陆续羽化，直延至 10 月，林间仍见越冬代成虫活动。11 月下旬，第 1 代幼虫在潜食的木质部坑道内越冬，详尽生活史待深入研究揭示。

> **生活习性与危害**

越冬代成虫均在白昼羽化，以上午 8：00 ~ 12：00 为盛。羽化时，成虫从木质部蛹室斜向树皮方向咬蛀羽化道，并在树皮上咬直径约 5mm 的近圆形羽化孔，并扭动腹部，头、胸部先后伸出，随即足出孔，前足悬于空中，中后足撑于羽化孔两边，抽出腹部。出孔后的成虫频频地用足梳理双翅，随后在羽化孔周围爬行片刻后，抖动几下双翅，骤然起飞，飞翔能力较强，林间常瞬息而过，飞行高度达 10m 左右。林间一般雌蜂数量多于雄蜂。羽化孔多在树干上呈纵向排列，且集中分布。成虫在晴朗的白昼活动，无趋光习性。成虫羽化后 1、2d，两性成虫开始交配，多在寄主树冠顶部枝梢上进行。交配方式为背负式，历时较短。雌蜂寿命略长于雄蜂，一般为 7 ~ 8d。

交配后 1 ~ 3d，雌蜂开始产卵，多择距地高 0.5 ~ 2.0m 树干的光滑树皮上产卵，少数产于主枝上。产卵时，雌蜂将产卵器刺入韧皮部与木质部之间的界面中，卵多呈纵向单粒排列。卵椭圆形，长径 1.0 ~ 1.5mm，乳白色，稍弯曲，前端较细。每头雌蜂产 20 ~ 25 粒卵。产卵后，树皮表面出现直径约 0.2mm 的小孔，皮层下或边材表面易见 1 ~ 2mm 圆形或梭形的污白色、边缘略呈褐色的小斑。

卵经 30d 左右发育后，孵化为幼虫。多数产卵孔内，能孵化出 7、8 头幼虫。初孵幼虫从产卵处向木质部钻蛀，形成多条坑道。幼虫边蛀边将细密的白色蛀屑，紧密地充塞在坑道内。幼虫蛀至心材后，又斜向边材向外蛀蚀，形成不规则形坑道。潜居木质部内的幼虫期，长达 270 ~ 300d，被害植株全年均可检测到不同龄期的幼虫。幼虫发育成熟后，多在边材 15mm 深处，咬蛀蛹室化蛹。雌蛹体长 16 ~ 42mm，雄蛹体长 11 ~ 17mm。初化蛹乳白色，头部浅黄色；复眼、口器褐色；触角和翅紧贴于体腹面，翅盖于后足腿节上方，产卵器伸出于腹部末端，近羽化时体色与成虫相似。蛹期 30d 左右。

该虫危害，常造成寄主韧皮部沿蛀孔方向纵向开裂，树皮翘起；严重者大块树皮脱落，寄主逐渐枯死。

> ➢ **害虫发生发展与天敌制约**

褐斑马尾姬蜂、马尾姬蜂寄生该蜂幼虫，对害虫种群数量增殖有一定的制约作用。捕食性鸟类有灰喜鹊和伯劳等。

> ➢ **发生、蔓延和成灾的生态环境及规律**

烟角树蜂幼虫可钻蛀80余种林木和果树，最喜蛀食杨树、柳树。发生及危害程度与寄主生长势和立地环境密切相关，树势弱者比强者受害较重；行道树较山地、农田林网树受害重；阳坡较阴坡受害重。

成虫飞翔是区域内扩散的主要途径，以卵、幼虫、蛹随幼树移植、原木或木材调运进行远距离的扩散蔓延。

第四节　根茎及根系钻蛀性害虫

74　松幽天牛　*Asemum amurense* Kraatz

> **分类地位**：鞘翅目 Coleoptera 天牛科 Cerambycidae
> **主要寄主**：马尾松、黄山松、油松、华山松、红松、赤松，尚危害落叶松和云杉、鱼鳞云杉等。
> **地理分布**：国内：黑龙江、吉林、陕西、内蒙古、河北、安徽和浙江；国外：日本、朝鲜和俄罗斯等国。

> ➢ **危害症状及严重性**

松幽天牛幼虫钻蛀衰弱松树树干及其根部，其中主、粗侧根受害尤为严重。被害松干基部及根部常被蛀蚀一空（图1-172）。我国南方夏秋季节持续高温干旱、东南沿海强台风侵袭或马尾松毛虫、思茅松毛虫和松墨天牛等害虫猖獗危害后，松林内出现大量衰弱木，成为该虫发生有利生境，特别是松材线虫病疫区，罹病木的伐桩和伐根中寄生较多的松幽天牛幼虫，成为该虫扩散、蔓延的虫源基地，致使成片松林迅即萎蔫枯死。

图 1-172　松树基部蛀蚀状

图 1-173　松幽天牛

> **形态鉴别**

成虫（图 1-173）：体长 11.0~22.1 mm。体黑褐色，密披灰白色绒毛，腹面有光泽。触角短，长度仅达体长之半，第 5 节显著长于第 3 节。头上密集刻点。复眼凹陷不大。触角间有一明显纵沟。前胸背板两侧刺突呈圆形向外伸出；背板中央略向下凹陷。小盾片似长舌形，黑褐色。鞘翅黑褐色，顶端呈圆弧状，近前缘处有一些横皱；翅面上有 5 条纵向隆起线，以第 3 条最明显，两翅末端具倒"V"形缺。足短，其上密生黄色绒毛。

幼虫：体长 24.5~29.5 mm，圆柱形。体毛红棕色。头部圆。前额突出，具细纵纹，多粗刚毛；上唇红褐色，基部有长毛，中区光滑，侧区有短毛。前胸背板基部宽，前端有黄色横斑，侧区密生红棕色毛，中区红棕毛排成 2 横列，后区侧沟之间骨化板凸起，密布黄棕色微刺粒，散布有白色小圆点，基部白点较大或成长形。腹部侧区有较密的红棕色刚毛，背步泡突凸起，中沟明显，侧纵褶弯曲；腹步泡突有横沟；第 9 节背板密披绒毛，后端有一对尾突较大，锥状。

> **生活史**

松幽天牛在浙江地区为一年发生 1 代，跨 2 个年度，以幼虫在寄主树干基部和树根内越冬，生活史详见表 1-66。

表 1-66　松幽天牛生活史（1998 年浙江淳安）

世代	4月	5月	6月	7月	8月	9月	10月至翌年3月
	上中下	上中下	上中下	上中下	上中下	上中下	上中下
越冬代	--- △△	--- △△△ ++	--- △△△ +++	--- △△△ +++	+		
第 1 代			●●● —	●●● ---	●● ---	---	---

注：●卵；—幼虫；△蛹；+成虫。

> **生活习性与危害**

3月中旬，松幽天牛越冬代幼虫出蛰，恢复取食活动。4月中旬越冬代幼虫发育成熟，先后开始化蛹。林间蛹期较长，直至7月下旬尚能见到少数蛹。蛹历期近1个月。

5月中旬越冬代成虫开始羽化。树干基部羽化的成虫，钻出羽化孔后，先隐匿于树皮缝隙中；而根系内羽化的成虫出土后，先藏匿于土缝、杂草灌木根际，待体壁和翅变硬后开始活动。两性成虫交配多在白昼进行，以10：00～15：00居多。交配前雌成虫频频颤动，以吸引雄成虫。雄成虫靠近雌成虫后，不断用触角轻敲雌成虫背板，雌成虫旋即向前爬行，雄成虫随即追之，直至交配。交配方式为背负式，雄成虫不断抖动触角，而雌成虫在下静止不动。交配历时3～6min。交配后，雄成虫仍会追逐雌成虫，可多次进行交配。

林间调查和观察发现，该虫系从属的次期性害虫，在浙江地区幼虫钻蛀因松墨天牛、松材线虫等有害生物首先侵袭的虫害木、罹病木，或台风、持续冰冻雨雪等气象灾害引发的风倒木、衰弱木，或刚伐倒的原木，其中根部危害尤为严重。主要寄生于主根，次为粗侧根。2008年，作者与浙江省绍兴、上虞市林业局的森防人员，在上虞驿亭镇横塘村和丁宅乡华丰村松材线虫病疫区，各随机选择20株罹病马尾松伐根进行解剖。剖析显示，平均每个伐根具松幽天牛幼虫121头，其中伐桩（地上部分）占5.8%，根系（地下部分）占94.2%。马尾松伐根松幽天牛幼虫种群数量分布最高处为地下0～10cm区间，占根系内种群比率的23.8%（图1-174）。图中表明，随着松根向地纵向生长，松幽天牛幼虫种群数量逐渐降低。在被害马尾松根系中，松幽天牛幼虫种群分布最低区域为-1.0m。该虫除成虫外，其余虫态均生活于树干基部及地下根内，观察研究具一定难度，有关产卵、幼虫钻蛀寄主根部及化蛹等习性未作深入研究，检索文献亦未见报道。

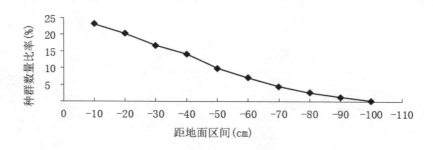

图1-174　马尾松根部松幽天牛幼虫种群数量分布

➢ 害虫发生发展与天敌制约

莱氏猛叩甲幼虫捕食寄主幼虫，在马尾松衰弱木上种群密度达 3~4 头/株，对该虫种群数量的增殖起一定的制约作用。

➢ 发生、蔓延和成灾的生态环境及规律

松幽天牛幼虫钻蛀马尾松等松树树干基部及根部，多发生于松墨天牛及其传播的松材线虫罹病株；冬春季持续冰冻雨雪及东南沿海台风等气象灾害引发的大量衰弱木而未及时清理的林分。该虫多与松墨天牛、松瘤象等蛀干害虫混同发生，引起被害松林块状或成片枯萎死亡。

成虫飞翔和以幼虫、蛹随木材和薪材等人为携带、调运可作近距离和远距离传播蔓延。

75 曲牙锯天牛（曲牙土天牛、土居天牛） *Dorysthenes hydropicus*（Pascoe）

分类地位： 鞘翅目 Coleoptera 天牛科 Cerambycida
主要寄主： 刺槐、柳、杨、水杉、枫杨、厚皮树、柑橘和甘蔗、棉花、花生及芦苇等林木、果树、农作物及杂草。
地理分布： 国内：内蒙古、陕西、甘肃、山东、河北、河南、江苏、浙江、湖北、湖南、贵州、广西和台湾。

➢ 危害症状及重要性

曲牙锯天牛幼虫潜居土中，啃食或蛀食苗木地下茎、根，常转株危害，轻者致寄主生理衰弱，重者整株枯萎死亡，是林木苗圃地及农作物的重要根系害虫。

➢ 形态鉴别

成虫（图 1-175）：体长 25.0~45.0 mm。体较阔，棕栗色至栗黑色，略具金属光泽。头部向前突出，微向下弯，正中具细浅纵沟。上颚长大似刃状，相互交叉，向后弯曲，基部与外侧具密集的刻点，尤以基部为多。下颚须与下唇须末节呈喇叭状。两眼间及头顶密具刻点，额前端有凹陷。触角12节，红棕色，基瘤宽大；雌虫较细短，接近鞘翅中部，而雄虫较粗长，超过鞘翅

图 1-175 曲牙锯天牛（雌）

中部，第 3～10 节外端角突出，呈宽锯齿状。前胸较阔，前缘中央凹陷，后缘略呈波状纹，侧缘具 2 齿，分离较远，后齿较前齿发达；表面密被刻点，尤以两旁较粗；中域两侧微呈瘤状突起，中央有 1 条细纵浅沟。小盾片舌形，基部两侧密具刻点。鞘翅基部宽，向后端部渐狭；外端角圆形；刻点较前胸稀少，刻点间密布皱纹；每翅微显 2、3 条纵隆线，翅周缘微向上卷。中、后胸腹板密生棕色毛。雌虫腹基中央呈三角形；雄虫腹端末节后缘披棕色毛，中央微凹。足棕红色。

幼虫：体长 58.0～60.0mm，体白色，粗大呈圆筒形，向后稍狭。头部近方形，向后稍宽，后缘中央浅凹。额前区隆突，表面多粗糙皱脊，额线伸向触角孔的端部消失，额前缘脊低钝，无齿突；上唇横卵形，前端密生粗短毛，后区色暗；上颚漆黑色，基半部具数根粗刚毛；下颚下层密生淡色短毛。触角 3 节，第 3 节细柱形，长略大于宽，第 2 节端部主感器扁而小。前胸横宽为长的 2 倍，前缘后有淡褐色横带。腹部步泡突光滑无瘤突；第 1～6 腹节侧板上有放射形侧盘；第 9 腹节光滑。足稍短于下颚须，锈色，有细毛。气门片上有约 10 个小而明显的缘室。

> **生活史**

曲牙锯天牛在浙江省淳安县林木苗圃地为一年发生 1 代，需跨越 2 个年度，以幼虫在土中越冬。翌年 4 月上旬越冬代少部分幼虫出蛰，恢复取食活动。4 月底 5 月初越冬幼虫开始化蛹。5 月下旬越冬代成虫开始羽化。6 月上中旬出现第 1 代卵。6 月下旬第 1 代幼虫开始孵化。幼虫危害至 11 月上旬开始越冬。

> **生活习性与危害**

越冬代幼虫发育成熟后，潜入寄主附近土内，多在距地面 3.0～6.0cm 深的土内，筑长约 4.0cm、宽约 1.0cm 的长筒形、内壁光滑的蛹室，在其内化蛹。蛹体长 30～50mm，3 对胸足钩刺明显，触角细长，雄蛹触角呈 "S" 形，从头部弯到腹背；雌蛹触角向腹部弯成弧形。初化蛹为乳白色，渐变成浅黄色，近羽化时上颚呈棕栗色，蛹体为淡棕色。成虫羽化后，滞留蛹室数日，待体翅发育变硬，于 6 月中旬，多择雨后晴天从土中钻出。白天成虫静栖于树冠。飞翔、交配等系列活动均在夜间进行。成虫具趋光习性。出土后 2～3d，两性成虫即可交配产卵。交配后的雌成虫多择苗圃地杂草较多或林中较潮湿的松软土壤，距地表 1.0～3.0cm 处产卵。卵长椭圆形，长径 3.0～3.5mm。初产卵乳白色，近孵化时变为灰白色。1 头雌成虫可产卵 150 粒左右。

幼虫孵化后，在距地 15～55cm 深的土层内咬食寄主茎、根表皮或钻入较粗的主根内蛀食。被害株初期生理衰弱，叶片萎黄；后期整株枯死。幼虫危害至 11 月初越冬。

有关该虫的生活习性及危害的详细信息有待深入探讨。

➢ 害虫发生发展与天敌制约

绿僵菌是该虫幼虫和蛹期的重要天敌,在温湿的生态环境中,对该虫的发生发展起重要的压制作用。

➢ 发生、蔓延和成灾的生态环境及规律

曲牙锯天牛为土栖的啃蚀、蛀根害虫,多发生于土壤较潮湿,经营管理粗放,杂草丛生的苗圃地。

成虫飞翔和以幼虫随苗木调运进行区域内和远距离传播蔓延。

第五节 木材、板材和林制品钻蛀性害虫

76 家白蚁（台湾乳白蚁） *Coptotermes formosanus* Shiraki

分类地位： 等翅目 Isoptera 鼻白蚁科 Rhinotermitidae
主要寄主： 杉木、毛竹、香樟、枫杨、刺槐、檫木、楠木、松、杨、柳、梧桐、法国梧桐、梨、桑、茶等多种树木、木材和房屋柱、梁等木质构件。
地理分布： 国内：安徽、江苏、浙江、福建、广东、广西、湖北、湖南、四川和台湾。国外：美国、日本、菲律宾、夏威夷和南非等地。

➢ 危害症状及重要性

家白蚁钻蛀多种四旁绿化、公园、社区庭院树木的树干和根系,致使寄主树势衰弱,逐渐枯死;危害房屋的木质构件,致柱、梁被蛀蚀一空,造成房倾屋塌。该虫还分泌蚁酸,腐蚀多种金属器件和各种电线电缆。家白蚁窜返于林地、室内,是一种土木两栖、城乡常见的严重的钻蛀性害虫（图1-176）。我国自淮河以南起发生该虫害,愈往南危害愈严重。

图1-176 家白蚁危害状

> **形态鉴别**

有翅成虫：体长 7.8～8.0mm。头部背面深黄色，胸、腹部背面黄褐色，较头色浅。腹部腹面黄色。复眼近于圆形，单眼长圆形。后唇基极短，形如一横条隆起，淡黄色。上唇淡黄色，前端圆形。触角 20 节，第 2～6 节长度略相等。前胸背板前宽后狭，前后缘向内凹，侧缘与后缘连成半圆形。翅淡黄色，前翅鳞大于后翅鳞，翅面密布细小短毛。

工蚁：体长 5.0～5.4mm。头部微黄色，胸、腹部乳白色。头前部略呈方形，而后部略呈圆形。后唇基很短，长度仅宽的 1/4，微隆起。触角 15 节。前胸背板前缘略翘起。腹部较长，略宽于头部，但不膨大，上被疏毛。

兵蚁：体长 5.0～5.9mm。头淡黄色，腹部乳白色，背面观头呈椭圆形，最宽处在头的中段以后，前、后端均较中段狭窄。上颚黑褐色，镰刀形，前部弯向中线，左上颚基部有 1 深凹刻，其前另有 4 个小突起，愈前者愈小，颚面其余部分光滑无齿。上唇近于舌形。触角淡黄色，14～16 节。前胸背板平坦，较头部狭窄，前缘及后缘中央均有缺刻。

> **生活习性与危害**

家白蚁是一种群体营土、木两栖生活的社会性昆虫。据其形态和职能，可分为生殖型的蚁王和蚁后；非生殖型的工蚁和兵蚁。蚁王、蚁后由有翅成虫（繁殖蚁）经分飞、脱翅、配对后产生，专司生殖；工蚁担负开路、建巢、取食并喂食蚁王、蚁后、幼蚁和兵蚁；兵蚁担负捍卫蚁巢及保护群体不受外敌侵扰的任务。

家白蚁的生存繁衍、延续种族均靠有翅繁殖蚁来完成。若群体发育到一定阶段，就会产生有翅繁殖蚁，当年羽化，当年分飞。在浙江地区每年 4～6 月是家白蚁蚁群的繁殖季节，历时 3 个多月，高峰期为 5 月中旬至 6 月上旬。分飞前工蚁先构建分飞所需的蚁道和分飞孔。分飞孔多筑于蚁巢上方，距巢约 10m 范围内。分飞孔的分布多呈断续的点状或条状。有翅繁殖蚁分飞，多择潮湿、闷热天气，下雨前后或下雨时的黄昏 19：00～20：00 进行，成千上万的有翅繁殖蚁从原群体蚁巢中迁飞出来。分飞历时 20min，飞翔高度可达几十米，距离达 100～500m。有翅成虫具强烈的趋光习性，多在 100～400m 范围内绕灯光飞舞。分飞过程中，碰撞障碍物或个体间相互触碰，即纷纷落地爬行、振翅、脱翅，雄蚁追逐雌蚁，配对后爬向墙角、柱底或树干等破损、裂缝适宜之所，钻入建立新巢。每年分飞多见 2～6 次。分飞是家白蚁群体扩散繁殖的主要形式。

家白蚁初建群体发展较缓慢，从分飞到当年年底，群体平均数量仅 40 余头，第 2 年发展到 50 余头，第 3 年发展至 1000 多头，直至第 8 年可发展到 8 万余头，巢内产生有翅繁殖蚁，开始进行分飞。

一对繁殖蚁在适宜的环境建巢定居后，经 5～12d 开始产卵。卵椭圆形，长径 0.6mm，短径 0.4mm，一端较平直。卵经一个月左右的发育，孵化为幼蚁，1～2 龄幼蚁依赖成年工蚁喂食；3 龄后幼蚁较活跃，且能自己觅食；4 龄幼蚁出现工蚁和兵蚁的分化。

家白蚁是一种喜温畏寒，喜湿畏水、喜暗畏光的昆虫。群体长期生活在隐蔽的环境中，工蚁的复眼、单眼均退化。外出寻食和取水，均需在事先用排泄物、泥土和食料等黏合、构建的蚁路和吸水管道中穿行。工蚁采食多择纤维素含量较高的食料。室外工蚁多取食树木主干、枯枝中的木质部；室内蛀食木屋的柱、梁、门框、木质家具和棉、毛、丝等原料及其制品。

家白蚁的生活与环境条件有密切关系。家白蚁生活的最适气温为 25～30℃，构建的蚁巢具有保温、保湿和防御天敌入侵的功能。蚁巢多建于阴暗背光、温湿适宜和背风避水又接近水源之处，便于吸水；周围食料丰富，利于随时采食。室内一般建于木柱与地面、木梁与墙体交接处或地板下；林间多筑于枯树树干芯或地下。蚁巢由木质纤维为主，掺入白蚁粪便、分泌唾液和泥土黏合而成。巢体多呈椭圆形，直径为 25～35cm。蚁巢外有泥壳保护，内具较多重叠的巢片，类似蜂窝状，可保温保湿。蚁巢有主巢和副巢之分，主巢仅一个，而副巢一般为 1～2 个，随蚁群的发展，副巢亦随之增多。主巢由较坚固的泥质材料构成的穴室，供蚁王和蚁后居住，蚁后在此巢内产卵，巢内有卵和幼蚁，巢体具通风孔；副巢则为工蚁采食过程中形成，巢体不甚紧密，无巢壳保护，内有工蚁和兵蚁，有翅蚁亦在此巢分群，巢体具分群孔。

> **害虫发生发展与天敌制约**

家白蚁的天敌种类较多，以捕食性的动物为主，尤其是有翅繁殖蚁分飞、分飞落地时常遭蝙蝠、壁虎、青蛙、蟾蜍和鸟的捕食，其中日本弓背蚁等蚁科（Formicidae）昆虫、蜥蜴和虎纹伯劳等鸟类，对该虫种群数量的增殖起一定的压制作用。

> **发生、蔓延和成灾的生态环境及规律**

家白蚁蛀食房屋建筑的木质构件、四旁绿化树木的木质部，是我国淮河以南地区城乡分布普遍，愈向南危害愈严重的钻蛀性害虫。该虫室内外频繁窜行取食、吸水、建巢等，多发生于阴暗、潮湿和通风不良的土木结构房屋，室外又存有衰弱木、枯立木、树桩等。年久失修的古旧建筑，如寺院等发生尤为严重。

有翅繁殖蚁的分飞进行近距离传播，而远距离传播主要借助被害原木、木材的无序运输。

77 家扁天牛（触角锯天牛） *Eurypoda antennata* Saunders

分类地位： 鞘翅目 Coleoptera 天牛科 Cerambycidae
主要寄主： 枫香、香樟、光皮桦、麻栎、桦树、杉木和松等干燥木材、房屋建材及木质家具。
地理分布： 国内：上海、安徽、江苏、浙江、湖南、广东、贵州、香港和台湾。

▶ 危害症状及严重性

家扁天牛幼虫蛀食枫香、杉木等干燥、半干燥木材及房屋建筑的木质梁、柱、楼梯、地板和家具等。被害木材外布满虫孔（图 1-177）；木材内坑道纵横，充塞大量蛀屑和虫粪，材质遭蛀蚀一空（图 1-178）。该虫是我国木材业、古旧房屋建筑和寺庙、名人故居等木质文物的重要钻蛀性害虫，受害严重房屋时有倒塌风险。

图 1-177　房柱外蛀孔　　　图 1-178　房柱内被害状

▶ 形态鉴别

成虫（图 1-179 左）：体长 15～30mm，极扁平。体棕褐至栗色，头、胸部黑褐或赤褐色，上颚及触角黑褐色，腿节棕红色。头部密生粗刻点，中央具 1 条细纵沟。触角间的额区有横凹陷。触角长达鞘翅中部之后，雌虫一般稍短于雄虫，柄节密布刻点，第 3 节长度约为第 4、5 两节长度之和，第 4 节以后各节约等长。前胸背板宽扁，两侧缘略呈弧形，向上卷，无锯齿；前缘略凹，后缘略呈波纹状，前角钝，后角不明显，圆形；胸面具 3 个微隆的光亮区域，中间一块大，略呈长方形，两侧各一，较小，呈不规则纵条形，中区刻点细稀，两侧刻点极细小，稠密。鞘翅与前胸近于等宽，鞘翅两侧平行，周缘具边框。每翅有 2 条纵脊线，翅面密布细刻点，刻点间有细皱纹。后胸腹板两侧密布细刻点，并着生黄色细茸毛。雄虫腹部末节后缘中部微凹，着生较密、细长的黄毛；雌虫腹部末节后缘平直，仅后缘着生较短、稀少的黄毛。足较粗短而扁平。

幼虫（图1-179右）：体长26～37mm。体淡黄色，头部暗褐色，缩入前胸较深。

图1-179　家扁天牛（左：成虫；右：幼虫）

> **生活史**

据余德才等在浙江省龙游市从异地迁建的古建筑民居苑观察，家扁天牛为一年发生1代，以2～4龄幼虫在寄主木材的坑道内越冬。生活史详见表1-67。

表1-67　家扁天牛生活史（浙江龙游）

世代	5月	6月	7月	8月	9月	10月至翌年4月
	上中下	上中下	上中下	上中下	上中下	上中下
越冬代	―――	―――	―			
	△△	△△△				
		++	++			
第1代		●	●●●			
			―――	―――	―――	―――

注：●卵；―幼虫；△蛹；+成虫。

> **生活习性与危害**

家扁天牛成虫6月中旬开始羽化，6月中下旬至7月上旬为羽化盛期。多在夜间羽化，以21：00至翌日凌晨02：00为盛。羽化后的成虫在蛹室内滞留12～24h，待体、翅变硬后，开始咬蛀长径7.6～18.4mm，短径3.8～9.0mm的椭圆形羽化孔。据余德才等调查，被害严重的房梁、柱，平均羽化孔数达76.5孔/m^2，最高达184.6孔/m^2。白昼成虫藏匿羽化孔内，夜间成虫爬出孔后，多在被害木材表面爬行，啃食孔外的周边木材以作补充营养，完成生理后熟。平均取食面积为1.3（0.1～10.9）cm^2。两性成虫交配多在夜间21：00时至翌日清晨7：00时进行。雌成虫背负雄成虫，边爬行，边交配。交配后的雌成虫多择缝隙或洞穴等隐蔽处，将卵单粒、条状或片状无规则地产于其中，极少数产于木材表面。6月下旬至7月初为产卵盛期。雌成虫平均孕卵量为80.2（27~148）粒。成虫雌雄性比为1:1.7。成虫寿命为8~15d。大多数成虫最终死于羽化孔等隐蔽处内，极少数裸死于空间。成虫活动期达1个多月时间。

卵经5~12d发育，开始孵化。初孵幼虫从缝隙、孔洞处蛀入木材，均顺着木纤维的排列方向，向下纵向蛀食，坑道扁平，长度和宽度分别为10.8~42.0cm和0.6~2.3cm，坑道内塞满粪粒和蛀屑，每条坑道内仅栖居1头幼虫。作者解剖一段54cm×21cm×16cm的被害房柱木，木材纵剖面坑道的累计面积占总剖面的37.2%，其内栖居家扁天牛幼虫达102头。检视发现，该柱木遭幼虫先后蛀蚀，柱内塞满大量陈旧和新鲜的粪粒和蛀屑，被害的古建筑已成随时会倒塌的危房。材内幼虫一直蛀食至11月中旬开始越冬。

> **害虫发生发展与天敌制约**

家扁天牛的天敌主要有球孢白僵菌和蚂蚁。前者多发生于高湿的环境中。2005年4~6月置于室外的2段被害房柱木，6月下旬解剖发现，球孢白僵菌寄生幼虫、蛹和成虫，自然感染率为12.6%。浙江梅雨季节的高温高湿利于该菌的生长繁殖，对该虫种群数量的增长起一定的压制作用。后者捕食该虫初龄幼虫。

> **发生、蔓延和成灾的生态环境及规律**

家扁天牛幼虫钻蛀干燥木材，喜食枫香、香樟和桦树等阔叶树木材，其次为松、杉等针叶树木材，多发生于古建筑的祠堂、庙宇、古旧房屋通风良好的梁、柱上。

成虫爬、飞行和以幼虫、蛹随木材，特别是古旧木料的携带和调运进行区域内和远距离传播蔓延。

78 褐粉蠹（竹扁蠹、竹粉蠹） *Lyctus brunneus*（Stephens）

分类地位： 鞘翅目 Coleoptera 粉蠹科 Lyctidae
主要寄主： 泡桐、杨树、柳树、栎树、桉树、桦树、梧桐、白蜡树、水曲柳、无患子和毛竹等多种阔叶树木材和竹材。
地理分布： 国内：陕西、宁夏、河北、河南、北京、天津、山东、江苏、安徽、浙江、江西、福建、湖南、湖北、广东、广西、四川、贵州、云南和台湾；国外：亚热带及热带地区，尤为东南亚地区一些国家常见的木材害虫。

> **危害症状及严重性**

褐粉蠹幼虫钻蛀多种阔叶树木材、竹材及密度板等板材，致使被害材内形成密集的坑道和空穴。蛀孔外堆积大量的白色粉状蛀屑，常散落地面。严重时材质内部被蛀蚀一空，仅残存表皮，一触即破，失去经济和使用价值（图1-180）。该虫是我国木材、家具和建筑物的重要钻蛀性害虫。

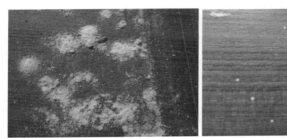

图1-180 被害板材的粉状蛀屑（左）及蛀孔（右）

> **形态鉴别**

成虫：体长2.2～6.0mm。体细长而扁平，黄褐色至赤褐色，密生金黄或黄褐色绒毛。头部密布小刻点。复眼黑色，略突出。上唇平滑，前缘凹入。额中央突圆。触角11节，基部5节圆柱形；第1、2节较发达；第6～9节较小，呈球形；第10、11节最发达，分别为梯形、卵圆形。前胸背板几无光泽，前略宽于后；前缘微凸，前角略圆，略呈"盾"形，表面布有小刻点及向四周倒伏的细茸毛，侧缘具较多的小微齿，中部有1条浅而宽的"Y"字形的纵凹陷。鞘翅较长，基部与前胸背板前方同宽，两侧平行，末端略圆形，有6条小刻点纵列，4条平滑的纵隆线。腹部6节，第1腹节较长，其长度略短于第2、3节之和。前足腿节粗壮，距发达，中、后足腿节较细长。

幼虫：体长6.0mm左右，淡黄色。头部半缩在前胸内。体呈蛴螬型。头部与腹面被有白色短毛。气门近于环形。

> **生活史**

褐粉蠹在浙江地区为一年发生1代，以幼虫在寄主蛀道内越冬。各虫态特别是幼虫期生长发育历期长短，与寄主的温、湿度和淀粉、糖分等营养源密切相关。越冬代幼虫多在4～5月化蛹，5～6月出现越冬代成虫。6月中下旬始见第1代幼虫蛀食危害。

> **生活习性与危害**

每年5～6月间，日均气温达23.8（21.0～26.0）℃，平均相对湿度为72.3%（51%～84%）时，越冬代成虫开始羽化，成虫具畏光习性。白天成虫出孔后，多潜伏于阴暗的缝隙；或出孔后不久，又钻入孔洞内。成虫交配、产卵等系列活动均在夜间进行。交配前，雄蠹先钻入缝隙或孔洞内，雌蠹随即进入，交配历时较短，两性成虫可多次交配。交配后的雌蠹，或在原寄主体内产卵；或弃离旧寄主，飞或爬至新寄主，在木、竹材或板材上不断爬行，寻觅缝隙或小孔等适宜的产卵场所，多次用产卵器刺入其内进行试探。找到适宜的场所后，即将卵产入其中。卵近圆形，乳白色，长径1.2~1.4mm。卵历期平均10d。成虫寿命15d左右。

卵经15d左右的发育，孵化为幼虫。初孵幼虫沿着木纤维排列的方向钻蛀，取食木、竹或板材内的淀粉和糖分。白昼幼虫多静栖于蛀道内，蛀蚀活动多在夜间进行。蛀道内充塞白色粉状蛀屑，并从蛀入孔排出材外，日久成小粉堆。被害材可遭受多代幼虫持续蛀害，危害严重时仅剩外皮，如用于建筑材，极易造成人体伤害。每年幼虫钻蛀至11月上中旬，开始在坑道内潜居越冬。幼虫历期320d左右。翌年清明后，越冬代幼虫开始化蛹。蛹体长2.2~7.0mm，前胸背板近方形，侧缘及前缘具细齿，腹部末端狭小，其上有小刺突一对。蛹期10~13d。

有关该虫生活史、生活习性与危害规律有待深入探讨。

➢ 害虫发生发展与天敌制约

异色郭公虫行动敏捷，爬行迅速，能作短距离飞翔，其幼虫在寄主坑道内捕食褐粉蠹；玉带郭公虫成虫多在被害材表面捕食褐粉蠹成虫，作为补充营养，被捕食者仅剩下体壳。这2种天敌对褐粉蠹种群数量的增殖，起一定的制约作用。

➢ 发生、蔓延和成灾的生态环境

褐粉蠹成、幼虫钻蛀干燥的木、竹材及各种类型的板材，尤喜蛀蚀实木板和密度板等，多发生于木材交易市场、仓库、房屋和和寺庙等古建筑。

成虫飞翔是区域内扩散的主要途径。成、幼虫可随木、竹材及板材、建筑构件和木质包装箱等人为携带和调运，进行远距离传播蔓延。

79 二突异翅长蠹（细长蠹虫）*Heterobostrychus bamatipennis*（Lesme.）

分类地位： 鞘翅目 Coleoptera 长蠹科 Bostrichus

主要寄主： 多种木、竹材及板材和合欢、紫檀、柏木、杞柳（红皮柳）、桑、木棉、橡胶树、杧果、柚木、荔枝和龙眼等林木、果树。

地理分布： 国内：安徽、浙江、福建、江西、湖北、广东、广西、四川、云南和台湾；国外：日本、菲律宾、印度、印度尼西亚、越南、老挝、斯里兰卡、马达加斯加、毛里求斯和科摩罗等国。

➢ 危害症状及严重性

二突异翅长蠹幼虫钻蛀木材、房屋的木制梁、柱、板壁等建筑物，形成长达 4.0cm、宽 0.7cm 的纵行坑道。虫口密度高时，常数条坑道相互交错，蛀屑和粪粒紧密充塞其中，被害的木材及其木制品外观可见明显的近圆形的侵入孔，孔口堵以紧密的粉状蛀屑（图 1-181）。成、幼虫还蛀害生长势衰弱林木、果树的枝条、树干，阻碍水分和养分的输送，致枝枯萎或整株枯死。

图 1-181　被害房柱侵入孔（富阳区常安镇项家村祠堂）

➢ 形态鉴别

成虫（图 1-182）：体长 9.0 ~ 15.0mm，体黑褐色至黑色，密被黄褐色贴伏的茸毛，圆筒形。头部边缘具细粒状突起。复眼较大。触角 10 节，锤部 3 节，长度超过触角全长之半，端节椭圆形。前胸背板发达，前缘呈弧状凹入，覆盖住头部，前缘两侧各着生 5 ~ 6 个锯齿状突起，左右对称，前半部密布颗粒状突起。鞘翅上刻点排列成行，具光泽，刻点间有短而细的软毛。鞘翅两侧近平行。鞘翅至翅后 1/4 处急剧收缩下降，上具一对钩形突。雄虫鞘翅末端两侧的钩形突较长而内弯；雌虫钩形突短且稍内弯。

幼虫：体长 6.0 ~ 12.0mm。体黄白色，体向腹部弯曲。头部大部分被前胸背板覆盖。上颚黑色，坚硬，圆锥形。体肥厚而圆润。

图 1-182　二突异翅长蠹（左：左雄右雌；右：成虫群体）

> **生活史**

二突异翅长蠹在浙江地区一年发生 2 代，以成熟幼虫在寄主坑道内越冬。翌年 4 月初越冬代幼虫出蛰，恢复取食活动。4 月下旬始见越冬代蛹。5 月中旬始，越冬代成虫陆续开始羽化。6 月初始见第 1 代卵，6 月上中旬第 1 代幼虫开始钻蛀危害。8 月上旬开始，第 1 代幼虫先后化蛹。8 月中下旬第 1 代成虫羽化。8 月底 9 月初出现第 2 代卵，9 月上旬第 2 代卵孵化为第 2 代幼虫，危害至 11 月中旬发育为成熟幼虫，进入越冬状态。

> **生活习性与危害**

二突异翅长蠹成、幼虫钻蛀木材、竹材、藤和生长势衰弱的树木。除成虫交配、产卵在外活动外，其余虫态均生活于寄主内。成虫羽化后，昼间隐匿于幼虫蛀害过的坑道内，夜间爬出坑道，在木材、竹质和藤质制品、伐倒木和衰弱树木表面钻蛀，形成直径约 5mm 的近圆形侵入孔。孔口至木质部，其坑道长度不等，孔口堵塞粉状蛀屑。两性成虫交配活动均在夜间进行，交配后的雌蠹返回原坑道内产卵，卵均散产，一条坑道内产 5～6 粒卵。成虫飞翔能力较弱，具弱趋光习性。越冬代成虫寿命较长，可达 60d 左右。第 1 代成虫寿命较短，25～35d。

幼虫孵化 2～3d 后开始钻蛀危害树木枝、干，先在皮层与木质部之间环形地钻蛀一圈，随后蛀入木质部，从上向下，多沿木纤维平行方向蛀食，坑道长度达 3.0cm～4.0cm、直径约 6 mm，弯曲并相互交错，坑道内充塞白色粉状蛀屑和排泄物，坑道的横切面多呈圆形。种群密度高时，被害房梁、柱子及家具等木制品外表密布近圆形的侵入孔，内部多被蛀成蜂窝状。第 1 代幼虫危害期较长，长 50～60d。

第 1 代幼虫发育成熟后在坑道底部化蛹。第 2 代幼虫蛀害至 11 月，发育渐成熟，在坑道内休眠越冬。

有关该虫详细的生活习性及危害规律尚待深入研究。

> **发生、蔓延和成灾的生态环境及规律**

二突异翅长蠹是生活于亚热带和热带地区的害虫，成、幼虫钻蛀原木、板材、竹材、藤材、胶合板及家具等，在浙江地区多发生于新建房屋通风较差的木质梁、柱和板壁内。成虫还聚集蛀害生长势衰弱的林木、果树。该虫是一种室内、外（林间）可往返窜害的危险性钻蛀害虫。

成虫飞翔是近距离扩散的主要途径。各虫态随木材及木包装箱进行远距离传播蔓延。

80 印度谷螟（印度谷斑螟、印度谷蛾、枣蚀心虫、封顶虫）*Plodia interpunctella*（Hübner）

分类地位：鳞翅目 Lepidoptera 斑螟科 Phycitidae
主要寄主：马尾松、黄山松、云南松、油松和油茶等花粉；核桃、山楂、无花果、枣、酸枣、枸杞、龙眼、桑、葡萄和桃、杏等果或果仁；人参、天麻、黄芪、合欢皮、厚朴、玄参等药材；稻米、小麦、玉米等谷物和面粉。
地理分布：国内：黑龙江、辽宁、新疆、陕西、山西、河北、北京、江苏、浙江、江西、湖北、湖南、广东、贵州和云南；国外：加拿大、美国、巴西、乌拉圭、阿根廷、摩洛哥、阿尔及利亚、突尼斯、希腊和土耳其等国。

> **危害症状及重要性**

印度谷螟幼虫钻入马尾松等松花粉片剂，山楂、大枣、枸杞和葡萄等干果，桃、杏和酸枣等果仁，合欢、厚朴皮等中药材储藏堆垛或容器内，吐丝结网，封闭整个堆垛或容器表面，边蛀食，边将大量粪粒排于其中，致使被害物发酵变热，产生霉变，渐发污臭，并滋生繁殖大量腐生性螨类，造成保健食品、干果和中药材严重污染（图1-183）。误食后，危害人体健康。该虫是我国林木保健制品、干果、中药材及粮食的重要仓储害虫。

图 1-183　幼虫蛀蚀致污染霉变的松花粉片剂（左）；玄参（右）

> **形态鉴别**

成虫（图 1-184 左）：体长 6~9mm，翅展 13~18mm，密被灰褐色及赤褐色鳞片。下唇须发达，向前平伸，下颚须细小如丝。触角丝状。复眼黑色。前翅狭长，近翅基部约 2/5 赭白至淡赭色，内横线较宽，不规则，外侧锈赭色至红褐色，翅中域暗褐色，亚端线不明显略弯曲，与翅外缘平行，淡铅灰色。后翅三角形，淡褐色具闪光，翅脉及翅端域色较深。

幼虫（图 1-184 右）：体长 10~13mm，圆筒形。头部淡赤褐色，两侧各有单眼 5~6 个。上颚有 3 个齿，中间 1 个最大。胸、腹部为淡黄白色或淡黄绿色。腹足趾钩双序环形。

 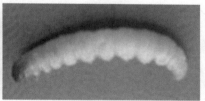

图 1-184　印度谷螟（左：成虫；右：幼虫）

> **生活史**

印度谷螟在我国长江以北一年发生 3~4 代，重庆地区 5~6 代，浙江地区一年 5 代，以成熟幼虫在室内包装箱、墙角、家具缝隙和纸堆等阴暗处越冬，浙江地区的生活史详见表 1-68。

表 1-68 危害松花粉片剂的印度谷螟生活史（浙江杭州）

世代	1~4月上中下	5月上中下	6月上中下	7月上中下	8月上中下	9月上中下	10月上中下	11月上中下	12月上中下
越冬代	— — —	— — △ △ + +	△ + +						
第1代		● ●	● ● — — — △ +	— △ △ +++					
第2代			● 	● ● ● — — — △ +	— △ △ +++				
第3代				● 	● ● ● — — — △ +	— △ △ +++			
第4代					● 	● ● ● — — 	— △△△ +++	+	
第5代							● ● ● — —	● — — —	— — —

注：●卵；—幼虫；△蛹；+成虫。

作者在浙江省杭州市富阳区中国林业科学研究院亚热带林业研究所实验室用马尾松花粉片剂饲养显示，越冬代，第1、2、3和4代成虫羽化期分别历经38d、21d、19d、42d和19d。第1、2、3和4代成虫羽化高峰期明显，分别集中于7月3~4日、7月29~30日、8月27~29日和10月5~6日；越冬代成虫羽化先后出现次、主两个高峰期，分别为5月12~13日和5月22~23日。印度谷螟各代成虫羽化规律，详见图1-185。

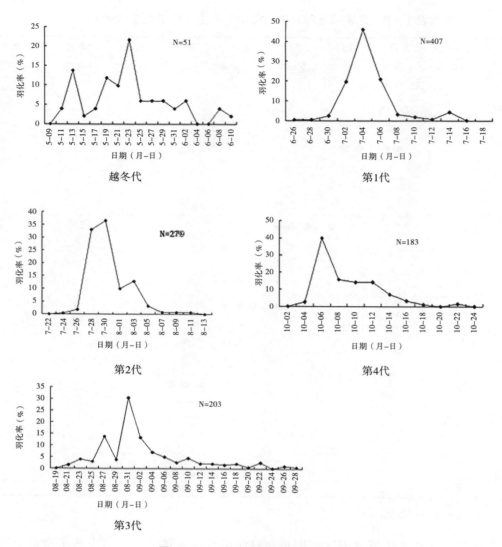

图 1-185 印度谷螟各代成虫羽化规律

成虫羽化时，双翅展开至水平覆盖虫体背面历经 8~11min。成虫昼伏夜行，行动活泼敏捷，饲养中稍不留意，即从微隙处溜飞。白天多停栖于室内墙壁上方或天花板上。成虫羽化后 2h 即可交配。交配活动多集中于羽化后的前 3d 进行。交配前，雄蛾围绕雌蛾高频率地扇动双翅，不断爬行，并用头部轻触雌体。交配时，雌蛾翅膀覆盖雄蛾后半部，呈"一"字形（图 1-186），雌蛾带着雄蛾不断爬行，寻觅隐蔽处。据第 1~3 代 40 对成虫测定，平均交配历期为 75.8（22~365）min/次。交配后雌蛾静栖，雄蛾在其周围不停爬行。成虫寿命平均为 8.0d，雌雄成虫性比为 1.0：1.2，见表 1-69。表中显示，第 2 代两性成虫寿命最短，为 6.2d，而第 4 代最长，为 10.1d，两者平均相差 3.9d。

交配后的雌蛾当天即可产卵。卵椭圆形，长约 0.3mm，乳白色，一端尖形，另一端略凹，表面具细刻纹。卵产在仓储制品表面或包装材料缝隙中，散产或堆产，通常10～40粒为一丛。每头雌蛾平均产卵量为128（43～238）粒。卵平均历期为4.9（4～7）d，卵平均孵化率为86%（72%～100%）。孵化期间的日平均气温为29.4（27～31）℃，平均相对湿度为70.3%（59%～81%）。

图1-186　印度谷螟成虫交配状

表1-69　印度谷螟1～4代成虫寿命比较测定

项目	总虫数（头）	雌虫数（头）	雄虫数（头）	两性平均寿命（d）	雌虫平均寿命（d）	雄虫平均寿命（d）	雌雄性比
第1代	248	122	126	7.3（3～16）	7.4（3～13）	7.3（3～16）	1.0∶1.0
第2代	104	42	62	6.2（3～12）	6.0（3～9）	6.4（3～12）	1.0∶1.5
第3代	130	60	70	8.4（3～16）	7.9（3～15）	8.9（3～16）	1.0∶1.2
第4代	162	76	86	10.1（3～30）	9.8（3～21）	10.3（3～30）	1.0∶1.1
平均				8.0	7.8	8.2	1.0∶1.2

初孵幼虫喜蛀食马尾松花粉片剂、干果和果仁等保健食品、果品及中药材，边蛀边将黄褐色粪粒排出蛀孔外（图1-187），最后将马尾松花粉片剂及其包衣（由羟丙甲纤维素、聚乙二醇等制成）、果品和中药材食尽。幼虫平均取食马尾松花粉量为0.055（0.012～0.288）g/头。成熟幼虫排出的粪粒呈圆柱状，平均长、横径分别为1.5mm、0.5mm。幼虫平均排粪量为0.040（0.021～0.049）g。大量粪粒与花粉片混杂在一起，发酵变热，导致花粉霉变，产生异味，渐变污臭，并滋生繁殖大量腐生性螨类（学名待定）。寄生螨类发育后期，爬离栖息场所，四周爬行向外扩散蔓延，污染环境。

图 1-187　马尾松花粉片剂被害状

印度谷螟幼虫爬行迅速，各代成熟幼虫爬行速度快慢顺序为：第 3 代 > 第 4 代 > 第 2 代 > 第 1 代 > 第 5 代（图 1-188）。5 代幼虫的平均爬行速度为 25.2cm/min，幼虫爬行中途一般不停息，直至寻觅到适宜取食、化蛹和越冬场所为止；如遇障碍或惊扰，略停，抬起头部，左右摆动，似寻找新路线。当食物缺乏或幼虫发育成熟后，就开始向外爬行迁移。当胁迫成熟幼虫留置被害片剂、干果或果仁等保健食品袋或中药材器皿内不让迁移，幼虫则沿袋或皿壁，群集爬行并吐丝，结白色薄丝膜，围裹整个空间（图 1-189）；然后幼虫分别钻入粪粒堆中，吐丝黏缀粪粒，结成长 9.0～13.5mm，宽 3.5～6.0mm 的黄褐色粪丝茧（图 1-190），密实地包裹虫体化蛹。如让成熟幼虫自行爬离被害物，则钻入室内包装箱、桌椅和墙壁等阴暗缝隙，以及书本纸页和乱纸堆等处化蛹，多数结成疏丝型薄茧；极少数为裸蛹，仅用一根丝粘附于纸张等物体上。蛹体长 5～6mm，复眼黑色，腹部略弯向背面，腹末着生 8 对尾钩。初化蛹为淡青色，约经 10h 逐渐变成黄褐色。蛹平均历期为 9.9（8～13）d。

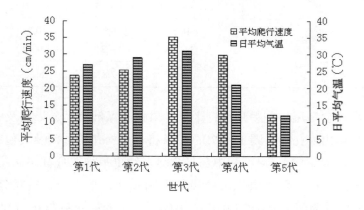

图 1-188　1～5 代成熟幼虫爬行速度测定比较

图1-189 薄丝膜

图1-190 粪丝茧

> **害虫发生发展与天敌制约**

麦蛾柔茧蜂为群居性的外寄生蜂,该蜂成虫产卵于印度谷螟幼虫体表,蜂蛆取食发育成熟后,即在寄主附近结茧化蛹,是印度谷螟的优势天敌。捕食性天敌有斑猛猎蝽。

> **发生、蔓延和成灾的生态环境及规律**

印度谷螟幼虫食性颇杂,可钻蛀多种林产制品、中药材和农产品,多发生于仓库和家庭居室较干燥、封闭的环境内。幼虫耐饥能力较强,缺食8d未见死亡;恢复供食,即能取食并正常发育,故幼虫渡过不良环境能力较强。

该虫成虫擅飞、幼虫善爬,具较强的向外扩散蔓延能力。远距离主要以卵、幼虫和蛹借助寄主及包装材料的无序调运,进行传播蔓延并形成灾害。近代世界各国间贸易频繁,该虫已成为世界性广泛分布的一种钻蛀性害虫。

第二章 人工林钻蛀性害虫发生及其灾害成因

第一节　我国人工林建设成就

我国是一个人口众多、生态较为脆弱、资源非常短缺的国家，包括林木资源。新中国成立后，经过70余年，特别是改革开放40多年的艰苦努力，林业建设取得了显著进展。40多年来，我国森林面积由1.15亿hm^2增加到2.2亿hm^2，森林覆盖率由12%提高到23.04%，森林蓄积量由90.28亿m^3增加到175.6亿m^3，森林植被总碳储量达91.86亿t，成为近20年来全球森林资源增长最多的国家。其中人工林面积由改革开放初期的0.22亿hm^2扩大到现在的0.795亿hm^2，在森林面积中的占比从19%上升到37.8%，贡献了大部分的森林增量，发展速度和规模均居世界第一。我国的人工林建设为减缓全球气候变化、维护国家生态文明与安全、美丽中国、森林城市建设以及乡村振兴作出了重要贡献，也是我国向全球兑现2030年前二氧化碳排放达到峰值、2060年前实现碳中和之承诺的重要依靠和保障。

根据经营目标不同，人工林营建有用材林、经济林、防护林、薪炭林和特殊用途林等不同类型林种，这些人工林为增加森林碳汇、建设更加美好的生态环境、提供优质的林产品、优化城市绿色空间及建设美丽乡村等创造出多重效益，为绿色发展开创了新局面，也使经济结构转型升级迎来新契机。

第二节　人工林建设弊端

因国民经济建设和应对全球气候变化、环境保护、生态修复与人居环境改善等的需求，几十年来，我国先后营建了众多不同功能和用途的人工林。在五大林种中，水源涵养林、水土保持林、防风固沙林、沿海防护林等防护林，国防林、母树林、实验林、种子园、环境保护林、风景林、名胜古迹林、纪念林、自然保护区林等特殊用途林被列为生态公益林，以最大限度发挥生态效益和社会效益为经营目标；工业原料林、速丰林等用材林，果用、食用、药用等经济林及薪炭林作为商品林经营，以追求最大经济产出为目标，满足人类社会不断增长的多方位需求。我国人工林建设虽取得了长足进展，但在营建过程及建后的保护管理中暴露出一些顽瘴痼疾。人工林均按人为目的刻意营造，营建的多为乔木纯林，且集中于少数当家树种，而非因地制宜进行乔、灌、草多品种搭配；除杨树、泡桐等人工林营建于平原地区外，多数树种的人工林种植于山区、丘陵，且多是在毁坏原生植被或次生植被的基础上发展起来的。这极易引发水土流失等次生灾害，丧失物种丰富度和多样性，导致局部生态失衡，尤其在石漠化、荒漠化或沙化等困难立地造林，对原生境的扰动或破坏更大，原生植被更难以甚至不能恢复。

随着种植面积的扩大和时间的推移，发现相比天然林，人工林抗逆能力弱，树种单作、纯化度高，针叶树种居多等一些生态环境脆弱性弊端日益显现，致使病虫害特别是一些林木钻蛀性害虫，如马尾松等人工松林内松墨天牛等钻蛀性害虫猖獗成灾，并携带传播松材线虫，在我国局部地区的松林内扩散蔓延，致使成片罹病松林萎蔫枯竭，酿成重大的生物灾害，耗费了大量的人力、物力和财力，迄今未能得到有效控制，并严重威胁黄山、庐山、普陀山、西湖、千岛湖等著名风景名胜区和散居各地的古松树的安全。又如2013年左右，三北防护林出现100多万亩杨树纯林大面积死亡现象，除去干旱等气象因素外，主要就是由光肩星天牛蛀害所致。

分析人工林钻蛀性害虫发生发展的主要因素为：

> **树种组成、群落结构单一**

人工林多为由一个树种或品系营建的同龄纯林。从已建成且成规模的杉木、杨树、马尾松、湿地松、火炬松、华山松、云南松、油松、泡桐和桉树等人工林来看，均属这一类林分。林分群落结构单一，遗传基础狭窄，生长状况和生理指标基本一致；为获得较高的林木蓄积量和经济效益，栽植密度普遍较高。这种生态环境为钻蛀性害虫的入侵、定殖、扩散和蔓延，提供了丰富的食物来源，利于钻蛀性害虫种群在短期内积聚，导致虫口密度迅速上升而形成灾害。

> **生物多样性降低，景观结构简单**

天然林植物种类有几十种，甚至几百种，构成一个复杂而稳定的群落体系，为鸟类和天敌昆虫等的栖息、生长和繁衍提供了丰富的食源和适宜的生存场所；而集中连片、单一树种的人工林，林相单调，结构简单，林下基本无灌木，地皮草本覆盖稀少，生物多样性降低。环境不适宜天敌的栖息繁衍，致使林木—钻蛀性害虫—天敌互相依存、相互制约的自然控制关系被打破或减弱。天敌种类少，种群数量低，无法发挥对钻蛀性害虫的自然控制作用，一旦外来钻蛀性害虫侵入，迅即爆发成灾。

> **抗逆能力弱，害虫适生寄主多**

适地适树原则落实不到位或错位，忽略或违反了林木健康生长的生理需求，林分密度过大，生长质量差，树势衰弱，抵御异常气候、外来有害生物入侵能力差。调研发现，局部地区易遭受台风、夏秋季连续高温干旱和冬、春季持续冰冻雨雪等极端气候灾害的侵袭，一些人工林对此抵御能力较差，灾害过后，常出现大量的衰弱木、濒死木、风倒木和雪压断木等，成为小蠹、象虫和天牛等钻蛀性害虫的适生寄主，短期内爆发成灾。黑松、马尾松等松树是松材线虫病的感病寄主，中龄和过熟的黑松、马尾松人工林生态系统脆弱，抗病性较差。松材线虫病自1982年传入我国大陆以来，已成为我国黑松、马尾松、云南松和湿地松等人工林有史以来最具毁灭性的一种森林灾害，松树感病后40d即可枯萎死亡。从发病到整片松树人工林毁灭，也只需3~5年时间。

> **人工林面积大，人为活动频繁，管理粗放**

我国人工林发展速度非常快，面积不断扩大，连绵成片，但林分质量不高，特别是三北地区防护林、东南沿海防护林等，由于自然条件欠佳或环境恶劣，树种选择、配置、栽植和利用方式不尽恰当，人为活动频繁，长期沿用传统粗放的经营管理模式，重造轻管，管理强度低，使人工林技术质量低下，生态功能较差，缺乏对有害生物的监测、预警体系和有效措施，防控技术落后，如遭遇外来天牛、小蠹、象虫和透翅蛾等钻蛀性害虫入侵、定殖，就会迅速扩散、蔓延，爆发成灾。

第三节　林木钻蛀性害虫的危害特点

> **生活隐蔽**

钻蛀性害虫在生长发育进程中，除成虫期进行补充营养、两性交配和孕卵雌成虫产卵活动暴露空间外，其余虫期多在林木及其制品组织内度过，生存环境、生活习性及发育进程十分隐蔽，早期难以觉察。部分种类在钻蛀过程中，虽能从排出蛀屑和粪粒，或被害部位及全株呈现萎黄色或枯萎症状，可借以发现危害发生并识别其种类，但已属晚期，丧失了防治的最佳时间。多数种类的成虫系夜行性昆虫，白昼均隐匿于不同场所，林间难以发现。

➢ 种群数量稳定增长

钻蛀性害虫繁育期的绝大部分时间，生活于寄主组织内部，受外界环境特别是气候因素影响较小，周围环境的天敌也难以侵入，种群数量波动不大。如食料资源充裕，虫口密度可稳定上升，一旦形成危害种群，数量常居高不降，短时间内即可酿成灾害。

➢ 聚集性

蛀干害虫是钻蛀性害虫中，种类最多、发生普遍、危害严重的一类害虫，涉及小蠹、天牛、象虫和白蚁等科害虫，其中多数种类的成、幼虫具有聚集蛀蚀林木皮层和木质部的习性。众多研究资料揭示，小蠹成虫在搜寻寄生林木过程中，若遇适宜寄主时，即释放出聚集信息素，招引同种或其异性聚集。白蚁类害虫营社会性的群体生活，整个群体具有成千上万个体，其中工蚁来回聚集寄主木质部寻食、取食。蛀干类害虫的聚集危害，导致寄主千疮百孔，腐朽不堪，结构强度等木材质量严重受损而无法利（续）用，造成严重的经济损失。

➢ 跳跃式传播蔓延

钻蛀性害虫的大部分虫期，栖息于树木组织内，可随着种子（种实害虫）、苗木（枝梢、蛀干害虫）、接穗（枝梢害虫）、原木（蛀干害虫）和制品（仓储害虫）等寄主（载体），作距离或近或远的快速调运，而呈现出跳跃式的人为传播、扩散和蔓延。由于检疫、监测措施及技术的滞后和落后，致使部分钻蛀性害虫及其传播的病害，在短时间内迅速扩散、流行，酿成重大的生物灾害。

➢ 危害严重

林木钻蛀性害虫，特别是蛀干害虫、蛀枝害虫钻蛀寄主韧皮部、木质部，穿凿成纵横坑道，破坏寄主养分、水分的输导和树木分生组织，早期极难察觉，延误防治的最佳时机。林木一旦遭受侵害，很难恢复生机，轻则树势衰弱，重则整株枯死。某些种类除本身钻蛀危害外，还作为媒介传染危险性病害，如松材线虫病疫区，松墨天牛成虫携带病原线虫，通过不同方式或途径进入健康松林，经补充营养取食，传染松材线虫病，引起健康松林毁灭性的自然灾害。林木钻蛀性害虫的危害对寄主的伤害及造成的经济损失多是不可逆的，包括宝贵的时间成本。

第二章 林木钻蛀性害虫的综合防控技术

第一节　综合施策

林木钻蛀性害虫涉及种类繁杂，其生活习性、寄主种类及其危害部位、程度和发生发展规律，呈现多样性、复杂性的特点。害虫通过自主、自然动力和人为传播等不同方式进行扩散蔓延，给林业相关部门的防控工作带来很大的难度，对森林的持续经营和林业的可持续发展构成重大威胁。随着我国林业的快速发展和国内外林业贸易活动的日益繁荣，为林木钻蛀性害虫的跨地区传播提供了便利条件，其发生发展更显随机和不可预测，隐患和漏洞增多，把控防范难度加大，危害活动及造成的灾害必将进一步扩大。

林木钻蛀性害虫的防控要认真贯彻落实"预防为主，科学治理，依法监管，强化责任"的方针和坚持"预防为主，标本兼治"的原则。针对不同类型虫种的生活习性、危害规律和发生发展的生态环境，应采取分类施策，辩证施治的防控方法。

多年的防控实践证明，林木钻蛀性害虫防治方法虽然众多，但每种方法都有其局限性，不能通过单一措施就能达到理想化的防治目的。林木钻蛀性害虫的防控是一项系统的防控工程，要从林业生态系统总体出发，根据林木钻蛀性害虫与环境之间的相互关系，充分发挥自然控制因素的作用，因时因地制宜，协调应用林业、生物、物理和化学等多种有效的防控技术和措施，将林木钻蛀性害虫的危害程度控制在经济损失水平之下，以和谐生态、经济和社会三者关系，达到最佳平衡并取得最大效益。

第二节　"适地适树"造林

生物与其生态环境的辩证统一是生物界的基本法则。适地适树就是指立地条件和树种特性相互适应，以充分发挥生产潜力，在当前技术经济条件下取得最佳效益。故造林前应充分了解所选树种的生物生态学特性，在满足其健康生长所需的生理条件和环境条件下才开始造林。忽略或违背了这些条件，无法满足所植林木对温度、湿度、光照及土壤酸碱度与养分的需求，导致林木因生态不适而生长缓慢，生长质量差，生长势衰弱，易招致小蠹、象虫、吉丁和天牛等钻蛀性害虫的大量侵入。

随着改革开放进程的不断深入和"一带一路"战略的实施推动，我国与区域国家乃至全球的经济贸易和科学技术等交流将更加频繁。因国民经济和人居建设的需求，从国外引进多种用途的树种，营建相应的人工林，必须遵循"适地适树"的原则进行引种。除需掌握该树种的生物学特性外，应了解、分析原产地的生态条件和环境条件是否与引种地相吻合。切勿盲目引进，造成引进树种"水土不服"，不能健康生长，出现生理衰弱，为钻蛀性害虫的发生、蔓延和成灾创造条件。2012年，作者应某省一林场之邀，对其从国外引植的北美枫香进行考察。考察发现，林内众多植株生长不良，树干多处向外流出大量具香气、近黑褐色的树脂，致使受害株处于濒死状态。经剖视可见，寄主韧皮部和木质部中寄生大量的小蠹（学名待鉴）。小蠹穴居周围积水，材质腐成褐色。蛀孔外周边凝结着白色树脂和白色蛀屑的混合体（图3-1），见之触目惊心！

图3-1　北美枫香枯死株（左）；取样观察（中）；蛀孔外凝脂（右）

从国内、国外不同地区引进各种用途的优良树种，不断丰富、发展林木种质资源是我国林业工作重要且长期的任务，对促进经济发展与生态建设具有重要意义。在保护现有资源的基础上，对引进树种的自然分布区或原有栽培区及引入的地理区域或新的环境要进行科学分析，从而决定引种与否，并选择与之匹配的树种。采用良种壮苗种植，实现工程化造林体系，进行集约化经营和管理，是我国林业发展的必经之路。

为弥补我国长三角沿海地区常绿型抗风耐盐树种资源稀缺，满足森林城市和美丽乡村建设需要，近年来中国林业科学研究院亚热带林业研究所陈益泰等研究人员，在科学地分析北美60余种栎树的基础上，选择出分布于美国东南部沿海平原和岛屿的常绿型抗风耐盐树种弗吉尼亚栎作为引进树种。美国东南部地区与我国长江中下游地区的气候、环境条件较相似,在国家林业局的资助下,2001年首先从美国引进弗吉尼亚栎种子在我国长三角地区开展引种试验研究,观察该树种的基本生物学及生态学特性,为栽培利用提供技术依据。经十余年在江苏、浙江和上海等地试种推广,该树种现已被大规模应用于沿海防护林工程建设和城乡绿化。作者曾参与该树种推广后害虫的调查,初步发现有60余种害虫,其中钻蛀性害虫有20余种,较严重的有星天牛、橙斑白条天牛、云斑白条天牛、疖蝙蛾和麻栎象,均为国内常见的钻蛀性害虫,均具备较成熟有效的防控技术和措施,未发现国外传入的危险性害虫。此树种和早期引入的湿地松、火炬松等国外松一样,是我国引种成功的范例,该树种十余年引种研究工作经系统总结后现编纂成《弗吉尼亚栎引种研究与引用》一书,已出版发行。

从国外或国内不同区域引进的树种,除进行严格检疫、检验,防止森林植物检疫对象传入外,应在需引种地区先进行小面积的隔离试种。经观察,未发现危险性有害生物,特别是林木钻蛀性害虫的寄生,且生长良好,方可进行大面积引种推广(图3-2)。

图3-2 外引树种(纳塔栎)隔离试种

第三节　营建混交林

营建混交林是保持生态平衡和防控钻蛀性害虫的基本营林措施。混交林与纯林由于树种组成结构不同，林内温度、湿度、光照和生物多样性等生态因子亦不同。混交林内生态系统较纯林复杂，生物种群结构趋于复杂化，有利于天敌昆虫、益鸟和多种微生物的生存和繁衍，害虫控制因素多，同时不同树种混交对钻蛀性害虫的传播具有生物抑制和阻隔作用。

基于我国林业生产的实际情况，株间和行间两种混交模式较难实施。造林设计或大面积单一树种人工林改建成混交林，建议采用多树种的条状或块状两种混交模式为宜，营建简便易行。选择树种时，主要树种和伴生树种不能互为害虫的转蛀寄主。本书第一章中较详细地列出了 80 种林木主要害虫的主要寄主种类及其学名，切忌把害虫的主要寄主作为主要树种的伴生树种，以防互为害虫的取食源，失去营建或改建混交林防控钻蛀性害虫发生、蔓延的目的。

第四节　加强检验、检疫

林木钻蛀性害虫种类繁杂，其生命的大部分时间匿身于寄主不同组织内，可随着寄主种子、苗木、原木、木材及林产品等载体，由一地进入另一地。随着林业生产的发展和商品经济的繁荣，国内及国外不同地区间的货物调运日趋频繁，必须加强对有害生物的检疫、检验，以法律、法规为依据，禁止带有林木钻蛀性害虫的种子、苗木、原木、木材及林产品在我国不同地区间或国际间进行调运，以防止特定林木钻蛀性害虫的人为传播，保护本地区和本国林木生产环境的安全。

本书所述 80 种害虫中，其中包含国家或省级有关主管部门分别发布的森林植物检疫对象、林业危险性有害生物，如松墨天牛（携带、传播松材线虫导致的松萎蔫病，引起松林毁灭性的自然灾害）、柳杉大痣小蜂、锈色粒肩天牛为"中国森林植物检疫对象"；家白蚁、星天牛、黑星天牛、光肩星天牛、栎旋木柄天牛、粒肩天牛、橙斑白条天牛、云斑白条天牛、粗鞘双条杉天牛、栗山天牛、松墨天牛、杉棕天牛、家茸天牛、双条合欢天牛、栗实象、麻栎象、剪枝栎实象、萧氏松茎象、多瘤雪片象、茶籽象甲、杉肤小蠹、柏肤小蠹、横坑切梢小蠹、纵坑切梢小蠹、白杨透翅蛾、咖啡木蠹蛾、栗瘿蜂均列为国家林业危险性有害生物名单；萧氏松茎象和疖蝙蛾分别列为四川省和浙江省补充检疫对象。为预防林木钻蛀性害虫的输出和传播，试验、推广的种子、苗木和其他繁殖材料，在调运之前都应进行产地检疫、检验。在被检材料中，鉴定出钻蛀性害虫或具症状者，应立即停止调运，进行除害处理，严防扩散、蔓延。

加强防范意识，严防危险性的林木钻蛀性害虫的侵入。严禁从松材线虫病疫区调运苗木、采摘穗条等繁殖材料及松制品（如包装箱）进入种子园、繁育中心、风景林、薪炭林和环境保护林等松属植物基地。

第五节　遏止毁林、伤林

马尾松、湿地松等松林，每年随着气温升高，树脂流动加快。一些不法分子受经济利益的驱动，违法盗割松脂，致使受害松株大面积树皮被剥，木质部大范围外露，植株养分和水分的输送通道被切断，被害株生长严重受损，长势衰弱乃至逐渐枯萎死亡。同时断面和流脂过程中弥散出大量蒎烯、萜烯等单萜烯类物质，招引天牛、象虫和小蠹等钻蛀性害虫聚集被害株和邻近松株，钻蛀危害并繁殖后代，成为虫源基地。应引起警惕的是一旦携带松材线虫的松墨天牛侵入危害（松墨天牛成虫对这些单萜烯类物质较敏感），并与本地土著同种天牛杂交，就有迅即传播、蔓延松材线虫疫病的风险。2012年2月，浙江省报业集团收到淳安县界首乡康源村村民盗割松脂举报，立即委派《今日早报》记者和作者实地调查（见附录五），发现有6000亩马尾松生态公益林遭受严重盗割（图3-3），被害松株树龄估计均在50年以上，现场统计林中已有枯死树111株。经调查、取样和鉴别，发现被害株及邻近株上寄生有松墨天牛、马尾松角胫象、纵坑切梢小蠹和阔面材小蠹（*Xyleborus validus*）等松类钻蛀性害虫的成、幼虫。盗者置法律、法规于不顾，为个人私利多次反复、过度盗割，不仅毁坏松林，严重破坏了生态安全，而且为重大的生物灾害留下隐患。

图 3-3　盗割松脂现场及被害松株惨状

违规盗伐林木后，被盗林地往往遗弃大量的枝条和残桩，从中散发出被害株次生代谢产物气息，引起天牛、小蠹、吉丁和树蜂等钻蛀性害虫聚集产卵，为此类害虫的发生、繁衍提供了有利的生态环境。这些枝条和残桩就成为虫源地，繁殖的害虫逐渐向周边林木扩散蔓延，形成局部危害，如不及时发现和清理，就会酿成重大灾害。

加强巡查，发现盗割松脂和盗伐林木等不法行为，不能等闲视之，除及时举报、依法处理外，对残存的伐桩和遗弃的枝条应及时清出林地。

第六节　林地清理与整治

我国疆域辽阔，局部地区发生的夏秋季连续高温干旱、冬春季持续冰冻雨雪和东南沿海省份台风侵袭等极端气象灾害，常造成森林，特别是人工林生态系统结构和功能的剧烈变化。连续高温干旱，林中出现较多的衰弱木、病死木和枯立木等；持续冰冻雨雪引发林木折干损冠、冰裂等；台风过境后，造成大量树木倒伏、折枝、断干和劈裂等伴生灾害，导致林木生长势极度下降，众多的折枝断干形成的伤口，释放出大量的林木次生性物质，诱引众多的天牛、小蠹、象虫、吉丁和树蜂等成虫聚集产卵、繁殖，此乃是气象灾害衍生的虫害。浙江省某一马尾松种子园，因遭受持续雨雪冰冻灾害，园内众多母树树冠和粗枝受压断裂，当年未及时清理而长时间遗留园中，成为钻蛀性害虫聚集繁衍场所，致使翌年园中 45 株健康母树因松墨天牛、马尾松角胫象和松瘤象等钻蛀性害虫聚集危害而枯死。

种子园、良种繁育基地和果园等建园初期，进行嫁接和矮化操作中，切割下的枝梢长久遗弃林中；建园后期因疏伐或因林内施工，砍伐的树干或枝条长期存放林中，均易引起钻蛀性害虫聚集钻蛀，此系人为造成的虫灾。前述马尾松种子园又因修建林道和架设电线杆等基建作业，十余株松树伐倒木放置园内近一年，松墨天牛、纵坑切梢小蠹等害虫群集钻蛀、繁殖，堆放地成为虫源基地，次年害虫迅速扩散到周边的健康松树，又使25株母树被害枯死。

疖蝙蛾、点蝙蛾、杉蝙蛾和柳蝙蛾（*Phassus excrescens* Butler）等蝙蛾是林木苗圃地和幼林的重要钻蛀性害虫。管理粗放、垃圾成堆、杂草丛生、灌木茂盛的苗圃地和幼林，是该类害虫生长繁衍的重要生境地。初龄幼虫均栖居于林下落叶层或腐殖质丰富的土中，吐丝缀叶成团，幼虫潜居其内取食，滋生发育。圃地内的灌木是蝙蛾幼虫转株危害或越冬的中间寄主，如疖蝙蛾中龄幼虫将大青、黄荆和野桐子等灌木作为转株危害和冬季的越冬寄主。为确保苗木健康生长，结合抚育管理，应及时清除圃地的枯枝败叶、垃圾和杂草灌木，垦复整地，破坏、清除蝙蛾等初龄幼虫在腐土内的繁殖环境。

第七节 人工防治

1. 人工清除潜叶、虫瘿、虫果、蛀枝和蛀干

钻蛀性害虫危害树叶、树枝、果实和树干时，被害处常显露出各自的危害症状，其内居有幼虫或蛹或成虫，应结合林间抚育管理，及时摘除潜叶、虫瘿、害果，修剪蛀枝，伐除害干，病枝病叶集中处理，以降低林内虫口密度，清除害虫的繁殖基地。苗圃、林木良种、经济林基地和风景名胜区等，针对各自发生的目标害虫，据其显露的外表症状，要及时开展清理，确保林木健康生长，取得最佳的经济与生态效益。具体清除方法参见表3-1。

表3-1 人工杀灭的害虫种类及时间和方法

害虫种类	显露的危害症状	处理时间	处理方法
山核桃花蕾蛆	雄花序弯曲、肿大、发黑；雌花蕾膨肿、变褐	4月下旬	剪除，焚毁
栗瘿蜂	栗芽呈翠绿或赤褐色虫瘿	4月中旬至5月中旬	摘除，焚毁

（续）

害虫种类	显露的危害症状	处理时间	处理方法
旋纹潜叶蛾	叶面出现圆形或不规则旋纹状褐斑	5~6月	摘除，焚毁
杨白潜叶蛾	叶面呈黄、棕黄或现黑褐色虫斑	12月至翌年3月	摘除，焚毁
柑橘潜叶蛾	叶卷缩，内具银白色蜿蜒虫道	7~9月	摘除，焚毁
茶梢尖蛾	叶现1~3个黄褐色潜斑或枯萎	11月至翌年3月	摘除，焚毁
芽梢斑螟	雄花梢萎折，球果底具白色丝盖	4月上旬至5月上旬	摘除，焚毁
微红梢斑螟	冬芽基出现蛀屑；主梢枯折；球果畸形	3~6月	摘芽、剪梢、摘果，焚毁
松实小卷蛾	梢钩形；僵果，蛀孔突呈漏斗状	4~6月	剪梢、摘果，焚毁
油松球果小卷蛾	梢枯黄，钩形；黑僵果，不脱落	4~5月	剪梢、摘果，焚毁
栎实象	被害栎实坠落地面	9~10月	搜集，焚毁
麻栎象	被害栎实具小蛀孔，坠落地面	9月	搜集，焚毁
板栗剪枝象甲	幼嫩果苞坠落地面	6~7月	搜集，焚毁
茶籽象甲	未成熟幼果坠地	8~9月	搜集，焚毁
梨小食心虫	害果坠地，蛀孔周围变黑腐烂	7~9月	搜集，焚毁
蚱蝉	枝条萎蔫、枯死	冬、夏季	剪枝，焚毁
橘光绿天牛	害枝具"箫管"状排粪通气孔	6~7月	修剪，焚毁
六星吉丁	害枝显现黑、暗褐色流胶或树皮爆裂	8~9月	修剪，焚毁
杉棕天牛	被害杉木、柳杉枯死	5~8月	砍伐，药剂处理
松墨天牛（非松材线虫病疫区）	松株枯黄，皮层蛀空，内塞硬块状蛀屑和粪粒	7~10月	砍伐，幼树焚毁；大树药剂处理
星天牛	树势衰弱，蛀孔外附粪粒，干基地面堆聚黄褐色虫粪	8~9月	砍伐，药剂处理
光肩星天牛	树势衰弱，被害树干显现"虫疱"	7~9月	砍伐，药剂处理
黑星天牛	枝干枯萎，附成团粪粒、蛀屑	8~10月	剪枝、伐干，焚毁
松瘤象	根际大量白色粉状蛀屑，枯死	7~9月	砍伐，药剂处理
萧氏松茎象	树基紫红或白色块状流脂，枯死	7~9月	砍伐，药剂处理
刺角天牛	害干蛀孔外悬吊粘条粪便；干基地面粪便成堆	7月至翌年6月	砍伐，药剂处理
栎旋木柄天牛	栎干同向具一排粪孔，附粪粒	7~10月	砍伐，药剂处理
粒肩天牛	树势衰弱，叶小而薄；被害枝、干树皮臃肿或开裂，具圆形排粪孔	9月至翌年7月	砍枝或伐干，药剂处理
锈色粒肩天牛	被害枝、干蛀孔外附聚粪粒，害处树皮常脱落	8月至翌年7月	砍枝或伐干，药剂处理
橙斑白条天牛	被害株树叶小而枯黄，干基地面布满大量白色蛀丝和褐色粪粒	8月至翌年7月	砍伐，药剂处理
云斑白条天牛	树势衰弱；叶稀小；树皮肿胀，纵裂成口；口外附粪粒和蛀屑	7~9月	砍伐，药剂处理
削尾材小蠹	被害株树皮肿大，皮孔膨大，蛀孔皮层腐烂变色	7月前	剪除害枝或伐除害干，焚毁
杉肤小蠹	杉干密集蛀孔并附流脂、蛀屑	3~4月	伐，剥皮，药剂处理
罗汉肤小蠹	杉干密集蛀孔并附流脂、蛀屑	3~4月	伐，剥皮，药剂处理

(续)

害虫种类	显露的危害症状	处理时间	处理方法
纵坑切梢小蠹	松干密布蛀孔并附凝脂、蛀屑	4~5月	伐，剥皮，药剂处理
横坑切梢小蠹	松干密布蛀孔并附凝脂、蛀屑	4~5月	伐，剥皮，药剂处理
疖蝙蛾	苗木或幼树干、枝具块或环状粪屑苞	5月至翌年7月	砍伐或修剪，焚毁
点蝙蛾	苗木或幼树干、枝具块或环状粪屑苞	7月至翌年10月	砍伐或修剪，焚毁
杉蝙蛾	苗木或幼树干、枝具块或环状蛀屑苞	6月至翌年10月	砍伐，焚毁
板栗透翅蛾	被害枝瘤状隆起，皮层翘裂	5~6月	修剪，焚毁
咖啡豹蠹蛾	被害枝在环蛀处折断，并下垂、悬挂	7~9月	修剪，焚毁

2. 人工直接捕捉或震动树冠捕捉成虫

成虫是害虫个体发育的最后一个虫态，性发育完全成熟，是种群延伸发展的"关键虫态"。上一代害虫发育至此结束，下一世代由交配后的雌成虫产卵开始繁衍。捕杀成虫是降低林内虫口密度的重要技术措施。鉴于钻蛀性害虫中，某些种类的成虫具有在树干上爬行、交配和产卵等行为习性；或栖息于树冠，并具假死的生活习性，为人工捕捉或震落杀灭成虫提供了有利条件。在某些人工林中，针对常发或突发性的钻蛀性害虫，尤其是天牛科害虫，采用此法防治，简便可行。有关捕杀时间和方式等，详见表3-2。

表3-2　林木钻蛀性害虫成虫捕杀时间及方式

种类	日期	时间	成虫行为、习性	方法
松幽天牛	6~7月	11:00~15:00	树干爬行	捕捉
星天牛	6~7月	8:00~15:00	树干基部爬行、交配和产卵	捕捉
黑星天牛	6~7月	9:00~12:00	树干爬行、交配	捕捉
光肩星天牛	7~8月	8:00~12:00	树干产卵	捕捉
栗山天牛	6~7月	11:00~13:00	树干爬行	捕捉
橙白条天牛	6~7月	14:00~16:00	树干爬行、交配、产卵	捕捉
云斑白条天牛	5月	5:00~6:00	成虫羽化出孔	捕捉
杉棕天牛	10月	8:00~10:00	树干爬行、交配	捕捉
橘褐天牛	5~6月	傍晚	树干爬行、交配、产卵	捕捉
橘光绿天牛	5~6月	白天	栖息树冠枝桠间	捕捉
栎旋木柄天牛	6月	9:00~11:00	羽化出孔，树干来回爬行	捕捉
锈色粒肩天牛	6~7月	夜间	树干爬行、产卵	捕捉
粒肩天牛	7~8月	白天	栖息树冠，具假死性	震落
薄翅锯天牛	7月	白天	栖息树冠，具假死性	震落
茶籽象甲	5~6月	白天	栖息树冠，具假死性	震落
六星吉丁	6月	白天	栖息枝叶间，具假死性	震落
栗实象	8月	白天	栖息树冠，具假死性	震落

第八节　趋性诱杀

1. 灯光监测和诱杀

趋光性害虫的复眼视网膜具有一种色素，对波长 365nm 紫外线辐射非常敏感，能引起光反应，并刺激视觉神经，通过神经系统支配害虫振翅飞行，趋向光源，而黑光灯能发出 330～400nm 的紫外光波，在夜晚具有强烈的引诱作用。林木良种基地、经济林基地和苗圃等，引用灯光诱捕法，不仅可监测目标钻蛀性害虫成虫种群数量动态，还可有效地降低下代虫口密度。频振式或太阳能诱虫灯可在林内较空旷处设置（图 3-4）。

图 3-4　频振式诱虫灯（左）；太阳能诱虫灯（右）

据在浙江省淳安县国家马尾松种子园内试验，其主要林木钻蛀性害虫中具趋光性的害虫种类有 22 种，隶属于 4 目 8 科，见表 3-3。此表内所列的"灯光诱杀时间"为每种害虫的越冬代或第 1 代成虫或越冬代 + 第 1 代成虫的林间发生时间，非全年成虫发生的时间（有的害虫一年发生 3 代以上）。林间诱杀成虫，降低下代虫口密度，从经济角度考虑，发生世代较多的害虫，重点诱杀越冬代、第 1 代成虫即可。

表 3-3　采用灯光诱杀的钻蛀性害虫种类及诱杀时间

目	科	种类	钻蛀部位	灯光诱杀时间
同翅目	蝉科	蚱蝉	嫩梢	7～8 月
等翅目	鼻白蚁科	家白蚁	房屋梁、柱、树干	5 月上旬至 6 月中旬
	白蚁科	黑翅土白蚁	树干	5～6 月
		黄翅大白蚁	树干	5～6 月
鞘翅目	天牛科	短角幽天牛	树干、枝条	5～6 月、7～8 月
		松墨天牛	树根、树干、枝条、	6 月中旬至 8 月上旬

（续）

目	科	种类	钻蛀部位	灯光诱杀时间
		松幽天牛	树根、树干	5月下旬至7月中旬
		星天牛	树干、枝条	5~6月
		薄翅锯天牛	树干	6月下旬至7月下旬
		家茸天牛	树干、枝条	6月
		小灰长角天牛	树干、枝条	5月下旬至7月下旬
	象虫科	马尾松角胫象	树干、枝条	5月下旬至6月中旬、7月下旬至8月上旬
		多瘤雪片象	树干、枝条	4~6月
		松瘤象	树根、树干	5~7月
鳞翅目	卷蛾科	松实小卷蛾	球果、嫩梢	3~4月
		油松球果小卷蛾	球果、嫩梢	3月中下旬
		杉梢小卷蛾	嫩梢	4~5月
	螟蛾科	桃蛀野螟	果实	5月上中旬、6月上中旬
		微红梢斑螟	球果、嫩梢	5~6月
		芽梢斑螟	球果、嫩梢	5月下旬至6月下旬
	木蠹蛾科	咖啡豹蠹蛾	树干、枝条	5月中旬至6月中旬
		豹纹木蠹蛾	树干、枝条	5月中旬至6月上旬

监测林内钻蛀性害虫成虫种群数量变动规律，需各代成虫期全程监测，才能获得系统数据。每天19：00~24：00开灯，间隔1d收集诱捕的害虫，按"形态鉴别"特征，鉴定虫种，统计每一种目标害虫的雌雄数量。首次捕获日为该虫林间活动始期，而最后捕获日为林间活动末期。捕获量最高日为盛期，绘制成曲线图，即为该虫的林间种群数量变动规律图。人工林采用灯诱成虫，在钻蛀性害虫标本采集、虫种鉴定、检查检疫和害虫防控上具有兼容优势。

作者于2011—2012年连续两年，在浙江省淳安县姥山林场国家马尾松良种基地设置2台频振式诱虫灯，监测基地内的芽梢斑螟和松墨天牛成虫种群数量变动规律，并诱杀成虫，降低林内下一代虫口密度（图3-5）。

图3-6显示，2011年该基地内，芽梢斑螟成虫林间活动始期为5月31日，末期为7月20日，历期51d。当年该成虫种群数量变动曲线明显呈双峰型，主峰为6月20~22日，诱捕率为27.3%；次峰期为6月26~28日，诱捕率为16.6%。2012年林间芽梢斑螟成虫活动始期为6月4日，末期为7月31日，历期58d。该年成虫种群数量变动曲线亦明显呈双峰型，主峰期为6月20~22日，诱捕率为24.3%；而次峰期为7月8~10日，诱捕率为12.8%。

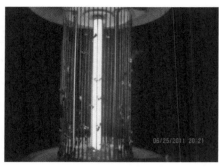

图 3-5　灯诱及效果检查

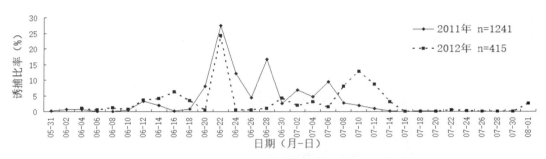

图 3-6　芽梢斑螟成虫种群数量变动规律（浙江淳安）

前后两年的监测和诱杀显示，前者诱获的芽梢斑螟成虫数量为 1241 头，而后者诱获的数量为 415 头，已显著减少。两年相比，通过灯诱降低林内芽梢斑螟种群密度为 66.6%。

监测数据显示，2011 年该基地，松墨天牛成虫诱获时间，始于 6 月 18~22 日，终于 9 月 14 日，高峰期在 7 月 24~28 日，诱捕率为 22.4%；2012 年始于 6 月 6~10 日，终于 9 月 26~30 日，高峰期为 8 月 9~13 日，诱捕率为 50.8%。

多年研究资料显示，松墨天牛雌成虫的平均产卵量为 159.1（92~307）粒。试验表明，前后两年诱杀的松墨天牛雌成虫数量分别为 40 头和 59 头。从理论上推算，试验林内通过灯光诱杀，前者平均减少卵粒 6364 粒；后者平均减少卵粒 9386.9 粒，显著降低下一代松墨天牛的虫口密度，减轻其危害。

2. 引诱剂监测和诱杀

> 蛀干类害虫引诱剂和诱捕器的研制

林木钻蛀性害虫成虫的众多行为，是受化学信息素调节和控制的。林木钻蛀性害虫成虫对化学信息素的感受主要依赖其触角。触角是一个高度专一，极其敏感的化学检测器，能从错综复杂的环境气味中，识别出与栖息和生存相关的某些特异性气味物质。寄主植物的挥发性物质对害虫的飞行、取食、交配和产卵等行为起着重要的导向作用。

笔者曾仿照马尾松断梢、断干释放出的 2 种主要单萜烯：α-蒎烯和 β-蒎烯，3 种主要酵解物：乙醛、丙酮和乙醇，经多次多地试验，研发出以松墨天牛为主体的蛀干类害虫引诱剂（又名 M99 引诱剂，系 1999 年研制）和折叠式诱捕器。

蛀干类害虫引诱剂的主要组分及其配比为：α-蒎烯：β-蒎烯：乙醇：丙酮：乙醛 =45%：5%：20%：15%：15%。

折叠式诱捕器系由铝板制成，高 75cm，直径 40cm，中间为两片对插挡板，挡板中间镂空，可装置诱芯（即 300ml 蛀干类害虫引诱剂），顶部为伞形防雨罩，下部为一漏斗，漏斗下挂 400ml 集虫杯。见图 3-7。

图 3-7　蛀干类害虫引诱剂（左）；折叠式诱捕器（右）

> 林间监测和诱杀试验

林间诱捕器设置：诱捕器悬挂于林间空旷处，距地高 1.5m。经林间松墨天牛成虫标记释放，引诱剂诱捕回收试验显示，蛀干类害虫引诱剂的有效诱捕半径为 70m，故林间诱捕器间距以 140m 为宜。使用时集虫杯中置少量肥皂液，以阻诱虫逃逸。

收集诱捕的害虫：定期收集集虫杯内的害虫，如用于害虫种类及其种群数量动态监测，应每天收集 1 次，鉴别害虫虫种、性别及计数；如用于害虫诱杀，可间隔 5d 收集 1 次，鉴别目标害虫性别及计数即可。

通过连续 2 年在马尾松等松树林间多批次、多地点诱捕试验显示，蛀干类害虫引诱剂主要诱捕以危害马尾松为主的鞘翅目类的钻蛀性害虫，涉及 8 科 49 种（表 3-4）。

表 3-4　蛀干类害虫引诱剂诱捕的钻蛀性害虫种类

科	种类
天牛科 Cerambycida	松墨天牛 *Monochamus alternatus* Hope
	松幽天牛 *Asemum amurense* Kraatz
	短角幽天牛 *Spondylis buprestoides*（L.）
	小灰长角天牛 *Acanthocinus griseus*（Fab.）
	樟泥色天牛 *Uraecha angusta*（pascoe）
	栗山天牛 *Mallambyx raddei* Blessig
	粒肩天牛 *Apriona germari* Hope
	眼斑齿胫天牛 *Paraleprodera diopthalma*（Pascoe）
	四突坡天牛 *Pterolophia chekiangensis* Gressitt
	珊瑚天牛 *Dicelosternus corallinus* Gahan
	黄星桑天牛 *Psacothea hilaris*（Pascoe）
	皱绿橘天牛 *Chelidonium gibbicolle*（White）
	拟吉丁天牛 *Niphona furcata*（Bales）
	狭胸橘天牛 *Philus antennatus*（Gyll）
	红足缨天牛 *Allotraeus grahami* Gressitt
	弧纹绿虎天牛 *Chlorophorus miwai* Gressitt
	白带窝天牛 *Desisa subfasciata* Pascoe
	锦缎天牛 *Dihammus permutans*（Pascoe）
	双条合欢天牛 *Xystrocera globosa*（Olivier）
	褐幽天牛 *Arhopalus rusticus*（L.）
	二点红天牛 *Purpuricenus spectabilis* Motsh
	楝星天牛 *Anoplophora horsfieldi*（Hope）
象虫科 Curculionidae	马尾松角胫象 *Shirahoshizo patruelis*（Voss）
	立毛角胫象 *S.erectus* Chen
	多瘤雪片象 *Niphades verrucosus*（Voss）
	松瘤象 *Sipalinus gigas*（Fabricius）
	福建树皮象 *Hylobius niitakensis fukienensis* Voss
小蠹科 Scolytidae	马尾松梢小蠹 *Cryphalus massonianus* Tsai et LI
	纵坑切梢小蠹 *Tomicus piniperda* Linnaeus
	横坑切梢小蠹 *T.minor* Hartig
	阔面材小蠹 *Xyleborus validus* Eichhoff
	削尾材小蠹 *X.mutilatus* Blandford
吉丁科 Buprestidae	云南松脊吉丁 *Chalcophora yunnana* Fairmaire
	日本松脊吉丁 *C.japonica* Gory
	六星吉丁 *Chrysobothris succedanea* Saunders
	光翅星吉丁 *C.indica* Cast.&Gory
	晕紫斑吉丁 *Ovalisia cupreosplendens* Kerremans
叩甲科 Elateridae	丽叩甲 *Campsosternus auratus*（Drury）
	筛胸梳爪叩甲 *Melanotus cribricollis*（Fa

(续)

科	种类
叩甲科 Elateridae	巨四叶叩甲 *Tetralobus perroti* Fleutiaux
	茶锥尾叩甲 *Agriotes sericatus* Schwarz
长蠹科 Bostrychidae	大竹蠹 *Bostrychopsis parallela* Lesne
锹甲科 Lucanidae	巨锯锹甲 *Serrognathus titanus* Boiscuval
	狭长前锹甲 *Drosopocoilus gracilis* Saunders
	福建锹甲 *Lucanus fortunei* Saunders
	库光胫锹甲 *Odontolabis cuvera* Hope
	华新锹甲 *Neolucanus sinicus* Saunders
	小黑星锹甲 *Neolucanus chempioni* Parry
大蕈甲科 Erotylidae	戈氏大蕈甲 *Episcopha gorhomi* Lewis

　　蛀干类害虫引诱剂是以引诱松墨天牛为主体的广谱性引诱剂，引用该剂可监测松林中优势天牛种群数量动态：2007 年 5～10 月，在浙江省杭州市富阳区东山村松材线虫病疫区和淳安县姥山林场国家马尾松良种基地非松材线虫病疫区，利用该引诱剂分别监测松林内的优势和亚优势天牛种群及其数量动态规律。监测显示，前者的优势和亚优势天牛种群分别为松墨天牛和短角幽天牛；而后者却相反。

　　图 3-8 显示，杭州富阳区东山村 2007 年松墨天牛成虫林间活动始于 5 月 15 日，终于 9 月 2 日。其种群数量动态呈现前高后低的双峰型，高峰期、次峰期分别为 7 月上旬和 8 月上旬。短角幽天牛成虫种群数量动态则为前低后高的双峰型，次峰期、高峰期分别为 6 月中旬至 7 月上旬和 9 月下旬至 10 月下旬。

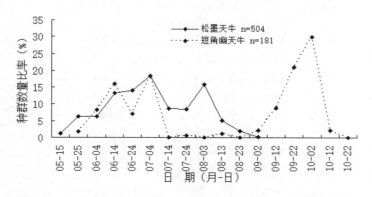

图 3-8　富阳区东山村松材线虫病疫区两种天牛成虫种群数量动态

　　该区域 2000 年被划为松材线虫病疫区，虽经除治，但至 2007 年，林中仍出现少量罹病的马尾松株。病株内寄生和潜居着大量病原松材线虫和媒介松墨天牛。林内媒介天牛传播病原线虫，病原线虫致死寄主，罹病的枯死松株又为媒介天牛的产卵繁衍创造了有利的生态环境，松墨天牛成虫个体数量占诱捕的全部天牛成虫个体总量的

64.0%。这种病、虫"联手"流行的恶性循环,形成林内松墨天牛个体数量多,适应环境、生存能力较强,危害大,对林内天牛的群落结构和群落环境有明显的控制作用,成为优势虫种。林内松材线虫罹病松株和生理衰弱的松株又成为短角幽天牛从属危害的食物源和宜居环境,成为亚优势虫种。

图3-9显示,淳安县姥山林场国家马尾松良种基地2007年5月中旬至9月上旬为林中松墨天牛成虫活动期,其种群数量动态呈现前低后高的双峰型,次峰期、高峰期分别为6月下旬和7月中旬。短角幽天牛成虫种群数量动态则呈单峰型,高峰期为6月中旬。

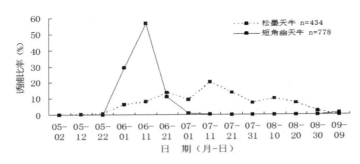

图3-9 淳安县姥山国家马尾松良种基地2种天牛成虫种群动态

该基地系非松材线虫病疫区,未发现病原线虫危害引起的枯死松株,但基地内存在因雨雪冰冻等异常气候引起的生理衰弱的松株及雪压造成的断干、断枝等,成为次生性害虫短角幽天牛种群繁衍的良好环境,其成虫个体数量占诱捕的全部天牛个体总量的59.0%。短角幽天牛的个体数量和对林内天牛群落的控制影响均大于松墨天牛,前者成为优势虫种,后者则为亚优势虫种。

2008—2011年,浙江省遂昌县林业局连续3年应用2台蛀干类害虫引诱剂诱捕装置,诱杀马尾松林内的钻蛀性害虫达44804头,其中钻蛀马尾松的害虫达36898头,占全部诱捕钻蛀性害虫的82.4%(表3-5)。通过诱杀,显著降低了松林内钻蛀性害虫的种群数量,维护了马尾松等松林的生态安全。

表3-5 2008—2011年诱杀的马尾松钻蛀性害虫种类及数量(浙江遂昌)

种类	4月	5月	6月	7月	8月	9月	10月	11月	合计
松墨天牛	4	385	1705	1223	732	408	52	0	4509
短角幽天牛	2	36	262	39	24	145	62	0	570
角胫象	583	4676	4931	3571	2481	1717	515	12	18486
松瘤象	0	23	16	17	5	0	1	0	62
多瘤雪片象	4	20	7	3	6	2	4	0	46

（续）

种类	4月	5月	6月	7月	8月	9月	10月	11月	合计
阔面材小蠹	80	287	445	478	766	928	95	3	3082
马尾松梢小蠹	1497	2962	1269	913	735	550	390	17	8333
纵坑切梢小蠹	116	681	306	115	220	150	185	37	1810
合计	2286	9070	8941	6359	4969	3900	1304	69	36898

> 蛀干类害虫引诱剂的主要经济技术性能

通过1998—1999年连续2年的实验室配制和林间试验，筛选出对松材线虫媒介昆虫松墨天牛成虫引诱活性最强的引诱剂。以该剂为诱芯与折叠式撞板型诱捕器共同组成"陷阱"装置。在松墨天牛成虫期于松林中设置该"陷阱"，可监测其发生的始、盛和末期及种群数量动态情况，通过镜检诱获的松墨天牛成虫携带的松线虫种类，可监测该松林是否感染松材线虫病。松墨天牛成虫期，平均每个"陷阱"装置可诱捕151.5头成虫，其中约1/2为雌虫。诱获时每头雌虫的平均怀卵量为15.9粒。仅以截获时怀卵量计算，每个"陷阱"装置就可降低下代卵量1204.4粒。

利用该引诱剂诱杀成虫，在松墨天牛严重发生区，可降低其虫口密度，防效达97.4%；在松材线虫病区，可减轻其危害程度。

该引诱剂适用于所有松墨天牛发生区，特别是松材线虫发生区和松墨天牛发生较严重区域。

> 蛀干类害虫引诱剂的推广应用

2000—2003年，蛀干类害虫引诱剂被国家林业局列入100项科技成果推广指南，其中第67项即为"M99-1松墨天牛液态引诱剂（即蛀干类害虫引诱剂）的监测和防治技术"。2000年后，该技术在全国15个省市得到推广应用。M99-1液态引诱剂在保护松林资源、维护森林生态上发挥了重要作用，取得极为可观的社会、经济及生态效益（图3-10）。

图3-10　作者在浙江雁荡山风景区指导和推广引诱剂监测与防治技术

> **引用蛀干类害虫引诱剂进行"黄山风景区松材线虫病风险"评估**

黄山景区是国务院最早公布的国家级风景名胜之一，1990年联合国教科文组织将黄山列入世界自然与文化遗产保护名录。由于持续扩散蔓延的松材线虫病紧逼黄山市，形成对黄山风景区的包围态势。为配合"黄山市松材线虫病预防体系建设工程"的实施，科学地评估松材线虫病在黄山风景区发生的可能性，及时准确地掌握危害发生的区域、程度和面积，合理制定应急治理方案，将可能发生的松材线虫病危害程度控制在最小限度。在国家林业局领导下，笔者与安徽省森防总站和黄山风景区管委会园林局一起，制定了《黄山风景区松材线虫病风险性评估研究方案》。2000年7~9月和2001年5~9月，各利用20套蛀干类害虫引诱剂诱捕装置，按海拔高度和松林生态状况，在7个景点设置监测点，每点设2~3台诱捕装置。间隔一天，分别收集诱捕器集虫筒内捕获的成虫，鉴定虫种并统计虫数；解剖松墨天牛雌虫卵巢，统计卵数；分离诱获的松墨天牛成虫携带的线虫并镜检线虫种类，统计其数量。

连续2年的监测显示，黄山风景区钻蛀马尾松、黄山松和黑松枝、干的松蛀虫有14种，其中5种对马尾松和黄山松的健康生长构成潜在威胁，其诱获的成虫种群数量大小次序为：马尾松角胫象＞松墨天牛＞短角幽天牛＞褐幽天牛＞松树皮象（表3-6）。

景区内马尾松与黄山松的垂直分布上限与下限各为海拔700m左右，温泉景点海拔701m正好处于马尾松林分布上限和黄山松林分布下限的相接区。温泉景点以下主要分布马尾松林和黑松林，云谷寺景点海拔969m以上分布为天然黄山松林。表中可见，马尾松角胫象、松墨天牛和短角幽天牛3种松蛀虫，主要分布在白亭景点海拔318m处的马尾松林内，而褐幽天牛和松树皮象2种松蛀虫，主要分布在北海景点海拔1590m以上的黄山松林内。松墨天牛是松材线虫最有效的传播媒介，调查研究表明，整个黄山风景区除海拔1723m处的光明顶景点外，均自然分布有松墨天牛，其中白亭景点分布率最高达80.9%，其次为温泉景点达13.1%。随着海拔高度的上升，松墨天牛成虫的诱捕率逐渐降低，最高分布区为海拔1658m的天海景点。

温泉以下景点内，分布较多易感松材线虫病的马尾松林分，且林内媒介昆虫松墨天牛的自然分布率又较高，一旦外来携带病原线虫的松墨天牛侵入，并与土居的松墨天牛交配，爆发并流行松材线虫病的风险性较高。褐幽天牛和松树皮象多分布在海拔1590m的北海景点以上区域，这是黄山风景区内黄山松林的集中分布区，汇集着众多的黄山松古树名木。冬春季节持续的冰冻雨雪灾害，易引起树木生长衰弱，这2种松蛀虫对生长势衰弱的松树产生严重威胁。

表 3-6　黄山风景区 5 种主要松蛀虫成虫种群数量的垂直分布规律

虫种	总虫数（头）	不同海拔（主要景点）松蛀虫成虫分布比率（%）						
		白亭（318m）	温泉（701m）	云谷寺（969m）	半山寺（1315m）	北海（1590m）	天海（1658m）	光明顶（1723m）
松墨天牛	430	80.9	13.1	4.8	0.6	0.3	0.3	0
马尾松角胫象	1026	94.7	0.3	1.4	0.4	1.3	1.3	0.6
短角幽天牛	92	91.3	2.2	2.2	0	3.3	1.1	0
褐幽天牛	63	9.0	0	1.3	0	42.3	21.8	25.6
松树皮象	38	0	0	1.6	6.6	74.7	14.8	2.5

注：海拔高度为景点内诱捕器设置的平均海拔高度。

据观察，在黄山风景区马尾松林、黄山松林内，5 种主要松蛀虫成虫集中于 5 月下旬至 9 月中旬进行觅食（补充营养）、交配和产卵等系列活动，长达 3~4 个月（表 3-7）。松墨天牛成虫种群密度高时，常聚集生长势旺盛的嫩梢取食危害，引起被害株迅即生理衰弱，旋即本种、马尾松角胫象和短角幽天牛等雌成虫又聚集被害株产卵，幼虫蛀害枝、干，造成林中松树零星枯死。

表 3-7　黄山风景区 5 种主要松蛀虫成虫活动期比较观察（2001 年）

虫种	5月 上中下	6月 上中下	7月 上中下	8月 上中下	9月 上中下	10月 上中下
松墨天牛	+	+++	+++	+++	++	
短角幽天牛		+++	+++	+++	++	
褐幽天牛	+	+++	+++	++		
马尾松角胫象	+	+++	+++	+		
松树皮象		+++	+++	+++	+	

据国内外文献记载，松墨天牛、短角幽天牛和褐幽天牛成虫均可携带松材线虫，而松墨天牛是主要传播媒介。针对景区内诱获的这 3 种天牛，经分离、镜检，均未发现携带病原线虫：松材线虫，但不同程度地携带拟松材线虫（*Bursaphelenchus mucronatus*）等非病原线虫。表 3-8 列出了黄山风景区 3 种主要天牛成虫携带非病原线虫情况，表中可见，携带比率顺序为褐幽天牛＞松墨天牛＞短角幽天牛。褐幽天牛成虫平均携带非病原线虫的数量最高，达 5128.6 条/头，而松墨天牛成虫次之，为 3622.0 条/头。

表 3-8 黄山风景区 3 种主要松天牛成虫携带非病原线虫情况（2001 年）

种类	测定数量（头）	携带比率（%）	平均携带量（条/头）
松墨天牛	367	61.3	3622.0（100~21000）
短角幽天牛	38	18.4	200（100~400）
褐幽天牛	41	51.2	5128.6（200~34100）

纵观 2 年应用蛀干类害虫引诱剂的监测数据，从媒介昆虫及其携带线虫能力分析，黄山风景区存在发生松材线虫病的严重隐患。首先，辖区内生存并繁衍着以松墨天牛为主要媒介的 3 种土著松天牛。温泉景点以下的松墨天牛种群密度、携带线虫概率和平均携带线虫数量相对较高。现地巡视发现，林间隐藏着一定数量并寄生松墨天牛的濒死、枯死和雪折松树。黄山园林局从事森林防治的科技人员曾取样镜检，发现马尾松、黄山松虫害木内寄生不同程度的拟松材线虫等非病原线虫。由于山势峥嵘峻峭，虫害木人力极难清理，峰壑间遗留较多虫源木。一旦外来携带病原线虫的松墨天牛介入本地松墨天牛生活圈内，松材线虫即可完成入侵—定殖—扩散过程，流行成灾。其次，景区周边的宁国、宣州和南陵等县市接连发生疫情，钳制并严重威胁黄山风景区。再者，每年 4~8 月为旅游旺季，此期正处于 3 种主要天牛成虫活动期，大量集中的人流和入境、过境物流为侵入种的传入和扩散提供机会。

应用蛀干类害虫引诱剂开展"黄山风景区松材线虫病风险性评估研究"已过去近 20 年，在安徽省林业厅、黄山市和黄山风景区统一部署下，运用飞防对低海拔毗邻区域松林喷洒生物菌剂等松材线虫病防控新技术，形成一个全方位的生物防护圈，有效提升了景区对松材线虫病的抵御能力，迄今景区内未发生松材线虫病的危害，但防控形势仍十分严峻，需常抓不懈，一旦发现险情，即采取应急措施，确保景区黄山松林安全。

3. 饵木、饵树诱杀

林木钻蛀性害虫种类中，特别是危害松类树种的小蠹、象虫和天牛等成虫，对衰弱木和新伐倒木释放的 α-蒎烯、β-蒎烯等单萜烯和乙醇、丙酮、乙醛等酵解物特别敏感，受到刺激后呈现趋向运动，飞往上述木材，两性成虫聚集其上进行交配，配后雌成虫随即产卵繁殖。利用这一习性，可在成虫扬飞期（小蠹类）或飞翔繁殖期（天牛类、象虫类），将林中的衰弱木、被压木或无价值的立木伐下作为饵木，每 3 根搭成三角架，置于林中空旷处或林缘，引诱雌成虫产卵寄生。待新一代卵全部孵化后进行焚毁等处理（表 3-9）。

表 3-9　饵木诱杀松树钻蛀性害虫

害虫种类	饵木树种	设置时间	饵木处理方法
松墨天牛	马尾松、黄山松等	6～7月	剥皮焚毁，木质部药剂处理
短角幽天牛	同上	5～6月	剥皮焚毁，木质部药剂处理
马尾松角胫象	同上	5月下旬至6月	剥皮焚毁，木质部药剂处理
多瘤雪片象	同上	5～7月	剥皮焚毁，木质部药剂处理
松瘤象	同上	8～9月	剥皮焚毁，木质部药剂处理
纵坑切梢小蠹	同上	4月下旬至5月	剥皮焚毁，木质部药剂处理
横坑切梢小蠹	同上	5月	剥皮焚毁，木质部药剂处理
杉肤小蠹	杉木	4～5月	剥皮焚毁，木质部药剂处理
罗汉肤小蠹	杉木	3月中旬至4月	剥皮焚毁，木质部药剂处理

某些钻蛀性害虫，特别是天牛成虫羽化出孔后，需咬食寄主的嫩梢（枝）皮，进行补充营养，达到生理后熟，两性成虫方能交配繁衍后代。这些害虫对寄主梢（枝）喜好程度存在显著差异，利用其嗜食习性，择其嗜食树种作为饵树。在严重的虫害发生林，可于林中或林缘种植少量饵树，在成虫发生期聚集取食时，可人工捕捉或进行药剂处理（表 3-10）。

表 3-10　饵树诱杀天牛

害虫种类	嗜食树种	取食时间	药剂处理
星天牛	苦楝、悬铃木	6月	树冠喷洒 15% 吡虫微胶囊 3000 倍液
光肩星天牛	糖槭、复叶槭	5月下旬至6月上旬	树冠喷洒 15% 吡虫微胶囊 3000 倍液
粒肩天牛	构树、桑树	7月	树冠喷洒 15% 吡虫微胶囊 3000 倍液
云斑白条天牛	杜梨、白蜡树	5月中旬至6月上旬	树冠喷洒 15% 绿色威雷 300 倍液
桃红颈天牛	榆树	6月中旬至7月上旬	树冠喷洒 50% 杀螟松乳油 1000 倍液

第九节　生物防控

生物防控是环境协调性和可持续控制有害生物的重要措施，是害虫综合治理的中心环节之一。生物防控是利用自然界生态系统中，各种生物之间相互依存又互相制约的关系，采用一种或一类生物抑制另一种生物或另一类生物的技术和措施。林木钻蛀性害虫在其生长环境和发育进程中，存在较多天敌，在正常自然条件下，有效地制约着钻蛀性害虫种群的迅速繁衍，维护自然界的生态平衡。但一旦出现灾害性的自然条件，如冬春季持续冰冻雨雪、夏秋季东南沿海的台风等；或不科学的人为干预，如滥用杀虫剂、乱砍滥伐等，致使虫种生态失衡，钻蛀性害虫种群数量短时间内剧增，暴发成灾。采用生物防控，首先，应保护和利用当地天敌；其次，除保护和利用当地天敌外，还应有针对性地从外地引进天敌昆虫，并人工大量繁殖释放天敌昆虫，或应用微生物制剂等，有效地降低钻蛀性害虫的种群密度。

生物防控的优点：作用时间长，持久性强，无污染，对环境安全，不会引起害虫的再猖獗和抗性，对一些钻蛀性害虫的发生有长期的抑制作用。开展钻蛀性害虫的生物防控，使之与其他措施协调，最大限度地创造有利于天敌繁衍，而不利于钻蛀性害虫发生、扩散、蔓延和猖獗成灾的环境条件，使林木少受或免受钻蛀性害虫的危害，确保其健康生长，获得生态、经济的最大产出。

当前应用的生物防控林木钻蛀性害虫的有效方法有：

1. 保护、招引捕食性鸟类

鸟类是组成林木生态系统的重要成员。由于鸟类飞行能力强，速度快，活动范围大，生理代谢速度快，在防控林木钻蛀性害虫上具有经济环保、效果持久等特点，对人工林生态平衡的维护和有效降低林木钻蛀性害虫的种群密度起着重要作用。

据调研，目前我国人工林内，捕食钻蛀性害虫的鸟类主要有：

①大斑啄木鸟：隶属鴷形目（Piciformes）啄木鸟科（Picidae）。体长24cm。头顶、后颈和上背、下背和尾上覆羽均为黑色，尾下呈红色。雄鸟枕部具狭窄红色斑块，而雌鸟无，纯黑色。足具4趾，两前，两后。尾羽羽干硬直，便于树干上支撑身体。嘴强直如凿，舌细长，能伸缩自如，先端列生短钩，并具黏性，能将干、枝内的钻蛀性害虫钩出。大斑啄木鸟外观形态见图3-11左。

该鸟为啄木鸟科中常见的一种，栖山地、针阔混交林和平原园圃、树丛，是典型的林栖鸟类。常单独活动，多随害虫数量或树种的多寡作短距离游荡飘动。在树干上，边螺旋形攀登，边以嘴快速叩树，叩啄声如击鼓。作者所居社区院内，夜深人静，常闻"duo！duo！"声，每次2~3s，连续叩10~13下，间隔1~2s，重复进行，有时几乎通夜劳作，探查树干内是否有钻蛀性害虫蛰居其内。若有，即啄破树皮，以舌钩出害虫而食之。林间略呈波浪式飞翔，翅开合有节，常边飞边发出"ki！ki！"的鸣声。该鸟啄凿腐朽或局部心腐的树干为巢。每年繁殖1次，5月中旬至6月中旬产卵，每窝产卵4~7枚，卵圆形，纯白色。孵卵期约10d，育雏期在6月上旬，亲鸟哺雏鸟50余次。该鸟啄食的害虫种类较多，最喜啄食蛀干害虫，特别是冬、春季，多以松墨天牛、栎旋木柄天牛、小灰长角天牛、栗山天牛、黄星天牛等天牛，马尾松角胫象、多瘤雪片象等象虫，六星吉丁等吉丁虫，纵坑切梢小蠹、横坑切梢小蠹、杉肤小蠹、罗汉肤小蠹等小蠹，以及咖啡豹蠹蛾等木蠹蛾的幼虫为食料，该鸟在防控林木蛀干害虫上起重要的"清理"作用。

我国人工林内还常有三趾啄木鸟、棕腹啄木鸟和绿啄木鸟等栖息、活动，啄木取食林木钻蛀性害虫，在降低其种群密度上起一定的作用。

②**大山雀**：隶属雀形目（Passeriformes）山雀科（Paridae）。体长12cm。头部黑色，两颊各有一个椭圆形大白斑；头部黑色在颌下汇聚成一条黑线，并沿胸腹的中线一直延伸到下腹部的尾下覆羽。背部色泽从纯灰到橄榄绿色变化极大。飞羽呈蓝黑色，大覆羽蓝灰色，端部白色，形成一条白色翅斑。大山雀外观形态见图3-11右。

该鸟栖山区、平原，活动于山林、园林、田野和庭院等的阔叶、针叶树木间。常在松冠上层枝叶间，攀挂倒悬枝上，或凌空追捕芽梢斑螟、微红梢斑螟、松实小卷蛾、油松球果小卷蛾、杉梢小卷蛾和桃蛀野螟等飞行中的蛀果、蛀梢害虫的成虫，或啄食从果、梢转移途中的幼虫。春夏季节，在山区常单只或成对；秋冬季节在平原林中常3～6只成群。啄食较大的天牛成虫时，足踩嘴撕，破鞘翅摄取内脏。常在相邻树间窜飞，飞行呈浅波状。飞行或栖息时常发出"jia-zi，jia-zi，jia-zi"的鸣叫声。3～8月为繁殖期，4月中旬开始筑巢，以雌鸟为主，两性共建，多建于树洞、石隙等处。巢内垫有茅草、鬃发、羽毛和棉花等物。4月开始产卵，窝卵6～9枚，多至12～13枚。卵圆形，白色带淡蓝色或粉红色，具红褐色小斑。

图3-11　大斑啄木鸟（左）；大山雀（右）

在人工林内大斑啄木鸟、大山雀等鸟类多为留鸟，栖息和繁衍于阔叶林或针阔混交林中，大斑啄木鸟尤喜在杨、柳、槐等阔叶树的腐朽木中啄洞营巢。为防控林木钻蛀性害虫，人工林中应有目的地保留一些枯立木或人工制作并悬挂腐心、空心巢木和巢箱，前两者招引大斑啄木鸟，后者招引大山雀。

腐心巢木：择长50～60cm，直径20～30cm的腐朽木段，木段顶端制成斜面，并钉以一片木板、油毡或塑料板等，以遮蔽雨水浸入。

空心巢木：择同样大小的健康木段，对半劈开，在其中央挖内径约10cm的空槽。对好缝，在木段两端用铁丝捆紧，并在木段的顶端，钉一大于木段的盖子（用木板、塑料板均可），以防雨水顺缝渗入空槽。

人工巢箱：择1.5～2.0cm厚度的木板，制成22cm×12cm×12cm的立式巢箱。鸟出入口位置距巢箱顶部 1/3 处，洞口呈圆形，口径为 3～4cm 左右。

林中巢木设置：秋季是大斑啄木鸟开始凿洞营巢季节，故 8～10 月是悬挂巢木最佳时节。悬挂高度以距地 4～5m 为宜，巢向北。选择人工片林或林中环境幽静处，间隔 100m 悬挂 1 个巢木为妥。

林中巢箱设置：人工林内每公顷林地悬挂 2 个巢箱，悬挂于无人为干扰的宁静处。巢箱悬挂于距地高 2m 以上树冠的中下部，巢口向下坡（图 3-12）。

2. 保护和释放天敌昆虫

图 3-12 林中挂设的人工巢箱

林木钻蛀性害虫的天敌昆虫，主要通过专一性的信息化学物质，寻找目标寄主或猎物。这些信息化学物质，包括林木受害虫钻蛀、取食等行为破坏后，产生的挥发性化学物质，以及害虫本身及其排泄物散发出的信息化学物质。当天敌昆虫感受到这些弥散在林中的信息化学物质（化学信息素）后，就会对害虫做出定向行为，搜寻害虫的踪迹，通过寄生或捕食活动，满足其生长发育和繁衍后代之需。保护林内或向林内释放这些天敌昆虫，可控制目标害虫的发生和种群密度，达到有虫不成灾的防控目的。

林木钻蛀性害虫的生栖环境多为用材、经济、风景等林种的片林、防护林及农田林网，这些林分生长时间都较长，生态环境相对比较稳定，受人为干扰少，有利于天敌昆虫的栖息、繁衍。天敌昆虫对林木钻蛀性害虫种群数量的增长具一定的制约作用。

按天敌昆虫取食害虫的方式，可分为寄生性天敌和捕食性天敌两大类。前者寄生钻蛀性害虫体内或体表，天敌幼虫不能脱离寄主而独立生活，随着寄生天敌昆虫的生长发育，寄主逐渐死亡；后者捕获钻蛀性害虫，食其虫体或吸食其体液，往往需要捕食一定数量的寄主才能完成其生长发育过程。

（1）蛀果蛀梢害虫的天敌昆虫

①渡边长体茧蜂：隶属膜翅目（Hymenoptera）茧蜂科（Braconidae）。成虫体长 4.1～5.1mm。头、腹部暗褐色。头横宽，头顶及单、复眼暗褐色，颜面黄褐色，具白色细毛。触角长 5.5～6.8mm。翅透明，翅痣与翅脉黄褐色。产卵管长 6.6～7.7mm，黄褐色，鞘褐色，具白色细毛。足细长，具白色细毛。

该蜂是钻蛀松树球果和嫩梢的微红梢斑螟、芽梢斑螟和果梢斑螟（*Dioryctria pryeri* Ragonot）等的重要天敌，据林间调查，微红梢斑螟和芽梢斑螟的自然寄生率分别达 9.2% 和 7.8%。

该蜂以幼虫在寄主体内越冬。寄主 5 龄前，外部症状、活动能力与正常幼虫区别不大。寄主近成熟时，体开始肿胀，体壁光亮，行动迟缓，体内该蜂幼虫发育亦趋成熟。在浙江省3月中下旬，该蜂越冬代幼虫发育成熟，通过蠕动钻出寄主体壁，群聚寄主尸旁，先结一层黄白色的薄丝网袋，旋即在网内各结一灰白色的丝茧。寄主仅残剩头壳及破残表皮。每头寄主寄生3~23头该蜂幼虫。3月下旬，室内始见该蜂的越冬代蛹。4月下旬至5月下旬为越冬代成虫期，7月中下旬为第1代成虫期，9月下旬至10月中旬为第2代成虫期。

成虫羽化后，从茧的一端咬出。越冬代成虫羽化时间多集中在10：00~14：00，占羽化总数的65.3%。第1代和第2代成虫羽化时间，集中于16：00~18：00，占羽化总数的46.5%。越冬代雌雄性比为1.6:1，利于该蜂的繁殖。成虫羽化当天，即可交配。交配时，雌蜂产卵器上翘，雄蜂背向下，体略呈弧形。交配历时50~65s。两性成虫可多次交配。越冬代成虫如不补充营养，1~5d即亡。

②**绒茧蜂**：隶属膜翅目（Hymenoptera）茧蜂科（Braconidae）。单寄生于芽梢斑螟幼虫体内。在浙江省5月上中旬越冬代幼虫发育成熟，从寄主体内钻出，寄主仅剩头壳和表皮。4~5d后，在寄主残骸旁结一长径4.7~6.5mm，横径1.0~2.4mm圆筒形白茧，茧期13~14d。成蜂羽化后，从白茧一端咬出。室内饲养发现，5月中旬、6月下旬至7月上旬和9月中旬出现越冬代、第1代和第2代成虫羽化期。成虫寿命为3~5d。林间调查显示，芽梢斑螟幼虫的自然寄生率达21.4%，是芽梢斑螟天敌昆虫中的优势虫种。

以生产马尾松、黄山松、湿地松、火炬松和油松等林木良种为经营目的的种子园、良种繁育中心等基地，可于11月结合采收球果，采尽母树的虫害果。将虫害果置于林中容器内，上盖80目铁丝或塑料网罩，阻止微红梢斑螟、芽梢斑螟等主要钻蛀性害虫的成虫羽化逸出而死于容器内，让渡边长体茧蜂和绒茧蜂等成虫羽化后钻出网孔，飞回林中，寻觅新寄主，繁衍后代，以降低林内害虫的虫口密度。经试验，此法简便，效果较好。

据室内应用80%敌敌畏乳油、90%晶体敌百虫和50%马拉硫磷乳油，用丙酮稀释成1500倍液，旋即分别取稀释药液1ml，滴入100ml的三角瓶内，轻转三角瓶，使药液均匀地薄附于瓶壁上，俟丙酮挥发后，将上述两种寄生蜂成虫分别接入供试瓶内，让成蜂在药膜上自由爬行，接入12h内，死亡率均达100%。为保护两种寄生蜂成虫在林间安全活动，寻觅新寄主，每年4月下旬至5月下旬、6月下旬至7月下旬和9月下旬至10月中旬，应严禁施用化学杀虫剂。

（2）**蛀干、蛀枝害虫的天敌昆虫**

①**管氏肿腿蜂**：隶属于膜翅目（Hymenoptera）肿腿蜂科（Bethylidae）。该蜂幼虫寄生鞘翅目、鳞翅目等多种蛀干、蛀枝害虫的幼虫和蛹，为寄主的体外寄生蜂。

雌蜂：体长3~4mm，分无翅和有翅两型。有翅型前、中和后胸均为黑色。无翅型形似蚂蚁，头、中胸、腹部及腿节大部分为黑色；前、后胸全为黑色。头扁平，长椭圆形，前口式，触角13节，前胸比头稍长，后胸逐渐收窄。前足腿节膨大呈纺锤形，

3对足胫节末端均具2刺,跗节5节,第5节较长,末端有2爪(图3-13)。

雄蜂:体长2～3mm,亦具无翅和有翅两型,97.2%为有翅型。体黑褐色至黑色,触角褐色。上颚端部红褐色,上颚具4齿。复眼较突出,具单眼。腹部呈长椭圆形,腹末钝圆。

幼虫:体长3～4mm,体黄白色。纺锤形,无足,头、尾部细尖。胸和腹部共12节。取食时头部及胸部2～3节钻入天牛等蛀干害虫幼虫的体壁内,其余外露部分具无规则的白色云斑。

管氏肿腿蜂寄生的害虫种类较多,主要有鞘翅目天牛科的松墨天牛、星天牛、光肩星天牛、粗鞘双条杉天牛、双条杉天牛(*Semanotus bifasciatus*)、青杨天牛(*Saperda populnea*)、桃红颈天牛、栗山天牛、粒肩天牛、杉棕天牛、梨眼天牛(*Bacchisa fortunei*)、云斑白条天牛、橙斑白条天牛等;吉丁科的六星吉丁等和鳞翅目蝙蝠蛾科的疖蝙蛾、透翅蛾科的白杨透翅蛾等。

由于该蜂寄主种类较多,雌性比率高、寿命长、繁殖力强,搜寻寄主及钻蛀能力强,越冬存活率高,人工繁殖容易,林间释放简便,防治目标害虫效果较好,目前已作为我国遏制松墨天牛及其传播的松材线虫病发生和扩散蔓延的重要防治技术之一。在松墨天牛及其松材线虫病发生区释放管氏肿腿蜂,当代扩散半径达50m左右,松墨天牛的平均寄生率达31.2%,3个月后蜂群在林间扩散半径可达150m左右。

管氏肿腿蜂一年发生代数随所居区域不同而异。在河北、山东省一年发生5代,而在广州地区一年发生7～8代。该蜂均以受精雌蜂在天牛等寄主的坑道内群居越冬,翌年4月上中旬出蛰,弃离越冬场所,在树上或地面爬行,寻找新寄主。

雌蜂从寄主产卵疤或木质部寄主侵入孔,钻入树干或树枝内,用上颚咬住寄主表皮,并爬在寄主体上,将尾刺插入寄主体内,反复进行刺蜇,致寄主陷入麻痹状态,丧失反抗能力,旋即拔出尾刺,取食寄主体液,进行补充营养,并在寄主体表产卵。产卵部位多择寄主幼虫体侧面的2个体节之间及体壁皱褶处。卵均散生,每雌产卵50～70粒,每产1粒卵需8～10min。一般2～3d产完卵。雌蜂产完卵后,常守护一旁,若发现卵粒脱落,即用前足及口器将卵移至寄主体上。

初孵幼虫群集寄主体表,头部及胸部2～3节钻入寄主体壁内取食,其余部分均裸露寄主体外,腹末向上,形如寄主体表长满瘤刺。众多管氏肿腿蜂幼虫将寄主体液取食殆尽,仅残存头壳和干瘪表皮。幼虫发育成熟后,多散落于残骸周围,开始吐丝结白茧。幼虫结茧至化蛹需2～3d。

结茧3～4d后,当茧壳呈银灰色,透过茧壳可隐见蜂体时,表明蛹体发育成熟,即将羽化。羽化的雌蜂常出现有翅型和无翅型2种个体,但大多数为无翅型个体,有翅型个体数量较少。成蜂羽化后,一般在寄主坑道内滞留2d后,方钻出枝干。2种类型的雌蜂均无飞翔能力,主要依靠爬行或借助风力扩散寻找新寄主。

➢ **林间释放管氏肿腿蜂**

选择目标害虫幼虫期进行释放。蛀干、蛀梢害虫的初孵幼虫多在韧皮部危害，坑道无或细而曲折，此时防治效果较差；当害虫蛀入木质部或髓心，筑成较宽阔的坑道时，进行释放，寄生率较高。

防治松墨天牛等钻蛀性害虫幼虫，可择气温 25~28℃ 的晴天，以上午 9：00~10：00 释放为宜，阳光照射玻璃管，管内温度骤增，雌蜂活跃，先后出管，沿枝干上爬，寻找寄主。释放方法可根据被害林分危害程度，采用单株释放或中心点释放。前者为零星被害林分，择被害植株，在其树干上斜插一根大头针，将指形管上端棉塞打开后，指形管倒插在大头针上，管底略高于管口，以防雨水浸入，也可把指形管口倒插于被害株枝桠上（图 3-14）。后者为较大面积的被害林分，每 0.7 hm^2 设置 1 个释放点，每点释放蜂量 1 万头左右；释放时，按平均每指形管含蜂量，推算每个释放点放置的指形管数量。将指形管棉塞拔去后，平摊在靠近目标害虫寄生树的地表中央，让雌蜂自行在林间爬行扩散，寻找寄主。

未能及时释放的管氏肿腿蜂，应存放于 8~10℃ 的冷藏柜或室内，存放时间不要超过 3 个月。

效果检查应在释放 1 个月后进行。以被害树内天牛幼虫是否向外排粪，来判断其内幼虫死亡情况，间隔 10d 检查 1 次。若停止排粪，即视为被寄生致死，统计释放区和对照区的死亡率。

图 3-13 管氏肿腿蜂雌蜂

图 3-14 插管式释放法

②川硬皮肿腿蜂：亦属膜翅目肿腿蜂科，1995 年经萧刚柔先生鉴定的新种。目前该蜂与管氏肿腿蜂一起用于防控粗鞘双条杉天牛、双条杉天牛、松墨天牛、光肩星天牛、桃红颈天牛、栗山天牛和青杨天牛等钻蛀干、枝的多种天牛和吉丁、象虫的幼虫，广泛地应用于森林、果园和园林之中。

该蜂形态特征类似于管氏肿腿蜂。雌雄差异较明显，雄蜂基本上都有翅，而雌蜂大多数无翅。有翅雄蜂体长约 2.5mm，体黑色，具光泽，有单眼。无翅雌蜂体长大于雄蜂，约 4.0mm，体亦黑色，具光泽，但无单眼。

该蜂系天牛、吉丁、象虫幼虫和蛹的体外寄生蜂。在林间，雌蜂在寄主的坑道内越冬，翌年 4～5 月，当气温超过 20℃时，弃离坑道，外出寻找新寄主，在被害树木表面发现痕迹，随即钻入坑道，找到寄主后，先释放毒素麻醉寄主幼虫，并取食寄主体液，以补充营养。雌蜂卵巢发育成熟后，即产卵于寄主体表。产卵量按寄主大小而定，数粒至百余粒不等。孵化后的幼蜂以寄主体液为食，幼蜂发育成熟后，寄主被吸食殆尽，在母蜂的协助下，分散在寄主体外结茧化蛹。子蜂羽化后与母蜂一起弃离旧坑道，外出另寻新寄主。雌蜂一生可寄生多头寄主。该蜂的雌雄性比较高，为 7∶1。每雌的平均产卵量多在 60 粒以上。该蜂搜索寄主、抗逆能力均较强，人工繁殖的蜂种，放蜂后能很快适应林间环境，并可自主繁殖达 3 年以上。

> **林间释放川硬皮肿腿蜂**

可参照上述管氏肿腿蜂的放蜂方法进行。

③ **异色郭公虫**：隶属于鞘翅目（Coleoptera）郭公虫科（Cleridae）。该虫在我国分布较广泛，幼虫捕食小蠹、长蠹和天牛等林木钻蛀性害虫。在浙江、安徽等省是杉肤小蠹、罗汉肤小蠹、柏肤小蠹、纵坑切梢小蠹、横坑切梢小蠹等小蠹和杉棕天牛的重要捕食性天敌。

成虫（图 3-15）：体长 5.5～8.0mm，体密被绒毛。头部黑色，向下弯曲。触角 11 节，基部 3 节褐色，念珠状；其余 8 节黑色，锯齿状。前胸背板前半部或胸部黑色，其余部分为酱红色。鞘翅前端酱红色，中后部黑色，具 3 条黄白色横带，前横带略呈"V"字形，色泽较淡。鞘翅上各有 9 条刻点纹，基部刻点较深。足色变化较多，后足腿节和各足跗节多为黑色或黑褐色，其余部分为酱红色。

幼虫：体长 15～22mm，黄白色或淡黄色，略扁。口器黑褐色。

图 3-15 异色郭公虫成虫

异色郭公虫在浙江开化县一年发生 1 代，以幼虫在寄主坑道内越冬，翌年 3 月下旬，当平均气温上升到 14.0℃时，越冬代幼虫开始活动。5 月下旬至 7 月上旬，林间可见成虫活动。11 月上旬以幼虫态进入越冬状态。

异色郭公虫成虫羽化后，弃离寄主坑道，能作短距离飞行。成虫行动灵活，爬行迅速。白昼晴天，在杉肤小蠹蛀害株上，可见该成虫来回爬行。交配后的雌成虫，多择被害寄主的树木缝隙中、翘皮下等隐蔽处产卵。雌成虫产卵时抬起胸部，产卵管插入产卵场所，卵多散产或排于一起。幼虫孵化后，即搜寻寄主的侵入孔，一旦发现，迅即钻入，并将寄主坑道内的粉状蛀屑清除出侵入孔外，以便捕食。幼虫耐饥能力较强，林间缺乏猎物的情况下，幼虫可暂时取食寄主的排出物或少量木纤维以维持生命。

为保护和利用异色郭公虫，在其成虫活动期，林间应禁止喷洒化学杀虫剂。

④花绒寄甲（花绒坚甲、花绒穴甲、木蜂寄甲）：隶属于鞘翅目（Coleoptera）穴甲科（Bothrideridae）。该虫在我国分布较广，在自然界中种群密度较大，为一种体外寄生性昆虫。寄生松墨天牛、星天牛、光肩星天牛、粒肩天牛、锈色粒肩天牛、云斑白条天牛、栗山天牛、刺角天牛、桃红颈天牛和黄斑星天牛（*Anoplophora nobilisdeng*）等多种中大型钻蛀林木的天牛幼虫、蛹和六星吉丁等吉丁幼虫。

成虫（图3-16左）：体长5.2~10.2mm。黑褐色，体壁坚硬，全身密布小刻点，每个刻点着生1根黄色刚毛。头近圆球形，凹入前胸内。复眼较大。触角短小，球棒状，11节，各节着生若干棕黄色刚毛；端部2节呈扁球形，第10节膨大，第11节小于第10节，此2节上的刚毛较长且多。前胸背板及鞘翅上着生深褐色和红褐色两种色泽的毛丛，状似花色绒毛。前胸背板前缘呈"凸"字形，腹板7节，基部2节愈合。鞘翅上有1个椭圆形深褐色斑纹。尾部沿中缝有粗"十"字斑，翅面上有明显纵沟4条，沟脊由粗刺组成。足着生棕黄色刚毛，基节窝分离；股节内侧具沟槽，接近胫节处的沟槽较深，胫节收缩时内侧卡置于此沟槽内。各足跗节4节，前端具爪一对。

幼虫（图3-16右）：体长10~15mm，乳白色，似蛆形。初孵幼虫头、胸、腹3部分明显，胸足3对，腹节10节；成熟幼虫头、胸极小，胸足退化，呈乳头状。腹部第1~9节两侧有略突起的圆形气门痕。

图3-16 花绒寄甲（左：成虫；右：幼虫）

该虫在北京地区一年发生1~2代，以成虫在树皮缝隙、寄主坑道、树洞等隐蔽处越冬。在浙江3月中下旬，越冬代成虫开始活动，经补充营养，两性交配后，孕卵雌成虫4月中下旬开始产卵，5月上旬出现初孵幼虫，开始寄生天牛。6月上中旬出现新羽化的成虫。

成虫羽化后，滞留茧内几天，然后破茧而出，并食尽茧壳，随后钻出寄主坑道。成虫畏光，白昼成虫静栖于树洞、树皮裂缝或寄主坑道内等隐蔽处。黄昏后爬出，在树干上爬行、取食和交配，黎明前又返回隐蔽场所。成虫以枯枝、落叶和树干老树皮为食，林间常几头或十余头聚集在一起取食。两性成虫交配呈"一"字形，历时在10min以上。成虫不善飞翔，善爬行，具假死习性，一旦受惊扰，即停止活动呈假死状态，几分钟后迅速爬至隐蔽处。成虫耐干旱、耐饥饿能力较强。成虫寿命较长，在具食物的情况下，最长可生活400d，最短亦有120d；在饥饿状态下，最长生存330d，最短为77d。

交配后的雌成虫，多择寄主天牛坑道壁或蛀屑粪粒堆产卵。产于坑道壁常几十粒至近百粒排成片，而在粪屑堆中仅产几粒卵。卵期10d左右。幼虫孵化后，依靠发达的胸足，四处爬行，搜寻寄主，若找到后，在寄主幼虫体节间咬食，寄主幼虫不断翻滚，直至咬破寄主表皮，头部插入寄主体内，取食体内物质。寄主体上寄生的幼虫个数多时，常将寄主体内物质食尽，仅存破损的残壳。幼虫发育成熟时，脱离寄主残体。在其旁，继续以残体为食，将其食尽。幼虫发育迅速，仅寄生5～6d、停食2d后，即吐丝化蛹。从幼虫发育成熟、结茧，至成虫羽化、咬破茧壳而出，需30d左右，在被寄生的松墨天牛、光肩星天牛等天牛幼虫体上，群居几头至十几头花绒寄甲幼虫，未见互相驱逐、残杀现象（图3-17）。

图3-17 松墨天牛幼虫被寄生状

林间释放花绒寄甲：

被害林内，释放人工繁殖的花绒寄甲卵和成虫，能有效控制林木的被害率和降低天牛等寄主的种群密度。卵卡释放，北方选择在3月下旬至6月中旬；南方可延至8月上旬。将卵卡固定于被害株树干背阴处，天牛侵入孔（粪孔）下方为宜。成虫释放，北方选择5～7月上旬；南方3月下旬至9月上旬；可将释放盒用图钉固定在被害株背阴处，天牛产卵刻槽附近；受害片林，每0.7 hm^2 释放30～40头成虫即可。

3. 应用微生物制剂

利用害虫的病原微生物防治害虫，是抑制害虫发生的一项重要技术和措施。在林木钻蛀性害虫的防控实践中，真菌和细菌的研究利用较为普遍，并取得较好的防效，具有繁殖快、用量少、无残留、无公害，且与少量杀虫剂混用可增效等优点。

林木钻蛀性害虫受病原真菌感染后的共同症状为：常出现食欲减退、体态萎缩、体色异常。死于真菌病的天牛，虫体一般都有变硬现象，尸体变成干枯状。真菌病的发生和蔓延，常受到温、湿度条件的限制，尤其是湿度影响较大。林木钻蛀性害虫的幼虫及蛹长期都生活于寄主的坑道内。生长着的寄主树木，特别是苗木的含水量均较高，在适温（22～26℃）和高湿（95%以上）的条件下，最利于白僵菌的生长和繁殖。寄生于天牛、小蠹和蝙蛾等钻蛀性害虫的白僵病，常在我国江浙一带6月的"梅雨"季节广为流行。

①球孢白僵菌是白僵菌中寄生率较高的一种寄生菌，在人工林中具有扩散、蔓延，形成流行病的特点。该菌的人工制剂（菌粉、菌液）在松墨天牛传播的松材线虫病、杨树天牛等治理工程中得到广泛应用。

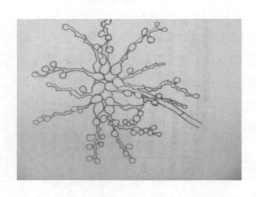

图3-18　白僵菌形态图（仿李荣森）

球孢白僵菌（图3-18）菌丝细长，透明无色，分枝，具横隔膜。分枝的菌丝再长出分生孢子梗，孢子又呈直角分枝，排列成"Z"字形或螺旋状。梗上再长出长圆柱形或瓶形的产孢细菌，分生孢子即生于产孢细菌的顶端，呈离基形串生。因分生孢子梗呈直角分枝，故分生孢子未成熟前，往往聚生成圆球形的头状体。一旦成熟，圆球形或椭圆形的分生孢子，即脱离头状的聚生小梗而单个存在。

据林间初步调查显示，球孢白僵菌寄生的林木钻蛀性害虫种类有：鞘翅目天牛科的松墨天牛、短角幽天牛、云斑白条天牛、橙斑白条天牛、粒肩天牛、光肩星天牛、青杨天牛；象虫科的马尾松角胫象、立毛角胫象、多瘤雪片象和松瘤象；小蠹科的纵坑切梢小蠹、横坑切梢小蠹、杉肤小蠹、罗汉肤小蠹、马尾松梢小蠹（Cryphalus massonianus）和柏肤小蠹；鳞翅目蝙蝠蛾科的疖蝙蛾、柳蝙蛾（Phassus excrescens）、点蝙蛾和杉蝙蛾；螟蛾科的微红梢斑螟、芽梢斑螟和果梢斑螟等。

利用球孢白僵菌产生的分生孢子，经工业培养生产，加工成白僵菌杀虫制剂。人工林内使用后，该菌分生孢子落入林内钻蛀性害虫体上，在适宜的温湿度（24～28℃，相对湿度90%左右）下，即发芽产生芽管，同时分泌出脂肪酶、蛋白酶和几丁质酶等一系列孢外水解酶，溶解害虫的表皮，芽管直接侵入寄主体内，在其内生长繁殖，消耗寄主体内养分，形成大量菌丝和孢子，菌丝穿入寄主各组织细胞，以后菌丝穿出体表，产生白色粉状分生孢子，致使害虫呈白色僵硬状虫尸（图3-19、图3-20）。

图 3-19 松墨天牛幼虫寄生状

图 3-20 疖蝙蛾幼虫寄生状

林间引用球孢白僵菌制剂防治钻蛀性害虫，视害虫种类不同，采取的方法亦不同。防治疖蝙蛾等蝙蛾类害虫，据被害苗木、幼树干、枝的蛀孔外具明显的粪屑苞，被害木质部内坑道通直的特点，选择温湿度较高的天气，如长江中下游地区的"梅雨"季节，撕去被害株上的粪屑苞，显露出蛀入孔，用注射器或医用洗耳球从蛀入孔口，向坑道内注射含孢子量 2 亿~3 亿 /ml 的球孢白僵菌悬浮液。防治微红梢斑螟等蛀梢的斑螟科害虫、纵坑切梢小蠹等蛀干小蠹和云斑白条天牛等蛀干天牛均可采用喷粉器，向被害的梢和干部喷洒含孢子量 1200 亿 /g 的球孢白僵菌纯孢粉。白僵菌纯孢子粉质轻粒细，在中温高湿环境条件下，极易随气流波动而扩散蔓延。在松墨天牛严重发生的松林，可使用含孢子量 1 亿~3 亿 /ml 的菌液或菌粉，在中温高湿气候，或阴雨后，或早晚湿度大时，地面喷雾或喷粉，防治效果较佳，也可采用放粉炮的方法，即用甩炮：用报纸或牛皮纸包制，中间放置一炮心的圆筒形炮，每包装原菌粉 150~250g，阴雨天时，在林间边走边将炮点燃，甩向树冠爆炸，将菌粉撒向被害株树冠。松墨天牛危害面积较大的松林，可采用遥控无人机常规喷粉或喷雾，一般用 3.8~7.5kg/ hm² 菌粉或 1 万亿左右的球孢白僵菌孢子粉。

使用球孢白僵菌防治钻蛀性害虫时应注意：养蚕区不能使用；菌液配好后应于 2h 内施完，以免孢子过早萌发，失去侵染能力。

②苏云金杆菌简称 Bt，是一类具有高度致病力，而广泛用于害虫防治的产晶体芽孢杆菌，系兼性芽孢细菌。苏云金杆菌是目前唯一能进行工业化生产的一种微生物杀虫剂。苏云金杆菌生长发育历经 3 个阶段，即：

营养体：呈杆状，两端纯圆，较粗壮，大小为 1.2~1.8μm×3.0~5.0μm。鞭毛周生，微动或不动。营养体单个存在或 2 个以上呈链状。营养体为繁殖阶段，横裂生殖，对数生殖期多以 2、4、8 个或更多的营养体连在一起呈串状，繁殖快，代谢旺盛。

孢子囊：当菌体成熟时，某一端斜生，成椭圆形的芽孢，另一端同时出现菱形（或其他形状）的晶体，为孢子囊阶段。孢子囊长卵圆形，比营养体粗壮；

芽孢和伴孢晶体释放：孢子囊到一定时间后破裂，释放出游离的芽孢和伴孢晶体。芽孢大小为 0.6～0.9μm×2μm，此为细菌的休眠体，对高温、干燥等不良环境有较强的抵抗能力，菌剂就以芽孢粉状态制成能较长期贮存。伴孢晶体是一种蛋白质毒素，为杀虫的主要有效物质。

据林间初步调查，苏云金杆菌寄生的林木钻蛀性害虫种类，涉及鞘翅目天牛科的松墨天牛、青杨天牛、黄斑星天牛等和鳞翅目螟蛾科的芽梢斑螟、微红梢斑螟等。

苏云金杆菌生长过程中，产生两大类毒素，即内毒素（伴孢晶体）和外毒素（细菌在生长过程中分泌在菌体外的代谢产物）。该菌主要经由钻蛀性害虫口器传染，通常是伴孢晶体先起毒杀作用。该晶体含有内毒素可破坏害虫的消化道，引起食欲减退，行动迟缓，呕吐和腹泻；而芽孢能通过破损的消化道进入血液，大量繁殖菌丝体，并分泌代谢产物外毒素，致使寄主患败血症而死亡。

目前我国工业生产的苏云金杆菌制剂，有 Bt 可湿性粉剂（含 100 亿活芽孢/g）和 Bt 乳剂（含 100 亿活芽孢/ml）。林间防治青杨天牛、松墨天牛等蛀干害虫和芽梢斑螟等蛀梢害虫，可采用 Bt 乳剂，稀释 500～800 倍液，随着使用浓度的提高，防治效果逐渐增高。Bt 乳剂的孢子在气温 20～25℃，相对湿度 85% 以上时活性最高，防治效果最佳，而气温低于 20℃、相对湿度较低，防治效果就差。Bt 粉剂需在高湿条件下，才能充分发挥其防效。使用时还需注意阳光中的紫外线对芽孢的破坏作用，故最好选择在阴天或晴天 17:00 左右使用为佳。

第十节　树干涂白

云斑白条天牛、橙斑白条天牛、桃红颈天牛、粒肩天牛、双条杉天牛、粗鞘双条杉天牛、茶天牛、星天牛、光肩星天牛、黑星天牛、栗山天牛、橘褐天牛、薄翅锯天牛、栎旋木柄天牛和瘤胸簇天牛等天牛，多瘤雪片象、马尾松角胫象和松瘤象等象虫，杉肤小蠹、罗汉肤小蠹、纵坑切梢小蠹、横坑切梢小蠹等小蠹，六星吉丁等吉丁的孕卵雌成虫，均喜择寄主树干的缝隙、洞穴和伤痕等处，有的尤选树干基部产卵繁殖。

人工林、果园、行道树和庭院内的林木，均可采用树干涂白的方法，预防蛀干害虫产卵危害。隔离带行道树树干统一涂白高度为 1.2～1.5m，其他按 1.2m 高度进行。同一林、同一庭院和同一路的涂白高度应保持一致。树干涂成白色后会反光，夜间行人、驾车视道路更为清楚，市容也显整齐、美观和靓丽（图3-21）。

图3-21　杭州富阳区儿童公园（左）；社区内树木涂白景观（右）

涂白剂的配方为生石灰+石硫合剂原液+食盐+黏着剂（如油脂等）+水，按10∶1∶1∶20∶30的比例，或生石灰+石硫合剂原液+食盐+油脂（动植物油均可）+水，按3.0∶0.5∶0.5∶少许∶10的比例，调配成稀浆状，其中生石灰和硫磺涂白液具有杀菌消毒、预防蛀干害虫产卵的作用，食盐和黏着剂可以延长作用时间。先用水化开生石灰，滤去残渣，倒入已化开的食盐，最后加入石硫合剂、黏着剂等搅拌均匀。涂白剂要随配随用，不宜存放过长。目前已有新型涂白剂（名防虫涂剂）出售，与传统的树干涂白剂比较，使用更方便，利于贮存。

树木涂白剂涂刷于树干上，也可经稀释后喷雾于树干上，一般一年2次，涂刷或喷雾都应将涂白剂均匀分布于树干表面及褶皱处，避免浆液滴坠，落于根基周围的土壤上易造成土壤盐碱化。

第十一节　化学防治

化学杀虫剂是防控林木钻蛀性害虫不可缺少的重要手段，具有高效、经济、简便、不受区域限制，能在较短时间内大面积降低害虫种群密度的特点，但在人工林、果园、行道树和庭院树林中，应用化学杀虫剂防治钻蛀性害虫时，应选择对人畜、天敌安全和对生态环境无污染的药剂。针对靶标害虫，使用选择性的杀虫剂和独特专业的方法进行防治，切忌盲目、滥用化学杀虫剂。

鉴于林木钻蛀性害虫的危害阶段均隐居于寄主组织内，极大多数害虫属咀嚼型口器，危害时间一般长于食叶害虫。防治前应准确鉴别、充分了解靶标害虫种类、发生时间、危害部位及程度，科学地选择对口防治药剂、最佳施药时间（图3-22）。防治林木钻蛀性害虫的关键时段，应掌控在靶标害虫生活习性中的薄弱环节，特别是害虫尚未蛀入寄主，游离于空间，进行补充营养、交配和产卵等系列活动时段的成虫期；幼虫弃离原蛀道寻找新寄主或同寄主新蛀处，进行转株或转干、枝、果和花等暴露于空间的转移时段。一旦害虫蛀入寄主体内，防治难度增大，选用的药剂一般为胃毒剂和内吸杀虫剂。由于林木钻蛀性害虫种类多，危害部位、危害程度具相同处，亦有相异处，防治时应采用分类施药和辩证施治的方法进行。

1. 蛀害树芽及树叶害虫的化学防治

这是一类专蛀芽苞或潜叶的害虫。前者被害芽上常有几头或十多头幼虫；后者仅取食叶肉，保留叶的上下表皮，蛀道随虫龄增大，逐渐盘旋延伸。两类害虫的虫体均微小，早期不易发现。防治宜在幼虫期（越冬代幼虫活动期或第1代幼虫期）、成虫期，采用以内吸、触杀为主的药剂，喷洒树冠即可（表3-11）。

表3-11 蛀芽、蛀叶害虫的化学防治

目标害虫	防治时间	药剂名称	使用浓度（稀释倍数）
栗瘿蜂	4月中下旬越冬幼虫活动期	40%乐果乳油	1000
		80%敌敌畏乳油	1000
		90%敌百虫晶体	1000
	6月上中旬成虫盛发期	4.5%高效氯氰菊酯	1500~2000
		2.5%功夫乳油	1500~2000
		50%杀螟松乳油	1500
		80%敌敌畏乳油	2000
旋纹潜叶蛾	5月幼虫期	5%吡虫啉乳油	1000
	4月下旬至5月下旬成虫期	2.5%功夫乳油	2000~2500
		40%水胺硫磷乳油	1000~1500
柑橘潜叶蛾	4月底至5月中旬越冬代成虫羽化和初龄幼虫期	2.5%溴氰菊酯乳油	2500
		10%氯菊酯	2000~3000
杨白潜叶蛾	成虫期	2.5%溴氰菊酯乳油	5000~8000
		50%杀螟松乳油	2000~3000
		80%敌敌畏乳油	1500~2000

2. 蛀花害虫的化学防治

这类害虫专蛀雄花序、雌花蕾，幼虫蛀害时间虽较短，但致雄花序、雌花蕾败育，影响寄主生殖生理，造成果实减产，甚至颗粒无收，严重影响经营者的收益，浙、皖两省发生的山核桃花蕾蛆即为一例,以抓住越冬代成虫出土期进行地面施药,方法简单,生态较安全,效果也较佳(表 3-12、图 3-22)。

表 3-12　山核桃花蕾蛆的化学防治

药剂种类	稀释浓度(倍数)	防治适期	防治方法
20% 氰戊菊酯乳油	1000~1500	成虫羽化出土,4月中下旬 17:00~18:00 时	林地喷雾,间隔 2~3d 喷一次
30% 乙酰甲胺磷乳油	1500	同上	同上
10% 吡虫啉乳油	1000~1500	雄花序、雌花蕾被害症状初显	树冠喷雾

图 3-22　马尾松、华山松蛀花害虫调查与防治

3. 钻蛀种实、嫩梢害虫的化学防治

这是一类蛀害籽粒、果实和嫩梢的害虫,多具有粒—粒、果—果、果—梢和梢—梢转移的危害习性,严重发生时,林内害虫种群密度较高,持续多年不降,直至籽粒、果实被蛀食殆尽。

此类害虫多滋生和猖獗于以获取种子和果实为经营目标的林木种子园、良种繁育中心和果园等人工林。这类人工林所有生产经营措施,均围绕以种子、果品的产量、质量进行。生产经营中,农事活动频繁,如嫁接、施肥、人工授粉和采摘种子及果品等。人为干扰频繁,为某些蛀粒、蛀果、蛀梢害虫的侵入—扩散—蔓延提供了有利条件。林内每株母树平均的花粉、籽粒和果实数量,远远高于天然林内同种林木每单株的平均数量。此种生态环境为蛀籽、蛀果、蛀梢害虫的栖息、生长和繁衍提供了良好的物质基础和生态环境。

以作者曾从事研究的浙江省淳安县姥山林场国家马尾松良种繁育基地为例进行剖析。经调查(图 3-23),芽梢斑螟、微红梢斑螟、松实小卷蛾和油松球果小卷蛾是该基地母树上重要的蛀果、蛀梢害虫,常猖獗危害,致使种子产量锐减,如不加治理,则种子产量一年少于一年,直至颗粒无收。这 4 种害虫的危害特点、发生规律及其生活

图 3-23　蛀梢害虫调查

习性各有异同。相异之处，如生活史不同，一年中发生的代数有 1 代，亦有 3~4 代；危害程度有高有低，一年中危害期有长有短等。相同之处，主要蛀害当年生长的花、果与嫩梢；幼虫均有转移蛀害果、梢的危害习性。4 种害虫的越冬代幼虫或第 1 代幼虫，早春开始活动时间很接近（浙江地区 3 月下旬至 4 月上旬），多在梢与梢之间转移危害，引起众多嫩梢萎蔫或弯成钩状，5 月蛀入开始膨大的 2 年生球果。

每年 3 月下旬至 4 月上中旬为防治适期。从林间害虫危害程度和害虫发生的种群密度调查分析显示，芽梢斑螟是 4 种害虫中的优势虫种。微红梢斑螟越冬代幼虫与松实小卷蛾第 1 代幼虫，均发生于 3 月下旬；芽梢斑螟越冬代幼虫与油松球果小卷蛾第 1 代幼虫，均在 4 月上旬转梢危害。此时马尾松嫩梢的形态，一般长为 15~20cm，银白色针芽将要露出绿色针尖，嫩梢顶端雌球花芽呈现；嫩梢基部雄球花小孢子叶球显露。害虫种群密度高时，此时段采用 2.5% 溴氰菊酯乳油或 5% 噻虫啉悬浮剂各稀释 1000 倍液喷雾，3 月下旬进行第 1 次防治，7~10d 后进行第 2 次防治。防治芽梢斑螟为主体的蛀果、蛀梢害虫幼虫效果最佳，可直接制约而后各代幼虫的虫口密度，甚至当年可不再用药剂防治。

2011 年在该基地特设标准地内开展溴氰菊酯和噻虫啉 2 种药剂的喷洒试验。喷后 1 个月，每处各选 10 株标准株，从各标准株上随机摘取 100 个嫩梢，剖梢检视被害情况，防效详见表 3-13。经多年推广应用表明，2.5% 溴氰菊酯乳油、20% 氰戊菊酯和 2.5% 功夫乳油 3 种拟除虫菊酯类杀虫剂，及 5% 噻虫啉悬浮剂杀虫剂在蛀果、蛀梢害虫防治上，均取得较好的防治效果（表 3-14）。

表 3-13　两种化学杀虫剂防治芽梢斑螟等幼虫试验（2011 年浙江淳安）

供试药剂	供试浓度	测试株数（株）	检查嫩梢数（个）	平均危害率（%）	平均危害下降率（%）
2.5% 溴氰菊酯乳油	1:1500	10	1000	7.5	90.5
	1:1000	10	1000	2.0	97.5
5% 噻虫啉悬浮剂	1:3000	10	1000	27.1	65.7
	1:2000	10	1000	16.4	79.2
	1:1500	10	1000	3.6	95.4
	1:1000	10	1000	1.1	98.6
CK（清水）	—	10	1000	78.9	—

表 3-14　几种杀虫剂防治马尾松蛀果、蛀梢害虫的防治效果

防治目标	药剂类型	药剂名称	喷雾时间	使用浓度（倍液）	可达防效（%）
微红梢斑螟、芽梢斑螟、松实小卷蛾和油松球果小卷蛾	拟除虫菊酯类	2.5% 溴氰菊酯乳油	3月下旬至4月上旬	1500	80~95
		20% 氰戊菊酯乳油		1500	80~95
		2.5% 功夫乳油		1500	80~95
	氯代烟碱类	5% 噻虫啉悬浮剂	3月下旬至4月上旬	1500	80~95

在马尾松种子园、良种基地经营管理中，若对该类害虫延误了最佳防治时期，则5月上中旬是防治的补救期，此时马尾松等松树4大蛀梢、蛀果幼虫，从嫩梢转蛀开始膨大的马尾松2年生小球果。由于疏误防治适期，害虫种群数量高时，常导致大量害虫侵害球果，严重威胁当年种子的产量、质量，只能采用树干打孔，注入内吸性较强的杀虫剂，以补救防治。在生产基地可应用便携背负式打孔注射器，每株母树树干择2~3个不同方位，各打1孔，注入10%吡虫啉乳油，每孔注药1ml，能较好地预防或杀灭侵入球果内的害虫，但较耗时费力。

防控黑松、油松、黄山松、湿地松和火炬松等松类蛀梢、蛀果害虫可参照上述方法进行。

柳杉大痣小蜂幼虫蛀食柳杉种子胚乳，导致籽粒中空，失去发芽力，在浙江省防治该虫的关键时期为4月下旬至5月上旬成虫羽化盛期。此期成虫暴露空间，可采用下列药剂进行防治（表3-15）。

表 3-15 钻蛀籽粒害虫的化学防治

目标害虫	药剂种类	稀释浓度（倍数）	喷洒部位	防治时间
柳杉大痣小蜂	20% 氰戊菊酯乳油	超低容量	树冠	4月下旬至5月上旬
	80% 敌敌畏乳油	超低容量	树冠	4月下旬至5月上旬
	50% 马拉硫磷乳油	超低容量	树冠	4月下旬至5月上旬
	25% 杀虫双水剂	300	树冠	4月下旬至5月上旬
	50% 敌敌畏乳油	1000	树冠	4月下旬至5月上旬

4. 钻蛀坚果类害虫的化学防治

防治危害板栗、锥栗、麻栎等壳斗科林木坚果的栗实象、麻栎象和剪枝栎实象等害虫，首先应对严重受害的坚果或种子采用熏蒸杀虫或温水浸种的方法，方法简单易行，经济有效。每吨坚果或种子用磷化铝 9~30g，熏蒸 2~3d，或用二硫化碳 30ml/m^3，熏蒸 20h；也可用 50~60℃的温水浸种 15~30min 进行灭虫处理。

近年因我国长江三角洲地区抗逆（抗旱、抗涝和抗盐碱）等生态建设需要，先后从北美地区引进纳塔栎等栎树种子，发现有的种子严重遭受栗实象 *Curculio* sp. 的蛀害。故种子在进入基地前，必须经严格熏蒸后，方能播种。

栗、栎和油茶林内发生蛀果害虫时，应紧抓成虫期，以杀灭在树冠上进行补充营养、交配和产卵等活动的成虫，降低下一代的虫口密度，选用的药剂种类及使用浓度见表 3-16。

表 3-16 化学杀虫剂防治坚果类害虫

目标害虫	药剂种类	稀释浓度（倍数）	喷洒部位	防治虫期
栗实象、柞栎象、麻栎象、剪枝栎实象	50% 杀螟松乳油	1000	树冠	成虫
	75% 辛硫磷乳油	1000	树冠	成虫
	80% 敌百虫晶体	1000	树冠	成虫
	2.5% 溴氰菊酯乳油	1000	树冠	成虫
油茶象	绿色威雷	200~300	树冠	成虫
	80% 敌敌畏乳油	1000	树冠	成虫
	90% 敌百虫晶体	1000	树冠	成虫
桃蛀野螟	30% 杀螟松乳油	600	采收20d前重点喷栗苞	第3、4代成虫
	80% 敌敌畏乳油	1500	采收20d前重点喷栗苞	第3、4代成虫
	40% 乐果乳油	800~1000	采收20d前重点喷栗苞	第3、4代成虫
	2.5% 溴氰菊酯乳油	4000	采收20d前重点喷栗苞	第3、4代成虫

钻蛀坚果类的害虫中，有些种类如柞栎象、剪枝栎实象和油茶象，在其生长发育进程中，均具有幼虫下树越冬和翌年成虫在土内开掘坑道逸出地面，从附近寄主树干上树的习性，防治上可利用这一生活习性和行为规律，可选用 2.5% 溴氰菊酯乳油 3000

倍液，制成毒绳环绕树干，以触杀上爬成虫和下行幼虫。柞栎象、剪枝栎实象等幼虫入土或成虫出土前，地面可喷洒辛硫磷粉剂或 50% 杀螟松乳油 2000 倍液。油茶象严重危害的茶园，在其成虫出土期，可在下午至黄昏时段，地面喷施 80% 敌敌畏乳油、80% 敌百虫晶体、50% 辛硫磷乳油、90% 杀螟松乳油各 800~1000 倍液，或天王星乳油 3000~3500 倍液，以喷湿土壤为宜。

其他坚果或蒴果类林木害虫的防治可参照上述方法施行。

5. 钻蛀水果类害虫的化学防治

钻蛀水果类害虫要慎用化学杀虫剂防治，因为水果的安全指标要求果实中有害物质的残留量不能超过规定限值，它是事关食品安全的一个重要品质指标。在水果生产过程中，造成有害物质超标的主要因素是化学杀虫剂的污染，但目前钻蛀水果害虫的防治中，化学防治仍占一定地位。

钻蛀桃、梨、李、杏、苹果、柑橘、柿和枇杷等的桃蛀野螟、桃小食心虫、梨小食心虫、梨大食心虫（*Nephoteryx pirivorella* Matsumura）和柿蒂虫（*Kakivoria avofasciata* Nagano）等是水果的重要害虫，食性较杂，同一种类的害虫往往钻蛀多种类的水果。

使用化学杀虫剂防治钻蛀水果类害虫时，要遵循准确的测报，选择对症的杀虫剂，合理混配，交替使用。选用高效、低毒、低残留，无三致（致癌、致畸、致突变）的杀虫剂，对允许使用的化学杀虫剂，要参用最低的有效浓度，每种杀虫剂合理地轮换使用，并且严格控制在安全间隔期。水果采收前 20~30d 严禁使用化学杀虫剂。

在钻蛀水果的主要害虫种类中，桃蛀野螟第 1 代幼虫主要钻蛀桃果，少数蛀害李、梨等果；第 2 代幼虫多数仍蛀害桃果等，部分幼虫转移至玉米杆等作物上危害，故防治适期为第 1、2 代卵期。

桃小食心虫以幼虫在果园土壤中越冬，翌年 6 月中下旬钻出土后，在地面爬行，寻找草根、土块、石头等缝隙处结茧化蛹。幼虫近出土时，地面喷施化学杀虫剂，安全且防效较佳，是防治的关键时期。树冠上防治遵照当地测报，紧抓越冬代成虫产卵期和初孵幼虫期，喷洒化学杀虫剂。一旦幼虫蛀入果内，防效差且不安全，应禁用化学杀虫剂。

梨小食心虫在我国北方一年发生 3~4 代，而在南方多达 5~6 代，以成熟幼虫在树皮裂缝或树干根颈周围的落叶、草丛、草根或土壤内越冬。第 1 代幼虫和第 2 代幼虫极大多数钻蛀桃、李等果树嫩梢，致梢枯萎、流胶而枯死。在桃园或多树种混栽的果园内，第 3 代幼虫开始，主要蛀害桃、李和苹果等果实。鉴于该虫危害规律，化学防治的适宜时间应为越冬代成虫期，第 1 代卵期和初孵幼虫期；第 2 代成虫期，第 2 代卵期和初孵幼虫期。成虫活动于树冠间，产卵于桃叶背面，初孵幼虫从叶子基部蛀入嫩梢。防治以成虫和卵为靶标，兼治初孵幼虫。

梨大食心虫在我国梨产区一年发生1~3代，以幼虫在被害梨芽内越冬，翌年春季，梨花芽膨大期，幼虫出蛰，弃害芽，转蛀健康梨芽，被害芽基间，堆聚有用丝缀连的棕黄色粉末状物。梨树开花后，幼虫多弃害芽，转蛀梨果危害。防治该虫的关键期，为越冬幼虫出蛰，转蛀健康芽期。

柿蒂虫一年发生2代，以成熟幼虫在枝、干树皮下、根际土缝中或树上干果、柿蒂内越冬。翌年5月为越冬代成虫羽化期，成虫白天均隐栖于柿叶背面，夜间开始活动，交配产卵。卵产于果柄与果蒂之间。5月下旬第1代幼虫开始钻蛀柿果，故化学防治佳期应在蛀果前：越冬代成虫期、第1代卵期及初孵幼虫期。

钻蛀水果类害虫化学防治措施见表3-17。

表3-17 钻蛀水果类害虫的化学防治

目标害虫种类	防治适期	防治部位	杀虫剂种类	使用浓度（倍数）
桃蛀野螟	第1、2代卵期	树冠喷药	20%杀灭菊酯乳油	2000~3000
			2.5%溴氰菊酯乳油	2000~3000
			2.5%高效氯氟氰菊酯乳油	2500
桃小食心虫	越冬代幼虫出土前	地面喷药	50%辛硫磷乳剂	800
			50%杀螟松乳油	1000
			48%乐斯本乳油	500
	卵期和初孵幼虫期，未蛀入果前	树冠喷药	48%乐斯本乳油	1000~1500
			20%杀灭菊酯乳油	2000
			2.5%溴氰菊酯乳油	2000~3000
			10%氯氰菊酯乳油	1500
梨小食心虫	越冬代、第1代成虫期；第1、2代卵期及初孵幼虫期	树冠喷药	25%灭幼脲3号悬浮剂	1500
			48%乐斯本乳油	1500
			2.5%三氟氯氰菊酯乳油	1500
			1%甲维盐乳油	4000
			20%氰戊菊酯乳油	3000
			20%甲氰菊酯乳油	3000
			2.5%溴氰菊酯乳油	3000
梨大食心虫	越冬幼虫出蛰，转蛀新芽期	树冠喷药	2.5%溴氰菊酯乳油	3000
			2.5%高效氯氟氰菊酯乳油	3000
			48%乐斯本乳油	1000
			2.5%溴氰菊酯乳油+BT乳剂	1500+200
柿蒂虫	越冬代成虫、第1代卵期及初孵幼虫期	树冠喷药	48%乐斯本乳油	1000~1500
			20%杀灭菊酯乳油	2000
			10%氯氰菊酯乳油	1500
			2.5%溴氰菊酯乳油	2000~3000

其他钻蛀水果类害虫，据其危害规律，通过比较分析，找出各自靶标害虫的防治时间，参照施行。

6. 钻蛀树干类害虫的化学防治

钻蛀树干的害虫种类最多，涉及鞘翅目的天牛、象虫、小蠹、长蠹、粉蠹和吉丁虫等科；鳞翅目的蝙蝠蛾、木蠹蛾、透翅蛾等科；膜翅目的树蜂等科中部分昆虫。观察研究和生产实践表明，这一类钻蛀性害虫，就种群而言，多数属非攻击性的次期性害虫，而具攻击性能直接危害健康活立木树干的钻蛀性害虫是少数。正是这少数钻蛀性害虫给林木造成巨大损失，酿成重大的生物灾害。

这类具攻击性的蛀干害虫对寄主食物的选择，仅少数是单食性，绝大多数为广谱性的。行为比较隐匿，不易觉察，待到发现有明显粉、屑、丝和虫粪等症状时，为时已晚，错过了最佳的防治时间。为此，在进行化学防治前，首先要准确判断出目标害虫的种类、寄主树种及钻蛀部位，在掌握其生活习性，特别是行为规律的基础上，抓好早期防治，方能取得预期的防治效果。

观察研究和生产实践揭示，该类害虫在危害寄主林木即其生长发育周期中，按虫态及其行为方式可人为分成3个危害时段，即成虫补充营养期、卵及初孵幼虫期和钻蛀木质部的幼虫期。针对不同的危害时段，应分段施策，选用不同功能的化学杀虫剂和施药方法进行分段除治。

（1）成虫补充营养期的化学防治

成虫羽化后，弃离寄主树干或钻出栖居的土壤，飞往或爬向健康寄主树冠，啃食寄主嫩梢（枝）皮，进行补充营养，方能完成发育和性成熟，两性才能进行交配，孕卵雌成虫才能产卵，天牛、吉丁虫等科中的多数虫种都具此习性和行为。此时段该类害虫活动和栖息于寄主树冠，是其生活周期中唯一的空间暴露期，是被害严重和害虫种群密度高的林分进行化学防治的关键时期，防治得当，可有效地降低林内下一代虫口密度，遏制其发生或蔓延（表3-18）。可选用的药剂有：

拟除虫菊酯类杀虫剂： 是一类结构或生物活性类似于天然除虫菊酯的仿生合成杀虫剂，它具有广谱性，作用速度快，击倒力强的特点。在正常情况下，它对高等动物安全，无残毒，具有光稳定性好、高效、低毒和强烈的触杀和较强的胃毒作用，无内吸作用，是一种杀灭蛀干害虫成虫较理想的杀虫剂。常用的种类有：

溴氰菊酯（deltamethrin），又名敌杀死。以触杀和胃毒作用为主，也具一定的驱避与拒食作用，但无内吸和熏蒸作用。杀虫谱广，击倒速度快。主要剂型为2.5%乳油，1.5%、5%敌杀死超低量喷雾剂和2.5%可湿性粉剂。

氰戊菊酯（fenvalerate），又名杀灭菊酯、速灭杀丁，以触杀和胃毒作用为主，无内吸和熏蒸作用。它杀虫谱广，击倒力强，杀虫速度快。主要剂型为20%氰戊菊酯乳油。

联苯菊酯（bifenthrin），又名天王星，对人畜毒性中等。对害虫具触杀与胃毒作用，无内吸、熏蒸作用。杀虫广谱，作用迅速，持续期长。主要剂型为2.5%乳油、

10% 乳油。

氟氯氰菊酯（cyfluthrin），又名百树菊酯，对害虫具极强烈的胃毒和触杀作用，杀虫作用快，持效期长。主要剂型为2.5%、5%乳油。

甲氰菊酯（fenpropathrin），又名灭扫利，对人畜毒性中等，对害虫具触杀、胃毒和一定的驱避作用，无内吸及熏蒸作用，杀虫谱广，残效期长。主要剂型为10%、20%和30%乳油。

氯氰菊酯（cypermethrin），又名安绿宝、兴棉宝，具触杀、胃毒作用，对某些害虫的卵具有杀伤作用。杀虫谱广，药效迅速，对光、热稳定。主要剂型为10%、20%乳油。

绿色威雷（Cypermethrin），又名8%氯氰菊酯微胶囊剂。当天牛等害虫踩触胶囊时，立即破裂，释放出高效原药，黏附于害虫足上，并通过其节间膜渗入体内，杀灭害虫。对人畜安全，在环境中低残留，药效迅速，持效期长，主要剂型为8%微胶囊剂、4.5%微胶囊剂。

灭幼脲类杀虫剂：系昆虫抗蜕皮激素，扰乱昆虫蜕皮过程，阻止新表皮几丁质的形成，致使昆虫不能蜕皮变态而致死。

灭幼脲（chlorbenzuron），又名灭幼脲Ⅲ号、苏脲Ⅰ号。属低毒杀虫剂，对人畜和天敌安全。对害虫具胃毒还有触杀作用，能抑制和破坏害虫新表皮中几丁质的合成，致使其不能正常蜕皮而死亡。耐雨水冲刷，在林间降解速度慢。主要剂型为25%、50%胶悬剂。

新烟碱类杀虫剂：通过选择性控制害虫神经系统烟碱型乙酰胆碱酶受体，阻断害虫中枢神经系统的正常传导，从而导致害虫出现麻痹症状而致死。该类杀虫剂具有高杀虫活性，具独特的作用机制，与常规杀虫剂无交互抗性。主要杀虫剂种类有：

噻虫啉（thiacloprid），干扰害虫神经系统正常传导，引起神经通道阻塞，致使乙酰胆碱大量积累，使害虫异常兴奋，全身痉挛、麻痹死亡，具有较强的内吸、触杀和胃毒作用，杀虫速度快，高效广谱，对人畜、环境安全。主要剂型为1%噻虫啉微胶囊粉剂、2%噻虫啉微胶囊悬浮剂和48%噻虫啉水悬浮剂。

吡虫啉（Imidacloprid），又名灭虫精、蚜虱净，属硝基亚甲基类内吸杀虫剂，是烟酸乙酰胆碱酯酶受体的作用体，干扰害虫运动神经系统，使化学信号传递失灵。具有广谱、高效、低毒、低残留，害虫不易产生抗性，对人畜等安全，并有触杀、胃毒和内吸等多重作用。药效与温度呈正相关，温度高，杀虫效果好，主要用于防治刺吸式口器害虫。主要剂型为10%、25%、50%和70%可湿性粉剂；5%乳油、70%水分散粒剂等。

有机磷类杀虫剂：一类含磷的有机合成杀虫剂。其杀虫机制主要为，抑制害虫体内神经组织中乙酰胆碱酯酶的活性，使乙酰胆碱不能及时分解而积累，导致神经传导中断，产生中毒症状：运动失调，过度兴奋和痉挛而死。具有广谱杀虫作用，高效速杀性能，兼有触杀和熏蒸作用；若干品种还具有内吸作用，但对人畜毒性一般较大，残效期短，在碱性条件下易分解失效，防治上要慎用。常用的药剂有：

敌敌畏（dichlorovos，DDVP），具很强的挥发性，温度越高，挥发性越大。具有触杀、胃毒及强烈的熏蒸作用，是一种高效、速效、广谱的有机磷杀虫剂，但对人畜毒性也较高。在碱性和高温条件下消解较快，变为无毒物质。主要剂型为50%敌敌畏乳油、80%敌敌畏油剂和20%敌敌畏塑料块缓释剂。

敌百虫（trichlorphon），室温条件下稳定，但易吸湿受潮，配成水溶液后会逐渐分解失效，使用时注意随配即用。该剂为高效、低毒、低残留和广谱性杀虫剂。胃毒作用较强，兼有触杀作用，对植物具有渗透性，但无内吸作用，对人畜较安全，残效期短。主要剂型为80%敌百虫晶体、25%敌百虫油剂、5%敌百虫粉剂和80%敌百虫可湿性粉剂。

乐果（dimethoate），是内吸性有机磷杀虫、杀螨剂，杀虫范围广，对害虫具强烈的触杀和一定的胃毒作用。在害虫体内能氧化成活性更高的氧乐果，其作用机制是抑制害虫体内的乙酰胆碱酯酶，阻碍神经传导而死亡。该剂具臭味，遇碱易分解失效，不宜与碱性药剂混用。主要剂型为40%、50%乳油、1%~3%粉剂和20%可湿性粉剂。

马拉硫磷（malathion），又名马拉松，具强烈的大蒜臭味。在中性条件下稳定，遇酸碱均分解，存放于水中或潮湿空气中亦能缓慢消解。该剂以触杀作用为主，也具一定的胃毒和熏蒸作用，无内吸作用。毒性低，残效期短，对人畜安全。主要剂型为50%、25%乳油和1%、3%、5%粉剂。

乐斯本（chlorpyrifos），又名毒死蜱，属中等毒性杀虫剂。杀虫谱广，具有胃毒、触杀和熏蒸三重作用，无内吸作用。在叶片上残留期不长，但在土壤中残留期较长，对人畜、天敌安全，是替代高毒有机磷杀虫剂（如1605、甲胺磷、氧化乐果等）的首选药剂。主要剂型为40.7%、48%乳油。

辛硫磷（phoxim），又名肟硫磷。具有高效、低毒、广谱和杀虫残效期长等特点，对害虫有较强的触杀和胃毒作用，无内吸作用。在中性或酸性中稳定，在碱性中分解较快，对光稳定性较差，紫外线照射下很快分解。对人畜低毒。主要剂型为50%、45%乳油和5%颗粒剂。

杀螟硫磷（fenitrothion），又名杀螟松，具臭蒜味，在中性及酸性条件下较稳定，在高温、碱性条件下易分解。在常温下较长期间贮存和遇光均较稳定。杀虫谱广，具触杀、胃毒作用，无内吸作用。残效期较长，有渗透性，对钻蛀性害虫有较好的防效，对人畜低毒。主要剂型为50%乳油和2%粉剂。

表 3-18 蛀干类害虫成虫活动期的化学防治

目标害虫种类	药剂种类	稀释浓度（倍数）	防治时期	防治部位、方法
松墨天牛	2% 噻虫啉微胶囊悬浮剂	2000	补充营养期	树冠、喷洒
	1% 噻虫啉微胶囊粉剂	药剂：滑石粉 1:1 混合	补充营养期，早晨露水多时	树冠、喷粉
	绿色威雷微胶囊	300~400	活动初盛期	树冠、喷洒
星天牛	15% 吡虫啉微胶囊	3000~4000	活动期	树冠、喷洒
	绿色威雷微胶囊	200	补充营养期	树冠、喷洒
	15% 吡虫啉微胶囊	2500~3000	树干爬行产卵	树冠、喷洒
	48% 乐斯本乳油	800~1000	树干爬行产卵	树冠、喷洒
光肩星天牛	50% 敌敌畏乳油	1000~1500	活动初期	树冠、喷洒
	绿色威雷微胶囊	300	活动期	树冠、喷洒
		300~400	树干产卵	树冠、喷洒
粒肩天牛	2.5% 溴氰菊酯乳油	500~800	补充营养期	树冠、喷洒
	绿色威雷微胶囊	300~400	补充营养期	树冠、喷洒
桃红颈天牛	50% 杀螟硫磷乳油	1000	补充营养期	树冠、喷洒
	10% 吡虫啉可湿性粉剂	2000	补充营养期	树冠、喷洒
	50% 杀螟硫磷乳油	800	树干爬行产卵	树干、喷洒
云斑白条天牛、橙斑白条天牛	10% 吡虫啉微胶囊	5000	活动、产卵期	树冠、干喷洒
	48% 乐斯本乳油	800~1000	活动、产卵期	树冠、干喷洒
	绿色威雷微胶囊	200	产卵期	树干喷洒
黄斑星天牛	2% 噻虫啉微胶囊悬浮剂	2000	活动期	树冠喷洒
	绿色威雷微胶囊	300~400	补充营养期	树冠喷洒
粗鞘双条杉天牛	2.5% 溴氰菊酯乳油	1000	活动、产卵期	树冠、干喷洒
栗山天牛	绿色威雷微胶囊	150~300	树干产卵	树干喷洒
双条合欢天牛	4.5% 高效氯氰菊酯乳油	1000	树干活动期	树干喷洒
	50% 杀螟硫磷乳油	1000	树干活动期	树干喷洒
橘褐天牛	2.5% 溴氰菊酯乳油	1000	活动、产卵期	树冠、干喷洒
六星吉丁	5% 吡虫啉乳油	1500	活动期	树冠喷洒
	50% 敌敌畏乳油	1000	活动期	树冠喷洒
	2.5% 溴氰菊酯乳油	3000	活动期	树冠喷洒
	40% 乐果乳油	1000	活动期	树冠喷洒
	90% 敌百虫晶体	1000	活动期	树冠喷洒
咖啡豹蠹蛾	2.5% 氟氯氰菊酯乳油	3000	活动期	树冠喷洒
	2.5% 联苯菊酯乳油	1500	活动期	树冠喷洒

（2）卵及初孵幼虫期的化学防治

林木蛀干类害虫中，除小蠹部分种类以成、幼虫钻蛀外，天牛、象虫、吉丁、木蠹蛾中绝大部分种类以幼虫钻蛀树干。交配后的雌成虫，有的产卵前在树干择适宜部位，咬蛀刻槽，将卵产于刻槽中；有的将卵产于树干缝隙、伤痕等处。卵孵化后，初孵幼虫多在韧皮部钻蛀纵横坑道。坑道通过蛀入孔、排气孔、排粪孔等与外界相通，化学杀虫剂易从刻槽、蛀入孔、排气孔或排粪孔处，通过渗透、内吸等方式进入韧皮部薄壁细胞，而居于其中的初孵幼虫抗逆能力，特别是对化学杀虫剂等有害物质的抵抗力较低。卵、初孵幼虫期是防治蛀干类害虫的重要时期之一，但此期在蛀干类害虫生命周期中历期相对较短，使用化学杀虫剂必须在准确的测报条件下实施。

前述的杀螟硫磷在林木体上具有很好的渗透作用。20%灭蛀磷乳油为防治蛀干害虫的专用药剂，其有效成分为杀螟硫磷。该剂是一种高效、低毒、低残留、残效期长的新型杀虫剂，具有强烈的内渗性和胃毒、触杀作用。20%灭蛀磷乳油对蛀害林木、果树的多种天牛类害虫，如粒肩天牛、星天牛、光肩星天牛、黄斑星天牛、桃红颈天牛、双条杉天牛和粗鞘双条杉天牛等天牛幼虫，特别是在尚未蛀入木质部的初孵或初龄幼虫期，防治效果尤为显著。施用浓度视防治的目标害虫而定，一般为稀释成30～400倍液。林间可采用涂抹和喷雾2种方法。若被害树体不甚高大，且注入孔、排气孔或排粪孔明显，宜用刷子或排笔涂抹孔洞及其周围为佳；若被害树体高大，无明显的注入孔、排气孔或排粪孔的，则以喷雾法为妥，择晴天、树皮干燥时，喷至完全湿润为度。

卵、初孵幼虫期的其他化学防治方法，见表3-19。

表3-19 蛀干害虫卵、初孵幼虫期的化学防治

目标害虫种类	药剂种类	稀释浓度（倍数）	防治部位、方法
星天牛	50%杀螟硫磷乳油	300～500	树干、喷洒
	80%敌敌畏乳油	500	树干、喷洒
	50%辛硫磷乳油	200～400	树干、喷洒
粒肩天牛	20%氰戊菊酯乳油	10～20	树干第2排粪孔注药
	80%敌敌畏乳油	500	树干第2排粪孔注药
桃红颈天牛	50%杀螟硫磷乳油	1000	树干、喷洒
	10%吡虫啉乳油	2000	树干、喷洒
	80%敌敌畏乳油	40	加10%煤油点涂排粪孔
橘褐天牛	80%敌敌畏乳油	10～20	涂抹刻槽
	50%杀螟硫磷乳油	10～20	涂抹刻槽
橘光绿天牛	80%敌敌畏乳油	500	择最后1个通气、排粪孔注药
云斑白条天牛、橙斑白条天牛	20氰戊菊酯乳油	100	树干、喷洒
	50%杀螟硫磷乳油	400	树干、喷洒
	50%辛硫磷乳油	100～200	加少量煤油树干喷洒
	90%敌百虫晶体	100～200	加少量煤油树干喷洒
黄斑星天牛	20%溴氰菊酯乳油	200～750	树干、喷洒
	20氰戊菊酯乳油	200～750	树干、喷洒
	5%氟氯氰菊酯乳油	100～500	树干、喷洒
栗山天牛	40%乐果乳油	200～400	刻槽及排粪孔喷洒

（续）

目标害虫种类	药剂种类	稀释浓度（倍数）	防治部位、方法
六星吉丁	50%杀螟硫磷乳油	1000	树干、喷洒
罗汉肤小蠹	80%敌敌畏乳油	1200	树干侵入孔喷洒
杉肤小蠹	50%杀螟硫磷乳油	1200	树干侵入孔喷洒
咖啡豹蠹蛾	40%乐果乳油	1500	树干、喷洒
	2.5%溴氰菊酯乳油	3000	树干、喷洒
	20%氰戊菊酯乳油	3000	树干、喷洒

（3）木质部内幼虫的化学防治

蛀干类害虫幼虫由韧皮部蛀入木质部，被害植株轻者养分、水分输送受阻，枝叶枯黄，生长势受损，重者木质部被蛀成千疮百孔，直至枯萎死亡或遭风吹折。除蝙蝠蛾科中的蝙蛾幼虫蛀食的坑道通直光滑外，余多为纵横曲折，坑道内充塞蛀屑和虫粪，幼虫匿居其中，防治难度甚大。

防治前，需从外部症状准确判断其内的害虫种类，方能对症下药。据林间调研发现，钻蛀林木树干木质部的害虫，主要为天牛、象虫、小蠹、吉丁、蝙蝠蛾和透翅蛾6大类。从被害株树表检视，见有蛀孔或地面堆积的蛀屑为锯屑状，多为天牛钻蛀所为；蛀孔或根际堆聚粉丝状蛀屑及粪粒，多为象虫蛀食所致；被害株树皮密布针眼小孔，孔下常附着粉状蛀屑和粪粒者，多系小蠹所蛀；被害株外观无较多排泄物，树干局部皮层呈现枯黄，此为吉丁虫所害；蛀孔外黏附块状或环裹黄褐色或灰褐色具颗粒状粪屑苞，定系蝙蛾蛀害后所筑；蛀孔排出物色淡，多呈颗粒或圆球形粪粒，即为木蠹蛾危害后形成；蛀孔处常附有条状的黏性虫粪，可初步诊断为透翅蛾侵害后的标志。

蛀入木质部的幼虫，因其隐藏较深，虫龄偏大，有的发育近成熟，对化学杀虫剂具一定的抵抗能力，常规的喷洒、涂抹、渗透等化学防治方法难以奏效，因其匿居的蛀道近似一个封闭的密室。当前生产实践中多采用蛀道注药或塞（插）入熏蒸剂的方法，以杀灭幼虫，其优点为不污染生态环境，避免或减少杀伤天敌。采用的多为具挥发性的有机磷杀虫剂，或由固体或液体转化为有毒气体的熏蒸剂及毒签。通过害虫呼吸系统进入虫体，使害虫中毒死亡。常用的熏蒸剂有：

磷化铝（aluminium phosphide），又名磷毒，化学式为AIP。工业品为灰绿色或淡黄色固体，无气味。微溶于水。干燥条件下，对人畜较安全。当吸收空气中的水分后，就分解放出剧毒的磷化氢（PH_3）气体，通常作为一种广谱性的杀虫剂。本剂易挥发，一般熏蒸后24~48h即可逸散殆尽，不含残毒。对人畜剧毒，施药后应立即离开，以免中毒。产品剂型主要为56%~58%，重量为3.3±0.1g的片剂、丸剂和粉剂。使用方法：将3.3±0.1g的片剂分成0.1~0.3g的小颗粒，塞入虫孔内，随后用黄泥封口。

磷化锌（zinc phosphide），化学分子式为Zn_3P_2，工业品为灰黑色，具光泽的粉末，不溶于水，可溶于酸。在干燥条件下对人畜较安全，而在潮湿、日晒、遇酸环境下会很快分解，在潮湿空气中释放出剧毒的磷化氢气体。

现用于防治蛀干害虫的加工剂型主要有：

熏蒸毒签：将磷化锌（药剂）与草酸（$H_2C_2O_4$）用阿拉伯树胶，胶结在长 10cm、粗约 0.15cm 的竹签一端，在虫道内与水分一接触即产生磷化氢气体，以毒杀坑道内幼虫。磷化锌与草酸比为 1:3，其药剂含量为 12%。

胶囊毒剂：磷化锌细粉与草酸按 1:3 或 1:4 比例充分混合均匀后，置入 2 号水溶性医用胶囊内即可。每个胶囊内分别含磷化锌 40mg、草酸 120mg（或磷化锌 32mg、草酸 128mg）。因胶囊系水溶性，遇水分会缓慢潮解，内含物遇水分后，产生毒气。使用时，将胶囊塞住天牛的侵入孔即可。

➢ 化学防治木质部内幼虫的具体操作方法

虫孔注药、堵药棉、涂塞药泥：先清除蛀道口内的虫粪和蛀屑后，用兽用注射器从蛀孔注入药液，泥土封口；用棉球或布条浸沾药液塞入蛀道，用泥土封口熏蒸；药液加水混合后，用细黄土制成药泥，用木或竹棍向虫孔内塞入药泥，直至塞不动为止。

熏蒸剂塞孔：按蛀孔大小，分别将磷化铝（每片 3g）的 1/6、1/4、1/3 或 1/2 片用镊子塞入蛀道内，并立即用泥封孔。药剂遇树液及虫粪中水分后，分解释放出磷化氢气体杀虫。

毒签插孔：将磷化锌毒签的药段插入虫道内。药剂与树液和虫粪中的水分接触，产生磷化氢气体，迅速在密封的虫道内扩散杀虫。

胶囊毒剂塞孔：用镊子将磷化锌胶囊毒剂从蛀孔塞入虫道内，用泥封孔。胶囊遇树液和虫粪中的水分潮解，磷化锌与草酸混合物遇水产生磷化氢杀虫。

木质部内幼虫的化学防治见表 3-20。

表 3-20　钻蛀木质部幼虫的化学防治

目标害虫种类	药剂种类	使用浓度	施药方法
星天牛	40% 乐果乳油	10 倍液	棉球蘸药塞孔
	80% 敌敌畏乳油	10 倍液	棉球蘸药塞孔
	磷化锌胶囊	1 粒	塞入虫道熏蒸
光肩星天牛	80% 敌敌畏乳油	500 倍液	虫孔注药
	磷化铝片剂	0.1~0.3g	片剂按量分成小粒塞孔熏蒸
	磷化锌胶囊	1 粒	塞入虫孔熏蒸
	磷化锌毒签	1 根	药段插入虫道熏蒸
	溴氰菊酯毒签	1 根	药段插入虫道
粒肩天牛	50% 敌敌畏乳油	500 倍液	最新排粪孔注药
	磷化铝片剂	0.1~0.3g	片剂按量分成小粒塞孔熏蒸
	磷化锌胶囊	1 粒	塞入虫孔熏蒸
	磷化锌毒签	1 根	药段插入虫道熏蒸

(续)

目标害虫种类	药剂种类	使用浓度	施药方法
云斑白条天牛、橙斑白条天牛	80%敌敌畏乳油	10倍液	浸泡棉球塞孔
	磷化锌胶囊	1粒	塞入虫孔熏蒸
	磷化锌毒签	1根	药段插入虫道熏蒸
橘褐天牛	80%敌敌畏乳油	10倍液	棉球蘸药塞孔
	40%乐果乳油	10倍液	棉球蘸药塞孔
	磷化铝片剂	1/8片	片剂分片塞入虫道熏蒸
栗山天牛	50%杀螟硫磷乳油	100~200倍液	排粪孔注药
	40%乐果乳油	200~400倍液	排粪孔注药
	磷化锌毒签	1根	药段插入虫道熏蒸
桃红颈天牛	80%敌敌畏乳油	50倍液	棉球蘸药塞孔
	40%乐果乳油	50倍液	棉球蘸药塞孔
黑星天牛	80%敌敌畏乳油	50倍液	棉球蘸药塞孔
	40%乐果乳油	50倍液	棉球蘸药塞孔
茶天牛	50%敌敌畏乳油	40~50倍液	排粪孔注药
	40%乐果乳油	40~50倍液	排粪孔注药
双条合欢天牛	50%敌敌畏乳油	10倍液	棉球蘸药塞孔
	40%乐果乳油	10倍液	棉球蘸药塞孔
栎旋木柄天牛	磷化锌毒签	1根	药段插入虫道熏蒸
萧氏松茎象	磷化铝片剂	0.3~0.6g	片剂按量分成小粒塞孔熏蒸
六星吉丁	磷化锌胶囊	1粒	塞入虫孔熏蒸
疖蝙蛾、点蝙蛾、柳蝙蛾、杉蝙蛾	40%杀螟硫磷乳油	500倍液	虫道注药
	40%敌敌畏乳油	300倍液	虫道注药
	90%敌百虫晶体	500倍液	虫道注药
咖啡豹蠹蛾	80%敌敌畏乳油	100~500倍液	虫道注药
	50%马拉硫磷乳油	100~300倍液	虫道注药
	20%氰戊菊酯乳油	100~300倍液	虫道注药

（4）白蚁的化学防治

白蚁是一类土木两栖、营巢居社会性生活的钻蛀性害虫，群体内有不同的品级分化和复杂的组织分工。构筑蚁巢、采食和喂饲幼蚁、蚁王、蚁后的职责均由工蚁承担。工蚁外出采食，蛀害林木树干皮层、木质部和房屋等建筑物木质构件，均在隐蔽的环境下，爬窜于泥线、泥路或泥被中进行。

化学防治可利用工蚁采食时，喷施药剂让蚁体携带药物，巢中喂食时传递毒素，逐步致死巢中白蚁；发现土栖蚁巢时及时灌注化学杀虫剂，迅速杀灭巢中栖居的蚁群。黑翅土白蚁、黄翅大白蚁等白蚁，均可采用50%辛硫磷乳油200倍液灌注蚁巢，20kg/巢或喷施蚁路、分群孔、蚁体等方法进行防治。

其他危害树木的白蚁亦可参照上述方法进行。

第十二节　松花粉产品害虫防控

印度谷螟是蛀害马尾松花粉片剂等林产品的重要仓储害虫。林产品仓储害虫一般个体较小，发生时种群密度高、善隐蔽。在松花粉产地、采收、晾晒、运输、加工和储藏过程中，都有感染仓储害虫的可能。由于马尾松花粉等制品多为保健食品，关系人体健康，坚持"安全、经济、卫生、有效"的防控原则，加强花粉原料及其制品入库、出库和储藏期间的虫情检查，一旦发现问题，就要及时处理，彻底消灭虫源，迅速控制传播途径，不留隐患。防控技术以加工工艺和物理防控为基础，科学使用化学防控技术。为阻止印度谷螟的发生和繁衍，作者结合马尾松花粉片剂的加工工艺，开展了系列防控和除治试验，取得显著防效，为此类林产品钻蛀性害虫的防控提供借鉴和参考。

➢ 人工过筛

马尾松花粉粒平均直径为 0.055（0.039～0.077）mm，而印度谷螟卵的平均长径为 0.503（0.434～0.565）mm，后者长径为前者直径的 9.1 倍。试验用 160 目筛网，每次手工振动 5 分钟。2 次试验，印度谷螟卵的过筛率均为 0。马尾松花粉制品加工工艺流程中，采用过筛工序，不仅可获得较为纯净的马尾松花粉原料，还能有效防控印度谷螟等害虫卵的侵入。

➢ 高温杀卵

印度谷螟等马尾松花粉仓储害虫的卵对高温抵抗力较差。以 100 粒印度谷螟卵为一个样本，分别在 45℃、47℃、49℃、51℃、53℃和 55℃共 6 个供试温度条件下，持续处理 1.5h，观察印度谷螟卵完全失去孵化活性的临界温度值，结果见表 3-21。表中显示，温度每升高 2℃，卵的孵化率迅速下降。当温度升高到 49℃，持续处理 1.5h，试后连续观测 10d，其卵的孵化率为 0，表明 49℃可有效杀灭马尾松花粉及其制品中的印度谷螟等害虫卵粒。

表 3-21　高温杀灭印度谷螟卵试验（2012 年）

试验日期（月-日）	处理		供试卵数（粒）	卵孵化数（粒）				平均孵化下降率（%）
	温度（℃）	历时（h）		试后 120h	平均	试后 240h	平均	
8-31	45	1.5	100	70	35.0	70	48.5	46.1
			100	0		27		
	27（室温）		100	90		90		
9-2	47	1.5	100	7	6.5	7	7.5	88.1
			100	6		8		
	28（室温）		100	62		63		
9-13	49	1.5	100	0	0	0	0	100
			100	0		0		

（续）

试验日期（月-日）	处理		供试卵数（粒）	卵孵化数（粒）				平均孵化下降率（%）
	温度（℃）	历时（h）		试后120h	平均	试后240h	平均	
9-3	27（室温）		100	84		84		
	51	1.5	100	0	0	0	0	100
			100	0		0		
9-9	29（室温）		100	58		62		
	53	1.5	100	0	0	0	0	100
			100	0		0		
	31（室温）		100	76		76		
	55	1.5	100	0	0	0	0	100
8-5			100	0		0		
	32（室温）		100	70		87		

> **低温杀幼**

随机选取3~5龄印度谷螟幼虫各50头，与10倍害虫体重的马尾松花粉混合，组成1个供试样本。将10个样本分别置于DC-1006型低温恒温槽内，按0、-2、-4、-6和-8等5个温度级冷藏24h；另将1个样本置于室内自然温度条件下，供试期间平均室温为30.7（27.0~32.07）℃。试后7d内，逐日观察不同低温胁迫条件下印度谷螟幼虫的生存情况，并统计其平均死亡率。图3-24为低温杀灭试验印度谷螟幼虫的日平均死亡情况。图中显示，-8℃试后第一天的死亡率达100%；-6℃，试后第一天的死亡率为56.0%，以后几天平均死亡率均处于平稳增长。-4℃、-2℃和0℃，试后幼虫的平均死亡率均处于平稳增长。除-8℃外，其余几个低温处理，第7d后均有不同比率的幼虫存活。试验表明，-8℃低温处理24h，可有效杀灭马尾松花粉及其保健食品中的印度谷螟幼虫。死亡幼虫尸体均呈黑色，缩小而变软。

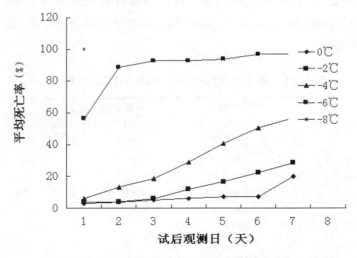

图3-24　低温处理印度谷螟幼虫的日平均死亡情况

> **库房熏蒸杀幼**

仓库、留样室等处是临时和长期存放马尾松花粉及其制品的场所。房顶、墙壁和壁缝等处是印度谷螟等成、幼虫栖息、化蛹和越冬场所。在密闭的条件下，通过熏蒸剂释放的分子态气体，可有效致死印度谷螟等仓储害虫。硫酰氟是食品生产和流通环节中常用的熏蒸剂。

以 99.8% 硫酰氟为熏蒸剂，应用 GF1900 型硫酰氟分析仪，测定供试硫酰氟浓度。供试 10 个样品，每个样品均随机选择 20 头，3~5 龄混生的印度谷螟幼虫，置于 30g 马尾松花粉中。其中 1 个样品为对照，置于非熏蒸的自然条件下饲养，另 9 个样品分别置于 10L 玻璃容器内，按正交试验设计，分别开展不同浓度、不同处理时间的试验，并对印度谷螟死亡率进行极差分析。试验结果见表 3-22，表中可见，样品号 3、5、6、8 和 9 的试验，印度谷螟幼虫的死亡率均达到 100%。极差（R）分析显示，R（处理时间）41.7% > R（浓度）20%，表明处理时间是关键因素，其中 9 号处理为最佳试验方案。

表 3-22 硫酰氟熏蒸印度谷螟幼虫试验

供试品号	供试浓度（g/m^3）	处理时间（h）	供试虫数（头）	死虫头数（头）	死亡率（%）
1		4.5	20	7	35.0
2	5	6.5	20	19	95.0
3		8.5	20	20	100
4		4.5	20	10	50
5	7	6.5	20	20	100
6		8.5	20	20	100
7		4.5	20	18	90.0
8	9	6.5	20	20	100
9		8.5	20	20	100
10	CK	8.5	20	0	0

为确保安全使用花粉及其保健食品，作者委托浙江省资质检测单位对供试的 3、5、6、9 和 10（对照）样品花粉氟含量残留进行检测，结果见表 3-23。因我国卫生部门未公布花粉食品中氟限量指标，故以 GB2762-2005 粮食类面粉氟限量 1.0mg/kg 为参照指标。检测显示，"最佳方案" 9 号样品的氟含量高达 3.4mg/kg，3 号和 6 号样品的氟含量均高于 1mg/kg，唯 5 号样品，即供试浓度 7g/m³，处理时间 6.5h，防效达 100%，而氟含量仅 0.8mg/kg，低于限值 1.0mg/kg，为应用硫酰氟熏蒸松花粉及其制品，防控印度谷螟幼虫最安全、经济和高效的方法，而 3、6 和 9 号样品的熏蒸技术只能用于空库房的灭虫。

表3-23 不同浓度和时间硫酰氟熏蒸处理松花粉中的氟含量

供试样品号	供试浓度（g/m³）	处理时间（h）	氟含量（mg/kg）
3	5	8.5	2.2
5	7	6.5	0.8
6	7	8.5	1.6
9	9	8.5	3.4
10（ck）	0	0	0.6

第四章 松材线虫病的鉴别与防控

松材线虫病（松枯萎病、松树萎蔫病）是由松材线虫 [*Bursaphelenchus xylophilus* (Steiner & Buhrer) Nickle] 引起的一种毁灭性的森林病害。如同 SARS、流感等流行病一样，其发生、蔓延、流行和成灾是一个多因素互作的复杂的生态系统。作为传染源，病原体松材线虫是主导因素；传播媒介天牛、高感松树为主要因素；人为不自觉参与和异常气候环境系促进因素。多环节、多因素的链接导致该病迅速扩散、流行，酿成重大的生物灾害。

第一节　松材线虫病鉴别

1. 分类地位

线形动物门 Nemathelminthes 线虫纲 Nematoda 滑刃目 Aphelenchida 滑刃科 Aphelenchoididae 伞滑刃属 *Bursaphelenchus*。

2. 寄主

马尾松、云南松、思茅松、黑松、黄山松、湿地松、火炬松、华山松、琉球松、华南五针松、赤松、红松、油松、晚松、樟子松等我国目前分布的松属树种。

3. 地理分布

国内：江苏、安徽、广东、山东、浙江、上海、湖北、福建、重庆、广西、江西、湖南、贵州、四川、云南、河南、陕西、辽宁、台湾的部分市县和香港等 20 个省（自治区、直辖市）；国外：日本、韩国、美国、加拿大、墨西哥、葡萄牙等国。

4. 危害症状及严重性

松材线虫是一种移居松树体内的寄生线虫，主要在松树分生组织内取食薄壁细胞。除危害 58 种松属植物外，也危害 13 种非松属针叶树。在东亚诸国，该线虫主要通过松墨天牛成虫补充营养取食时，传播到适合的寄主上。马尾松等松树感染松材线虫后，树体内养分、水分的运输作用，树脂分泌功能及分生组织的活力受到严重影响，树脂分泌流量急速减少，渐至停止。罹病松株起初针叶失水褪绿，先后出现灰绿、黄绿（图 4-1）、黄褐、红褐直至灰褐色（图 4-2），并渐次失去光泽而枯萎，枝、干上多能观察到松墨天牛等钻蛀性害虫的蛀屑。林间症状多在 7～8 月间显现。因该病原线虫生长速度极快,繁殖力极强,致寄主迅速萎蔫,一般 30~45d 寄主松树即可枯死。罹病树针叶当年不脱离。

图 4-1　针叶变黄绿色

图 4-2　针叶呈红褐色(左);灰褐色(右)

据观察和调查,我国本土松种马尾松、黑松、赤松和国外引进的晚松是最敏感的松种,一旦感染,成片松林即可毁于一旦。图 4-3 为浙江省嵊州市、杭州市富阳区马尾松林感染松材线虫病后 2 年的林分状况。松材线虫病严重威胁我国 9 亿亩松林,特别是珍稀、古松树的安全。由于传播、蔓延和扩展迅速,现已对黄山、张家界等风景名胜区、世界自然文化遗产和重点生态区域构成严重威胁。

图 4-3　马尾松林被害状(左:嵊州;右:富阳)

松材线虫病严重威胁着我国松林的安全,其中马尾松是我国特有的乡土树种,亦是我国松属树种地理分布最广的一种。马尾松分布的地理位置为 21°41′~33°56′N,102°10′~123°14′E,涉及我国 17 个省(自治区、直辖市),其中浙江、福建、江西、湖北、湖南、四川、重庆、贵州、广东和广西为主产区。该松自然分布面积大约为 220 万 hm^2。分布区内生长着许多珍稀、古松树,拥有众多的名胜古迹及旅游风景区,该病的发生和流行不仅给国民经济造成巨大损失,也破坏了自然景观及生态平衡。

5. 形态鉴别

雌成虫（图4-4、图4-5）：体长0.81（0.71~1.01）mm。虫体细长，表面光滑，有环纹。唇区高，缢缩显著，口针细长，中食道球椭圆形，占体宽的2/3以上。食道腺细长叶状，覆盖于肠背面。排泄孔的位置约在食道与肠交接的平行处。卵巢单个。阴门开口于虫体中后部73%处，上覆以宽的阴门盖。尾亚圆锥形，指状，末端宽圆，无或具小于2μm的尾尖突。

雄成虫（图4-4、图4-5）：体长0.73（0.59~0.82）cm。形似雌成虫。尾尖，侧面观似鸟爪状，死后尾向腹面弯曲。交合刺大，弓状，成对，喙突显著。尾部有一卵圆形的交合伞。

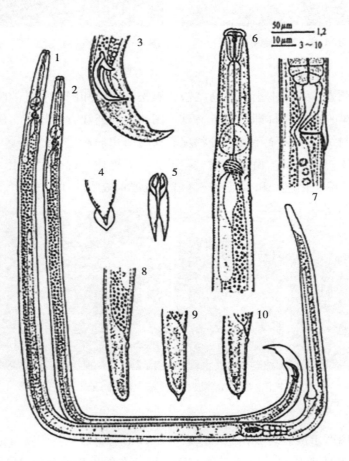

图4-4 松材线虫形态特征（仿Mamiya et al., 1972, 1979）

1.雌成虫；2.雄成虫；3.雄虫尾端；4.交合伞；5.交合刺；

6.雌虫前部（口针，中部食道球神经环，肠道）

7.雌虫阴门；8~10 雌虫尾端变化

6. 松材线虫的发育和生活史

松材线虫生活史存在繁殖和分散 2 个周期。

当携带松材线虫的松墨天牛成虫在健康马尾松枝梢上取食时，线虫从取食疤痕中进入松树体内，开始了繁殖周期，迅速重复繁衍出卵、幼虫和成虫。由卵发育为成虫，其间要历经 4 个龄级幼虫。生长发育温度为 10～33℃。在最适温度 25℃条件下，从卵产下至 2 龄幼虫孵化约需 30h。从卵内孵化出的 2 龄幼虫开始觅食，蜕 3 次皮后发育成成虫，约需 4d。雌雄成虫交配后，雌成虫开始产卵，产卵期约 30d。1 条雌成虫 15d 即可繁殖 26 万条松材线虫。雌成虫产卵后不久，便死亡。在实验室培养条件下，当 15℃时，需 12d；20℃需 6d；25℃需 4～5d；28℃需 4d；30℃仅需 3d，就可完成一个世代。低于 10℃，线虫即不能发育；高于 33℃便不能繁殖。繁殖周期全在马尾松树内进行。

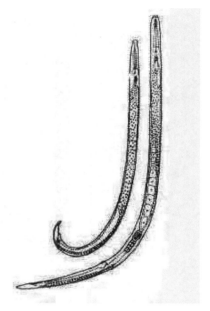

图 4-5　松材线虫雄成虫（左）；雌成虫（右）

秋末冬初，寄主体内松材线虫种群数量达到高峰时，逐渐停止增殖。马尾松针叶出现变色。此时，寄主体内的线虫进入了分散型的 3 龄幼虫，进入休眠阶段。翌年春季，分散型 3 龄幼虫受天牛蛹室的挥发性单萜 β-香叶烯、天牛呼出的二氧化碳及体内所含不饱和脂肪酸，如棕榈油酸、油酸和亚油酸的引诱，聚集在松墨天牛蛹室周围。分散型 3 龄幼虫再次蜕皮，成为耐久型 4 龄幼虫。4 龄幼虫角质膜增厚，内含物增多，头部呈圆丘状，口针与食道球退化，体表覆盖黏状保护物，能够黏在天牛体上。耐久型 4 龄幼虫抵抗不良环境能力强，适宜于天牛携带传播。松墨天牛成虫羽化前，耐久型 4 龄幼虫多数转移到天牛成虫体壁气管中，少数附着虫体其他部位。天牛羽化后，携带线虫飞离原寄主。

1996 年 6 月 12 日至 7 月 8 日，作者从杭州市富阳区松材线虫病疫区收集的罹病树上，截获 40 头刚羽化的松墨天牛成虫。经解剖、分离、镜检和统计显示，携带松材线虫的松墨天牛成虫比率为 77.5%，平均每头松墨天牛成虫携带 3977.1（30～21330）条松材线虫。松墨天牛成虫各部位均可携带松材线虫，其携带的数量比率顺序为胸＞头＞腹＞触角＞足＞翅（图 4-6）。另据文献记载，1 头松墨天牛成虫最高可携带约 280000 条松材线虫，雌虫比雄虫携带量大，可达几倍。松墨天牛成虫羽化出孔－补充营养阶段是松材线虫病的传染、扩散和流行期，在浙江 6 月中旬至 7 月上旬是松墨天牛成虫羽化逸出的高峰期，亦是松材线虫病传播、扩散和流行的高发期。

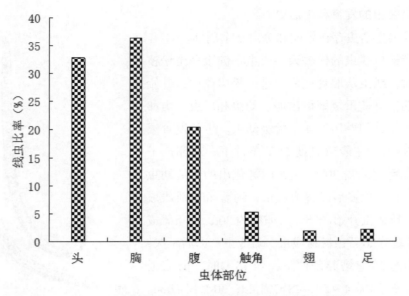

图 4-6　松墨天牛成虫虫体各部位携带松材线虫比率

7. 病害发展过程

（1）外观正常，树脂分泌减少，蒸腾作用下降，树冠嫩枝梢上可见松墨天牛成虫啃食（补充营养）的伤痕。

（2）针叶开始变色，树脂分泌停止，树体枝、干上可见松墨天牛雌成虫产卵的眼形或圆锥形产卵疤痕。

（3）大部分针叶变为黄褐色，萎蔫，树体枝、干上可见到松墨天牛幼虫钻蛀排出的细蛀丝，附着于蛀孔外。

（4）针叶全部变为黄褐色至红褐色，罹病树整株枯死，树干上可见较多较粗的蛀丝，林中常可听到"嚓！嚓！"的松墨天牛幼虫取食的啃木声。

第二节　松材线虫病传播和流行规律

松材线虫病是植物性传染病。传播流行需要病原（松材线虫）——中间寄主（松墨天牛）——终宿寄主（马尾松等松树）三链接，缺一就不能构成传播流行链。我国目前松材线虫病发生、传播和流行情况可分为：

1. 疫区内传播流行

浙江等华东地区，5月中下旬始，在松材线虫病发生的松林内，逐渐有少数越冬代松墨天牛成虫携带松材线虫耐久型4龄幼虫，从罹病松树中钻出，飞往健康松树树冠进行补充营养，取食嫩梢皮，造成伤口。松材线虫通过天牛口器，从口器与伤口的连接处，迅即侵入梢内。该地区每年6月中旬至7月上旬，约30d时间是松墨天牛成虫补充营养的高峰期，亦是松材线虫传播、蔓延和流行的高发期。林间初现针叶失水褪绿，呈灰绿色、微萎蔫等感染病况。一般在5月底至6月初始，林内出现罹病松株，随之个体数量逐渐增多，感病林分面积逐渐扩大，向四周健康松林蔓延。7、8月间林内罹病死树数量达到高峰。一般在夏季前感病的松株，当年即枯死；而在秋季感病的松株，在次年出现症状并枯死。在疫区松林内，松墨天牛成虫携带松材线虫，通过如下路径：补充营养→线虫侵入→树内繁殖→树势衰弱→天牛寄生→松树枯死→天牛羽化→携线逸出→飞往健松→补充营养，重复循环侵染，若不采取科学的除治措施，被害松林3～5年即遭毁灭性的生物灾害。

林内疫病的扩散蔓延速度取决于媒介天牛，即松墨天牛成虫种群数量、飞行距离和取食活动频数（单体成虫取食健康松树株数）。疫区松林内，春夏季活动的松墨天牛成虫种群数量较高；单体天牛成虫取食松株频数较高，致使松材线虫病在疫区松林内迅速扩散蔓延。

2. 疫区向非疫区传播流行

我国自1982年在南京中山陵首次发现松材线虫病后，截至2019年年底，该病害已在我国18个省666个县级行政区4333个乡镇发生，松林发生面积达111.46万hm^2，累计枯死松树1946.74万株，并入侵多个国家风景名胜区和重点生态区，近年来呈现向西、向北快速传播流行的态势。究其因，主要是除治、管理缺失，疫木清除不科学、疫木源头监管不严、疫木流失严重。松材线虫病发生的县级疫区中，80%以上系由罹病疫木及其制品流入，而突然引发疫情。

松墨天牛在我国马尾松等松林内普遍存在，但种群数量较低，仅在部分地区和林分内因各种因素引起松株生理衰弱、断干和折枝而有所寄生。少数年份，当夏秋季节持续高温干旱；冬春季节连续冰冻雨雪；或东南沿海地区强烈台风等自然灾害，或大面积盗割松脂及滥砍滥伐等人为因素，造成松林内众多植株生理衰弱，林内产生众多断枝折干，或众多植株出现伤痕，引发当年或次年松墨天牛种群数量剧增，暴发成灾。经清理虫害木、化学防治等除治措施后，可逐渐降低虫口密度，消除灾害。

据作者试验，松墨天牛成虫一次飞行距离最远为70m。国内研究资料显示，该成虫活动范围通常一年不超过200m，表明松墨天牛自然传播松材线虫的能力是有限的，病害的远距离传播、扩散和流行都是通过人为参与，即人类活动实现的。疫区的松材线虫病向非疫区远距离传播、扩散和流行，经调查，主要是通过经济贸易方式，特别是未经除害处理的罹病松树制成的包装箱、电缆盘和光缆盘等，其内寄生有媒介天牛和病原线虫。此类材料成为媒介天牛和病原线虫的载体，通过无序流通，病害由疫区松林跨越式地向远距离的非疫区松林传播、扩散和流行。松材线虫病入侵非疫区健康松林一般需经：侵入→定殖→扩散过程而流行成灾。疫木中的松墨天牛成虫钻出后，随即飞往健康松林树冠，进行补充营养，取食嫩梢皮，病原线虫即从伤痕侵入，在寄主树内迅速繁殖，致松株萎蔫，从而病原线虫得以在新松林中定殖。染病萎蔫的松株成为新疫区的病原株。林中土著和外来入侵的松墨天牛成虫，经补充营养，其中雌成虫则聚集萎蔫松株的枝、干上产卵寄生，繁殖后代。下一代天牛成虫羽化后，携带松材线虫在新疫区内迅速传播、扩散和流行，形成灾害。

第三节　松材线虫致病机理

　　松材线虫病在树体内的病程反应和致病机理，目前尚不清楚。但近年来，国内外有关专家通过接种试验和组织病理学研究，发现罹病株茎部最早的变化是皮层树脂道遭到破坏，其周围的皮层细胞大范围坏死，且细胞坏死发展至木质部。木质部细胞的第一反应是木质部薄壁细胞的脂肪滴染色反应改变。健康松树的木质部射线薄壁细胞和轴向薄壁组织中含有许多脂肪滴，能被苏丹Ⅲ染成黄色，耐尔蓝染成粉红色。Kusunoki 研究发现，接种松材线虫仅几天，脂肪滴消失。松材线虫接种松树后，采用苏丹Ⅲ对罹病株茎部进行染色，显示橙红色，耐尔蓝染色显示蓝色，表明茎部组织内脂肪滴消失。木质部细胞的第2个病理学反应是木射线、木质部轴向薄壁和皮层细胞质染色反应的改变。接种松材线虫后，木质部和皮层薄壁细胞的细胞质被耐尔蓝染成蓝色、番红固绿染成紫红色。研究发现，木质部"变性"薄壁细胞与木质部栓塞的分布区相同，但发生面积比木质部栓塞的横截面更广。

　　管胞空穴化是罹病松树木质部另一个重要反应。Kumda 等发现，黑松感染松材线虫后，管胞内单萜烯、倍半烯的含量明显增加。这些物质呈气化状态进入管胞，致管胞不能进水，形成空穴，导致松树水分输导受阻。

　　有专家研究后认为，松材线虫向体外分泌的酶，可能引起寄主代谢的异常反应而导致病害，松材线虫能向体外分泌多种酶，有纤维素酶、蛋白酶、果胶酶、过氧化酶和淀粉酶等，其中纤维素酶在早期致病过程中可能起关键作用。也有专家提出毒素参与了病理学变化，可能在松材线虫病枯萎过程中，起了重要作用。我国赵博光等专家提出，松材线虫病是由松材线虫和伴生细菌共同侵染引起的复合侵染病害。

有报道分析，松树感染松材线虫后的症状发展可划分为早期和后期两个阶段。在感染松材线虫早期，松树接种点附近的皮层细胞和部分木质部射线细胞被破坏，松树树脂减少或停止分泌，树脂道周围的薄壁细胞开始降解，这种生理和组织病变随着线虫在寄主体内迅速扩散而扩展到整个植株。在病害发展后期，松树薄壁细胞的死亡和表皮、韧皮部、形成层的降解扩展到整个植株，同时伴随着蒸腾作用的减弱和水分疏导受阻，最终导致松树死亡。

松材线虫病致松树萎蔫枯死的机理，国内外有关专家作了大量的研究工作，但尚未形成定论。

第四节　松材线虫病防控和除治技术

1. 松材线虫病防控思路

松材线虫病的防控是一项系统工程，难度较大，迄今尚无成功除治的范例。它是发生在林木上的流行性病害，通常流行性病害是病原体（松材线虫）通过中间寄主（媒介）传播至终宿寄主（松树），而松材线虫病除上述流行途径，即通过媒介松墨天牛成虫补充营养，在疫区内扩散流行外，还可通过中间寄主（松墨天牛）随载体（疫木及其制品）通过无序流通的贸易方式，进行远距离跨越式的扩散流行。

松材线虫病远距离的蔓延、扩散和流行均系人为活动所致，该病一旦在新松林内定殖，形成新疫点后，媒介天牛就不断地将疫情范围扩大。鉴于此，防控必须采取联防、联控策略，严密控制病害的传播、扩散和流行。首先要治理疫区内病害的蔓延、扩散，特别是向疫点毗邻县市的松林蔓延、扩散；其次要严防由疫区向非疫区的跳跃式传播。前者应科学地采用综合除治技术和措施，及时有效地杀灭媒介天牛和病原线虫，压缩疫区面积，最终拔除疫点；后者要截断病害的流行链，严防疫木及其制品的无序流通和媒介天牛的人为扩散，截断疫病松林与健康松林的链接。

2. 松材线虫病防控措施

2018年，国家林业和草原局颁布了新的《松材线虫病防治技术方案》和《松材线虫病疫区和疫木管理办法》。各地要结合本地区松材线虫病发生的具体情况，正确把握病害防治的关键环节，严格执行病害检疫、疫情监测、疫木除治等核心防治措施，再配套化学防治、引诱剂防治和生物防治等辅助方法，才有可能取得较为理想的防治效果。

> ➢ 以病原为靶标的根治策略和技术

松材线虫是该病发生的病原因子，防控目标就是要控制、杀灭病原线虫。以疫木清理为核心，以疫木管理为根本，运用科学的除治技术和措施，对疫区罹病松树进行全面清理，在冬春季媒介天牛非羽化期集中实施。以择伐为主，伐除罹病松树，伐桩高度应低于5cm，林地不得遗留直径1cm以上枝条。伐除疫木须在除治山场集中，就地粉碎或削片，病枝、根桩定点集中焚毁（图4-7）。

图4-7　疫木集运与现场监督

伐下的罹病松木应在冬春季媒介天牛非羽化期间，集中指定地点或疫木定点加工企业作除害处理。采用疫木粉碎或切片处理、削成1cm以下的碎片；变性处理，制成胶合板、纤维板和刨花板等；加热处理，引用木材干燥热处理箱等设备，在70～80℃下持续加热5～8h，进行烘干处理（图4-8），达到病原线虫和媒介天牛100%致死，疫木加工企业要严格遵守和执行国家林业和草原局《松材线虫病疫木加工板材定点加工企业行政许可被许可人监督管理办法》《松材线虫病疫木热处理设施建设技术规范（LY/T 2214-2013）》《松材线虫病疫木处理技术规范（GB/T 23477-2009）》等有关制度和规范。

图4-8　木材干燥热处理箱

> **以媒介天牛为靶标的防控策略和技术**

强化检疫执法力度，严格对电缆盘、光缆盘、木质包装材料等松木及其制品的检疫检查。所抽样品的分离鉴定方法按照国家标准《松材线虫病检疫技术规程（GB/T 23476-2009）》，采用快速准确、简便易行和经济实用的检疫检验技术进行，发现罹病疫苗、疫木及其制品，应立即就地销毁，严防疫情扩散蔓延。

林间设置引诱剂诱捕器，早期监测和发现松材线虫病。松材线虫疫区，5~8月松墨天牛成虫羽化期间，特别在早期，65%的天牛成虫都携带有病原线虫，能分离到松材线虫；而健康松林中羽化的松墨天牛成虫携带的是其他线虫，分离不到松材线虫。在林中空旷区设若干固定监测点，距地高1.5m处悬挂一个引诱剂诱捕器，每隔1~2d收集集虫筒内诱捕的松墨天牛成虫，进行分离、镜检，检查是否携带松材线虫。一旦发现松材线虫，即采用"打孔流胶法"，在监测点周围1hm^{2}范围内进行早期诊断。

确定松材线虫病发生后，在其辖区内要进行封闭式综合治理。在前述清理罹病疫木的基础上，在松墨天牛成虫羽化期，特别是在高峰前，在浙江地区是5月中下旬至7月进行引诱剂诱杀，间隔120m距离，设置1个引诱剂诱捕器。目前在国内，除作者研制的蛀干类害虫引诱剂（M-99型）外，尚有其他专家研制的PE型、APF-Ⅰ型和FJ-MA-02型等引诱剂。因配方不同，诱捕的目标害虫种类及其数量、松墨天牛成虫补充营养期和产卵期数量及经济效益均有差异、各有特色，可视林地实际情况、使用时间，择一应用。效果考查以间隔2~3d为宜。

在松墨天牛成虫补充营养期，可采用12%倍硫磷150倍液+4%聚乙烯醇10倍液+2.5%溴氰菊酯2000倍液林间喷洒。据作者1997年在杭州富阳松材线虫病发生林试验，试后随机携回林间喷洒处理的枝条，与喷清水的枝条进行对比饲虫试验，取食疤痕的减退率为96.4%，有效期长达20d左右，降低了松墨天牛成虫对松材线虫的"接种力"，间接地遏制了松材线虫病的传播蔓延。此期有专家经比较试验，应用18%灭幼脲3号微胶囊+安高杀4号微胶囊（杂环类）防治松墨天牛成虫取食松树嫩梢皮的效果，比18%灭幼脲3号微胶囊与其他农药微胶囊组合的效果为佳。

松墨天牛成虫羽化初、盛期，可采用地面树干、树冠喷洒或遥控无人机喷洒绿色威雷（触破式微胶囊剂），每亩（1/15hm^2）喷洒50~80ml（300~400倍液）。松墨天牛成虫踩触到该剂时即胶囊破裂，释放出高效原药，通过天牛节间膜进入体内，进而致死天牛。该剂对松墨天牛成虫击倒快（6h内死亡率100%），持效期长达一个多月。喷洒后第20d，松墨天牛成虫的校正死亡率达80%以上。

在松材线虫病发生区，利用生物防治松墨天牛亦是综合治理的重要环节之一，起到环境协调和可持续控制松墨天牛种群数量的作用。常用的寄生性昆虫天敌有：管氏肿腿蜂、花绒寄甲。这2种天敌均可通过人工饲养繁殖和林间释放，有效地降低林内松墨天牛的种群数量。前者释放后，当代扩散半径为50m左右，寄生率平均达31.2%，

3个月后蜂群在林间扩散半径约达150m，寄生率提高到25.0%～46.1%。当年实际防效可达74.3%～87.4%，下一年实际防效可达85.2%～95.7%。后者释放寄甲的卵和成虫。寄甲幼虫孵化后，在林内寻找寄主，1头至数十头寄甲幼虫咬破寄主体节间或翅下表皮，头插入寄主体壁，取食体内物质5～6d，致死寄主，能有效降低松墨天牛种群数量。在罹病的松林内还自然生存着较多的霉纹斑叩甲、蚁形郭公虫、莱氏猛叩甲、日本大谷盗、朽木坚甲、赤背齿爪步甲、长阎魔虫等昆虫天敌和大斑啄木鸟、大山雀等捕食性鸟类，应注意保护，严禁滥施杀虫剂。在松材线虫病综合治理中，应用最多的病原微生物为球孢白僵菌。该菌是目前防治松墨天牛较有效的高毒力病原真菌，可人工培养。春天应用球孢白僵菌防治松墨天牛，林间寄生感染率达61.1%。

> **以免疫保护为目的的防控技术**

树干注射保护剂进行主动预防。古树名木及风景名胜区或重要生态区需保护的松树，于松墨天牛成虫羽化初期，在树干基部打孔注入虫线光A（Enamectin 安息香酸盐液剂）400ml/m³，或注入虫线清1∶1乳剂400ml/m³，可进行预防性保护（图4-9）。

另据报道，有效成分为甲维盐或阿维菌素的保护剂应用效果较好。根据松树大小注射不同的剂量，施药一次可以保护松树2～3年不被感染。目前该保护技术在一些重要风景区和生态区已较普遍应用，保护作用非常明显。

图4-9 树干注射保护

参考文献

陈德兰，2010. 杨树橙斑白条天牛的生物学特性 [J]. 福建林学院学报，30（2）：137-140.

陈汉林，董丽云，周传良，等，2002. 黑跗眼天牛的生物学及其防治 [J]. 江西植保，25（3）：65-67.

陈绘画，崔相富，赵锦年，2010. 蛀干类害虫引诱剂引诱虫谱及诱集的主要昆虫种群动态 [J]. 东北林业大学学报，38（1）：88-90，114.

陈绘画，赵锦年，徐志宏，2011. 短角幽天牛成虫林间种群数量的混沌特性 [J]. 南京林业大学学报（自然科学版），35（02）：39-42.

陈沐荣，余海滨，方天松，2002. 两种引诱剂诱捕松墨天牛效果比较 [J]. 中国森林病虫，21（6）：3-4.

陈世骧，谢蕴贞，邓国藩，1959. 中国经济昆虫志（第一册 鞘翅目 天牛科）[M]. 北京：科学出版社.

陈秀龙，陈李红，袁娟红，等，2009. 板栗旋纹潜叶蛾生物学特性及防治 [J]. 中国森林病虫，28（2）：35-37.

陈益泰，王树凤，孙海菁，等，2017. 弗吉尼亚栎引种研究与应用 [M]. 杭州：浙江科学技术出版社.

陈元清，1991. 中国角胫象属（鞘翅目：象虫科）[J]. 昆虫分类学报，13（3）：211-217.

崔相富，陈绘画，赵锦年，2008. 括苍山麓林间鞘翅目主要昆虫种群动态研究 [J]. 林业科学研究，21（3）：240-345.

戴建昌，赵锦年，张国贤，等，1998. 松墨天牛化学防治的研究 [J]. 林业科学研究，11（4）：412-416.

戴立霞，李恂，王明旭，等，2006. 萧氏松茎象的生物学特性和防治技术 [J]. 林业科学，42（7）：60-65.

高瑞桐，李国宏，宋宏伟，等，2000. 桑天牛成虫生活习性的进一步研究 [J]. 林业科学研究，13（6）：634-640.

国家林业局科学技术司，中国林业科学研究院，2006. 国家林业局推广100项科技成果指南：2000—2003[M]. 北京：中国林业出版社.

韩宁林，赵锦年，刘昭息，等，1997. 长乐林场湿地松种子园种子丰产技术研究 [J]. 林业科学研究，10（1）：70-75.

何玉友，赵锦年，高爱新，等，2015. 松花粉工艺处理对防控印度谷螟的效果 [J]. 林业科学研究，28（1）：134-139.

胡龙娇，吴小芹，2018. 松树抗松材线虫病机制研究进展 [J]. 生命科学，30（6）：659-666.

胡长效，丁永辉，孙科，2007. 国内桃红颈天牛研究进展 [J]. 农业与技术，27（1）：63-67.

黄金水，何学友，叶剑雄，等，2003. 星天牛行为及控制技术研究. 星天牛行为及危害木麻黄规律的研究 [J]. 福建林业科技，30（1）：1-6.

黄金水，黄远辉，何益良，1988. 多纹豹蠹蛾的研究 [J]. 林业科学研究，1（5）：516-522.

黄文玲，2020. 利用诱捕法监测松墨天牛种群动态及气象因子的影响 [J]. 中国森林病虫，39（06）：23-27.

蒋平，何志华，赵锦年，等，2000. 松材线虫罹病木的烘压处理试验 [J]. 森林病虫通讯（6）：30-31.

蒋平，赵锦年，柴启民，等，2001. 松材线虫病综合防治技术研究 [J]. 浙江林业科技（4）：1-6.

蒋书楠，1989. 中国天牛幼虫 [M]. 重庆：重庆出版社.

黎保清，嵇保中，刘曙雯，等，2012. 桑天牛生殖行为观察 [J]. 南京林业大学学报（自然科学版），36（3）：33-36.

理永霞，张星耀，2018. 松材线虫入侵扩张趋势分析 [J]. 中国森林病虫，37（5）：1-4.

林长春，陆高，周成茂，等，2003. 补充营养材料对松褐天牛成虫存活期的影响 [J]. 林业科学研究，16（1）：69-71.

林长春，周成枚，赵锦年，2002. 松褐天牛成虫羽化出孔规律研究 [J]. 林业科学研究，15（2）：131-135.

刘会梅，孙绪艮，王向军，2002. 桑天牛研究进展 [J]. 中国森林病虫，21（5）：30-33.

刘玉军，2008. 危险性林业有害生物栎旋木柄天牛生物防治新途径的研究 [D]. 合肥：安徽农业大学.

柳建定，李百万，王菊英，等，2011. 余姚地区松幽天牛发生情况及其在枯死马尾松根部分布规律的初步研究 [J]. 浙江林业科技，31（3）：44-47.

鹿金秋，王振营，何康来，等，2010. 桃蛀螟研究历史、现状与展望 [J]. 植物保护 36（2）：31-38.

吕向阳，2017. 种实象虫分类学初步研究（鞘翅目：象虫总科）[D]. 保定：河北大学.

牟爱友，林云华，卓礼富，等，2007. 利用引诱剂监测林木主要蛀干害虫 [J]. 昆虫知识，44（3）：437-439.

潘蓉英，方东兴，何翔，2003. 咖啡木蠹蛾生物学特性的研究 [J]. 武夷科学，19（1）：162-164.

裴建国，2011. 栎实象生物学特性及防治措施研究 [J]. 安徽农学通报，17（8）：121-122，141.

彭月英，张强潘，陈方景，2010. 桃红颈天牛的发生规律及综合防治技术研究 [J]. 中国园艺文摘（6）：140-141.

宋玉双，李娟，周艳涛，等，2020. 我国梢斑螟属害虫研究及防治进展 [J]. 中国森林病虫，39（6）：33-45.

孙永康，1988. 豹纹木蠹蛾生活史习性及防治 [J]. 陕西林业科技（1）：46-47.

唐国恒，韩崇选，陈孝达，等，1988. 烟角树蜂研究简报 [J]. 陕西林业科技（2）：62-67.

唐伟强，2000. 削尾材小蠹生物学特性及防治 [J]. 浙江林学院学报，17（4）：417-420.

唐伟强，吴沧松，赵锦年，2008. 缓释型引诱剂诱杀松墨天牛效果试验 [J]. 中国森林病虫，27（6）：35-36.

唐正森，吴熹，杨家贵，等，1999. 皱鞘双条杉天牛生物学特性及防治研究 [J]. 西南林学院学报，19（3）：187-191.

王翠莲，董广平，程杰，等，2000. 应用灭幼脲 3 号微胶囊与其他农药微胶囊混合防治松墨天牛成虫研究 [J]. 林业科学，36（1）：76-80.

王江美，赵锦年，陈卫平，2011. 松材线虫病伐桩除害药剂筛选试验 [J]. 福建林业科技，38（1）：47-49.

王江美，赵锦年，陈卫平，等，2009. 松材线虫病疫木伐桩（根）蛀干害虫种类及分布调查 [J]. 江西林业科技（3）：38-40.

王明玉，2011. 丽水板栗主要害虫危害调查与噻虫啉防治技术研究 [D]. 临安：浙江农林大学.

魏高军，杨旭辉，2010. 油桐橙斑白条天牛生物学特性及其防治 [J]. 河南林业科技，30（1）：27-28.
魏景利，温保魁，谷昭威，1992. 桑天牛生活史习性的观察 [J]. 山东林业科技（S1）：18-20.
温小遂，匡元玉，施明清，等，2004. 萧氏松茎象的生活史、产卵和取食习性 [J]. 昆虫学报，47（5）：624-629.
吾中良，梁细弟，赵锦年，2000. 松材线虫病二次侵染试验 [J]. 浙江林业科技，（2）：48-49.
吴浙东，何佩民，王政橙，等，2001. 皱鞘双条杉天牛生物学特性及防治试验初报 [J]. 浙江林业科技，21（1）：44-46.
武海卫，骆有庆，汤宛地，等，2006. 重要林木害虫松幽天牛危害特点的研究 [J]. 中国森林病虫，25（4）：15-18.
夏剑萍，戴均华，刘立德，等，2005. 云斑天牛研究进展 [J]. 湖北林业科技（2）：42-44.
夏声光，熊兴平，2009. 茶树病虫害防治 [M]. 北京：中国农业出版社.
萧刚柔，1991. 中国森林昆虫 [M]. 北京：中国林业出版社.
徐国行，刘汝明，巫伟，2006. 六星吉丁虫在柑橘上的发生规律及其防治 [J]. 浙江林业科技，26（5）：49-52.
徐国行，刘汝明，巫伟，等，2007. 六星吉丁生物学特性及防治 [J]. 中国森林病虫，26（1）：11-14.
徐天，嵇保中，张琼岛，等，2010. 三清山高海拔栎林云斑白条天牛危害调查 [J].29（5）：23-25.
徐真旺，周樟庭，2013. 遂昌县松林主要鞘翅目昆虫种类及其种群动态研究 [J]. 浙江林业科技，33（3）：33-39.
徐志宏，蒋平，2001. 板栗病虫害防治彩色图谱 [M]. 杭州：浙江科学技术出版社.
徐志忠，2009. 粗鞘双条杉天牛的生物学特性初步观察 [J]. 安徽农学通报，15（3）：170，199.
杨宝君，朱克恭，等，1995. 中国松材线虫病的流行与治理 [M]. 北京：中国林业出版社.
杨桦，杨伟，杨茂发，等，2011. 云斑天牛的交配产卵行为 [J]. 林业科学，47（6）：88-92.
杨培昌，1996. 褐粉蠹的生物学特性及其防治 [J]. 昆虫知识，33（4）：221-222.
叶建仁，2020. 松材线虫病防治技术及对策 [J]. 中国林业（9）：53-61.
叶志毅，刘红，沈文静，2002. 桑天牛的生活习性和防治方法的研究 [J]. 蚕业科学，28（1）：48-51.
殷蕙芬，黄复生，李兆麟，1984. 中国经济昆虫志 第二十九册 鞘翅目 小蠹科 [M]. 北京：科学出版社.
余德才，华正媛，胡建军，等，2008. 家扁天牛生物学特性及防治技术 [J]. 林业科学研究，21（3）：370-373.
余桂萍，高帮年，2005. 桃红颈天牛生物学特性观察 [J]. 中国森林病虫，24（5）：15-16.
俞文仙，华克达，滕莹，等，2020. 竹林笋期地下虫害和绿僵菌生物防治效果研究 [J]. 浙江林业科技，40（5）：35-40.
俞文仙，俞浩然，赵锦年，2012. 两种马尾松林天牛群落的结构与动态 [J]. 林业科技开发，26（6）：27-31.
俞云祥，黄素红，邓育宜，2007. 三清山地区栎旋木柄天牛生物学特性与防治研究 [J]. 江西林业科技（1）：38-39.
张词祖，庞秉璋，1997. 中国的鸟 [M]. 北京：中国林业出版社.
张润志，1997. 萧氏松茎象—新种记述（鞘翅目：象虫科）[J]. 林业科学，33（6）：541-543.
张世权，1994. 华北天牛及其防治 [M]. 北京：中国林业出版社.
赵锦年，1983. 一点蝙蛾生活习性及防治的初步研究 [J]. 昆虫知识，20（2）：78-80.
赵锦年，1988. 疖蝙蛾生物学特性的初步研究 [J]. 林业科学，24（1）：101-105.

赵锦年，1989. 绘制小蠹坑道的一种简易方法 [J]. 森林病虫通讯（3）：32.
赵锦年，1990. 略谈我国蝙蛾及其研究的进展 [J]. 植物保护（S1）：53-54.
赵锦年，1991. 松纵坑切梢小蠹的聚散和防治 [J]. 林业科技通讯（7）：31-33.
赵锦年，1994. 我国主要针叶树钻蛀性害虫研究现状 [J]. 林业科学研究，7（专刊）：59-65.
赵锦年，1996. 日本甜柿主要害虫的研究 [J]. 森林病虫通讯（1）：10-13.
赵锦年，2005. 松墨天牛成虫行为反应的研究 [J]. 林业科学研究，18（5）：628-631.
赵锦年，2005. 松墨天牛幼虫生息坑道的研究 [J]. 林业科学研究，18（1）：62-65.
赵锦年，曹斌，1987. 罗汉肽小蠹的生活习性及防治 [J]. 昆虫知识，24（4）：227-230.
赵锦年，陈胜，1990. 两种松梢斑螟的重要天敌：长距茧蜂 [J]. 昆虫天敌，12（4）：164-166.
赵锦年，陈胜，1992. 微红梢斑螟的发生和防治研究 [J]. 林业科学，28（2）：131-137.
赵锦年，陈胜，1993. 苹梢鹰夜蛾生物学特性及防治 [J]. 林业科学研究，6（3）：341-345.
赵锦年，陈胜，黄辉，1989. 果梢斑螟对马尾松球果和雄球花序枝生长发育的影响 [J]. 林业科学研究，2（3）：300-303.
赵锦年，陈胜，黄辉，1991. 马尾松种子园松实小卷蛾的研究 [J]. 林业科学研究，4（6）：662-668.
赵锦年，陈胜，黄辉，1991. 芽梢斑螟的研究 [J]. 林业科学研究，4（3）：291-296.
赵锦年，陈胜，陆增发，1988. 球果害虫对湿地松球果发育的影响 [J]. 林业科学研究，1（4）：453-455.
赵锦年，陈胜，周世水，1993. 马尾松林油松球果小卷蛾发生及防治 [J]. 林业科学研究，6（6）：666-671.
赵锦年，何玉友，储德裕，等，2011. 芽梢斑螟危害马尾松雄球花的初步研究 [J]. 林业科学研究，14（4）：573-540.
赵锦年，何玉友，李国松，等，2012. 马尾松花粉仓贮害虫印度谷螟的生物学特性 [J]. 林业科学研究，25（3）：366-372.
赵锦年，黄辉，1994. 松实小卷蛾在树冠上的分布规律及防治 [J]. 林业科技通讯，（1）：26-31.
赵锦年，黄辉，1997. 马尾松种子园社鼠取食危害的观察 [J]. 森林病虫通讯（1）：39-40.
赵锦年，黄辉，1997. 芽梢斑螟幼虫危害特点及其密度估计的研究 [J]. 林业科学，33（3）：247-251.
赵锦年，黄辉，周世水，1997. 马尾松种子园种实害虫、鼠的研究 [J]. 林业科学研究，10（2）：173-181.
赵锦年，姜景民，沈克勤，1995. 微红梢斑螟危害对火炬松幼林高生长的影响 [J]. 森林病虫通讯（3）：25-27.
赵锦年，蒋平，吾中良，2005-08-31. 蛀干类害虫引诱剂：中国，ZL03115289.9[P].
赵锦年，蒋平，吴沧松，等，2000. 松墨天牛引诱剂及引诱作用研究 [J]. 林业科学研究，13（3）：262-267.
赵锦年，蒋平，张星耀，等，2011. 松褐天牛缓释型引诱剂及其引诱效果研究 [J]. 林业科学研究，24（3）：350-356.
赵锦年，金国庆，荣文琛，等，1999. 马尾松人工林害虫种类、危害及其天敌调查 [J]. 林业科学，20（S1）：153-157.
赵锦年，林长春，姜礼元，等，2001.M99-1 引诱剂诱捕松墨天牛等松甲虫的研究 [J]. 林业科学研究，14（5）：523-529.
赵锦年，刘若平，应杰，1985. 肉桂木蛾钻蛀与取食习性的初步研究 [J]. 林业科技通讯（8）：23-25.

赵锦年，唐淑琴，2007. 短角幽天牛成虫林间种群动态的监测研究 [J]. 林业科学研究，20（4）：528-531.

赵锦年，王静茹，丁德贵，等，2002. 黄山风景区松材线虫病危险性评估Ⅰ. 松蛀虫种类、种群分布及动态监测 [J]. 林业科学研究，15（3）：269-275.

赵锦年，应杰，1987. 多瘤雪片象的初步研究 [J]. 林业科技通讯（10）：12-14.

赵锦年，应杰，1988. 马尾松角胫象发生规律的初步研究 [J]. 森林病虫通讯（4）：4-6.

赵锦年，应杰，1989. 松墨天牛取食危害与松树枯死关系的研究 [J]. 林业科学，25（5）：432-438.

赵锦年，应杰，曹斌，1988. 杉肤小蠹的初步研究 [J]. 林业科学研究，1（2）：186-190.

赵锦年，余盛明，王浩杰，等，2004. 黄山风景区松蛀虫及其携带松材线虫潜能的研究 [J]. 中国森林病虫，23（4）：15-18.

赵锦年，余盛明，姚剑飞，等，2004. 黄山风景区松材线虫病危险性评估Ⅱ. 松天牛携带线虫状况的检测 [J]. 林业科学研究，17（1）：72-76.

赵锦年，俞建新，董耀卿，等，2000. 我国中亚热带国外松种子园主要害虫研究 [J]. 林业病虫通讯（3）：6-8.

赵锦年，张常青，戴建昌，等，1999. 松墨天牛成虫羽化逸出及其携带松材线虫能力的研究 [J]. 林业科学研究，12（6）：572-576.

赵锦年，张建忠，王浩杰，等，2004. 马尾松蛀虫及其综合防治技术研究 [J]. 林业科学研究，17（专刊）：15-17.

赵养昌，陈元清，1980. 中国经济昆虫志 第二十册 鞘翅目 象虫科（一）[M]. 北京：科学出版社.

郑保有，郑毓，鲍立友，2000. 干热处理杀灭松木段内松墨天牛试验 [J]. 植物检疫，14（5）：314.

附录

附录一 主要钻蛀性害虫名录

目名	科名	种名 中文名	种名 拉丁名	别名
等翅目 Isoptera	白蚁科 Termitidae	黑翅土白蚁	Odontotermes formosanus (Shiraki)	
	鼻白蚁科 Rhinotermitidae	黄翅大白蚁	Macrotermes barneyi Light	
		家白蚁	Coptotermes formosanus Shiraki	台湾乳白蚁
鳞翅目 Lepidoptera	斑螟科 Phycitidae	印度谷螟	Plodia interpunctella (Hübner)	印度谷斑螟、枣蚀心虫、封顶虫
	蝙蝠蛾科 Hepialidae	杉蝙蛾	Phassus anhuiensis Chu et Wang	
		疖蝙蛾	Phassus nodus Chu et Wang	
		点蝙蛾	phassus sinensis Moore	一点蝙蛾
	尖蛾科 Cosmopterygidae	茶梢尖蛾	Parametriotes theae Kuznetzov	
	卷蛾科 Pyralidae	松实小卷蛾	Retinia cristata (Walsingham)	马尾松小卷叶蛾
		油松球果小卷蛾	Gravitarmata margarotana (Hein.)	
		杉梢小卷蛾	Polychrosis cunninghamiacola	
		梨小食心虫	Grapholitha molesta (Busck)	东方蛀果蛾、小食心虫、桃折心虫
	螟蛾科 Pyralidae	芽梢斑螟	Dioryctria yiai Mutuura et munroe	松梢螟、松球果螟、松梢斑螟
		微红梢斑螟	Dioryctria rubella Hampson	桃蛀螟、桃蠹螟、豹纹蛾、桃蛀心虫
		桃蛀野螟	Dichocrocis punctiferalis Guenee	
	木蠹蛾科 Cossidae	咖啡豹蠹蛾	Zeuzera coffeae Nietner	咖啡木蠹蛾、咖啡黑点豹蠹蛾、豹蠹蛾
		豹纹木蠹蛾	Zeuzera leuconotum Butler	六星黑点蠹蛾、咖啡黑点木蠹蛾
	木蛾科 Xyloryctidae	肉桂木蛾	Thymiatris loureiriicola Liu	肉桂蠹蛾、堆砂蛀蛾
	潜蛾科 Lyonetiidae	杨白潜叶蛾	Leucoptera susinella Herrich-Schaffer	白杨潜叶蛾
	透翅蛾科 Sesiidae	板栗透翅蛾	Sesia molybdoceps Hampson	赤腰透翅蛾
		白杨透翅蛾	Paranthrene tabaniformis Rottenberg	
		旋纹透翅蛾	Leucoptera scitella Zeller	
	叶潜蛾科 Phyllocnistidae	柑橘潜叶蛾	phyllocnistis citrella Stainton	橘叶潜蛾
	夜蛾科 Noctuidae	苹果鹰翅蛾	Hypocala subsatura Guenee	
	蛀果蛾科 Carposinidae	桃蛀果蛾	Carposina niponensis Walsingham	桃小食心虫、桃蛀虫、苹果食心虫
膜翅目 Hymenoptera	姬小蜂科 Eulophidae	松长尾啮小蜂	Aprostocetus pinus Li & Xu	

318

目名	科名	种名		别名
		中文名	拉丁名	
	树蜂科 Siricidae	烟角树蜂	*Tremex fuscicornis* (Fabricius)	烟扁角树蜂
	瘿蜂科 Cynipidae	栗瘿蜂	*Dryocosmus kuriphilus* Yasumatsu	板栗瘿蜂、栗瘤蜂
	长尾小蜂科 Torymidae	柳杉大痣小蜂	*Megastigmus cryptomeriae* Yano	
	粉蠹科 Lyctidae	褐粉蠹	*Lyctus brunneus* (Stephens)	竹扁蠹、竹粉蠹
	吉丁虫科 Buprestidae	六星吉丁	*Chrysobothris succedanea* Saunders	柑橘星吉丁、柑橘吉丁虫
鞘翅目 Coleoptera		松墨天牛	*Monochamus alternatus* Hope	松天牛、松褐天牛
		皱鞘双条杉天牛	*Semanotus sinoauster* Gressitt	粗鞘双条杉天牛
		星天牛	*Anoplophora chinensis* (Forster)	
		光肩星天牛	*Anoplophora glabripennis* (Motsch.)	
		黑星天牛	*Anoplophora leechi* (Gahan)	
		黄星桑天牛	*Psacothea hilaris* (Pascoe)	黄星天牛
		板旋木柄天牛	*Aphrodisium sauteri* Matsushita	
		茶天牛	*Aeolesthes induta* Newman	楝树天牛、株闪光天牛、茶褐天牛
		黑附眼天牛	*Chreonoma atriarsis* Pic	蓝翅眼天牛、茶红颈天牛、枫杨黑附眼天牛
	天牛科 Cerambycidae	双条合欢天牛	*Xystrocera globose* (Olivier)	合欢双条天牛
		桃红颈天牛	*Aromia bungii* Faldermann	
		粒肩天牛	*Apriona germari* (Hope)	桑天牛
		锈色粒肩天牛	*Apriona swainsoni* (Hope)	
		薄翅锯天牛	*Megopis sinica* (White)	中华薄翅天牛、中华锯天牛、油桐锯天牛
		橙斑白条天牛	*Batocera davidis* Deyrolle	
		云斑白条天牛	*Batocera horsfieldi* (Hope)	
		栗山天牛	*Massicus raddei* (Blessig)	
		栗褐天牛	*Nadezhdiella cantori* (Hope)	
		橘光绿天牛	*Chelidonium argentatum* (Dalman)	橘光盾绿天牛、光绿橘天牛、光绿天牛
		刺角天牛	*Trirachys orientalis* Hope	
		瘤胸簇天牛	*Aristobia hispida* (Saunders)	瘤胸天牛
		杉棕天牛	*Callidiellum villosulum* (Fairmaire)	杉扁胸天牛、棕扁胸天牛
		小灰长角天牛	*Acanthocinus griseus* (Fabricius)	

目名	科名	中文名	拉丁名	别名
		短角幽天牛	*Spondylis buprestoides*(L.)	椎角幽天牛、椎天牛
		家茸天牛	*Trichoferus campestris* (Faldermann)	
		弧纹虎天牛	*Chlorophorus miwai* Gressitt	弧纹绿虎天牛
		松幽天牛	*Asemum amurense* Kraatz	
		曲牙锯天牛	*Dorysthenes hydropicus* (Pascoe)	曲牙土天牛、土居天牛
		家扁天牛	*Eurypoda antennata* Saunders	触角锯天牛
		柞实象	*Curculio dentipes* Roelofs	柞栎象
		麻栎象	*Curculio robustus* Roelofs	
		栗实象	*Curculio davidi* Fairmaire	栗象、栗实象甲
		立毛角胫象	*Shirahoshizo erectus* chen	
	象虫科 Curculionidae	板栗剪枝象甲	*Cyllorhynchites ursulus* (Roelofs)	剪枝栎实象
		茶籽象甲	*Curculio chinensis* Chevrolat	油茶象、山茶象、中华山茶象
		多瘤雪片象	*Niphades verrucosus* (Voss)	
		马尾松角胫象	*Shirahoshizo patruelis* (Voss)	
		萧氏松茎象	*Hylobitelus xiaoi* Zhang	
		松瘤象	*Sipalinus gigas* (Fabricius)	
		杉肤小蠹	*Phloeosinus sinensis* Schedl	
		罗汉肤小蠹	*Phloeosinus perlatus* Chapuis	
		柏肤小蠹	*Phloeosinus aubei* Perris	柏树小蠹
	小蠹科 Scolytidae	纵坑切梢小蠹	*Tomicus piniperda* Linnaeus	
		横坑切梢小蠹	*Tomicus minor* (Hartig)	
		削尾材小蠹	*Xyleborus mutilatus* Blanadford	
	长蠹科 Bostrichus	二突异翅长蠹	*Heterobostrychus bamatipennis* (Lesme.)	细长蠹虫
双翅目 Diptera	瘿蚊科 Cecidomyidae	山核桃花蕾蛆	*Contarinia* sp.	山核桃瘿蚊
同翅目 Homoptera	蝉科 Cicadidae	蚱蝉	*Cryptotympana atrata* (Fabricius)	黑蚱、黑蚱蝉
异翅目 Heteroptera	长蝽科 Lygaeidae	杉木扁长蝽	*Sinorsillus piliferus* Usinger	

附录二 寄主名录

桉树 *Eucalyptus* spp.
八角枫 *Alangium chinense*
白花泡桐 *Paulownia fortunei*
白蜡树 *Fraxinus chinensis*
白梨 *Pyrus bretschneideri*
白栎 *Quercus fabri*
白皮松 *Pinus bungeana*
白玉兰 *Michelia alba*
柏木 *Cupressus funebris*
板栗 *Castanea mollissima*
薄壳山核桃 *Carya illinoinensis*
北京杨 *Populus beijingensis*
北美枫香 *Liquidambar styraciflua*
蓖麻 *Ricinus communis*
扁柏 *Chamaecyparis obtusa*
菠萝 *Ananas comosus*
糙叶树 *Aphananthe aspera*
侧柏 *Platycladus orientalis*
茶 *Camellia sinensis*
檫木 *Sassafras tzumu*
池杉 *Taxodium ascendens*
赤松 *Pinus densiflora*
臭椿 *Ailanthus altissima*
垂柳 *Salix babylonica*
刺槐 *Robinia pseudoacacia*
大关杨 *Populus dakauensis*
大青 *Clerodendrum cyrtophyllum*
滇杨 *Populus yunnanensis*
丁香 *Syringa* spp.
冬青 *Ilex chinensis*
杜梨 *Pyrus betulifolia*
杜仲 *Eucommia ulmoides*
鹅掌楸 *Liriodendron chinense*
法国梧桐 *Platanus acerifolia*
榧树 *Torreya grandis*
枫香 *Liquidambar formosana*
枫杨 *Pterocarya stenoptera*
弗吉尼亚栎 *Quercus virginiana*
枹栎 *Quercus serrata*
复叶槭 *Acer negundo*
覆盆子 *Rubus idaeus*
甘蔗 *Saccharum officinarum*
柑橘 *Citrus reticulata*
葛藤 *Pueraria montana*
枸杞 *Lycium chinense*
构树 *Broussonetia papyrifera*
光皮桦 *Betula luminifera*
光皮树 *Cornus wilsoniana*
桂花 *Osmanthus fragrans*
桧柏 *Sabina chinensis*
海棠 *Malus spectabilis*
海州常山 *Clerodendrum trichotomum*
旱柳 *Salix matsudana*
杭州榆 *Ulmus changii*
合欢 *Albizia julibrissin*
核桃 *Juglans regia*
黑荆树 *Acacia mearnsii*
黑松 *Pinus thunbergii*
黑杨 *Populus nigra*
红豆树 *Ormosia hosiei*
红松 *Pinus koraiensis*
红叶李 *Prunus cerasifera* f. *atropurpurea*
厚皮树 *Lannea coromandelica*
厚朴 *Magnolia officinalis*
花红 *Malus asiatica*
花椒 *Zanthoxylum bungeanum*
花生 *Arachis hypogaea*
华山松 *Pinus armandii*
桦树 *Betula platyphylla* var. *japonica*
槐树 *Sophora japonica*
黄柏 *Phellodendron amurense*
黄荆 *Vitex negundo*
黄芪 *Astragalus membranaceus*
黄山松 *Pinus taiwanensis*
黄檀 *Dalbergia hupeana*
黄杨 *Buxus sinica*
火炬松 *Pinus taeda*
加勒比松 *Pinus caribaea*
加杨 *Populus canadensis*
箭杆杨 *Populus nigra* var. *thevestina*
僵子栎 *Quercus baronii*
接骨木 *Sambucus racemosa*
槲栎 *Quercus aliena*
金橘 *Fortunella margarita*
金钱松 *Pseudolarix amabilis*
楸树 *Catalpa bungei*
榉树 *Zelkova serrata*
君迁子 *Diospyros lotus*
咖啡 *Coffea arabica*
苦楝 *Melia azedarach*
苦槠 *Castanopsis sclerophylla*
梾木 *Cornus macrophylla*
蓝果树 *Nyssa sinensis*
乐昌含笑 *Michelia chapensis*
冷杉 *Abies fabri*
李 *Prunus salicina*
荔枝 *Litchi chinensis*
栎 *Quercus* spp.
连香树 *Cercidiphyllum japonicum*
楝树 *Melia azedarach*
辽东栎 *Quercus liaotungensis*
柳 *Salix* spp.
柳杉 *Cryptomeria fortunei*
柳叶栎 *Quercus phellos*
龙眼 *Euphoria longan*
龙爪槐 *Sophora japonica* var. *pendula*
芦苇 *Phragmites communis*
栾树 *Koelreuteria paniculata*
卵果松 *Pinus oocarpa*
落叶松 *Larix gmelinii*
麻栎 *Quercus acutissima*
马尾松 *Pinus massoniana*
杧果 *Mangifera indica*
毛白杨 *Populus tomentosa*
毛竹 *Phyllostachys edulis*
茅栗 *Castanea seguinii*

梅 Prunus mume
美国红枫 Acer rubrum
蒙古栎 Quercus mongolica
棉花 Gossypium spp.
木荷 Schima superba
木槿 Hibiscus syriacus
木莲 Manglietia fordiana
木麻黄 Casuarina equisetifolia
木棉 Bombax ceiba
纳塔栎 Quercus nuttallii
南岭黄檀 Dalbergia balansae
楠木 Phoebe zhennan
柠檬 Citrus limon
女贞 Ligustrum lucidum
欧美杨 Populus × euramericana
泡桐 Paulownia spp.
枇杷 Eriobotrya japonica
苹果 Malus pumila
葡萄 Vitis vinifera
朴树 Celtis sinensis
普陀鹅耳枥 Carpinus putoensis
桤木 Alnus cremastogyne
漆树 Toxicodendron vernici uum
杞柳 Salix purpurea
青冈 Cyclobalanopsis glauca
青杨 Populus cathayana
人参 Panax ginseng
日本花柏 Chamaecyparis pisifera
日本柳杉 Cryptomeria japonica
日本五针松 Pinus parvi ora
肉桂 Cinnamomum cassia
三叉蕨 Tectaria subtriphylla
三角枫 Acer buergerianum
桑树 Morus alba
山茶 Camellia japonica
山杜英 Elaeocarpus sylvestris
山核桃 Carya cathayensis
山毛榉 Fagus longipetiolata

山樱花 Cerasus serrulata
山楂 Crataegus pinnatifida
石栎 Lithocarpus glaler
石榴 Punica granatum
柿 Diospyros kaki
栓皮栎 Quercus variabilis
水青冈 Fagus longipetiolata
水曲柳 Fraxinus mandshurica
水杉 Metasequoia glyptostroboides
思茅松 Pinus kesiya
酸枣 Ziziphus jujube var. spinosa
算盘子 Glochidion puberum
糖槭 Acer saccharum
桃 Amygdalus persica
天麻 Gastrodia elata
天目木姜子 Litsea auriculata
甜槠 Castanopsis eyrei
晚松 Pinus serotina
乌桕 Sapium sebiferum
无花果 Ficus carica
无患子 Sapindus mukorossi
吴茱萸 Evodia rutaecarpa
梧桐 Firmiana simplex
五角枫 Acer mono
喜树 Camptotheca acuminata
香椿 Toona sinensis
香樟 Cinnamomum camphora
向日葵 Helianthus annuus
橡胶树 Hevea brasiliensis
小青杨 Populus pseudosimonii
小叶栎 Quercus chenii
小叶女贞 Ligustrum quihoui
小叶杨 Populus simonii
杏 Armeniaca vulgaris
玄参 Scrophularia ningpoensis
雪松 Cedrus deodara
杨 Populus spp.
杨梅 Myrica rubra

杨树 Populus spp.
野柿 Diospyros kaki var. sylvestris
野桐 Mallotus tenuifolius
野梧桐 Mallotus japonicus
油茶 Camellia oleifera
油橄榄 Olea europaea
油柿 Diospyros oleifera
油松 Pinus tabuliformis
油桐 Vernicia fordii
柚 Citrus maxima
柚木 Tectona grandis
鱼鳞云杉 Picea jezoensis var. microsperma
榆树 Ulmus pumila
榆叶梅 Amygdalus triloba
玉米 Zea mays
圆柏 Sabina chinensis
云南松 Pinus yunnanensis
云杉 Picea asperata
云实 Caesalpinia decapetala
枣 Zizyphus jujuba
柞木 Xylosma racemosum
展松 Pinus patula
樟子松 Pinus sylvestris var. mongolica
长叶松 Pinus palustris
浙江楠 Phoebe chekiangensis
中东杨 Populus berolinensis
重阳木 Bischofia polycarpa
苎麻 Boehmeria nivea
锥栗 Castanea henryi
紫荆 Cercis chinensis
紫铆 Butea monosperma
紫穗槐 Amorpha fruticosa
紫檀 Pterocarpus indicus
钻天杨 Populus nigra var. italica

附录三　天敌名录

白跗姬小蜂 *Pediobius ataminensis*
白蜡吉丁肿腿蜂 *Sclerodermus pupariae*
白星啮小蜂 *Citrostichus phyllocnistoides*
斑翅马尾姬蜂 *Megarhyssa praecellens*
斑头陡盾茧蜂 *Ontsira palliatus*
斑痣悬茧蜂 *Meteorus pulchricornis*
抱缘姬蜂 *Temelucha* sp.
爆皮虫柄腹茧蜂 *Spathius ochus*
扁平虹臭蚁 *Iridmyrmex anceps*
柄腹茧蜂 *Spathius* sp.
伯劳 *Lanius* spp.
布氏白僵菌 *Beauveria brongniartii*
蚕饰腹寄蝇 *Blepharipa zebina*
茶梢尖蛾长体茧蜂 *Macrocentrus parametriates ivorus*
尺蛾绒茧蜂 *Apanteles shemachaensis*
赤背齿爪步甲 *Dolichus hallousis*
赤腹茧蜂 *Iphiaulax imposter*
虫生藻菌 *Isaria cicadae*
川硬皮肿腿蜂 *Scleroderma sichuanensis*
串珠镰刀菌 *Fusarium moniliforme*
大斑啄木鸟 *Dendrocopos major*
大山雀 *Parus major*
大蹄蝠 *Hipposideros armiger*
大腿蜂 *Brachymeria* sp.
兜姬蜂 *Dolichomitus* sp.
渡边长体茧蜂 *Macrocentrus watanabei*
葛氏长尾小蜂 *Torymus geranii*
管氏肿腿蜂 *Scleroderma guani*
广布弓背蚁 *Camponotus herculeanus*
广大腿小蜂 *Brachymeria lasus*
广肩小蜂 *Eurytoma* sp.
褐斑马尾姬蜂 *Meganhyssa parccelleus*
黑腹狼蛛 *Lycosa coelestris*
黑广肩步甲 *Calosoma maximoviczi*
黑茧蜂 *Helcon* sp.
黑胫大腿小蜂 *Brachymeria funesta*
黑眶蟾蜍 *Bufo Melanostictus*
黑蚂蚁 *Polyrhachis dives*
黑胸茧蜂 *Braccon nigrorufum*
黑枕黄鹂 *Oriolus chinensis*
红头小茧蜂 *Rhogas spectabilis*
红胸郭公虫 *Thanasimus substriatus*
虎纹伯劳 *Lanius tigrinus*
花绒寄甲 *Dastarcus helophoroides*
花啄木鸟 *Dendrocopos major cabanisi*
环斑猛猎蝽 *Sphedanolestes impressicollis*
黄翅黑兜姬蜂 *Dolichomitus mclanomcrus tinctipcnnis*
黄猄蚁 *Oecophylla smaragdina*
黄眶离缘姬蜂 *Trathala avo-orbitalis*
黄曲霉 *Aspergillus avus*
灰翅噪鹛 *Garrulax cineraceus*)
灰卷尾 *Dicrurus leucophaeus*
灰喜鹊 *Cyanopica cyana*
家蚕追寄蝇 *Exorista sorbillans*
甲腹茧蜂 *Chelonus chinensis*
酱色刺足茧蜂 *Zombrus sjoestedti*
角菊头蝠 *Rhinolophus cornutus*
金小蜂 *Dinotiscus* sp.
卷蛾大腿小蜂 *Brachymeria menoni*
卷蛾壕姬蜂 *Lycorina* sp.
卷蛾姬小蜂 *Cirrospilus* sp.
卷蛾茧蜂 *Bracon intercessor*
莱氏猛叩甲 *Tetrigus lewisi*
栗瘿蜂绵旋小蜂 *Eupelmus sponyipartus*
栗瘿广肩小蜂 *Eurytoma brunniventris*
栗瘿刻腹小蜂 *Ormyrus punctiger*
栗瘿旋小蜂 *Eupelmus urozonus*
两色刺足茧蜂 *Zombrus bicolor*
绿僵菌 *Metarrhizium anisopliae*
绿啄木鸟 *Picus viridis*
马尾茧蜂 *Euurobracon yokohamae*
蚂蚁 *Formica* spp.
麦蛾柔茧蜂 *Habrobracon hebetor*
玫瑰广肩小蜂 *Eurytoma rosae*
霉纹斑叩甲 *Cryptalaus berus*
螟虫顶姬蜂 *Acropimpla persimilis*
拟澳洲赤眼蜂 *Trichogramma confusum*
拟黑多刺蚁 *Polyrhachis vicina*

拟蚁郭公虫 *Thanasimus* sp.
拟蚁态郭公虫 *Thanasimus lewisi*
苹果潜叶蛾姬小蜂 *Pediobius mitsukurii*
蒲螨 *Pyemotes* sp.
奇氏猫蛛 *Oxyopes chittrae*
潜蛾姬小蜂 *Pediobus pyrgo*
球孢白僵菌 *Beauveria bassiana*
球果螟白茧蜂 *Phanerotoma semenovi*
鹊鸲 *Copsychus saularis*
日本大谷盗 *Temnochila japonica*
日本弓背蚁 *Camponotus japonicus*
日本黑瘤姬蜂 *Coccygomimus nipponicus*
日本蠼螋 *Labidura japonica*
日本树莺 *Horornis diphone*
绒茧蜂 *Apanteles* sp.
三宝鸟 *Eurystomus orientalis*
三趾啄木鸟 *Picoides tridactylus*
桑螟聚瘤姬蜂 *Gregopimpla kuwanae*
桑天牛澳洲跳小蜂 *Austroencyrtus ceresii*
桑天牛卵长尾啮小蜂 *Aprostocetus prolixus*
山麻雀 *Passer montanus*
杉卷赤眼蜂 *Trichogramma polychrosis*
食心虫扁股小蜂 *Elasmus* sp.
食心虫纵条小茧蜂 *Microdus* sp.
双斑截腹寄蝇 *Nemorilla maculosa*
四声杜鹃 *Cuculus micropterus*
松毛虫赤眼蜂 *Trichogramma dendrolimi*
松小卷蛾寄蝇 *Blondelia inclusa*
松小卷蛾长体茧蜂 *Macrocentrus resinellae*
松小卷蛾长体茧蜂 *Macrocentrus resinellae*
苏云金杆菌 *Bacillus thuringiensis*
桃小甲腹茧蜂 *Chelonus chinensis*

桃蛀螟内茧蜂 *Rogas* sp.
天牛茧蜂 *Brulleia shibuensis*
天牛卵长尾啮小蜂 *Aprostocetus fukutai*
铜绿婪步甲 *Harpalus chalcentus*
透翅蛾绒茧蜂 *Apanteles* sp.
无脊大腿小蜂 *Brachymeria excarinata*
舞毒蛾黑瘤姬蜂 *Coccygomimus disparis*
蜥蜴目 *Lacertiformes* sp.
喜鹊 *Pica pica*
细纹猫蛛 *Oxyopes macilentus*
狭面姬小蜂 *Elachertus* sp.
小茧蜂 *Bracom* sp.
小卷蛾绒茧蜂 *Apanteles laevigatus*
小鸦鹃 *Centropus toulou*
星头啄木鸟 *Dendrocopos canicapillus*
朽木坚甲 *Alleculа fuliginosa*
旋纹潜蛾小蜂 *Pleurotropis* sp.
蚁科 *Formicidae*
蚁形郭公虫 *Thanasimus formicarius*
异色郭公虫 *Tillus notatus*
印度啮小蜂 *Tetrastichus ayyari*
玉带郭公虫 *Tarsostenus univittatus*
云斑天牛卵跳小蜂 *Oophagus batocerae*
长阎魔虫 *Cylister lineicolle*
沼泽山雀 *Parus palustris*
中国齿腿姬蜂 *Pristomerus chinensis*
中华大刀螂 *Paratenodera sinensis*
中华长尾小蜂 *Torymus sinensis*
蛀虫马尾姬蜂 *Megarhyssa gloriosa*
棕背伯劳 *Lanius schach*
棕腹啄木鸟 *Dendrocopos hyperythrus*

附录四

A new phytophagous eulophid wasp (Hymenoptera: Chalcidoidea: Eulophidae) that feeds within leaf buds and cones of *Pinus massoniana*

XIANGXIANG LI[1], ZHIHONG XU[1,4], CHAODONG ZHU[2], JINNIAN ZHAO[3] & YUYOU HE[3]

[1]*Department of Plant Protection, School of Agriculture and Food Science, Zhejiang Agriculture & Forestry University, Lin'an, Zhejiang 311300, China*

[2]*Key Laboratory of Zoological Systematics and Evolution, Institute of Zoology, Chinese Academy of Sciences, Beijing 100101, China.*

[3]*Research Institute of Subtropical Forestry, Chinese Academy of Forestry, Fuyang, Zhejiang, 311400, China*

[4]*Corresponding author. E-mail: zhhxu@zju.edu.cn*

Abstract

Aprostocetus pinus **sp. nov.** (Chalcidoidea: Eulophidae) is newly described as a leaf bud and microstrobilus pest of *Pinus massoniana* (Pinales: Pinaceae), an important afforestation species in southeast China. Both sexes of the parasitoid are described and illustrated.

Key words: *Aprostocetus*, economic importance, plant host

Introduction

Aprostocetus Westwood (Chalcidoidea: Eulophidae) is a cosmopolitan genus that currently includes 758 species (Noyes 2012), of which 8 are recorded from Zhejiang (Wu *et al.* 2001; Zhu & Huang 2001; He et al. 2004; Xu & Huang 2004) among 35 species known to occur in China (Perkins 1912; Li & Nie 1984; LaSalle & Huang 1994; Sheng & Zhao 1995; Yang 1996; Zhu & Huang 2001, 2002; Yang *et al.* 2003; Zhang et al. 2007; Weng et al. 2007; Noyes 2012). Graham (1987) recognized five subgenera in *Aprostocetus*: *Tetrastichodes* Ashmead, *Ootetrastichus* Perkins, *Coriophagus* Graham, *Chrysotetrastichus* Kostjukov and *Aprostocetus* Westwood, and LaSalle (1994) added a sixth subgenus, *Quercastichus* LaSalle.

The majority of species of *Aprostocetus* are parasitoids of insects, but here we describe a new phytophagous species that feeds within leaf buds and cones (microstrobili) of *Pinus massoniana* (Pinales: Pinaceae). This tree is the most widespread species of *Pinus* in China and is of major importance in afforestation projects in the Yangtze River Basin and southeast China (Sun 2005). For this reason we are describing this new species in order to facilitate further research on its biology and economic importance.

Material and methods

Specimens of the parasitoid reared from leaf buds and cones (microstrobili) of *P. massoniana* were preserved in 75% ethanol and subsequently air dried and examined with a Leica M125 stereomicroscope. Photographs were taken with a Hitachi TM–1000 Scanning Electron Microscope, Nikon ECLIPSE 80i, and Nikon AZ100.

Morphological terms follow Graham (1987) and Gibson *et al.* (1997). The following abbreviations are used: ocular–ocellar line (OOL) is the minimum distance between a posterior ocellus and the eye; the posterior ocellar line (POL) is the minimum distance between the posterior ocelli; OD is the major diameter of a lateral ocellus; F1 is the first segment of the funicle, F2 the second, and F3 the third; and C1 is the first segment of the clava, C2 the second, and C3 the third.

Type specimens of the newly described species are deposited in the Department of Plant Protection, School of Agriculture and Food Science, Zhejiang Agriculture & Forestry University, Hangzhou, China (ZAFU).

Taxonomy

Aprostocetus Westwood 1833

Aprostocetus Westwood, 1833: 444. Type species: *Aprostocetus caudatus* Westwood

Asyntomosphyrum Girault, 1913: 71. Type species: *Asyntomosphyrum pax* Girault. Synonymized by Bouček, 1988: 676.

Blattotetrastichus Girault, 1917: 257. Type species: *Entedon hagenowii* Ratzeburg. Synonymized by Graham, 1961: 36.

Duotrastichus Girault, 1913: 257. Type species: *Duotrastichus monticola* Girault. Synonymized by Bouček, 1988: 677.

Epentastichus Girault, 1913: 205, 229. Type species: *Epitetrastichus speciosissimus* Girault. Synonymized by Bouček, 1988: 676.

Gyrolachnus Erdös, 1954: 365. Type species: *Gyrolachnus longulus* Erdös. Synonymized by Graham, 1961: 44.

Hadrothrix Cameron, 1913: 175. Type species: *Hadrothrix purpurea* Cameron. Synonymized by Graham, 1987: 129.

For more complete lists of synonymies see Graham (1961, 1987), Bouček (1988), LaSalle (1994) and Noyes (2012).

Description. Body metallic or non-metallic, with or without pale markings.

Head with malar sulcus present, usually straight or only slightly curved, occasionally foveate below eye. Eyes and ocelli fully developed. Mandible tridentate with outer tooth acute, middle and inner teeth progressively more obtuse. Female antenna with scape and pedicel having weakly engraved or obsolescent reticulation; anelli discoid to laminar, usually 4, rarely 3 or 2; funicle usually with 3, rarely 4, segments; clava most often with 3 segments but sometimes 2 owing to obsolescence of the second suture, very rarely solid. Male antenna with sculpture of scape and pedicel as in female; funicle with 4 segments, segments often with a whorl of elongate setae, clava with 3 segments.

Mesosoma with pronotum usually short or very short (rarely moderately long), without a transverse carina. Mid lobe of mesoscutum nearly always with 1 row of adnotaular setae on each side (rarely with 2 or 3 rows), the anterior setae usually shorter than posterior setae. Setae of pronotum and mesoscutum not all equal in length. Scutellum nearly always at least slightly broader than long; normally with 2 pairs of setae which are almost always nearer to submedian than to sublateral lines; submedian lines usually distinct (occasionally weak, rarely absent); sublateral lines neither broad nor deep. Propodeum with reticulation varying from obsolescent to slightly raised, never very strong; median carina present; plicae and paraspiracular carinae absent; spiracles in most species moderate-sized and suboval, very close to metanotum (occasionally very small and subcircular or very rarely large), the outer part of their rim nearly always partly covered by a raised flap of the callus. Legs with hind coxa lacking dorsolateral longitudinal carina; first segment of mid and hind tarsi at least as long as second (sometimes very slightly shorter) in most species. Wings nearly always macropterous (rarely shortened or almost rudimentary); costal cell with a row of setae on lower surface; submarginal vein usually with 2 or more dorsal setae (rarely only 1 seta); parastigma hardly ever marked off from marginal vein by a decolourized area; postmarginal vein absent to at most half as long as stigmal vein.

Gaster not strongly sclerotized, collapsing to a greater or lesser degree on air-drying; ovipositor sheaths usually projecting at least slightly (in rare cases even longer than the body), but occasionally not projecting; cercus most often with one seta slightly to very distinctly longer than the other and usually more or less sinuate or kinked near middle. Anterior margin of female hypopygium trilobed.

Remarks. Species of *Aprostocetus* can be separated from other genera of Tetrastichinae by the characters given in keys by Graham (1987, 1991) and LaSalle (1994). The description given above illustrates the great deal of morphological variation that is found within *Aprostocetus*, but as a general rule species can be recognized by having the following combination of characters: submarginal vein with 3 or more dorsal setae, one of the cercal setae distinctly longer than the remaining setae and sinuate, propodeal spiracle partially covered by a raised lobe or flap on the callus, malar sulcus straight or only slightly curved, and mesosternum usually flat just anterior to trochantinal lobes.

For notes on the Chinese species see Graham (1987), Sheng & Zhao (1995), Yang (1996), Wu *et al.* (2001), Zhu & Huang (2001, 2002), Yang et al. (2003), Xu & Huang (2004), Weng *et al.* (2007). At present there is no key to Chinese species of *Aprostocetus*.

Biological notes. With a very wide host range, but most often inhabiting plant galls made by insects, such as Diptera (Cecidomyiidae) or sometimes Hymenoptera (Cynipoidea), occasionally Coleoptera or Coccoidea, and rarely gall-inhabiting Acari (Graham 1987). Only a single species of Aprostocetus has been definitely shown to be a gall inducer: *A. colliguayae* (Philippi) which induces galls on *Colliguaja odorifera* Molina (Euphorbiaceae) in Chile (Martinez *et al.* 1992; La Salle 2005).

Distribution. Worldwide.

Aprostocetus pinus Li & Xu sp.nov.
(Figs 1–17)

Type material. HOLOTYPE (♀, ZAFU). **CHINA:** Zhejiang: Hangzhou, Chun'an, Laoshanisland, 300m, 29° 15' N 118° 25' E, 15.iv.2011, Jinnian Zhao.

PARATYPES (5♀ 3♂, ZAFU). Same data as holotype, 5 slide-mounted, 3 tag-mounted.

Etymology. Named after the host genus.

Description. Female (Figs 9, 10). Body length 1.6 mm; dirty yellow with metallic luster and some areas of dark brown. Head with face dirty yellow and occiput dark brown. Antenna dark brown. Coxae, femora and tibiae dirty yellow, tarsi black brown. Wings hyaline, venation dirty yellow. Propodeum dark brown, shiny. Gaster nearly black but first tergite partly dirty yellow.

Head (Figs 1, 2) 0.8 × as broad as mesoscutum, in facial view about 1.2 × as broad as long and in dorsal view temple about 0.13 × length of eye; ocellar triangle delimited by a sulcus in front and at sides; POL about 1.5 × OOL, OOL 1.6 × OD. Eye about 1.5 × as long as wide, separated by 1.2 × length of eye, and surrounded by very short pubescence. Malar space 0.62–

0.65 × length of eye, malar sulcus with a triangular fovea extending 0.2 × its length. Mouth broader than malar space. Head with exceedingly fine superficial reticulation, vertex and upper face with sparse setae; vertical setae about 0.75 × OD. Antenna (Fig. 11) with scape about 0.8 × length of eye, about 4.2 × as long as broad, nearly reaching median ocellus; pedicel 2.3 × as long as broad, slightly shorter than F1; funicle stouter than pedicel, with each segment subequal in length (sometimes slightly shorter distally), F1 3 ×, F2 2.3 ×, and F3 2 × as long as broad; clava broader than funicle, 2.1 × as long as broad and slightly shorter than F2 plus F3; C1 shorter than broad but occupying nearly half length of clava, C2 transverse, C3 even shorter, both flat when airdried, terminal spine short; sensilla moderately numerous, in an irregular row on each segment, about 0.7 × as long as respective segment, decumbent with tip projecting slightly.

Mesosoma (Fig. 3) dorsally convex, nearly as broad as head. Pronotum crescentic, 0.4 × as long as mesoscutum, with superficial raised reticulation and scattered setae, including a row of longer setae near hind margin. Mid lobe of mesoscutum broader than long, moderately convex, slightly metallic shiny, with raised reticulation, the areoles 7–10 × as long as broad and more superficial than on pronotum; median line complete but fine and weak; with 6 adnotaular setae on each side, the most posterior ones subequal in length to scutellar setae. Scutellum about 0.8 × as long as wide, strongly convex, sculptured like mesoscutum; submedian lines distinct, separated from reach other by about 1.4 × distance from sublateral lines, nearly parallel, anteriorly slightly bending outwards, submedian lines enclosing a space 2.4 × as long as wide; with 2 pairs of setae, anterior pair behind posterior third of scutellum, setae subequal in length, nearly as long as distance between submedian lines. Dorsellum nearly semicircular, 4 × as broad as long, divided into three areas, with lateral areas having several wrinkles. Propodeum (Fig. 5) medially short, as long as dorsellum, but longer laterally, with depressed carina thin and distinct where separated in posterior third; reticulation similar to pronotum; spiracle oval, comparatively large with diameter slightly less than length of propodeum medially, very close to anterior margin propodeum; callus with 2 setae, one of which is longer than the other. Legs with several setae on coxae, tibiae and femora; hind coxa with fine superficial reticulation and larger areoles compared to mesoscutum; mid tibial spur slightly longer than basitarsus, and fourth tarsomere subequal in length to basitarsus. Fore wing (Fig. 13) about 2.1 × as long as broad, extending beyond apex of gaster; costal cell about 0.7 × as long as marginal vein and 6 × as long as broad, with a row of setae; submarginal vein with 5 dorsal setae; marginal vein about 3 × length of stigmal vein; stigmal vein at about 45° angle, narrow at base but expanding slightly for half its length; postmarginal vein rudimentary; speculum small, closed below marginal vein; wing with moderately thick pilosity. Hind wing apically obtuse or subobtuse; cilia about 0.27 × as long as breadth of wing.

Gaster (Fig. 7) in dorsal view pointed-ovate, tergites with raised reticulation similar to pronotum and with sparse setae; subequal in length to head plus mesosoma or 1.4 × as long as mesothorax and about 1.8 × as long as wide or 0.84 × as wide as mesosoma; T1 occupying 0.46 × length of gaster; ovipositor sheaths slightly exerted; cerci with two pairs of cercal bristles, the longest about 1.8 × times length of next longest.

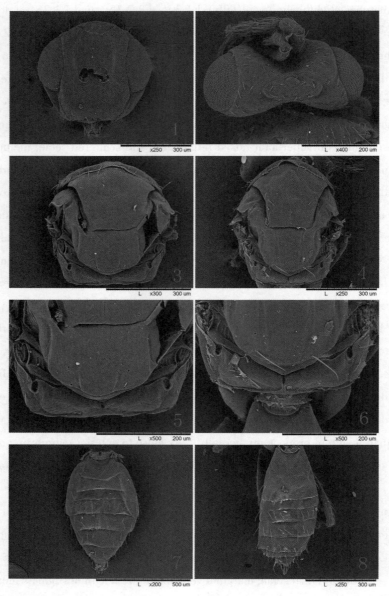

FIGURES 1-8. *Aprostocetus pinus* **sp. nov.:** 1, ♀ head, front view; 2, ♀ head, dorsal view; 3, ♀ mesosoma; 4, ♂ mesosoma; 5, ♀ propodeum; 6, ♂ propodeum; 7, ♀ metasoma; 8, ♂ metasoma.

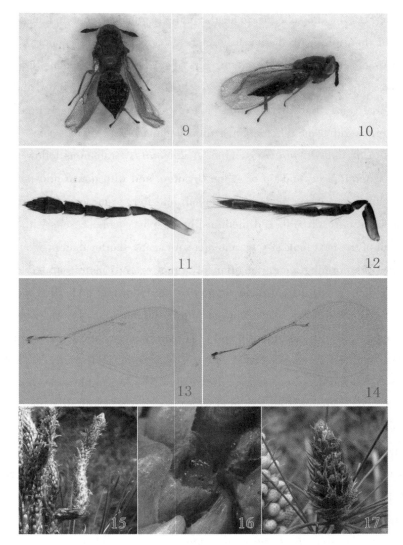

FIGURES 9–17. *Aprostocetus pinus* **sp. nov.:** 9, ♀ body dorsal view; 10, ♀ body lateral view; 11, ♀ antenna; 12, ♂ antenna; 13, ♀ forewing dorsal; 14, ♂ forewing dorsal; 15, parasitized leaf bud; 16, wasp in leaf bud; 17, parasitized microstrobilus.

Male. Length about 1.1 mm. Body nearly black with distinct metallic luster; gaster nearly black with metallic luster except first tergite with variably yellowish luster. Ocelli yellowish, eyes dull red.

Head strongly collapsed in air–dried specimens; vertex and face with sparse setae. Antenna (Fig. 12) with scape slightly shorter than eye, with ventral plaque about 0.24 × length of scape; pedicel about 2 × as long as broad, a little longer than F1; proximal funicle segment subequal in width to pedicel. Sculpture similar to female.

Mesosoma (Fig. 4) width subequal to head. Similar to female except mid lobe of mesoscutum slightly broader than long with median line more distinct; scutellum about 0.9 × as long as wide with 2 pairs of setae; propodeal spiracle (Fig. 6) smaller than for female. Forewing hyaline, venation yellow, about 2.1 × as long as broad, costal cell 8.5 × as long as broad and about 0.76 × as long as marginal vein. Hind wing subobtuse apically; cilia 0.4 × as long as breadth of wing.

Gastral tergites with same reticulation as propodeum and with sparse setae.

Remarks. *Aprostocetus pinus* resembles *A. lacunatus* Graham as follows: macropterous with fore wing extending beyond tip of gaster, hyaline, and with dense pilosity; body tending to be slightly shiny; mesosoma moderately arched; mid lobe of mesoscutum with a single row of adnotaular setae on each side and median line at least vague; cercus with one seta 1.8–2.0 × the length of the next longest seta; antenna with scape shorter than eye; and malar sulcus expanded below eye, forming a subtriangular fovea that extends more than 0.2 × the length of the sulcus. It is distinguished from *A. lacunatus* by the following: body dirty yellow with dark brown areas, metallic shiny (vs black, non-metallic); antenna dark brown (vs antennal scape testaceous beneath at apex); coxae partly and tarsi mainly black, and femora and tibiae wholly yellow (vs coxae and femora mainly black, with tips of femora, tibiae partly or wholly, and tarsi mainly, testaceous); wings hyaline, venation dirty yellow (vs wings subhyaline, venation brownish testaceous to brown); midlobe of mesoscutum with fine, weak raised reticulation having areoles 7–10 × as long as broad (vs with superficial fine, slightly raised reticulations having areoles 2–3 × as long as broad); submedian lines further from each other and from sublateral lines (vs about equidistant from each other and from sublateral lines); callus with 2 setae (vs 3–5 setae); spur of mid tibia slightly longer than basitarsus (vs 0.75 × length of basitarsus), and fourth tarsomere subequal to basitarsus (vs slightly shorter than basitarsus).

Girault (1916) described *Epitetrastichus semiauraticeps*, which was reared from a large bud gall on *Pinus scopulorum*, and was later transferred to Tetrastichus by Burks (1943) and then to *Aprostocetus* by LaSalle (1994). Our new species can be separated from *A. semiauraticeps* by the following: gaster in dorsal view pointed-ovate, and subequal in length to the rest of body (vs conic-ovate and distinctly longer than rest of body); body dirty yellow with dark brown areas, metallic shiny (vs dark metallic blue green); venation yellow (vs black); legs with femora entirely dirty yellow (vs legs golden yellow except coxae, and femora except apically); pedicel slightly shorter than F1 (vs subequal to F1); postmarginal vein rudimentary (vs a short but distinct postmarginal vein present), median line of mesoscutum fine and weak but complete (vs median line of mesoscutum sometimes completely absent).

Distribution. Laoshan Island, Chun'an, Zhejiang province, China.

Host and biological information. The new species was reared from leaf buds and cones (microstrobili) of *Pinus massoniana* with only a single wasp developing in each affected leaf bud and microstrobilus. The larvae feed entirely within the leaf buds (Fig.15) and microstrobilus with affected leaf buds shoots becoming distinctly curved (Fig. 16) or the microstrobili (Fig. 17) becoming sterile and turning red and wilting. Average longevity of specimens is about 7 days after eclosion.

Acknowledgements

We thank to Prof. Jian Hong and Mr. NianhangRong (Zhejiang University) for their essential technical assistance for the scanning electron micrographs and Junhao Huang (ZAFU) for help with the photomacrographs. We are also obliged to Dr. J. LaSalle (CSIRO) for his taxonomic advice. Dr. J.S. Noyes (BMNH) helped us in revising the original manuscript. This work was supported by the Hangzhou Science and Technology development program (No. 20091832B46), the public welfare technology application research project of Zhejiang (No.2010C32072) , the ZAFU Development Funds, NSFC−NSF project 31361123001 and The Key Laboratory for Quality Improvement of Agricultural Products of Zhejiang Province, College of Agriculture and Food Science, Zhejiang A & F university, Lin'an, Zhejiang, 311300, China.

Bouček, Z. (1988) *Australasian Chalcidoidea (Hymenoptera). A biosystematic revision of genera of fourteen families, with a reclassification of species.* CAB International Wallingford, Oxon, 832 pp.

Burks, B.D. (1943) The North American parasitic Wasps of the Genus *Tetrastichus*−a Contribution to Biological Control of Insect Pests. *Proceedings of the United States National Museum*, 93, 505−608.

http://dx.doi.org/10.5479/si.00963801.93−3170.505

Gibson, G.A.P., Huber, J.T. & Woolley, J.B. (1997) *Annotated keys to the genera of Nearctic Chalcidoidea (Hymenoptera).* NRC Research Press, Ottawa, 794 pp.

Girault, A.A. (1916) New North American Hymenoptera of the family Eulophidae. *Proceedings of the United States National Museum*, 51, 125−133.

http://dx.doi.org/10.5479/si.00963801.2148.125

Graham, M.W.R.d.V. (1961) The genus *Aprostocetus* Westwood sensu lato (Hym., Eulophidae) notes on the synonymy of European species. *Entomologist's Monthly Magazine*, 97, 34−64.

Graham, M.W.R.d.V. (1987) *A reclassification of the European Tetrastichinae (Hymenoptera: Eulophidae), with a revision of certain genera. Bulletin of the British Museum*

(Natural History) (Entomology), 55 (1), 1–392.

Graham, M.W.R. de V. (1991) A reclassification of the European Tetrastichinae (Hymenoptera: Eulophidae): revision of the remaining genera. *Memoirs of the American Entomological Institute*, 49, 1–322.

He, J.H. (2004) *Hymenopteran insect fauna of Zhejiang.* Science Press, Beijing, 1373 pp.

LaSalle, J. (1994) North American genera of Tetrastichinae (Hymenoptera: Eulophidae). *Journal of Natural History*, 28, 109–236.

http://dx.doi.org/10.1080/00222939400770091

La Salle, J. (2005) Biology of gall inducers and evolution of gall induction in Chalcidoidea (Hymenoptera: Eulophidae, Eurytomidae, Pteromalidae, Tanaostigmatidae, Torymidae). In: Raman, A., Schaefer, C.W. & Withers, T.M. (Eds.), *Biology, ecology, and evolution of gall-inducing arthropods.* Science Publishers, Inc., Enfield, New Hampshire, USA, pp. 507–537,

LaSalle, J. & Huang, D.W. (1994) Two new Eulophidae (Hymenoptera: Chalcidoidea) of economic importance from China. *Bulletin of Entomological Research*, 84, 51–56.

http://dx.doi.org/10.1017/s0007485300032223

Li, J. & Nie, W.Q. (1984) Bionomics of Tetrastichus hagenowii parasitizing the oothecae of Periplaneta fulginosa. Acta *Entomologica Sinica*, 27, 406–409.

Martinez, E., Montenegro, G. & Elgueta, M. (1992) Distribution and abundance of two gall-makers on the euphorbiaceous shrub *Colliguaja odorifera. Revista Chilena de Historia Natural*, 65 (1), 75–82.

Noyes, J.S. (2012) Universal Chalcidoidea Database. World Wide Web electronic publication. Available from: http://www.nhm.ac.uk/chalcidoids (accessed June 2012).

Perkins, R.C.L. (1912) Parasites of insects attacking sugar cane. *Bulletin of the Hawaiian Sugar Planters' Association Experiment Station (Entomology Series)*, 10, 1–27.

Sheng, J.K. & Zhao, F.X. (1995) A new species of *Aprostocetus* from China (Hymenoptera: Eulophidae: Tetrastichinae). *Insect Science*, 2, 308–310.

http://dx.doi.org/10.1111/j.1744-7917.1995.tb00052.x

Sun, H.L. (2005) *Ecosystem of China.* Science Press, Beijing, 1822 pp.

Weng, L.Q., He, L.F., Chen, X.F. & Xu, Z.F. (2007) First description of *Aprostocetus asthenogmus* (Waterston) from China (Hymenoptera: Eulophidae). Natural Enemies of Insects, 29 (2), 88–91.

Westwood, J.O. (1833) LXXIII. Descriptions of several new British forms amongst the parasitic hymenopterous insects. *Philosophical Magazine Series 3*, 2, 443–445.

http://dx.doi.org/10.1080/14786443308648084

Wu, G.Y., Xu, Z.H. & Lang, X.J. (2001) A New Species of the Genus *Aprostocetus* Westwood (Hymenoptera:Eulophidea) from China. *Forest Research*, 14, 530–532.

Xu, Z.H. & Huang, J. (2004) *Chinese fauna of parasitic wasps on scale insects.* Shanghai Scientific & Technical Publishers, Shanghai, 524 pp.

Yang, Z.Q. (1996) *Parasitic wasps on bark beetles in China (Hymenoptera).* Science Press, Beijing, 351 pp.

Yang, Z.Q., Wang, C.Z. & Liu, Y.M. (2003) A new species in the genus *Aprostocetus* (Hymenoptera: Eulophidae) parasitizing pupa of fall webworm from Yantai, Shandong Province, China. *Scientia Silvae Sinicae*, 39, 87–90.

Zhang, Y.Z., Ding, L., Huang, H.R. & Zhu, C.D. (2007) Eulophidae fauna (Hymenoptera, Chalcidoidea) from south Gansu and Qinling Mountains area, China. *Acta Zootaxonomica Sinica*, 32, 6–16.

Zhu, C.D. & Huang, D.W. (2001) A Taxonomic Study on Eulophidae from Zhejiang, China (Hymenoptera: Chalcidoidea). Acta *Zootaxonomica Sinica*, 26, 533–547.

Zhu, C.D. & Huang, D.W. (2002) A taxonomic study on Eulophidae from Guangxi, China (Hymenoptera: Chalcidoidea). *Acta Zootaxonomica Sinica*, 27, 583–607.

附录五　千岛湖松林遭割脂事件报道

千岛湖 6000 棵松树遭剥皮濒临死亡 *

去年年底，在外打工的王胜旗等村民，回到老家千岛湖界首乡康源村。他们爬上家附近的山上，结果傻了眼。

山上许多有年头的大松树，树皮被剥掉了。被"剥了皮"的松树树干，露出淡黄色的芯材（俗称"树肉"）。"树肉"上面还留有道道深深的刀痕。再往山场深处，就连生态公益林也成片遭了毒手。

村民王胜旗等人细细清点一下，发现被剥皮的松树不下 6000 多棵，大部分是生长了几十年，甚至是上百年。

这些大松树为何受此酷刑，谁又是刽子手，背后又有怎样的利益交织？昨天，本报记者和研究森林保护的资深专家赶赴该地，就千岛湖康源村松林被破坏一事进行调查。

村民王胜旗等人是在去年 11 月左右发现山场的异样。他们一趟趟上山查看，发现被剥掉树皮的松树不下 6000 棵，而且出现了死亡的征兆，一棵接着一棵树叶变黄死去。到了去年 12 月份，王胜旗、王以新等村民上山清点，此时，死掉的大松树达上百棵。

更让村民担心的是，大松树死亡的数量还在不断增加。村里老人们说，"这样被大面积剥了树皮，估计过了六七月份，天气又热又干时，松树还要大批地死掉，起码有 3000 多棵。"

树木是蓄水固土之本，这样浅显的理，靠山吃山的人都明白。康源村村民担心，如果出现大面积死亡，一旦水土流失，后果就不堪设想了。

现在人人强调生态保护，提倡植树造林。松树大量被剥掉树皮，到底怎么回事？村民们心痛、气愤之余，更是满腹疑云。

村民举报：6000 棵松树遭"剥皮"，面临死亡威胁

70 多岁的赵锦年是中国林业科学研究院亚热带林业研究所的研究员。

昨天早上 9 点，他陪同记者去了一趟千岛湖界首乡康源村。下午 1 点左右，在淳

---

* 原文刊载于 2013 年 2 月 28 日《今日早报》。

安县森防站站长余春来等人带领下，记者一行人进入康源村山场。

沿着狭窄的山道，爬上一座当地人叫作"方坞坑"的山头。还没爬到半山腰，一棵被剥皮的大松树，就进入大家的视线。这棵松树胸径达五六十厘米。胸围的80%以上裸露着黄白色的"树肉"，只剩下10厘米的样子外面还覆盖着褐色的松树皮。

凑近一看，被剥去树皮的树干上，有一道道深深的刀痕。在裸露的"树肉"部分，还插着一根杆子，上面挂着一只塑料袋，里面有些许白色而黏稠的汁液。

这棵高达15米的松树枝桠上，松针的颜色不是深绿色，而是红褐色。"这棵松树已经死掉了。"赵锦年说，这棵树的树龄估计有五六十年。

再往山坳里走去。一路上，只要遇到树龄长一点的松树，都被剥了树皮，被剥皮的面积大多是树干胸围的80%，且都有遭受刀割的痕迹。

再往深山里走，进入视线，同样遭到毒手的松树更多了。在一棵胸径达几十厘米、15米高的松树旁，村民王胜旗停下来，他指给大家看，这棵松树靠近根部的树皮，被大片地剥掉。剥皮的程度达70%以上。松树上的松针，已经稀稀拉拉，且发红。

他说，"我50多岁，这棵松树我小时候上山砍柴，就看到它长得很高了，这么大的松树就这样死掉，心里真的很难过。"

"割得太凶。"赵锦年一路行来，禁不住一路感叹，"太黑心了。"

实地踏看：被"剥皮"松树刀痕累累，专家直叹"割得太凶"

村民和森林保护专家为何都心痛不已？

"这些松树都被割脂开油过，是过度割脂造成的。"站长余春来解释。

站在康源村抬头远望，生态公益林内，一簇簇树冠显红褐色的松树，十分显眼。村民们说，有五六百亩属于生态公益林的松树，也被割过脂。

据悉，松树针叶进行光合作用生成的糖类，再经过复杂的生物化学变化，在木材的薄壁细胞中形成松脂。松脂通过泌脂细胞壁渗入树脂道。松脂是制造松香和松节油的原料。化妆品、药材、化工等行业都需要使用松脂。目前，在淘宝网上，250克的松脂销售6.5元乃至更高。

取松脂一般是请割脂工人上山选定成熟的松树，用一种弧形的小刀切割松树树干开脂过油。

余站长直言，康源村这片松林，就是因为有割脂老板掠夺性割脂，导致松树死亡。

他告诉记者，目前，一共有6000多棵松树遭受割脂。"生态公益林是不允许。退一步，即使这些松树不属于生态公益林，他们割脂过多导致松树死亡，也是属于违法行为。"

是谁长达一年多在此地过度开脂？

余站长说，该片松树所有权归康源村，开油脂并不需要相关的林业许可证。

随后，记者找到了康源村村委会姚书记。他承认，2010年10月，正在隔壁村开油脂的丽水松阳籍老板叶泮香找上门，问能不能在村里开油脂。随后，他和叶泮香吃了顿饭，采脂合同也就签了。合同是一年一签的。

记者拿到了这份采脂合同，合同里写道，采脂范围是除了康源自然村禁山之外的统管山。采脂老板一年付承包款6000元。

合同规定上山采割油脂时，对松树的采割面不得超过55%，但实际上呢？

淳安县林业局森林公安在接到村民举报后，对死亡松木检查发现是由于开松脂切割面积超过规定面积引起死亡。部分松树的切割面达到80%以上。

当地的森林公安虞晓蔚介绍，开油脂老板叶泮香在去年4月5日将向康源村村委承包开采的松脂资源转让给其堂哥叶松贵。叶松贵在开采松脂的过程中，由于监管不力，开采技术规程不规范，切割面过深，超过合同规定55%的切割面，导致松木毁坏死亡。

当时，他们还派林业工程师到现场检查鉴定，结果为：界首乡康源村开采松脂近熟松林472亩，其中有部分公益林，因过度开采导致死亡的松木有111根，计材积12.7立方米。

对此，康源村村委会姚书记说，"我不知道（这个情况），是林业管理员去年年底才告诉我的。"不过，他承认，"树都被割死，我也有责任的，以后不让开油脂。"

界首乡一位李姓的林技员说，乡里要给康源村村委会书记和村长警告处分。

死亡原因：非法过度开脂导致松木毁坏

赵锦年说，松树被割了松脂，肯定对松树的生长有影响。被割了松脂后的松树，抵抗力会变差。一旦碰到异常气候，比如冰冻雨雪，夏季持续性干旱，或是虫害，容易引起松树的衰弱乃至死亡。他明确表示不赞成割松脂的商业行为。

千岛湖是国家森林公园，淳安县共有约438万亩森林公园，其中松树林约占135万亩。根据赵锦年2012年的研究，淳安县的松树林以马尾松为主，占淳安县总林地面积的30.4%。

在专家看来，松树是千岛湖很重要的一个生态屏障。"一棵棵松树，就好比千岛湖的一个个小'水库'"。千岛湖靠树蓄水。据有关资料显示，一棵松树平均能蓄水1到2吨，他说，"一旦松树发生大面积损坏，很可能造成千岛湖水源缺少。"

去年12月底，淳安县林业局对开油脂老板叶松贵做出行政处罚，"责令今明冬春补种毁坏林木株树2倍的树木，共计222棵；处毁坏林木罚款共计6604元整。"考虑被割脂的树木，将来还可能死掉一些，林业部门责令叶松贵拿出押金1万元。

昨晚发稿前,记者联系了叶松贵。他抱怨说,大前年靠割松脂,自己赚了 10 多万。现在,一年也就赚几万。不过,叶松贵准备选择其他地方再去采松脂。

淳安林业部门表示,今后将规范千岛湖的割脂行为。

(洪慧敏 / 文;徐彦 / 摄)

松林割脂地块将实行封山育林

千岛湖今后不再允许采割松脂 *

■《千岛湖 6000 棵松树遭剥皮濒临死亡》后续

"我们今后将举一反三，吸取教训，从严控制开松脂，原则上淳安以后将不让开松脂。"昨天，淳安县林业局局长陈东来在接受记者采访时表示。

2月28日，本报独家报道了千岛湖界首乡康源村的松树林遭受非法过度割脂开油濒临死亡的消息。

该事一经曝光后，引起社会多方的关注和重视。昨天，记者获悉，淳安林业局已组织人员前往事发地查看现场，责令康源村终止割脂合同，并采取封山育林等办法把开脂过程中所造成的毁坏或损失降到最低点，另外，今后将从严控制淳安县的开松脂行为，原则上不让开松脂。

采取封山育林等措施降低损失

3月2日，淳安林业局组织了二三十人爬到了千岛湖界首乡康源村的统管山，清点了遭割脂的松树总数，目前造成死亡的有 111 棵。

就康源村松树被过度割脂情况，淳安县将采取如下措施：

第一，责令康源村终止割脂合同。"康源村原来的割脂合同是一年一签，现在要求他们终止合同，不允许采脂活动。"

第二，高度关注采脂地块的林相状况。立即把枯死松木清理下来，减少天牛等病虫害的次生危害，并采取封山育林的措施，提升林下植被涵养水分的能力，把开脂过程中所造成的毁坏或损失，降到最低点。

第三，补植树木，修复生态，按照毁坏林木株树 2 倍的树木，把涵养水分比较好的树木赶紧补种下去。

第四，"我们要举一反三，吸取教训，从严控制淳安县的开松脂行为，原则上不让开松脂。"

---

* 原文刊载于 2013 年 3 月 6 日《今日早报》。

淳安县今后不允许采割松脂

千岛湖是国家森林公园,淳安县目前共有约 438 万亩森林公园,其中松树林约占 135 万亩。

在专家看来,松树是千岛湖很重要的一个生态屏障。"一棵棵松树,就好比千岛湖的一个个小'水库'"。千岛湖靠树蓄水。据有关资料显示,一棵松树平均能蓄水 1 到 2 吨,他说,"一旦松树发生大面积损坏,很可能造成千岛湖水源缺少。"

中国林业科学研究院亚热带林业研究所的研究员赵锦年说,松树被割了松脂,肯定对松树的生长有影响。被割了松脂后的松树,抵抗力会变差。一旦碰到异常气候,比如冰冻雨雪,夏季持续性干旱,或是虫害,容易引起松树的衰弱乃至死亡。他明确表示不赞成割松脂的商业行为。

记者了解到,开松脂在淳安县已有几十年时间。早在上世纪七八十年代,淳安县一些农村就有把开松脂作为经济来源之一。

截至目前,千岛湖到底有多少松树遭受割脂剥皮?

"比较难统计。"淳安县森防站站长余春来说,一方面,以前被割脂的松树有一些已被砍掉;另一方面,淳安县目前将近有一亿多棵成活的松树,"如果按照胸径 30 公分以上的松树,被割过脂的比例应该很高,但在总数上所占的比例又不是很高。"

据悉,本周五,淳安县将召开林业工作会议,召集全县 23 个乡的分管领导和乡林管员。陈局长说,考虑到开松脂对树木生长的不利影响,将通过他们交待到淳安县 425 个行政村的村领导,原则上淳安县今后不允许开松脂。

(洪慧敏 / 文)